东营黄河志

(1989~2005)

黄河河口管理局　编

黄河水利出版社
·郑 州·

黄河晨曦（东关控导）

省 级
文明单位
山东省精神文明建设委员会

黄河河口管理局办公大楼
（1995年6月25日迁此）
崔光摄影

黄河河口管理局旧址
（1984~1995）

1994年6月15日水利部部长钮茂生（左二）来河口检查防汛准备工作

2003年5月30~31日，山东省委副书记、省长韩寓群（左三）到东营检查黄河防汛抗旱工作

1996年8月14日，水利部副部长、国家防总秘书长周文智等在省市领导的陪同下检查东营防汛工作，查看清八出汊工程

1997年4月11日黄委主任鄂竟平（中）到河口管理局检查指导工作

专家、学者在黄河口进行考察

1994年夏，黄委主任綦连安（右二）视察河口

2001年9月23日黄委主任李国英（前左二）检查河口治理工程

2002年5月3日水利部总工朱尔明（前左三）察看黄河口物理模型基地选址情况

1997年4月，黄河断流及其对策专家座谈会在东营召开

1993年2月7日，河口治理研讨会在河口管理局召开，座谈前5年河口治理情况，商讨1993年治理方案

1994年4月16日，黄河口治理研究所召开第一次年会，名誉所长李殿魁（右）为受聘人员颁发证书

2000年10月14日，中科院院士刘昌明考察黄河口

2004年10月12日，山东省副省长陈延明（右）和黄委副主任徐乘（左）为黄河河口研究院揭牌

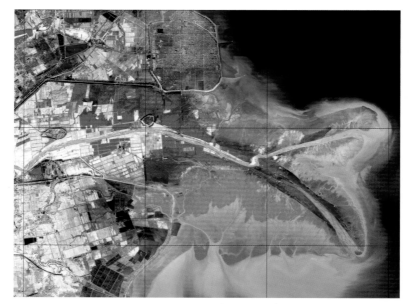

1989年2月卫星遥感图

2005年5月卫星遥感图

黄河下游挖河固堤启动工程记者采访团合影　5　21

1998年5月挖河固堤启动工程实施期间，黄委、省局及省、市媒体单位到工地采访

2004年6月，中央电视台在利津水文站进行第三次调水调沙实况转播

1993年1月15日河口管理局召开治黄工作会议

1996年6月15日举行纪念清水沟行河二十周年座谈会

1997年11月23日举行挖河固堤启动工程动员大会

1999年12月29日召开河口管理局首届职工代表大会

1996年黄河断流130多天，图为黄委调水进入东营黄河段时的情形

1997年黄河河口地区断流226天，图为当年11月初的宫家险工下首

"96·8"抗洪——麻湾险工新修工程抢险

"96·8"抗洪——
推柳石枕抢护根石

"96·8"
抗洪——挂柳
抢险

"96·8"抗
洪——王庄43号坝
抛石护根抢险

"96·8"抗洪——
崔庄控导抢险

汛期探摸根石

2003年10月，省局黄河产业经济现场会与会人员参观河口区河务局精品服装街

品牌产品

段、所庭院经济

淤区经济林带

筑路施工
与设备租赁

土方施工

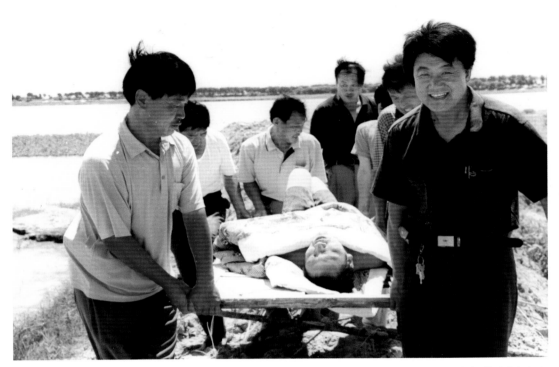

　　2002年7月16日，利津河务局职工在黄河中抢救出一名落水村民，同年被东营市评为十佳文明新事之一

　　　　　　　　　　　　　　　　　　　　　　　　　　　　　　　　　　　　任洪彬摄影

2002年劳模座谈会在利津河务局召开，图为与会人员合影

龙灯队

民间舞蹈——跑驴

职工运动会

文艺汇演

宫家引黄闸

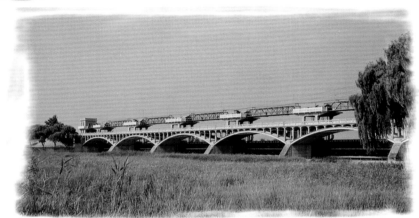

麻湾分凌分洪闸

三十公里引黄闸

张立传摄影

王庄引黄闸

常庄险工上的
百年老柳
　　李先臣摄影

堤防（摄于1999年）

利津东关控导全景（摄于2005年）

利津宫家险工（摄于2001年）

南坝头险工全貌

黄河口赶海人　崔光摄影

蓑羽鹤

黄河口自然保护区

丹顶鹤

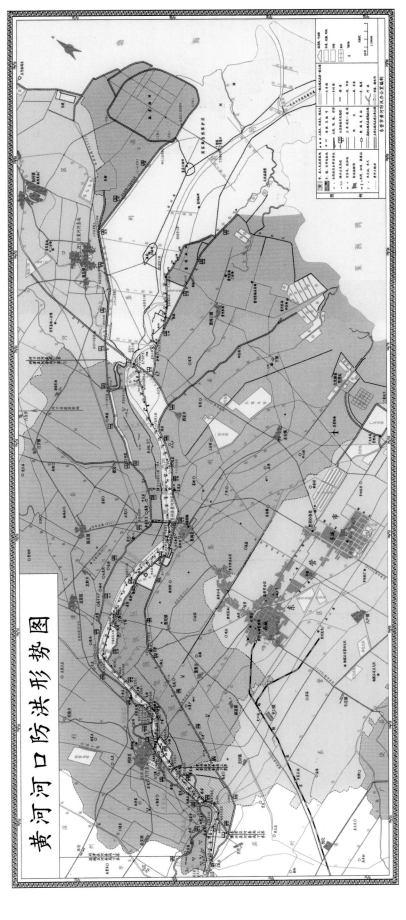

黄河河口防洪形势图

黄 河 河 口 图

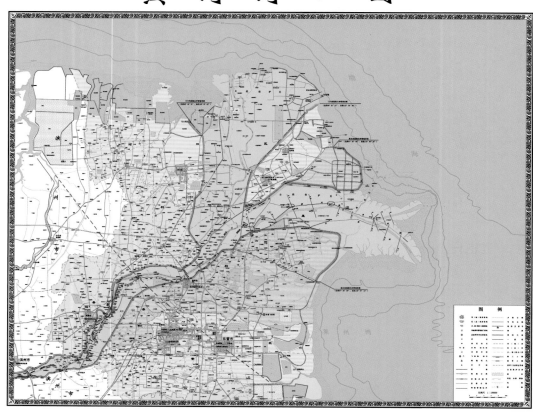

2005年河口形势图

东营市地方史志编委会名单

东营黄河志编纂委员会

（二〇〇三年四月九日）

主 任 委 员	贾振余				
副主任委员	刘新社	程义吉			
委　　　员	杨德胜	孙志遥	王宗文	李梅宏	张光森	马东旭
	程佩娥	胡旭东	付吉民	蒋义奎	刘同波	燕雪峰
	仇星文	宋振利	孙本轩	陈兴圃	薛永华	李士国
	徐树荣	刘金友	路来武	姜清涛		
办公室主任	刘新社				
副　主　任	杨德胜	孙志遥			
主　　　编	程义吉	孙志遥	韩业深		

东营黄河志编纂委员会

（二〇〇三年八月十五日）

主 任 委 员	贾振余				
副主任委员	刘新社	程义吉			
委　　　员	孙志遥	王宗文	李梅宏	张光森	马东旭	程佩娥
	胡旭东	付吉民	朱兴远	聂林清	刘同波	蒋义奎
	仇星文	宋振利	杨德胜	陈兴圃	薛永华	李士国
	徐树荣	刘金友	路来武	姜清涛		
办公室主任	刘新社				
副　主　任	孙志遥	聂林清			
主　　　编	程义吉	孙志遥	聂林清	韩业深		

东营黄河志编纂委员会

（二〇〇八年八月五日）

主 任 委 员　贾振余
副主任委员　刘建国　李士国
委　　　员　（按姓氏笔画排序）

马东旭	王宗文	王祥辉	乔富荣	刘同波	刘金友
刘宝玉	刘建国	刘新社	孙志遥	李士国	李建成
李梅宏	李遵栋	杨德胜	宋相岭	宋振利	张光森
陈兴圃	陈海峰	英安成	赵安平	胡旭东	聂林清
贾振余	徐树荣	董　伟	蒋义奎	程义吉	程佩娥
路来武	燕雪峰				

办公室主任　刘建国
副 主 任　陈兴圃　聂林清
主　　　编　李士国　蒋义奎　聂林清　韩业深

东营黄河志编纂委员会

（二〇一一年三月二十二日）

主 任 委 员　刘景国
副主任委员　刘建国　李士国
委　　　员　（按姓氏笔画排序）

马东旭	王宗文	由宝宏	朱景华	乔富荣	刘同波
刘金友	刘宝玉	刘建国	刘景国	刘新社	孙志遥
李　忠	李士国	李建成	李梅宏	李遵栋	宋相岭
张光森	陈兴圃	英安成	赵安平	胡旭东	聂林清
徐树荣	董　伟	蒋义奎	程义吉	程佩娥	路来武
燕雪峰					

办公室主任　刘建国
副 主 任　陈兴圃　聂林清
主　　　编　李士国
副 主 编　蒋义奎　聂林清　崔　光

东营黄河志编纂委员会

（二〇一四年四月二十一日）

大河之治　始于河口（代序）

袁崇仁

作为一部反映现代黄河口治理的部门志续书,《东营黄河志(1989～2005)》的出版无疑是可喜可贺的。这部书系统而又翔实地记录了黄河口治理中一个十分关键的历史时段,也就是自 20 世纪 80 年代后期至 21 世纪初,围绕清水沟流路稳定与摆动的那场"角逐"。迄今为止,黄河清水沟入海流路已保持了近 40 年的稳定与畅通,保障了黄河三角洲地区的防洪安全及经济社会发展,达到了"河口畅、下游顺、全局稳"的治理效果,创造了治黄史上前所未有的奇迹。作为亲历者,在感到欣慰的同时,也为《东营黄河志(1989～2005)》能不失时机地予以记录并出版感到由衷的高兴。

社会的发展,需要黄河入海流路的长期稳定。众所周知,在黄河入海口,善淤、善徙、善决的特性表现得尤为突出。据史料记载,自 1855 年以来,黄河在以宁海为顶点、北起套儿河、南到支脉沟的近代黄河三角洲上决口漫溢达 87 次,其中大的改道就有 9 次,可以说是"三年两决口,十年一改道"。新中国成立后 30 多年来,虽然也进行了人为干预,但尾闾自然摆动的趋势仍未改观。改革开放后,河口的稳定与三角洲经济社会发展的矛盾更为突出。1983 年 10 月,东营市成立,首先遇到的就是河口稳定问题。黄河三角洲全面开发、胜利油田快速发展、东营市面临规划定点,发展、建设与黄河尾闾摆动的矛盾到了非解决不可的关键期。

黄河口丰富的油气资源,待开发的沃野良田,优越的河海交通战略位置,成为东营市建市谋发展的前提。但黄河入海流路不稳定,什么都无从谈起。1987 年,清水沟流路已到了老年期,出现了主道不通、六汊并行的局面。泻流不畅,水位壅高,使胜利油田一年内两次受灾。按照原规划设计,清水沟流路此时应向北改走新路。但若向北改道,将会严重打乱河口以北油田建设布局,使胜利油田原油年产量减少 1000 万吨,并会毁掉刚刚开始建设的东营海港。因此,要想不影响三角洲发展大局,稳定现行入海流路成了唯一的选择。

现在回想起来,那是一个值得在治黄史上大书一笔的辉煌时期。黄河人与当地政府、胜利油田三手联奏,谱写了一曲黄河口治理史上前所未有的交响壮歌。在围绕稳定河口流路和黄河三角洲开发建设,组织召开了多次研讨会、广泛征询河口治理意见和建议的基础上,1988年6~7月先后召开了两次高层次、多学科大型研讨会,许多专家、学者对稳定黄河流路的必要性、可行性取得了共识,为此后《黄河入海流路规划报告》的出台及批复奠定了良好的基础。1988~1993年,由"东营市政府出政策,胜利油田出资金,黄河部门出方案",采取"截支强干、工程导流、疏浚破门、巧用潮汐、定向入海"等综合措施,对河口进行了疏浚治理试验。试验历时五年,截堵支流汊沟,延长北岸大堤,修做和加固导流堤、控导工程、险工,清除河道障碍,实施群船射流拖淤,同时开展水文泥沙观测研究等,初步打通了河口拦门沙,基本稳定了清7断面以上河道。这个五年,黄河河口管理局广大干部职工、工程技术人员肩负巨大责任与压力,殚精竭虑,不惧风险,战酷暑斗严寒,为长期稳定黄河入海流路探索了一条新路子。

以科学发展观为指导,探寻治理河口新途径。在致力于实践的同时,河口治理研究结合河口实际,以科学发展观为指导,一步一个脚印地走了过来。《东营黄河志(1989~2005)》在大事记以及有关篇章中对此作了详细的记述。当黄河人把清水沟流路可稳定40~50年的研究成果公布于世后,强烈的社会反响把黄河口治理的研究与探索推向了高潮。特别是以原东营市委书记李殿魁为代表的东营市、胜利油田决策层,高度重视黄河口的治理与研究,从政策、资金、人力、物力上对河口的治理与探索予以大力倾斜,并身体力行地参与其中。在这一时期,黄河三角洲上专家、学者云集,不同级别的研讨会、座谈会、现场考察等纷至沓来。有关黄河口的研究相继被列入国家"八五"和"九五"科技攻关计划、国家基础研究计划并被列入国家级科学研究课题。2003年3月,黄河口治理研究史上一次规模大、时间长、层次高、专业广泛的黄河口问题及治理对策研讨会在黄河口举办。院士、专家通过实地考察和座谈,对河口演变规律、整治对策、开发模式及河口模型建设等问题进行了研讨,提出了关于加强黄河口研究和加快治理步伐的建议。随着黄河河口研究院的成立,一套完整的、有机的、联系密切的河口治理研究体系一步步走向成熟。特别是河口疏浚治理试验的成功,引起了国家的高度重视。1992年,国务院和国家计委批准了黄河水利委员会编制的《黄河入海流路规划报告》,标志着河口治理走上国家决策。1996年,黄河入海流路治理一期工程开始实施,历经十年时间,先后完成了北大堤顺六号路延长工程、南防洪堤加高加固及延长工程以及清7断面以上河道整治等大型工程。

一期工程的完成及其所产生的影响,可以从四个方面作一归纳:一是初步建成了河口防洪工程体系,北大堤顺六号路延长段和南防洪堤防御洪水能力分别由6400立方米每秒、7500立方米每秒提高到10000立方米每秒;二是改善了河口河势,对延长现行清水沟流路的行水年限起到了重要作用;三是遏制了滩岸坍塌,初步稳定了河道主槽;四是改善了河口地区的管理设施及通信系统,为进一步提高河口管理水平创造了良好条件。总之,疏浚治理试验以及后来的黄河入海流路治理一期工程的实施,为当地的经济社会发展和胜利油田的开发建设提供了安全保障,为稳定现行入海流路、延长行河年限增加了潜力,为河口地区经济社会发展和胜利油田的开发建设提供了安全、稳定、和谐的发展环境,成为撬起黄河三角洲经济发展的一个支点。

本部志书除具有明显的专业特色外,还在记述整个河口治理任务的实施过程中,展现了东营黄河干部职工、技术人员坚持实事求是,以科学发展观为指导,围绕河口治理中的热点、难点,坚持改革、勇于创新的时代精神。特别是在创造发明和推广应用新技术、新材料、新工艺以及科技创新中尤为令人瞩目。

大河之治,始于河口,终于河口。黄河口是黄河健康生命的晴雨表。黄河的问题,最终都显现在黄河口。我们看到,当今的河海交汇已不是自然状态下的汇合,黄河是随着人们的意愿在相对可控下流入大海的。千百年来,人们总想把黄河入海口稳定住,并因此做出了诸多努力。前人的研究成果也表明,"尾闾畅,全河稳"。河口治理,牵一发而动全局。但河口治理的成效又是时代的产物。直到20世纪90年代前,人们还普遍认为河口自由摆动是千古不变的自然规律。因此说,黄河清水沟流路稳定近40年,既是黄河三角洲经济和社会发展的需要,也是解放思想、大胆探索、社会进步的反映。进一步说,探寻河口自然规律,把握河口流路自然变化,践行"维持黄河健康生命"这一终极目标,永远不会过时。

但是,由于黄河水沙情况复杂多变,加之海洋动力条件的影响,黄河口依然存在着不少急需解决的问题。大量泥沙堆积河口,尾闾河道持续淤积延伸,导致河口河床逐渐抬高,河道过洪能力减小。滩地横比降加大,顺堤行洪防守被动。河口河道工程布局不尽合理,还有较长的一段河道为无工程控制区。水资源匮乏,黄河来水量的多少会对河口生态系统产生重大影响。另外,黄河三角洲经济社会的可持续发展,也对河口治理提出了新的任务和要求。

《东营黄河志(1989～2005)》积数年之劳,在国家经济体制改革不断深化的社会背景下,以较强的专业视角,对整个黄河治理中的重要组成部分——河口稳定与安全、治理举措与创新进行了科学系统的记述。但又不是以河口论河口,从中看出,黄河清水沟流路能够稳定近40年,黄河三角洲的发展日新月异,是与整个黄河治理分不开的。因此说,大河之治,始于河口,终于河口。

凡 例

一、本志以马克思列宁主义、毛泽东思想、邓小平理论和"三个代表"重要思想为指导，全面落实科学发展观，坚持辩证唯物主义和历史唯物主义的立场、观点和方法，实事求是地记述黄河河口治黄事业发展状况，力求做到思想性、科学性和资料性的统一。

二、本志为《东营市黄河志(1855～1988)》的续编，是一部具有较强专业特点的部门志。为保持事物的连续性和完整性，部分内容适当上溯或下延。与前志断限的衔接，除大事记上限为1993年外，其他为1989年；下限皆为2005年。为表达某些跨限事件本末，如采用的图、表等，其拍摄、记述时间适当上溯或下延。

三、本志志例采用篇、章、节、目体。横排门类，纵述史实。志设七篇，分别记述黄河河口管理局负责辖区内的河情、河工、河防、河口、兴利、两个文明建设及河政等诸事项活动。本志采用述(综述)、记(大事记)、志、图、表、录(附录)等诸体裁，志为主体。结构布局为首置综述、大事记，中设7篇专志，后设附录，图表随文插入，表按篇统计编号。

四、行文采用规范的现代语体文、记述体。除引文和个别情况使用繁体字外，文字以教育部、国家语言文字工作委员会组织制定，国务院于2013年6月5日公布的《通用规范汉字表》为准。常用词语以2002年5月修订的《现代汉语词典》为准。

五、所用数据以统计部门认定的为主，个别情况采用正式文献或业务部门提供的数据。数量表达分别采用阿拉伯数字和汉字。计量名称、单位、符号采用国家公布的公制标准，个别情况采用市制。

六、1912年(中华民国元年)以前的时间表述以汉字书写，采用括号标注公历。中华民国以后的时间表述均用阿拉伯数字。文中建国前、建国后系指1949年10月1日中华人民共和国建立之日。

七、需注释处用括号注。

目 录

综　述

　　黄河在山东省东营市注入渤海。东营市境内河段流经利津、东营、垦利、河口等四县（区），流程保持在 100 千米以上，最长时达 138 千米（1995 年）。

　　黄河"善淤、善徙、善决"的特性，在河口表现得尤为突出。为让黄河减灾兴利，稳定河口，历代先哲前仆后继，竭力探索；改革开放后，河口治理进入一个新的历史时期，治理成就举世瞩目，河口相对稳定成为现实，有力地推动了黄河三角洲经济社会的发展。

东营与黄河

　　东营是黄河孕育而成的土地。自王莽始建国三年（公元 11 年）黄河发生第二次大迁徙之后，黄河挟带的泥沙断续在今利津城以北、以东、以西大量堆积，历时近 900 年，形成以利津为顶点的古代黄河三角洲。（《辞海》释黄河三角洲"有广狭两义：广义的指北至天津，南至废黄河口，西起河南省巩县以东黄河冲积泛滥的地区。狭义的仅指山东省利津县城以东黄河河口部分地区"。见《辞海》，上海辞书出版社 1979 年版，第 41、4714 页。）

　　清咸丰五年（1855 年），黄河在铜瓦厢决口后夺大清河注入渤海的 150 年间，尾闾河段在北起徒骇河口、南至支脉沟口 200 多千米范围内游来荡去，先后形成了 10 条入海流路，在古代三角洲基础上，塑造出一个以垦利县宁海为顶点、扇形面积约 6000 平方千米的近代黄河三角洲，除北部边缘 200 平方千米在滨州市境内外，其余皆在东营市辖区。

　　黄河口是一个弱潮、多沙、摆动频繁的堆积性河口，"龙摆尾"现象时有发生。一方面，"龙尾"所到之处沧海变为桑田，吸引成千上万的拓荒者居住谋生；另一方面，"龙尾"伴随洪波巨浪，祸及芸芸众生。是故，史志记载中诸如"田庐淹没、人畜漂流、饥寒交迫、背井离乡"的情景比比皆是，历代廷臣、疆吏、河官对黄河口迁徙无常忧心忡忡。虽有不少名人志士进行过稳定河口的探索，终因社会政治、经济、科学技术条件限制，多是无功而退。

　　东营是人民治黄的发祥地之一。60 年间，东营人民在党和政府的领导下，以高昂的热情和斗志投入到黄河的治理开发中，总结出许多宝贵的治理经验。特别是 1983 年东营市成立以后，为适应胜利油田开发建设以及三角洲社会经济发展需要，黄河口治理进入一个新的阶段，其治理成果推动了黄河三角洲地区的经济社会发展，人民生活水平大幅度提高。

　　古老的黄河是东营人民的巨大财富。东营市的形成和发展过程，与黄河口演变有着极其密切的关系，可以说"没有黄河口的稳定，东营就不可能长足发展"。因此，历届市委、市政府把搞好河口治理作为大事来抓，河务部门积极为地方党委、政府当好参谋，使得河口治理取得了令人瞩目的成绩，探索出了一条人水和谐的发展路子。

除害与兴利

1989～2005年，"解放思想，实事求是"的思想路线更加深入人心，治黄事业进入一个长足发展时期。党和国家领导人李鹏、田纪云、江泽民、朱镕基、温家宝等先后莅临河口地区进行视察，对黄河三角洲的开发与建设和黄河口治理给予高度重视和关注。

黄河入海口是防洪形势严峻、防凌任务艰巨的地区。新中国建立后，在"宽河固堤"治黄方针指导下，黄河口治理以确保防洪（凌）安全为宗旨，继续加固堤防，强化险工，整治河道，逐步构成以堤防、险工、控导（护滩）、滞洪区为主体的防洪工程体系，使河口地区防洪能力达到10000立方米每秒的防洪标准。1989～2005年，先后完成加高帮宽堤防65.19千米，大堤除患加固136.1千米，修建堤防道路107千米；新建、改建险工坝垛130段，控导（护滩）工程坝垛224段；新建、改（扩）建引黄涵闸18座，植树造林250多万株，挖河固堤30.5千米。共计完成土方3514万立方米，石方85.10万立方米，混凝土1.03万立方米，总投资7.17亿元。

在黄河水动力输沙作用日益减弱的情况下，河口延伸产生的溯源淤积，直接影响黄河下游的泄洪排沙。黄河水利委员会（以下简称黄委）通过1997年启动的挖河固堤工程，2002年开始的调水调沙试验，使得东营河段经过重新塑造，河道过洪能力显著提高。同时，由于大量淡水注入河口，黄河三角洲成为世界上湿地面积自然增长最快的地区。多年裸露的盐碱地重新呈现勃勃生机。

河口治理措施的不断发展和防洪工程的逐步完善，创造了60年伏秋大汛、50年凌汛岁岁安澜的奇迹。1996年8月20日，利津站洪峰流量4100立方米每秒，水位高达14.70米，比历史最高水位仅低0.01米，导致20处滩区进水成灾，6处防洪工程出险475坝次。黄河职工及沿黄群众经过20多个昼夜的抢险和防守，将洪水安全送入渤海。

黄河淡水资源是东营市人民赖以生存和发展的基本条件。在"除害兴利"方针指导下，1989年以后新建、改（扩）建引黄涵闸7座，建成大型引黄灌区7个，设计灌溉面积达23.43万公顷。截至2005年，仍在运用的18座引黄涵闸（设计引水流量635立方米每秒），年最大引水量达14多亿立方米。此外，还有滩区引（提）水工程22处（设计引水流量72立方米每秒），设计灌溉面积1033公顷。引黄供水事业的大力发展，为东营经济社会发展和胜利油田开发建设提供了宝贵水源。

20世纪90年代，黄河断流时间不断加长。1997年，利津站先后断流13次，累计时间226天。水资源的严重短缺，给东营市工农业生产带来很大损失。为解决上下游水资源供需矛盾，黄委自1999年开始对黄河实施水量统一调度，结束了黄河频繁断流的历史。

在黄河水量统一调度的过程中，黄河河口管理局（以下简称河口管理局）采取有效措施，化解供水需求矛盾，使有限的黄河水资源发挥了最大的社会经济效益。2005年，河口管理局在山东省率先推广实施工、农业用水"两水分供"措施，探索出节约用水、有效供水的新途径。

稳定黄河入海流路的实践

历史上,黄河入海流路长期处于淤积—延伸—摆动—改道的周期性循环之中,严重制约着黄河三角洲经济社会的发展。1983年10月,随着东营市的成立和胜利油田的大规模开发建设,稳定黄河入海流路成为迫切而又急需解决的重大战略问题。1984年底,东营市和胜利油田提出稳定清水沟流路40~50年的要求。1988年4月开始,按照政府出政策、油田出资金、黄河部门出方案的河口治理模式,开始了为期6年的黄河口疏浚整治工程试验,其治理效果得到国家和各级政府领导及众多治黄专家的重视和肯定。此后,黄河口治理研究、规划和工程建设转变为以稳定清水沟入海流路为目的的综合治理方策。

在黄委和山东黄河河务局(以下简称山东河务局)的努力下,继1989年完成《黄河入海流路规划报告》编制后,又在1993年提报《黄河入海流路治理一期工程项目建议书》。1996年经国家计委批复,由中国石油天然气总公司、水利部、山东省政府共同投资3.64亿元,实施了黄河入海流路治理一期工程。1996年实施的清8人工出汊造陆采油工程获得成功后,1997~2004年又实施了三次挖河固堤试验工程。观测资料分析表明,选择河口河段挖沙降河,疏通河道与口门,具有明显的溯源冲刷、增大河道泄洪能力和降低水位的作用,能够相对遏制河床抬高。同时,利用挖河泥沙加固堤防,填垫沟壑,减缓滩地横比降,改良土壤,为河口地区发展高效生态农业创造了条件。

东营市、胜利油田、黄河部门密切配合,坚持不懈地研究探索稳定入海流路的新举措,形成了团结、和谐、有序、互补的河口治理环境,改变了历史上"河口十年一改道"的轮回局面。截至2005年,清水沟流路已经行水30年,行水年限还可继续延长。

在稳定入海流路的实践历程中,许多科研单位和大专院校的专家、学者勇于探索,不断创新,逐步形成了多学科推动河口治理进步的动力。有关黄河口治理的研究课题相继被列入国家科技攻关计划及国家基础研究计划。完成的多项成果基本形成了联系密切的河口治理理论体系。

管理与使命

为适应治黄体制改革要求和河口治理发展需要,河口管理局先后三次进行机构改革。在加强河务管理和水行政执法职能过程中,逐步完善规章制度,改进工作运行机制,河务管理逐步走向规范化。

1989~2005年,河口管理局治黄专业队伍由881人增加到1200人。这支队伍在搞好治黄工作的同时,开展经济建设和精神文明创建活动,积极进行经济体制改革,大力发展综合经营,不断壮大黄河产业经济,为治黄改革与发展提供经济保障和精神动力,多次获得地方政府和上级领导部门的嘉奖和表彰。

在河口治理中,黄河职工大力开展科技攻关和群众性技术创新活动,1996年以来有20项科研成果获市级以上奖励。其中,"挖塘机和汇流泥浆泵组合输沙系统"获山东省职工优秀技术创新成果一等奖,《黄河河口演变规律及整治研究》获水利部科技进步一等奖,《延长黄河口清水沟流路行水年限的研究》获山东省科技进步二等奖。科技创新为完成各项河口治理任务提供了有力保障。

2005年开始水管体制改革,打破管养一体的旧格局,县(区)级河务局及其所属单位按照管养分离、产权清晰、权责分明、管理规范的原则,形成水管单位、维修养护公司、施工经营企业"三驾马车"并驾齐驱的管理体制和运行机制。在水管单位体制改革的基础上,财政部门将水管单位管理与维修养护经费纳入预算,从根本上改变了长期以来水利工程管理经费渠道不畅、财政拨款严重不足,导致工程老化失修、安全隐患增多、工程效益衰减的问题。

几十年来,参与黄河口治理与管理的有河务部门、胜利油田、地方政府、驻军(济南军区黄河三角洲生产基地)、三角洲自然保护区等部门。近年来,科学发展观的树立和人与自然和谐相处治水新思路的深入人心,共同推动着河口治理的新进程,形成统一管理的局面势在必行。2005年1月1日,《黄河河口管理办法》(以下简称《办法》)颁布,使得河口治理与管理进入了一个有法可依的历史新时期。

《办法》对于黄河河口"管理主体"的明确界定以及法律授权,为三角洲范围内开发建设活动以及工程建设管理明确了"管家"。《办法》中规定,黄河入海河道的治理工程,应当纳入国家基本建设规划,按照基本建设程序统一组织实施。黄河入海河道管理范围内的引黄涵闸、大堤、险工及控导(护滩)等防洪工程以及入海河道治理工程,经报国务院水行政主管部门批准后,即可纳入黄委所属的黄河河口管理机构统一管理。这个新规定基本解决了河口治理工程的投资机制问题。

黄河是一条特殊的河流。针对长期以来存在的与河争地、与河争水、黄河水资源供需矛盾尖锐的情况,黄委主任李国英在2003年2月提出"维持河流的生命"和"维持河流生命的基本水量"。对于河口治理来说,黄河入海口流路的稳定只是相对的。清水沟流路虽具行河潜力,但前景并不乐观。特别是水沙条件变化使得黄河口出现诸多新情况,一些重大问题亟待研究解决。

稳定清水沟入海流路30年的成果,无疑给当代治河者提供了宝贵经验,并可从中得到启示:黄河水少沙多的特性不会在短时间内改变,因此尾闾摆动是绝对的,稳定则是相对的。黄河口作为全河水沙归宿之处,既有典型的"地上悬河"之险,又因堤线长、险工多、控导多,上首河道窄、下首河道宽浅散乱,防洪防凌形势十分严峻。大河之治,始于河口,终于河口。进一步深入探索、掌握和运用河口自然规律,不断提升治理开发与管理水平,加快由传统治黄向现代治黄的转变步伐,确保防洪安全、引水安全、生态安全,服务于黄河三角洲可持续发展,仍是当代河口治理工作者艰巨繁重的紧迫任务。

大事记

（1993～2005）

1995年出版的《东营市黄河志（1855～1988）》已将大事记下延到1992年。《东营黄河志（1989～2005）》从1993年接续。

1993 年

1月7日　山东河务局公布：刘友文任河口管理局副局长，免去垦利县河务局局长职务；聂林清任河口区河务局局长，免去张同会河口区河务局局长职务。

1月15日　河口管理局召开1993年治黄工作会议，市委、市政府及胜利油田领导到会祝贺并讲话。

2月7日　中共东营市委书记李殿魁主持召开1993年河口治理研讨会。与会人员座谈前5年河口治理情况，商讨1993年治理方案和资金安排。

2月10日　黄河凌汛结束。凌汛期间，利津县付窝乡滩区9个村庄及垦90油田被冰水围困。

3月11日　国务院国函〔1993〕28号文批复，把黄河入海流路治理纳入黄河治理整体规划。

4月13日　山东河务局向黄委报送《黄河入海流路近期治理工程项目建议书》（以下简称《项目建议书》）。

4月22日　曹店分凌放淤闸废除。该闸是南展宽滞洪区配套工程，设防水位低于本年防洪水位1.6米，加之工程老化，设备陈旧，既无改建价值，又不具备运行条件。

5月17日　国家防汛抗旱总指挥部（以下简称国家防总）、黄河防汛总指挥部（以下简称黄河防总）同时派员检查垦利县河务局防汛准备情况。

6月4日　山东河务局通知：成立黄河口治理研究所。

6月13日　以国家防总副总指挥、国家计划委员会（以下简称国家计委）副主任陈耀邦为组长，由12个有关部委组成的防汛检查团，到河口查看防洪工程情况，历时3天。

6月28日　水利部、黄委、山东省计划委员会（以下简称山东省计委）组成的专家组对《项目建议书》进行评估和讨论修改。

7月1日　开始实行引黄供水协议制度，废止用水签票制度。

8月18日　黄委副主任庄景林、山东河务局局长李善润等到东营市查看洪水漫滩及水毁工程情况。

9月7日　利津东关引黄闸改建工程竣工。

9月8日　新建罗家屋子引黄闸工程竣工，原建虹吸管全部拆除。

9月25日　召开庆祝黄河河口管理局建局10周年大会。山东河务局，东营市党、政、军领导人,胜利油田及市直有关单位主要负责人应邀出席。

10月20日 在济南参加第九届中日河工坝工会议的中方代表80人、日方代表20人到东营考察参观。

10月25日 河口管理局职工自西城工农一村迁东城四村(清风湖小区)。宿舍楼四栋,居室92套。

10月31日 本年汛期结束。汛期利津站实测径流量122.09亿立方米,最大洪峰流量3200立方米每秒,输沙量3.86亿吨,东营市河道水位表现普遍偏高,胜利大桥以下发生两次较大范围漫滩。

11月16日 东营市六大班子(市委、市政府、人大、政协、纪委、军分区)领导李殿魁、张庆黎、陈锡山、丁恩海、赵芳清、姜振邦、刘怿、薛新民等冒雨乘船考察黄河口。

11月20日 山东河务局公布:杨洪献任河口管理局调研员(正处级)。

12月31日 河口治理工程告竣。共完成土方52万立方米,石方1.88万立方米。

1994 年

1月27日 黄委表彰垦利县公安局,向侦破盗窃黄河防汛通信线路案件的有功单位和人员颁发奖金1万元。

2月1日 河口管理局召开1994年治黄工作会议。

2月19日 东营市、胜利油田、河口管理局召开联席办公会议,商讨本年度河口疏浚治理工程实施方案。

2月28日 山东河务局公布:李梅宏任垦利县河务局局长,刘建国任利津县河务局局长,免去史庆德利津县河务局局长职务。

4月20日 国家科学技术委员会(以下简称国家科委)和水利部组成考察团,到东营市考察黄河口治理情况。

5月16日 河口管理局召开劳模座谈会。五一期间赴京观礼的劳模代表宋桂先、杨建亭向全局职工汇报了观礼感受和体会。

5月23日 黄委主任綦连安、山东河务局局长李善润到河口管理局检查指导工作。

6月15日 国家防总副总指挥、水利部部长钮茂生率领防汛检查组到东营察看黄河防汛准备工作,并对河口治理和南展宽滞洪区改建水库问题提出具体意见。

7月12日 黄自强、胡一三率领黄河防洪与泥沙专家考察组到河口进行实地考察。

8月8日 花园口站出现年内第二次洪峰,流量6260立方米每秒。11日洪峰到达利津站,实测流量3200立方米每秒。

8月22日 山东河务局主持进行河口整治工程竣工验收。验收项目包括北大堤三十八公里险工续(改)建坝工2段、四十二公里险工新建坝工4段、八连护滩上延坝垛3段、崔家护滩新建垛工7段。以上项目由胜利油田投资,河口管理局组织施工队伍,自4月13日陆续开工,至8月20日全部竣工,共计完成土方工程36.5万立方米,石方工程3.98万立方米,投资1000万元。

8月31日 山东省人大常委会原副主任李晔、胜利石油管理局原副局长侯庆生等到王庄、宫家、义合等河务段查看银杏生长情况。

9月18日　应东营市政府邀请,联合国开发计划署项目专家组乘船考察一号坝至入海口的河道及工程情况。

9月28日　河口管理局首次举办迎国庆文艺汇演。

10月8日　中央电视台《黄河行》摄制组到东营进行现场采访。

10月17日　《黄河的渡过》大型水体纪念碑奠基仪式在东营市东城清风湖畔举行。

10月31日　本年汛期结束,汛期利津站实测径流量122亿立方米,最大洪峰流量3200立方米每秒,输沙量6.13亿吨。

同日,河口管理局组织召开黄河河口治理总结暨学术研讨会。

11月3日　河口管理局组织人员对年初开始兼任所在乡(镇)副乡(镇)长职务的9名河务段长进行考察。考察工作于9日结束。

12月14日　河口管理局"二五"普法教育工作通过水利部验收。

是年,河口管理局及所辖4个县(区)河务局全部获省(部)级文明单位称号。中共东营市委、东营市政府授予河口管理局"服务经济建设先进单位"称号。在山东黄河系统考评中,连续第五年获"目标管理先进单位"称号。

1995 年

1月12日　水利部、山东省政府、中石油总公司共同向国家计委报送《关于黄河入海流路治理一期工程补充意见的函》,就建设项目分工、投资、运行管理费用问题提出补充意见。

2月9日　河口管理局召开1995年治黄工作会议。

2月28日　黄河安度凌汛。凌汛期间由于冬季气温偏高,黄河流量较大,流冰下泄快,未行成封河。

3月21日　中共山东河务局党组决定:房师勇任中共河口管理局纪律检查组组长,刘书恭任河口管理局工会副主席。

3月23日　河口管理局公布:薛永华任东营区黄河河务局副局长(主持工作),免去其垦利县河务局副局长职务。

4月10日　市委书记李殿魁主持召开河口治理工作会议,回顾1988～1994年河口治理历程,对1995年治理工程达成共识。同时,河口治理领导小组确定由东营市市长阎启俊担任组长。

4月14日　水利部总工朱尔明率黄河下游考察组察看河口两岸工程及南展宽滞洪区,并就河口治理推向国家决策等问题与有关方面进行座谈。

4月20日　财政部驻山东监察专员办事处派员到河口管理局对1993年度和1994年度的机构经费、防汛岁修经费计划和使用管理情况进行检查,对财务管理、会计核算办法等方面提出指导意见。

5月18日　河口管理局组建山东黄河工程局第一工程分局。

5月22日　全国政协副主席杨汝岱考察黄河口。

5月30日　山东河务局鲁黄政发〔1995〕59号文通知:各地(市)河务局原设的主任工程师职务改称为总工程师。

6月5～7日　国家防总总指挥、国务院副总理姜春云在参加黄河防总防汛会议之际，率领黄河防总及四省领导到东营市视察和指导防汛工作。

6月18日　河口管理局办公楼落成。黄委副主任陈先德、山东河务局局长李善润、东营市委书记李殿魁等应邀参加落成典礼。新址位于东营市东城府前街北侧，占地面积40亩，自1991年开始筹建，陆续完成办公楼、食堂、车库、中央空调锅炉房等建设工程的施工，建筑总面积9600平方米。办公楼高10层，建筑面积6641平方米，由浙江省城乡规划设计研究院设计，淄博市邢家建工实业有限公司施工，自1993年8月开工，1995年5月通过竣工验收。是月25日，河口管理局机关办公驻地迁新址。

6月30日　黄委批准河口管理局机构改革"三定"（定机构、定职能、定人员）方案，管理局机构改革全面展开。

7月5日　河口管理局参加黄河防总组织的通信保障和汛情传递实战演习。

7月24日　东营市抗旱防汛指挥部（以下简称东营市防指）在利津崔家控导举行柳石搂厢、柳石枕、堵塞漏洞等防汛抢险技术演习。

7月27～31日　黄河口演变与治理学术讨论会在东营市举行。中国水利水电科学研究院（以下简称中国水科院）、黄委、美国得克萨斯州立大学、路易斯安娜大学及山东河务局、青岛海洋大学、中国科学院海洋局等单位的中外专家、学者参加。东营市委书记李殿魁做《稳定黄河现行入海流路的实践与理论思考》学术报告。

8月7日　中共黄委党组通知：袁崇仁任山东河务局副局长、党组成员，免去其河口管理局局长、党组书记职务。

9月1日　东营市召开黄河工程用地确权划界工作会议，传达、部署黄河工程用地确权划界的任务和做法。

9月6日　参加潘季驯治河理论与实践学术研讨会的80余名领导、专家、学者到黄河口进行考察并在东营市举行了黄河河口治理与开发座谈会。

9月7日　利津水文站出现本年度最大流量2390立方米每秒。

同日，举行《东营市黄河志（1855～1988）》首发仪式。该书是中国七大江河流域中第一部记述河口演变与治理史况的专著，由齐鲁书社出版发行，获1995年东营市社会科学优秀成果一等奖。

9月16日　中共山东省委副书记、常务副省长宋法棠视察黄河口，对河口治理成效给予高度评价。

9月28日　中共山东省委副书记陈建国视察黄河口，对河口治理成绩给予肯定。

10月13日　中共黄委党组黄党〔1995〕87号文通知：任命宋振华为黄河河口管理局局长。

10月31日　本年汛期结束，汛期利津站实测输沙量5.48亿吨，最大流量2390立方米每秒。

11月14日　中共东营市委批准：宋振华任中共黄河河口管理局党组书记。

11月17日　东营市人民政府第19次常务会议审议通过《东营市黄河河道管理办法》。

11月27日　济南至河口数字微波通信干线建成开通。

12月20日　山东河务局公布:刘建国任河口管理局副局长(正处级),免去其利津县河务局局长职务。

是年,黄河先后断流3次,累计时间122天,断流河段上延到河南开封黄河大桥,长度达683千米。

1996 年

1月25日　山东河务局公布:杨德胜任利津县黄河河务局局长;薛永华任东营区黄河河务局局长。

2月6日　国家计委批复项目建议书,投资总额36146万元,工程建设工期按5年时间进行安排。

2月8日　河口管理局召开1996年治黄工作会议。

2月13日　黄河口治理研究所召开第二次年会。山东省政协副主席李殿魁,中共东营市委书记国家森、副市长李吉祥,胜利石油管理局局长陆人杰、副局长何富荣,山东河务局局长李善润,副局长石德容、王曰中,总工程师张明德,原副局长龙于江,黄委黄河水利科学研究院(以下简称黄委水科院)副院长张洪武、高级工程师李泽刚等领导和专家出席。

2月15日　黄河凌汛解除。凌汛期间,东营河段两封两开,凌洪造成利津以下漫滩。

5月11日　黄河口清8人工出汊造陆采油工程(以下简称清8出汊工程)开工。

5月22日　全国政协副主席杨汝岱考察黄河口。

6月15日　举行纪念清水沟流路行河20周年座谈会。与会人员畅谈改道初衷和后续治理的成功经验与感受。会议确定,把每年的5月21日作为"改道清水沟流路纪念日"。

6月19日　中共山东河务局党组公布:孙寿松任河口管理局副局长、党组成员。

7月13日　东营市黄河防汛抢险拉练实战演习在东营区南坝头险工举行。

7月18日　黄河尾闾河道改由清8汊河入海。

8月7日　山东省省长李春亭到东营市检查黄河防汛准备工作。

8月14日　水利部副部长、国家防总秘书长周文智在省、市领导陪同下检查东营黄河防汛工作,察看清8出汊工程。

8月20日　利津站出现较大洪峰,实测流量4130立方米每秒,相应水位14.70米,比1976年出现的历史最高水位低0.01米,导致防洪工程多处出险,20处滩区进水成灾。

9月21日　黄委原副主任杨庆安等察看河口防洪工程、清8出汊工程及综合经营项目。

9月26日　山东河务局局长李善润等专程察看清8出汊工程,对人工出汊改道成功给予肯定。

10月20日　东张水库工程竣工。

10月26日　由黄委主持的《黄河河口南防洪堤加高加固及延长工程的初步设计》审查会在东营市举行,历时3天。

10月28日　北大堤淤临首期工程正式开工。

10月31日 本年汛期结束,汛期利津站实测径流量 128.79 亿立方米,输沙量 4.20 亿吨,最大流量 4130 立方米每秒。

11月7日 黄委主任綦连安到河口管理局视察工作。

11月13日 山东河务局原局长田浮萍、齐兆庆、葛应轩等专程到垦利县河务局进行视察。

11月14日 东营市举行纪念人民治黄50周年大会。大会由河口管理局筹办,山东河务局,东营市委、市政府、市人大、市政协,东营军分区,济南军区后勤生产基地,胜利石油管理局及县(区)领导计100余人应邀出席大会。河口管理局局长宋振华作了《除害兴利,稳定流路,为促进黄河三角洲开发建设做出更大贡献》的报告。市委书记国家森代表市委、市政府发表讲话。与会人员还参观了人民治黄50年成就展览。

12月16日 三十公里引黄闸工程竣工验收。

12月25日 路庄引黄闸工程竣工验收。

是年,利津站2月14日至12月18日先后断流9次,累计断流时间136天。其中3～6月断流100天,断流河段最长时达579千米。断流严重期间,黄委、山东河务局为东营调水3次,水量1.86亿立方米。

1997 年

1月27日 河口管理局召开治黄工作会议。

1月29日 1997年黄河口治理工作年会召开。山东省政协副主席李殿魁,中共东营市委书记国家森、副市长李吉祥,胜利石油管理局副局长何富荣,山东河务局副局长王曰中及黄委水科院、东营市经济研究中心、黄河口水文水资源局等单位的领导和专家40余人参加会议。与会人员实地查看清8出汊工程河势演变情况。

2月15日 黄河凌汛结束。凌汛期间,东营黄河三封三开。

3月15日 南防洪堤加高加固延长一期工程开工。

3月27日 国家防总、黄委、华北水利水电学院等单位组成的黄河防汛专家检查团,来东营检查黄河防汛险点、险段。

4月10～12日 黄河断流及其对策专家座谈会在东营市召开。会议由国家计委、国家科委、水利部联合主持,国家有关部委、高等院校、科研机构和山东、河南两省的70多位专家、代表参加会议。与会人员就黄河断流成因与发展趋势、解决黄河断流的方略和对策进行了讨论。

4月20日 应水利部邀请,荷兰政府派遣专家与中方专家共同对黄河口进行考察,就黄河下游挖河疏浚问题进行调研。

5月25日 中共山东省委书记吴官正视察河口治理工程。

5月29日 省防指下发《关于抓紧完成黄河堤防抢修子堰备土的紧急通知》,南展备土任务20万立方米。

6月3日 河口管理局召开紧急会议,传达国务院副总理姜春云在郑州召开的黄、淮、海流域防汛现场会议精神,签订应急度汛工程建设责任书。

7月23日 河口管理局、东营市水利局、城建委联合在东城胶州路举办"防汛宣传一条街"活动。

8月19日　受11号台风影响,东营市遭受强热带风暴和海潮袭击,最大风力12级,最高潮位3.8米,降雨量155毫米,黄河防洪工程设施损毁较重。

8月30日　山东河务局局长李善润、副局长袁崇仁等查看引黄蓄水情况,解决东营市蓄水不足问题。

10月19日　国家防办副主任王志民、黄委河务局副局长刘洪宾、山东河务局副局长石德容等来东营市检查指导防汛抢险工作。

10月31日　本年汛期结束,汛期利津站实测径流量2.47亿立方米,输沙量0.08亿吨,最大流量1330立方米每秒。受小浪底水库大坝截流影响,黄河下游未出现较大汛情。

11月21日　第四次向河口地区调水成功。河口地区自2月7日开始,先后发生13次断流,累计时间226天。断流河段最长时达704千米。东营市政府、胜利石油管理局、中国石油天然气总公司频频要求向河口地区调水。黄委主任鄂竟平多次主持召开会议,先后4次采取紧急调水措施。前3次调往河口地区的总水量为7.35亿立方米。第四次调水是在小浪底水库截流不久进行的,上中游水调办公室采取临时调整发电计划,压减宁、晋、豫三省配水指标等措施,将调剂后的水量全部送往下游。

11月23日　黄河下游挖河固堤试验启动工程开工。

12月14日　河口管理局科技工作暨学术交流会召开。

12月19日　南防洪堤加高加固延长工程(一期)通过山东河务局主持的阶段竣工验收。

1998 年

2月12日　黄河凌汛解除。由于强冷空气影响,自1月14日垦利县一号坝险工开始形成阶梯性封河,至19日封冻上界抵达东明县境。2月上旬,气温逐渐回升,河道已经断流,冰凌就地融化。

3月26日　黄委主任鄂竟平、副主任李国英一行到挖河固堤工程施工现场进行考察,山东河务局、东营市、胜利油田的领导陪同。在对挖河固堤工程问题进行座谈时,鄂竟平强调,挖河固堤是治黄的战略性措施,在黄河防洪中具有全局性意义,国务院、水利部的领导对此高度重视。

4月7日　市政府组织黄河滩区村庄、群众的搬迁工作。至7月中旬,需要搬迁的11个村庄全部安置就绪。

4月15日　由中央电视台和《经济日报》组织的"黄河断流万里探源"活动正式启动。记者团从黄河入海口的清8断面溯源而上,进行为期3个月的实地采访。

5月29日　山东省副省长陈延明视察挖河固堤试验工程。

6月6日　挖河固堤试验工程提前竣工,通过黄委组织的竣工验收。水利部部长钮茂生、总工朱尔明在黄委主任鄂竟平、副主任陈效国,山东省副省长陈延明、省政协副主席李殿魁,山东河务局局长廖义伟等陪同下,察看了挖河固堤试验工程实施情况,参加了竣工仪式,并对下步工作提出要求。

6月6日　东营市境内开始连降大到暴雨。平均降雨量为133.7毫米,最大为237.0

毫米,多处防洪工程设施遭到损坏。

6月14日　罗家屋子水源沉沙池二期及扩建工程竣工。该项目由胜利油田投资。山东河务局于7月15日主持进行竣工验收。

8月20日　管理局组织参加黄河防总、省防指举行的以防御建国以来最大洪水为目标的防汛抢险模拟演习。

10月15日　东营区河务局被山东河务局确定为机构改革试点单位之一。

10月28日　山东河务局研究决定:成立黄河水利委员会山东东营水政监察支队。

10月31日　本年汛期,利津站实测径流量84.27亿立方米,输沙量3.47亿吨,最大流量3020立方米每秒。

11月9日　中共黄委党组通知:王昌慈任河口管理局局长、党组书记,免去宋振华河口管理局局长、党组书记、黄河口治理研究所所长职务。

11月17日　水利部确认宋振华为享受教授、研究员同等有关待遇的高级工程师。

11月19日　河口管理局所辖4个县(区)河务局分别成立水政监察大队。

12月15日　南防洪堤加高加固延长工程(二期)竣工,山东河务局实施阶段验收。

12月18日　山东河务局批复设立黄河故道管理处。

是年,利津站自1月1日起,先后断流14次,累计时间137天,断流时间之早、次数之多皆突破以往记录。

1999 年

1月10日　河口管理局采用竞争上岗办法,选拔黄河故道管理处主任。

1月28日　水利部部长汪恕诚率领黄河考察团实地查看打渔张引黄闸、麻湾分洪分凌闸、挖河固堤工程。黄委、山东省政府及有关厅(委)负责人陪同。

2月4日　安全度过凌汛。自1月9日护林险工开始断续封河,上界抵达齐河县程官庄险工。1月下旬,由于大河流量锐减,王庄险工以下断流,冰凌逐渐融化。

2月7日　河口管理局召开1999年治黄工作会议。会上,管理局与4个县(区)河务局签定了目标责任书。

2月20日　河口管理局成立黄河防汛技术培训中心。

3月13日　东营区河务局机构改革试点工作结束。

3月22日　执行山东省人民政府《关于罚款决定与罚款收缴分离工作的通知》,河口管理局与东营市工商银行签定代收协议;4个县(区)河务局分别与所在县(区)的农业银行签定代收协议。

3月25日　国家计委副主任刘江、黄委副主任陈效国等在山东省副省长陈延明、山东河务局局长廖义伟、东营市委书记国家森、胜利石油管理局局长王作然、河口管理局局长王昌慈陪同下,先后到挖河固堤工程、南防洪堤加高加固工程、黄河入海口等地进行考察。

3月26日　河口管理局机关实施政、企(事)分离制度。按照"独立办公、分灶吃饭"的原则,继黄河故道管理处之后,黄河口治理研究所、山东黄河工程局第一工程分局、东营黄河防汛技术培训中心等三个企事业单位亦从机关分离。

4月1日　东营市委、市政府主持召开全市水利、治黄暨防汛工作会议。

4月9日　"山东省保护母亲河绿色工程——黄河三角洲万亩青年生态林建设"正式启动。该工程是由共青团中央、全国绿化委、林业部等发起组织的"保护母亲河行动"的重要组成部分,实施期限为5年。

4月21日　东营市防浪林工程竣工。该工程位于黄河左岸大堤桩号 307＋778～315＋390 之间。

4月22日　国家计委、山东省计委派员到河口管理局检查河口治理一期工程建设项目落实及资金使用情况。

5月8日　山东河务局原副局长龙于江、总工张明德等,对麻湾分凌分洪闸、章丘屋子泄洪闸及其他病险涵闸进行安全性能检查和鉴定,提出安全度汛措施和意见。

5月15日　国家审计署驻郑州特派员对河口管理局1998～1999年水利建设资金进行全面审计。

5月19日　东营市政府召开黄河大堤灭鼠专题会议。各县(区)卫生、防疫及黄河河务部门的负责人参加。

5月20日　中共山东河务局党组任命房师勇为中共河口管理局党组成员。

5月21日　东营市委书记、市抗旱防汛指挥部指挥石军率领市防指成员单位的领导人认领各自的防汛责任段。

6月1日　河口管理局举办行政首长黄河防汛研讨班。

6月12日　在山东黄河防汛抢险新技术演示会上,河口管理局研制的"冲水冲气袋枕抢护风浪险情"被选送到黄委参加演示。

6月23日　中共中央总书记、国家主席、中央军委主席江泽民率领国务院、中央军委、中央有关部门负责人温家宝、王瑞林、王刚、滕文生、华建敏、傅志寰、汪恕诚、刘江、由喜贵、王沪宁、贾延安等视察东营市时,在丁字路口察看黄河入海流路情势。黄委主任鄂竟平、副主任陈效国及山东省、东营市、胜利油田、河口管理局的主要领导陪同前往。

6月26日　利津黄河公路大桥工程开工典礼举行。

6月28日　东坝控导上延工程竣工。同日,按照标准破除生产堤工作全部完成,全市生产堤破口长度共44.02千米。

6月29日　南防洪堤加高加固延长三期工程竣工。

7月6日　市防指在十八户控导工程举办油地军联合参加的黄河防汛抢险实战演习。

7月8日　河口管理局与四个县(区)河务局防汛微机全部联网,初步建成办公自动化系统。

7月14日　中华环保世纪行"爱我黄河"记者团到达东营市进行考察采访。

7月16日　中古店控导改(续)建工程竣工。同日通过山东河务局主持的竣工验收。

7月17～18日　东营区、垦利县堤防道路工程,利津辛东险点消除工程,十八户控导(续建)工程通过山东河务局主持的竣工验收。

7月23日　黄委主持的黄河河口治理专家研讨会在河口管理局召开,会期3天,与会人员50余名。

7月26日　国家审计署驻济南特派员办事处对1997～1999年黄河入海流路一期治理工程建设资金进行专项审计。

8月11日　山东河务局公布薛永华不再担任东营区黄河河务局局长职务;聘任路来武为河口区黄河河务局局长。

8月14日　防洪工程雨毁严重。自8月8日始,全市连续降雨,最大降雨量282毫米,黄河堤防出现水沟浪窝8873条,流失土方3.34万立方米,损坏防汛屋、守险房、仓库等937间,直接经济损失达106.8万元。

8月17日　山东河务局聘任王宗波为河口管理局副总工程师。

9月2日　河口管理局召开专题会议,部署机构、人事改革工作。

9月6日　河口管理局处(县)级干部竞选工作启动。符合条件的38人(次)科级以上干部,参加8个正、副处长职位的竞选。

10月14日　基层单位机构、人事改革全面推开。利津、垦利、河口三个县(区)河务局同时召开会议,竞选机关中层领导干部(正、副科级)职务。

10月22日　黄委副主任廖义伟率领检查组对河口管理局"九五"期间工程管理工作进行全面验收。

10月31日　本年汛期结束,汛期利津站实测径流量41.1亿立方米,输沙量1.78亿吨,最大流量2090立方米每秒。

12月29日　河口管理局召开首届职工代表大会,来自全局的6个代表团、92名代表出席大会。

是年,经国务院授权黄委实施了黄河水量统一调度方案,黄河断流情况改善。利津站自2月6日6时开始第一次断流,比1998年第一次断流时间推迟35天。年内,利津站断流共2次,累计时间41天。其中自3月12日恢复过流后,至7月15日断流7天。

2000 年

1月26日　山东河务局聘任宋振利为东营区黄河河务局局长。

2月14日　凌汛结束。凌汛期间,东营黄河出现两封两开,其中第一次开河出现多年少见的"武开河"现象。

2月22日　三门峡黄河明珠集团董事长兼总经理李春安一行20人在黄委副主任、山东河务局局长廖义伟陪同下,对东营黄河凌情、防洪工程建设以及胜利油田引蓄水工程等进行考察。

2月29日　河口管理局因引黄供水工作成绩突出获东营市委、市政府颁发的"特别贡献奖"。

3月21日　十八户引黄闸除险加固工程开工。该闸已运行30多年,被列入黄委在编险点。

4月5～6日　纪冯、罗家、常庄、宫家、綦家嘴、王庄等险工改建工程相继竣工。

4月7～9日　黄委黄河水价管理研讨会在河口管理局培训中心召开。

4月11日　河口区河务局职工王强、宋连华、宋德三出差返回途中居住的宾馆发生火灾,三人不幸遇难身亡。

4月13日　由中国科学院、中国水科院和清华大学专家、教授组成的黄河下游治理考察团到东营进行考察、调研。

4月16日　黄委主任鄂竟平、副主任廖义伟等考察河口治理和水资源开发利用情况。

4月17日　利津南十六户加固工程、中古店控导改建工程通过山东河务局主持的竣工验收。

4月25日　利津东关截渗墙工程通过山东河务局主持的竣工验收。

4月28日　东营麻湾险工12座坝加高改建工程通过山东河务局主持的竣工验收。

5月24日　山东河务局通知河口管理局副局长刘友文调任淄博市黄河河务局局长。

5月26日　东营市政府召开全市防汛工作会议,部署内河、黄河防汛工作。

6月7日　东营市政府举办黄河防汛首长暨抢险现场指挥员、技术指导员培训班。

6月10日　利津綦家嘴混凝土截渗墙工程竣工。

6月23日　东营市防指在垦利县十八户控导举办黄河防汛抢险实战演习。

6月30日　南坝头险工下延7#、8#坝工程竣工。

7月5日　山东河务局副局长袁崇仁代表山东省抗旱防汛指挥部率领有关人员检查东营市黄河防汛准备工作。

7月24日　水利部副部长敬正书率领考察团到东营市考察黄河防汛工作。黄委主任鄂竟平、副主任陈效国,山东省副省长陈延明,山东河务局副局长袁崇仁、山东省水利厅副厅长李新华等陪同。

8月18日　山东黄河政务、厂务公开经验交流会在河口管理局召开。

9月11日　垦利县十八户引黄闸完成老闸拆除和新闸建设,正式开始放水。

10月14日　中国科学院院士刘昌明带领由北京大学、清华大学、北京师范大学、武汉大学水利水电学院、长安大学、中科院地理所、中国水科院、黄委水科院等单位的专家和教授组成的考察团到黄河口进行实地考察。

10月19~22日　垦利宁海控导上延、1999年下半年开工的机淤固堤、河道整治、堤防截渗等16个工程项目通过山东河务局主持的竣工验收。

10月31日　本年汛期结束,汛期利津站径流量18.72亿立方米,输沙量0.12亿吨,分别比多年平均值少91.1%和98.8%,但未出现断流现象。

11月9日　山东河务局组织的联合检查团对河口管理局工程管理工作进行全面检查。次日,举行工程管理座谈会。

11月23日　黄委河务局对河口管理局"九五"期间工程管理工作进行全面检查。

12月1日　国家计委调整黄河下游引黄渠首供水价格。这是自1989年以来第一次按供水成本调整引黄渠首供水价格,取消以粮折价的定价方式。

12月21日　被列入全国大型引黄灌区的王庄灌区节水改扩建工程竣工。该项目自1999年11月开工。

12月27日　山东土木工程学会黄河口治理学术研讨会在河口管理局召开。

是年,利津站径流量49.1亿立方米,来水量之少仅次于1997年,是有水文记录以来第二个枯水年份。由于黄委采取"精心预测、精心调度、精心监督、精心协调"措施,扭转了河口地区连续9年发生断流的局面。

2001 年

1月3日　《人民日报》经济部主编遵照国务院总理朱镕基指示,到东营市就黄河断流和黄河水资源统一调度问题进行采访。

1月5日　河口管理局聘任陈兴圃为河口区黄河河务局局长,免去路来武河口区黄河河务局局长职务。

2月20日　河口管理局召开2001年治黄工作会议和首届职工代表大会第三次全体会议。

3月6日　中央电视台(七套)《科技之光》栏目记者到东营就引黄调水及黄河断流对生产、生态、环保的影响等问题进行现场采访。

3月7日　山东电视台《今日报道》栏目记者到东营就黄河口摆动及其治理情况进行采访。

3月15日　在九届全国人大四次会议上,黄河三角洲建设和发展正式列入国家"十五"计划。

4月1~2日　山东省黄河防办主任会议在东营黄河防汛培训中心召开。

4月8日　《东营市黄河洪水调度规程》颁布执行。

5月8日　东营市政府召开全市水利防汛抗旱气象暨农业机械化工作会议,部署黄河防汛工作。

5月14日　河口管理局完成《黄河河口管理办法(初稿)》并上报。

5月28日　《黄河三角洲高效生态经济发展规划(2001~2010年)》通过来自中国农学会、中国工程院学部工作部、中国工业专家咨询团的卢良忠、杨振怀等24名国内著名专家组成的黄河三角洲高效生态经济发展规划专家委员会的审查论证。

6月13日　中国水科院、清华大学、黄委设计院及水科院组成的专家组就"引用海水冲刷黄河下游河槽研究"项目到东营进行考察。

6月18日　黄委副主任石春先率队检查东营市黄河防汛工作。

6月30日　利津299+000~309+806堤防道路工程竣工。

7月10日　胜利浮桥建成通车。该桥位于垦利县城以北黄河一号水源附近,由垦利县河务局、垦利县运输公司、利津县交通集团、利津县河务局等四家共同投资1134万元,经过一年时间筹划建成。

7月19日　黄委主任李国英、副主任徐乘、主任助理郭国顺,山东河务局局长袁崇仁、副局长郝金芝和王昌慈等到河口管理局检查指导工作。

8月5日　东营市政府召开全市防汛工作专题会议,副市长杨志良代表市政府与4个沿黄县(区)政府签订黄河防汛责任书。

8月14日　各县(区)河务局研制的TO探漏器、PVC管导渗、自动充气堵漏器、机械捆枕器在利津放淤固堤工程进行演示,并通过河口管理局专家组验收。

9月4日　水利部规划计划司考察组对河口管理局列报的"十五"科研重点建设项目进行实地考察。

9月10日　东营市以政府采购方式为黄河防汛添置工具料物一宗,价值80万元。

9月17日　中共黄委党组通知,通过公开选拔,贾振余任河口管理局局长、党组书记(试用期一年)。

9月20日　利津大堤加高工程通过山东河务局主持的竣工验收。

9月24日　十八户闸除险加固工程通过山东河务局主持的竣工验收。

9月25日　清4控导工程通过山东河务局主持的竣工验收。

9月26日　利津黄河大桥建成通车。省人大常委会副主任汪渭田、省政协副主席李殿魁,东营市领导石军、刘国信等参加通车典礼。

9月29日　中共山东河务局党组决定王银山任河口管理局副局长、党组成员。

10月1日　山东黄河(河口)第二次挖河固堤工程开工。

10月15日　黄委授予河口管理局"黄河水调先进集体"称号。

10月31日　本年汛期结束,汛期利津站实测径流量12.7亿立方米,输沙量0.07亿吨,利津站实测最大流量660立方米每秒。

12月28日　东营市黄河口泥沙研究所、黄河口治理研究所完成的科研报告《延长黄河口清水沟流路行水年限的研究》在济南通过专家评审鉴定。

12月30日　河口管理局聘任宋振利为垦利县黄河河务局局长,免去李梅宏垦利县黄河河务局局长职务;聘任孙本轩为东营区黄河河务局副局长(主持工作)。

是年,河口管理局以"管理效益年"为主题,在职工中开展政务管理制度化、施工管理规范化、质量管理标准化、经营管理企业化等活动,强化"向管理要效益"的工作意识,促进河务管理总体水平的提高。

2002 年

1月15日　黄河封冻河段平稳开通,凌汛提前结束。

1月26日　河口管理局召开2002年治黄工作暨首届职工代表大会第四次全体会议。

3月5日　水利部派出审查组对河口管理局编报的"十五"(2001～2005年)防洪工程建设项目可行性研究报告进行现场查勘。

3月9日　全国开展第一个"保护母亲河日",社会各界参加黄河植树造林活动。

3月28日　全河精神文明建设暨思想政治工作会议在河口管理局召开。

4月4日　水利部总工程师何文恒一行到黄河口拦门沙区进行考察,对河口治理提出指导意见。

4月16～19日　黄河报社、黄河电视台新闻记者对东营市副市长杨志良和沿黄四县区行政首长进行采访。

5月1日　水利部原总工朱尔明对河口模型筹建地址、黄河三角洲自然保护区进行实地考察。

5月22日　河口管理局召开数字河口立项报告研讨会。国家信息中心、国家计委学术委员会软件测评中心、北京国土资源遥感中心、解放军信息工程大学的专家以及河务部门的领导、专家参会,为期两天。

5月28日　东营市政府组织召开防汛工作会议,部署黄河防汛任务。

5月31日　中共山东河务局党组决定董永全任河口管理局副局长、党组成员;免去王银山河口管理局党组成员、副局长职务。

6月16日　东营市市长刘国信查看险工险段、群众备料、基干班组织训练等情况。

6月21日　黄河防总检查组对东营市黄河防汛准备、责任制落实、度汛工程施工、抢险技术培训、防汛自动化及水文、通信设施进行检查。

6月28日　山东省总工会与五部(委、厅)联合授予河口管理局"全省厂务公开工作先进单位"称号。

7月4日　全河首次调水调沙试验开始。试验历时11天,利津水文站2000立方米每秒以上流量持续9.9天。

7月19日　国务院总理朱镕基、副总理温家宝率领水利部部长汪恕诚、国家计委主任曾培炎及有关部委领导到山东视察黄河防汛工作期间,实地考察了黄河入海口及湿地自然保护区。在听取山东河务局和东营市领导汇报后,朱镕基提出在黄河口地区建设500万亩速生林和100万吨木浆厂的建议,并要求抓紧研究论证。

7月20日　山东省副省长陈延明、黄委主任李国英等到东营考察黄河入海情况。下午,在东营宾馆主持召开会议,专题研究黄河河口四段以下治理、黄河口速生林基地和木浆厂项目建设问题。会议确定,由省计委牵头督办,山东河务局、东营市政府、胜利油田根据四段以下实际情况分头写出专题报告,最终由省政府、水利部和中石化总公司联合上报国务院,解决河口治理投资问题。

8月5日　河口管理局发布《防洪工程建设管理办法(试行)》和《引黄供水调度暨水费征收管理办法(试行)》,即日开始执行。

9月6日　山东河务局局长袁崇仁率领山东河务局及河口管理局的领导和有关部门负责人,对近代黄河三角洲10条入海流路口门及河口防洪工程进行全面考察,历时3天。

9月18日　河口管理局首届职工代表大会召开第五次全体会议。

10月12日　利津299+000～309+806堤防道路工程通过山东河务局主持的竣工验收。

10月13日　河口区河务局至丁字路口800兆集群移动系统扩容工程、河口地区微波电路改造通信工程、罗家险工和护林控导改建工程通过山东河务局主持的竣工验收。

10月31日　本年汛期结束,汛期利津站实测径流量29.1亿立方米,输沙量0.56亿吨,利津水文站汛期径流量、输沙量分别比多年平均值少85.8%和92.4%。7月19日5时出现最大流量2500立方米每秒。

同日,秋季调水任务全面完成。是年秋季,黄河口地区遭受百年不遇的严重干旱,黄河流域普遍缺水。国务院、水利部、黄委向山东黄河调水8亿立方米。经省长办公会议研究确定,向东营市供水0.9亿立方米。1～10月,全市引黄水量已达11.06亿立方米,比上年同期增加2.14亿立方米。

11月6日　《黄河河口治理规划报告》通过水利部审查。该规划对河口地区防洪、防潮、水资源利用、滩涂资源开发提出近期(2010年)和远期(2020年)治理目标。审查会议于8日结束,与会人员原则同意报告内容。

11 月 11 日　山东河务局聘任程义吉为河口管理局总工程师。

11 月 13 日　河口管理局根据山东河务局批复的机构改革"三定"方案以及水管单位体制改革精神,制定《局属事业单位机构改革实施意见》。

11 月 14 日　河口管理局研究并报请山东河务局同意,聘任仇星文为利津县黄河河务局局长,试用期一年。

11 月 19 日　黄委通知,经任职试用期满考核合格,贾振余任黄河河口管理局局长;王昌慈不再担任河口管理局局长职务。

12 月 3 日　自 4 月 11 日开工的麻湾灌区节水改建工程竣工。

12 月 26 日　《黄河河口 2001~2005 年防洪工程建设可行性研究报告》通过黄委审查。

12 月 30 日　河口管理局召开会议,对 11 月开始的机构改革工作进行全面总结。

12 月 31 日　劳动合同制职工基本养老保险进入省级社会统筹。自 1985 年实行劳动用工制度改革以后,河口管理局招收的合同制工人按照规定参加地方养老保险。1992 年,根据上级有关精神改为行业统筹。2002 年底,劳动和社会保障部、财政部、水利部联合下达通知,要求水利事业单位劳动合同制职工基本养老保险移交地方管理。此后,经过多次协调,山东河务局与山东省劳动和社会保障厅达成协议,将包括河口管理局在内的 1100 多名劳动合同制职工的基本养老保险纳入省级社会统筹。

2003 年

1 月 9 日　山东河务局将建材局、船舶工程处等困难单位的 380 余名离退休人员和 200 余户已故老同志遗孀,按居住情况分别安置到 8 个市河务(管理)局及所属单位,负责其离退休金、医疗费用等事宜。河口管理局共接收 31 人。

2 月 11 日　河口管理局召开治黄工作会议和第一届第五次职工代表大会。

2 月 18 日　黄河凌汛无虞,两次封河皆为"文开河"。

3 月 8 日　由黄委科学技术委员会主任陈效国等组成的专家组到河口管理局进行工作调研,并就南展宽工程运用以及河口的治理和管理等问题进行座谈。

3 月 10 日　中共山东河务局党组通知,王均明任中共黄河河口管理局党组副书记、纪检组组长,原任职务同时解聘。

3 月 18 日　河口管理局获东营市委、市政府颁发的 2002 年度特别贡献奖。

3 月 23~25 日　黄河河口问题及其治理对策研讨会在东营市召开。来自水利部、黄委、清华大学、北京大学等有关部委、科研院校的专家、学者,新华社、《人民日报》等中央及省市新闻媒体记者共 200 多人参加会议。与会人员对黄河现行入海流路、孤东防潮堤、东营海港、刁口河入海流路以及广南水库等进行实地考察,从防洪安全、生态环境、社会经济发展等不同角度,探讨黄河河口治理与开发模式,通过了《关于加强黄河河口研究及加快治理步伐的建议》。

4 月 9 日　河口管理局成立东营市黄河志(续)编纂委员会,下设办公室。其后,根据人员变动和工作需要,先后进行两次调整。

4 月 11 日　中共山东河务局党组决定刘新社任河口管理局副局长、党组成员,不再担任工委主席职务;李建成任河口管理局工委主席、党组成员。

4月23日 东营市防汛抗旱指挥部成员进行调整。调整后,石军(市长)任指挥,杨志良(副市长)任常务副指挥,郑全德(东营军分区司令员)等6人任副指挥,宋金兰等32人为成员。指挥部下设防汛办公室、黄河防汛办公室、城市防汛办公室。

4月25日 河口管理局决定东营市黄河工程局所有制性质由国有独资改变为国有控股的股份制企业,并更名为山东乾元工程集团有限公司。

4月28日 河口管理局成立防治非典型肺炎工作领导小组。

5月28日 全市防汛工作会议召开。副市长曹连杰代表市政府与各县(区)和有关部门签订黄河防汛责任书。

5月31日 山东省省长韩寓群到东营市检查黄河防汛抗旱工作,主持召开省、市有关部门负责人参加的座谈会。

6月3日 市委、市政府组织普查队伍,对全市河流的险工险段、病险涵闸及河道设障等情况进行拉网式大检查,发现黄河堤防动物洞穴4982个,堤身残缺3141处,水沟浪窝1720处,陷坑9处。对查出的问题限期解决。

6月15日 由山东水文水资源局设计的新一代缆道吊箱——EDDYBP/S－260型遥控变频调速电动/手动测验吊箱在利津水文站建成并投入使用。

6月20日 河口管理局2001年16处淤背区生态林工程竣工。

6月21日 河口管理局对2001年东营市防浪林工程进行竣工验收,工程质量皆被认定为合格等级。验收段落共8个,其中垦利县境内2段,长度8400米;利津县境内6段,长度29396米。

6月23日 河口管理局对2001年东营市10处险工根石加固工程进行竣工验收,工程质量皆被认定为合格等级。

6月25日 河口管理局参加全河防汛合成演练。此次演练是模拟花园口站发生16100立方米每秒流量特大洪水为目标,由黄委统一组织全河相关系统和部门参加。

7月10日 黄委邀请中央电视台等媒体组成的"黄河万里行"采访考察团抵达东营,进行实地采访。

7月16日 中共河口管理局党组通知,杨得胜兼任中共东营区河务局党组书记、局长职务;孙本轩不再担任东营区黄河河务局党组副书记、副局长职务。

7月31日 河口管理局被山东省精神文明建设委员会命名为2002年度省级文明单位。

8月18日 参加全国保护母亲河领导小组和中国青少年发展服务中心联合举办的全国首届小记者考察黄河夏令营活动的120余名小记者实地考察黄河入海口。

9月16日 位于黄河三角洲莱州湾西岸的东营市中心城防潮体系工程竣工仪式在广利河明海挡潮闸举行。该工程被市委、市政府列入2002年为民兴办的10件实事之一。

9月18日 自9月6日9时开始的黄河第二次调水调沙试验于18时30分结束。

9月25日 水利部政策法规司副司长赵伟带领有关人员到河口管理局进行工作调研,就黄河河口立法和有关事项提出意见和建议。

10月10日 曹店和王庄引黄闸被纳入"数字水调"建设项目。

10月24日　东营区河务局3处放淤固堤和南坝头险工下延工程通过山东河务局主持的竣工验收。

10月25日　垦利县河务局放淤固堤、宁海控导上延、宋庄控导加固工程通过山东河务局主持的竣工验收。

10月26日　利津县河务局3处放淤固堤和东坝控导上延续建工程、山东黄河（河口）第二次挖河固堤工程通过山东河务局主持的竣工验收。

10月27日　东营市6处险工31座坝段根石加固工程、2处控导13座坝段加固工程通过河口管理局主持的竣工验收。

10月31日　本年汛期结束，汛期利津站实测径流量122.26亿立方米，输沙量3.02亿吨。最大流量2890立方米每秒。

11月16日　山东乾元工程集团有限公司通过北京中水源禹质量体系认证中心（CWQCC）进行的ISO9001:2000国际质量管理体系的认证审核。

12月5日　水利部办公厅对河口管理局国家二级档案管理单位进行复查验收。同时对河口区河务局、利津县河务局部级档案管理单位进行复查。

12月9日　山东省财政厅、物价局联合发出《关于同意将黄河大堤堤防养护费转为经营性收费的批复》，自2004年1月1日起正式生效。

12月13日　北大堤0+000～5+586堤防道路工程通过山东河务局主持的竣工验收，工程质量被认定为合格等级。

12月14日　冬季植树结束。4个县（区）河务局共完成植树44.25万株，投入人工5.16万工日，投资393.32万元，其中自筹资金286.56万元。

12月16日　黄委授予河口管理局"2003年黄河抗洪抢险先进集体"称号。

12月21日　首期造纸林建设工程完成5000亩，植树49.55万株。

12月28日　由山东河务局组织的黄河河口治理学术研讨会在东营召开。

2004年

1月1日　开始执行《水利工程供水价格管理办法》规定的水费征收标准。该办法是国家发展和改革委员会和水利部在2003年7月3日联合颁发的。

2月7日　河口管理局召开2004年治黄工作会议暨第二届职工代表大会，传达贯彻黄委确立的"维持黄河健康生命"治河新理念和山东治黄工作会议精神，回顾总结2003年工作情况和首届职代会5年来的工作情况，分析河口治理工作面临的形势和任务，确定2004年工作目标和任务，表彰2003年度目标管理先进单位，签订2004年目标任务书。

2月9日　凌汛结束。黄河淌凌密度达到百分之九十的情况下没有形成封河。

3月2日　黄河口模型试验基地建设工程被列入东营市十大重点工程。

3月10日　由黄委、黄河水利科学研究院、中国海洋大学、山东黄河水文水资源局等单位的领导和专家组成的"山东黄河技术考察组"对河口的防洪工程、利津水文站、刁口河故道等进行实地考察，就存在的主要问题、总体治理方略以及堤防、河道、滩区、河口治理等重大问题进行探讨。

3月16日　利津县河务局对淤区林地管理使用权进行改革试点，将淤区内1020.8

亩片林及相对林地一个生长周期内的林权及相应的林地使用权一次性拍卖给职工。

3月28日　春季植树工作全部完成。4个县(区)河务局共植树22.32万株,其中岁修任务2.68万株,自筹资金植树19.64万株。

4月13日　河口管理局召开依照国家公务员制度管理实施工作动员会。

4月16日　黄河口第三次挖河固堤试验工程正式开工。

4月20日　黄委组织有关单位完成《黄河河口实体模型试验基地建设项目建议书》的编制。

5月13日　东营市人民政府批复同意在胜利大街以西、南二路以北、广利河以南、东二路以东范围内划出1000亩土地用于黄河河口物理模型试验基地建设。试验基地的功能定位以试验为主,同时作为旅游观光基地。

5月17日　被列入第三次挖河固堤试验的口门疏浚工程开工。

5月25日　山东河务局公布黄河河口模型建设管理领导小组名单。该小组由山东河务局、东营市政府、胜利石油管理局、黄河河口管理局的负责人共同组成。

5月28日　市政府召开全市黄河防汛工作会议。

同日,水利部副部长翟浩辉率领的国家防总黄河防汛检查组察看丁字路口、口门疏浚试验工程。

6月12日　水利部水利水电规划设计总院主持的《黄河河口实体模型试验基地建设项目建议书》审查会议在东营市召开。

6月16日　水利部水利水电规划设计总院在东营市主持召开《黄河河口近期治理防洪工程建设可行性研究报告》审查会。黄委、山东河务局、河口管理局、山东黄河水文水资源局、黄河勘测规划设计有限公司等单位的领导和专家共30余人参加审查,基本同意报告内容。

6月21日　黄委行文通知,同意成立黄河河口研究院。

6月23日　河口管理局召开经济工作会议,并与4个县(区)河务局签订2004年经济工作目标责任书。

7月6日　中荷黄河三角洲生态环境研讨会在东营市召开。

7月8日　科研课题"黄河三角洲生态治理技术与资源利用研究与示范"初步通过科研部门专家验收。项目的核心技术"黄河淤背区灌溉缓冲装置"获得国家专利(专利号200420040594)。

7月13日　年内黄河第三次调水调沙试验结束。本次试验于6月19日开始,历时25天。

8月5日　山东河务局通知:经中共山东河务局党组研究决定,任命刘建国、董永全、刘新社为黄河河口管理局副局长;程义吉为黄河河口管理局总工程师。

8月30日　东营市人民政府批准东营市水利局编制的《神仙沟流域综合治理一期工程实施方案》。工程概算投资3351万元,由胜利油田和地方政府共同承担。

同日,根据东营市开展"创建文明城市"活动要求,河口管理局制定《开展建设"文明机关"活动实施方案》。

9月8日　山东黄河经济发展暨工程管理工作会议在河口管理局召开。此前,全体与会代表对沿黄各市局的经济发展和工程管理进行全程考察。在东营,与会人员参观考察了南展堤植树绿化、宫家河务段淤区开发、张滩险工、九龙公司、河口区河务局市场开发、垦利县河务局的 FPP 膜生产线、鑫浩公司 500 亩苗圃等开发项目。

9 月 9 日　由中国科学院地理所研究员夏军、美国哈佛大学教授 Peter 和澳大利亚国际水管理研究院首席研究员 Turral Hugh 组成的"国际挑战计划"项目专家组,参观、考察黄河三角洲自然保护区、清 8 断面、胜利引黄闸等地。

9 月 27 日　利津县河务局"挖塘机和汇流泥浆泵组合输沙试验研究"获山东省职工优秀技术创新成果一等奖。此前该项目还先后受到山东省总工会、黄委、山东河务局、东营市嘉奖。

10 月 12 日　黄河口模型试验基地奠基暨黄河水利委员会黄河河口研究院揭牌仪式在东营市举行。山东省副省长陈延明、黄委副主任徐乘揭牌。来自有关部门的领导和专家出席揭牌仪式。

10 月 22 日　垦利县河务局举行仪式,欢送援藏干部马新国赴西藏工作。

10 月 25 日　河口管理局下发《关于所属县区河务局名称变更的通知》,公布所属县(区)河务局名称变更方案。

10 月 31 日　本年汛期结束,汛期受小浪底水库防洪预泄洪水、第三次调水调沙影响,利津站实测径流量 107.52 亿立方米,输沙量 2.07 亿吨。总量较大,黄河三角洲湿地向大海推进 2.1 千米,新增湿地面积 1.6 万亩。

11 月 21 日　一号坝、路庄、罗家屋子"数字水调"建设项目完成,总投资 231 万元。

11 月 30 日　水利部发布第 21 号部长令,《黄河河口管理办法》已经 2004 年 10 月 10 日水利部部务会议审议通过,现予公布,自 2005 年 1 月 1 日起正式施行。

12 月 7 日　东营市安委会安全生产目标管理考核组对河口管理局 2004 年度安全生产工作进行年终考核。

12 月 16 日　在山东黄河科技与创新会议上,河口管理局被评为"数字黄河"工程建设工作先进单位;利津河务局被评为科技工作先进单位;李士国、赵安平、闫宝柱、王宗文、胡旭东被评为科技与"数字黄河"工程建设工作先进个人。

2005 年

1 月 4 日　山东河务局目标管理考核验收组对河口管理局进行 2004 年度目标管理考核和领导班子、领导干部考核以及党风廉政建设考核。

1 月 13 日　山东河务局主持的黄河口模型试验厅设计方案汇报会在东营市举行。

1 月 24 日　河口管理局召开 2005 年工作会议暨二届二次职代会。

1 月 27 日　山东省发展和改革委员会下达《关于黄河口模型试验基地一期工程可行性研究报告的批复》(鲁计农经〔2005〕18 号),工程总投资 5300 万元。其中,中国石化胜利油田有限公司出资 5000 万元,山东河务局筹集 300 万元。

2 月 28 日　黄河凌汛解除。凌汛封河持续 64 天,未形成灾害。

3 月 3 日　中共山东河务局党组任命程义吉为河口管理局党组成员,同时聘任为黄河河口研究院院长,免去其河口管理局总工职务。

3月7日　在东营市委、市政府召开的新闻发布会上,河口管理局获精神文明建设目标考核先进单位、安全生产目标管理先进单位、防汛抗旱先进单位、"双十"工程建设先进单位、支持地方经济社会发展先进单位等荣誉称号。

3月17日　按照黄委统一部署,河口管理局对黄河水利工程用地中未确权划界的工程,制定《水利工程确权划界工作实施计划》。

3月25日　河口管理局在东营电视台举办"水法知识电视大奖赛"。局机关、局直单位及四个县(区)河务局各组织一个代表队参赛。

3月29日　中共山东河务局党组任命王宗文为中共河口管理局副局长、党组成员,试用期一年。山东河务局任命李士国为黄河河口管理局总工程师,试用期一年。

4月8日　国家发展和改革委员会下达《关于调整黄河下游引黄渠首工程供水价格的通知》,决定调整引黄渠首对工业和城镇生活用水的供水价格,农业用水价格暂不调整。

5月2日　《黄河河口模型建设项目建议书》通过水利部水规总院组织的专家审查,并上报水利部审批。

5月29日　河口管理局召开二届三次职工代表大会专题会议,审议通过《黄河河口管理局安居工程住房选房方案》。

6月2日　国家海洋环境监测中心卫星监测结果显示,在黄河口海域发现大范围赤潮。黄河口海域赤潮区位于37°33′N119°10′E、37°39′N119°23′E,以黄河入海口为中心呈扇形分布,面积约360平方公里,水色为棕褐色,其外侧为黄绿色水体。

6月5日　利津河务局召开水管体制改革暨事业单位人员聘用制度改革动员大会。至6月10日,水管体制改革人员竞岗、选岗程序全部完成。

6月6日　河口管理局"四五"普法教育通过山东河务局组织的考核验收。

6月16日　第四次调水调沙开始。黄河防总决定,从本年度开始,调水调沙试验正式转入生产运行。

6月17日　东营市召开全市水利暨防汛工作会议,部署黄河防汛和水利建设工作。

7月1日　黄委主任李国英率领防办、规划、水文等部门组成的河道查勘组到河口实地查勘调水调沙期间黄河入海口的过流情况。

7月19日　山东省物价局以鲁价费〔2005〕130号文批准调整山东黄河堤防养护费收费标准,自8月1日起执行。调整后的标准与原标准相比有所提高。

7月27日　黄委"四五"普法工作验收组对河口管理局"四五"普法工作进行考核验收。

8月7日　东营黄河公路(高速)大桥建成通车。

8月10日　受"麦莎"台风影响,黄河防洪工程雨毁较为严重。

8月23日　河口管理局公布《关于实施水行政许可事项的通告》。通告内容包括《黄河河口管理局河道管理范围内生产建设项目(活动)行政许可公示》。

9月29日　水利部批复《黄河河口模型建设项目建议书》,项目内容包括模型制作、仪器设备及测控系统购置和安装、关键专题研究、模型配套设施、室外辅助设施等,总投资2998万元。

10月7日　山东省政协副主席李殿魁带领"巧用海动力治理黄河口"专题调研组来东营调研。

10月20日　黄委在郑州召开《黄河口模型试验厅初步设计报告》审查会,基本同意该设计。

10月31日　本年汛期结束,汛期利津站实测径流量114.24亿立方米,输沙量1.31亿吨,最大流量2950立方米每秒。

11月10日　山东河务局对东营黄河公路(高速)大桥涉及的黄河防洪工程部分进行验收。

12月12～14日　垦利堤防帮宽、东营堤防道路、丁字路口专用水文站建设、2003年控导加固、利津堤防道路、2003年挖河固堤及口门疏浚试验等六项工程,通过山东河务局组织的竣工验收。

12月20日　在山东河务局公布的2005年度工程管理"示范工程"中,利津河务局堤防(305＋000～319＋000)、张滩险工、东关控导、宫家引黄闸、宫家管理段庭院和东营河务局堤防(189＋121～192＋500)、麻湾险工、麻湾引黄闸被确认为示范工程。

12月22日　受持续低温影响,右岸垦利县护林控导2号坝以上(滩桩164＋150～167＋300)首次插冰封河,长度3150米。

第一篇　河　情

　　1989～2005年,东营黄河来水来沙大幅度减少,对河道演变更加不利,主槽淤积加快,"二级悬河"程度加重,大部分河段已经形成"槽高、滩低、堤根洼"的态势。

第一章 水 文

长、短系列统计资料表明,黄河来水量和来沙量都呈现递减状态,断流干河现象则呈现递增状态。为做好水文泥沙测验,河务部门在黄河两岸设立了多处水文(水位)观测站。

第一节 水沙状况

一、长系列特征

1953年以来,黄河先后由神仙沟、刁口河、清水沟流路入海。各条流路行河期间的水沙条件变化很大,清水沟流路行河期间年平均水量、沙量明显减小。详见表1-1。

表1-1 利津站水沙特性统计表

项目	神仙沟 1953.7~1963.12	刁口河 1964.1~1976.5	清水沟 1976.6~2005.12	长时段 1950~2005.12
来水总量(亿 m³)	4946.4	5266.4	6136.81	17925.21
来沙总量(亿 t)	129.7	134.6	147.587	442.843
年平均水量(亿 m³)	471	424	222.78	320.09
年平均沙量(亿 t)	12.4	10.8	5.358	7.91
年平均含沙量(kg/m³)	26.3	25.6	24.05	24.71
年最大水量(亿 m³)	612(1963年)	973(1964年)	491(1983年)	973(1964年)
年最大沙量(亿 t)	21.0(1958年)	20.9(1976年)	11.5(1981年)	21.0(1958年)
年最小水量(亿 m³)	91.5(1960年)	223(1972年)	18.6(1997年)	18.6(1997年)
年最小沙量(亿 t)	2.42(1960年)	4.08(1972年)	0.16(1997年)	0.16(1997年)
汛期水量占全年(%)	62.5	57.6	64.1	61.0
汛期沙量占全年(%)	85.0	80.8	88.9	84.8

说明:本表2003年以前数字录自《黄河三角洲胜利滩海油区海岸蚀退与防护研究》(2006年3月出版),2004~2005年数字录自山东黄河志资料长编资料。

(一)来水量

按利津水文站1950~2005年的实测系列资料统计,黄河多年平均径流量为320.09亿立方米,多年平均流量为1015立方米每秒。最大年径流量为973亿立方米(1964年),最小年径流量为18.6亿立方米(1997年)。年内伏秋大汛(7~10月)4个月的水量占全年总水量的61%。出现的最大洪峰流量为10400立方米每秒(1958年7月21日),最小流量时为断流干河。

（二）来沙量

利津站多年平均输沙量为 7.91 亿吨。最大年输沙量为 21 亿吨（1958 年），最小年输沙量为 0.16 亿吨（1997 年）。输沙量在年内各月分配的不均衡性超过水量。利津站全年沙量分配以 1 月最小，仅占全年总量的 0.4%；以 8 月最多，占全年总量的 32.2%。汛期（7～10 月）4 个月的输沙量平均为 6.71 亿吨，占全年的 84.8%；其余 8 个月的输沙量平均为 1.20 亿吨，占全年的 15.2%。

（三）含沙量

利津站多年平均含沙量为 24.71 千克每立方米，最大年平均含沙量为 48 千克每立方米（1959 年），最小年平均含沙量为 8.79 千克每立方米（1997 年）。出现的最大含沙量为 184 千克每立方米（1959 年 8 月 25 日）。

二、时段特征

（一）来水量

20 世纪 50 年代和 60 年代黄河水量较丰，70 年代显著减少，80～90 年代进一步减少（详见表 1-2）。利津站年平均径流量 20 世纪 50 年代为 480.48 亿立方米，是多年平均值的 1.5 倍。60 年代为 501.16 亿立方米，是多年平均值的 1.57 倍。70 年代为 311.22 亿立方米，比多年平均值小 2.8%。80 年代为 286.27 亿立方米，比多年平均值小 10.6%。90 年代锐减到 140.75 亿立方米，比多年平均值小 56%。2001～2005 年径流量仍然偏小，年均值仅 136.10 亿立方米，比多年平均值小 61.6%，其中汛期来水量 67 亿立方米，占全年的 54.5%，比多年平均值小 65.7%。

（二）来沙量

利津站年平均输沙量 20 世纪 50 年代为 13.20 亿吨，是多年平均值的 1.67 倍。60 年代为 10.89 亿吨，是多年平均值的 1.38 倍。70 年代为 8.98 亿吨，是多年平均值的 1.14 倍。80 年代为 6.39 亿吨，比多年平均值少 19.2%。90 年代为 3.89 亿吨，比多年平均值少 50.8%。2000～2005 年仅 1.55 亿吨，其中汛期输沙量为 1.16 亿吨，占全年的 74.8%，比多年平均值少 82.7%。

表 1-2　利津水文站不同时段径流量、输沙量统计表

时段	径流量（亿 m³）		输沙量（亿 t）	
	全年	汛期	全年	汛期
1950～1959 年平均	480.48	299	13.20	11.4
1960～1969 年平均	501.16	291	10.89	8.68
1970～1979 年平均	311.22	187	8.98	7.57
1980～1989 年平均	286.27	190	6.39	5.77
1990～1999 年平均	140.75	85.9	3.89	3.36
2000～2005 年平均	123	67	1.55	1.16
1950～2005 年平均	320.27	195.62	7.91	6.69

说明：此表摘录自山东河务局编志办《黄河下游站不同时段径流量、输沙量统计表》。

三、清水沟行河时期特征

(一)径流量

1976~1985年年均来水量338.5亿立方米,高于多年平均值5.8%。1986~1995年年均来水量为176亿立方米,低于长系列年均值45%。1996~2005年年均来水量107.75亿立方米,比多年平均值少66.3%。

(二)输沙量

1976~1985年年均输沙量8.31亿吨,高于多年平均值10.5%。1986~1995年年均输沙量4.66亿吨,低于多年平均值41%。1996~2005年年均输沙量1.94亿吨,低于多年平均值75.5%。

(三)流量

1986年以后,2000~4000立方米每秒的流量出现较多,2000立方米每秒的流量平均每年不到40天,比神仙沟、刁口河分别减少55天和37天。大于4000立方米每秒的流量很少出现。3000立方米每秒的流量累计天数减少50%以上。2003年汛期,受华西秋雨影响,黄河下游9~11月出现长时间中常洪水,利津站大于2000立方米每秒的天数达52天,最大流量2870立方米每秒。

(四)汛期水沙

清水沟行河19年的汛期水沙总量与刁口河12年的总量相近,但中常洪水持续时间及水沙量明显减少。年际水沙量变化仍然丰枯悬殊,1990年的水量是1997年的14倍,1994年的沙量是1997年的52倍,并且呈现水沙不同步,经常出现小水带大沙或大水带小沙的情况。汛期含沙量、来沙系数变幅较大。

四、1989~2005年水沙特征

(一)年际特征

1989~2005年,有11个年份属于枯水年,分别为1991~1993年、1995~2002年;有10个年份属于枯沙年,分别为1991年、1997~2005年。来水来沙情况见表1-3。

表1-3 1989~2005年利津水文站水沙特征值统计表

年份	径流量(亿 m³)		输沙量(亿 t)		平均含沙量(kg/m³)		流量(m³/s)	
	全年	汛期	全年	汛期	全年	汛期	平均	最大
1989	241.7	144.4	5.99	5.29	24.8	36.63	766	4620
1990	264.3	130.3	4.69	3.51	17.74	26.94	838	3750
1991	122.5	38.9	2.49	0.79	20.32	20.3	389	2800
1992	133.7	94	4.72	4.48	35.3	47.66	423	3080
1993	185	122	4.21	3.86	22.76	31.64	587	3210
1994	217	118.2	7.08	5.94	32.58	50.25	688	3200

续表1-3

年份	径流量（亿m³）		输沙量（亿t）		平均含沙量（kg/m³）		流量（m³/s）	
	全年	汛期	全年	汛期	全年	汛期	平均	最大
1995	136.7	99.4	5.69	5.56	41.7	55.94	433	2390
1996	155.2	128.5	4.38	4.23	28.22	32.92	491	4130
1997	18.6	2.4	0.16	0.08	8.79	33.33	59	1330
1998	106.1	83.2	3.65	3.36	34.4	40.38	336	3020
1999	68.4	44.6	1.92	1.86	28.07	41.7	217	2090
2000	48.6	17.2	0.22	0.09	4.57	5.23	154	894
2001	46.51	13.07	0.197	0.064	4.24	4.9	147	662
2002	41.89	29.5	0.543	0.523	12.96	17.72	133	2500
2003	192.7	123.33	3.7	2.89	19.16	23.43	611	2860
2004	198.8	108.16	2.58	1.97	13	18.21	629	3200
2005	206.8	113.33	1.91	1.23	9.25	10.85	656	2950
平均	140.26	82.97	3.18	2.69	21.05	29.29	445	

说明：资料录自山东黄河整编资料。

（二）月际特征

黄河流量年内分配亦不均匀。月水量分配以2月最少，仅占全年的3%左右；以8月最多，占全年的18%左右。1995～1997年的6月和1997年的7月，月平均值皆为零。伏秋汛期出现全月无水状态，这是历史上罕见的。各月平均流量见表1-4。

表1-4　利津站平均流量统计表

年份	月平均值（m³/s）												年平均值（m³/s）
	1	2	3	4	5	6	7	8	9	10	11	12	
1989	572	367	464	98.3	457	273	860	1410	2090	1100	837	642	766
1990	480	587	796	521	796	784	1390	1550	1400	572	812	565	838
1991	464	542	326	371	205	1110	202	635	514	123	96.8	106	389
1992	185	61.5	39.2	68.7	18.4	0	32.5	1380	1310	854	669	445	423
1993	359	216	97.3	194	195	15.5	862	2010	1170	554	676	636	587
1994	573	529	657	403	331	0	1284	1885	1052	191	541	850	691
1995	461	233	1.93	57.9	2.31	0	322	1370	1570	502	432	242	433
1996	137	16.2	1.51	13.3	8.9	0	488	2560	1330	460	673	173	491
1997	128	7.9	71.4	256	81.3	0	0	77.6	9.29	4.32	20.1	48.7	59
1998	19.6	3.62	28.8	83	15.7	419	869	1530	661	65.8	129	181	336

续表1-4

年份	月平均值（m³/s）												年平均值（m³/s）
	1	2	3	4	5	6	7	8	9	10	11	12	
1999	189	1.83	127	103	57	126	75.2	223	247	451	179	116	217
2000	115	130	95.2	67.7	52.2	37.4	177	114	103	252	425	274	154
2001	349	255	243	109	73.7	52.3	128	208	65	89	144	57.7	147
2002	89.1	47.2	43.8	58.5	65	72.6	936	64.4	54.2	48.6	53.7	43.5	133
2003	31.5	31.9	38.1	30.7	36.6	59.2	126	209	1870	2460	1620	810	611
2004	593	280	185	149	473	1290	1480	1600	710	271	280	211	629
2005	280	242	146	107	138	1310	1110	769	457	1910	865	496	656

说明：资料录自山东黄河整编资料。

五、泥沙组成

进入河口地区的泥沙中，汛期以中值粒径 $D_{50} < 0.025$ 毫米的细颗粒为主，多年平均含量占全沙的 58.2%；非汛期粗细颗粒所占比例变化不大。利津站泥沙组成情况见表1-5。

根据 1986～1995 年利津至清10断面冲淤测验资料统计，淤积物的组成如表1-6所示：$D < 0.025$ 毫米的床沙占 15.2%～25.7%，$D < 0.05$ 毫米的床沙占 44.1%～68.8%，中值粒径 D_{50} 为 0.040～0.062 毫米，且沿程变细。

河口口门地区沉积物测验资料显示，90% 为粉沙颗粒，中值粒径 D_{50} 为 0.04 毫米；拦门沙河段 51%～77% 为沙质颗粒，中值粒径 D_{50} 为 0.06～0.085 毫米。

表1-5　利津站粗细泥沙量统计表

流路及时段 泥沙组成		神仙沟	刁口河	清水沟		总计
		1953.7～1963.12	1964.1～1976.6	1976.7～1985.6	1986.7～1995.6	1953.7～1995.6
全沙量（亿t）		129.7	134.4	75.6	46	385.7
床沙质 $D > 0.025mm$	沙量（亿t）	42.5	57.3	35.4	17.6	152.8
	占全沙量（%）	32.8	42.6	46.8	38.3	39.6
粗颗粒泥沙 $D > 0.05mm$	沙量（亿t）	16.9	22.8	14.7	6.3	60.7
	占全沙量（%）	13.0	17.0	19.4	13.6	15.7

说明：本表录自《延长清水沟流路行水年限研究》P344。

表1-6 各断面淤积物组成情况一览表

断面名称	利津	清1	清3	清4	清7	清8	清9	清10
$d<0.025$mm 百分数（%）	15.2	25.7	22.8	18.8	22.0	24.4	21.4	25.5
$d<0.05$mm 百分数（%）	44.1	50.9	55.2	48.4	49.6	68.8	63.8	65.7
d_{50}（mm）	0.062	0.048	0.044	0.045	0.045	0.043	0.040	0.042

说明：本表录自《延长清水沟流路行水年限研究》P344。

第二节　水文测验

一、测验技术

1991年10月，黄委自芬兰引进的第一套气象自动测报系统在利津水文站建成并投入使用。该系统集气温、雨量、湿度、风向、风力及辐射量观测于一体，全部由计算机控制，能自动储存观测数据，按要求随时提取资料。

1995年以后，大量研制、引进、推广新仪器和新设备，如远传式遥测水位计、光电测沙仪等，使得水文测验设施设备由原来的浮标投放器、吊船过河缆（索）等设备过渡到全自动水文设施过河设备。HW－1000型遥测水位计的建设和后处理软件的开发并投入使用，使水位观测、记录、处理、计算完全实现计算机自动化，在减小工作强度的同时，提高了水文资料的连续性、准确性。非接触式水位计、遥测雨量计、回声探测仪、计算机等大批先进器具已经成为常规测算设施。资料计算、分析、整编的全过程亦由手工处理升级到计算机处理。水情查询亦逐步实现网络化。

2002年进行第一次调水调沙试验时，东营黄河水文测验部门第一次全方位运用新设备、新技术进行大流量观测，如水下雷达（多频超声测深仪）迅速获得水下地形地貌，GPS系统准确进行定时定位，流量测验记载软件快速获得流量信息，激光粒度仪直接进行泥沙颗粒测量等，使这次试验的水文测报做到快捷、准确、全面。

2003年6月，山东水文水资源局设计的新一代缆道吊箱——EDDYBP/S－260型遥控变频调速电动/手动测验吊箱在利津水文站建成并投入使用。使用结果表明，新设备在低水位测验时具有明显优势。

2005年起，激光粒度仪在全河水文系统推广应用，使泥沙分析技术提高到新水平。

二、观测网站布局

黄河流域水文测验站网由黄委水文局进行统一规划和布设。东营黄河自1950年恢复利津水文站，水文测验站点陆续增加。截至2005年共有基本水文站2个（利津、丁字路），水位站15个，雨量站1个。另在河道内布设淤积测验断面20多个，已对河道冲淤动态进行连续55年测验。

（一）利津水文站
利津水文站位于利津黄河左岸刘家夹河险工，测验断面位于左岸临黄堤桩号318＋

200 处。它是全国大江大河重要水文站之一，也是黄河干流 11 个控制站中距离河口最近的水文基本测站。

该站自 1950 年 1 月从事入海水沙过程观测，1972 年始增加水质监测项目，1978 年被确定为全国性冰凌观测重点站之一。其下辖有清河镇、张肖堂、麻湾 3 个水位站。

该站的主要任务是监测黄河入海流量、沙量，为黄河下游防洪、防凌、水资源统一调度提供水情，为黄河下游河道治理、水沙资源利用以及黄河三角洲开发等提供水文资料。

利津水文站工作人员在进行水文测量

（二）黄河口水文水资源勘测局

黄河口水文水资源勘测局创建于 1951 年，先后定名为前左水位站、前左实验站、前左水文站、前左河口水文实验站。1990 年 7 月，更名为东营水文水资源勘测实验总队。1993 年 12 月，以总队为基础，聘请有关专家挂牌成立黄河河口海岸科学研究所。1994 年 12 月，更名为黄河口水文水资源勘测局。

该局主要承担道旭至河口之间 130 千米的河道大断面监测及渔洼至口门段河势测绘，河口段水情观测，黄河三角洲北起洼拉沟口门、南至小清河口门、总面积 14000 平方千米的滨海区测验以及海洋要素调查等任务。

（三）丁字路水文站

利津水文站距入海口门尚有 100 千米左右，其间分布十多处引（提）黄取水口，设计引水总量近 400 立方米每秒。因此，该站实测资料难以全面反映入海水沙状况。鉴于以上原因，1988～1993 年进行河口疏浚试验时，东营市胜利油田黄河口疏浚试验工程指挥部（以下简称疏浚指挥部）曾在丁字路口设立临时水文站 1 处，主要进行汛期（7～10 月）河流水文测验。该站设于清 6 断面以下 1.5 千米处，上与利津水文站相距 79.5 千米，下与口门相距最远时 50 千米（1992 年 10 月），最近时仅 20 千米（1996 年 8 月），实测的流速、流量、含沙量、泥沙粒径等河流水文特征值为河口疏浚治理研究工作提供了阶段性资料。

1996 年开始实施《黄河入海流路治理一期工程项目建议书》之后，为给河口治理方案研究、工程规划决策提供水文资料,确定在丁字路口设立河口治理项目专用水文观测站。

丁字路水文站是滩地水文站,设计标准是防御利津站6000立方米每秒洪水,吊箱缆道施测1000立方米每秒以下洪水,测船施测3000立方米每秒以下且未漫滩的洪水。该项目建设法人为河口管理局,设计单位是山东黄河勘测设计研究院。建站工程于2004年4月1日开工,10月18日告竣。工程管理房占地51亩,左右岸钢塔等占地共25.4亩。竣工决算投资397.99万元。

(四)水位站

为加密河口地区水情观测,山东河务局及河口管理局在黄河两岸险工及控导工程上设置多处固定或临时水位站,进行常年或定期水位观测。至2005年底,东营市黄河河道内共有各类水位站点38处,其中:常年观测站5处,分别为麻湾、王庄、利津水文站,一号坝、西河口水位站;险工水位观测站15处,分别为南坝头、麻湾、宫家、打渔张、罗家、张家滩、綦家嘴、胜利、刘家河、王家院、小李、路庄、王庄、纪冯、义和;控导工程水位观测站11处,分别为五庄、东关、宋庄、宁海、东坝、十八户、崔家、苇改闸、西河口、护林、八连;涵闸水位站7处,分别为麻湾、宫家、曹店、胜利、路庄、王庄、一号坝。各县(区)河务局也在所辖险工、控导上设置了一些临时水尺,在伏秋汛期或凌汛期进行不定期水位观测。主要水位站情况详见表1-7。

表1-7　险工、控导水位站位置表

险工名称	位置		控导名称	位置	
	大堤桩号	坝号		滩地桩号	坝号
南坝头	191+600	2	五庄	96+350	6
麻湾	193+340	12	东关	110+100	5
宫家	299+700	27	宋庄	122+970	11
打渔张	200+770	15	宁海	127+650	3
罗家	201+730	3	东坝	135+800	5
张家滩	307+340	9	十八户	154+460	6
綦家嘴	315+800	11	崔家	161+900	22
胜利	210+385	18	苇改闸	163+550	下首
刘家河	318+180	11	西河口	165+200	5
王家院	212+130	20	护林	168+500	5
小李	320+850	13	八连	172+000	11
路庄	216+181	11			
王庄	327+700	25			
纪冯	224+900	1			
义和	237+500	3			

说明:本表录自2005年《东营市黄河防洪预案》。

三、黄河洪水测报

(一)水文测报任务

麻湾、利津、王庄、一号坝、西河口水位(文)站为山东水文水资源局所设的下属机构,负责常年观测水位、流量等水文要素。其他各站由河务段、闸管所成立观测组,负责所辖区内各险工、控导及涵闸水位站的水情测报。其中,南坝头、麻湾、宫家、打渔张、罗家、张滩、綦家嘴、胜利、刘家河、王家院、小李、路庄、王庄、纪冯、义和等水位站在洪水期测报险工水位;五庄、东关、宋庄、宁海、东坝、十八户、崔家、苇改闸、西河口、护林、八连等水位站在洪水期测报控导工程水位;麻湾、宫家、曹店、胜利、路庄、王庄、一号坝等水位站在洪水期测报引黄闸前水位。

洪水水位测报

(二)测报组织及责任分工

黄河防汛办公室负责水情上传下达。各河务段、闸管所成立观测组,负责所辖区内各水位站的测报。麻湾、利津、王庄、一号坝、西河口水位(文)站,负责各站的水情测报。

(三)测报措施及有关规定

各水文(位)测验站常年做好观测设备的检查、校验,发现不能使用的立即进行更换,保证汛期观测工作顺利进行。

(四)观测频率

水位观测次数,视水位涨落变化情况确定。具体要求是泺口站流量小于3000立方米每秒时,每日8时、20时各观测一次。泺口站流量在3000~5000立方米每秒时,每日观测6次(8时必须观测)。如遇洪峰过程,必须获得洪峰水位和完整的洪水变化过程。泺口站流量大于5000立方米每秒时,每日观测12次或24次。每次洪峰过程,必须观测到起涨、洪峰、落平、各洪峰间转折点等特征值,必须保证测得最高洪水位。洪峰过后,各测站均应标出洪水印记,详细记录存档,作为考证历史洪水的依据。

(五)报汛步骤

各县(区)黄河防汛办公室将辖区内各站观测成果在规定报水时间的15分钟内上报市黄河防汛办公室,汇总后上报山东河务局水情科。

　　为确保水情信息及时、准确的传递,河务通信管理部门保证黄河内部通信网络畅通。当黄河内部通信网络出现故障时,及时通过公网转接。报汛频率较高或汛情紧急时,县(区)黄河防汛办公室为水位观测人员配备黄河内部移动通信手机或公网移动通信工具。市黄河防汛办公室与省黄河防汛办公室的水情信息查询网站出现故障时,通过黄河专网电话或公网电话拨号连接。山东河务局水情服务器出现故障时,以电话方式查询。

四、凌汛观测

　　河口地区受地理、气象、河道边界等环境影响,凌汛发生概率较大。为及时掌握冰情、水情变化,了解凌汛发展动态,科学确定防凌措施,每届凌汛(当年12月至次年2月)期间,除利津水文站和王庄水位站负有冰情、气象观测任务外,各县(区)河务局都按规定组织2~4个冰凌观测组,对所辖河段冰情进行定期普查(一般5~7天)和封冻横断面(每千米1个)测量。当发生冰塞、冰桥、冰坝等特殊冰情时,安排专人进行重点观测和专题报告。

第二章　河道演变

1989～2005年,黄河水沙持续偏枯,汛期洪水次数少,流量小,断流频繁,加剧了河床淤积。同时,主槽萎缩,同流量水位抬升,漫滩流量由5000立方米每秒左右下降至3000立方米每秒左右,中小洪水漫滩概率增大,"二级悬河"加剧。东营黄河段地处黄河尾闾,上部弯曲狭窄,堤距宽窄不一,受工程控制明显;尾闾宽阔平坦,河势摆动幅度大。整个河段既受自上而下的沿程冲淤影响,又受自下而上的溯源冲淤影响,形成特有的河道演变状态。

第一节　河段特性与河势变化

一、河段特性

东营市黄河上界分别在利津县宋家集村(左岸)、东营区老于村(右岸),河道桩号为90+000。境内河段流程受溯源冲淤影响,伸缩交替范围保持在100千米以上,1976年5月改道清水沟时河长101千米,1995年延长到138千米。1996年实施清8出汊工程以后,上界至口门河长缩短到122千米,2005年又延长到132千米。

上界至渔洼河段长67千米,属弯曲型河道,河床宽窄不一。其中麻湾至王庄河段长28千米,宽处两岸堤距不足1000米,最窄处在小李险工,两岸堤距仅460米,素有"窄胡同"之称。

渔洼至入海口门为尾闾河段,是强烈堆积性河道,河床宽阔平坦。其中左岸清7断面以上、右岸清6断面以上有堤防段落,两岸堤距8～13千米。其下为新淤陆地及潮滩,沟汊较多。各河段特性见表1-8。

表1-8　东营黄河河道基本特性一览表

河段起止地点	河型	长度（km）	宽度（km）			平均比降（‰）	弯曲率
			堤距	河槽	滩地		
宋家集—王庄	弯曲型	34	0.46～3.0	0.4～0.6	0.1～2.4	1.01	1.08
王庄—渔洼	弯曲型	33	0.8～4.2	0.5～1.4	1.1～3.0	1.01	1.07
渔洼—西河口	河口段	6	5.4～6.8	1.0～2.0	0.7～5.3	1.1	1.07
西河口以下	河口段	65	6.5～11.5	0.8～2.0		1.1	
河道总长		138					

说明:本表录自《东营黄河基本资料汇编》。

二、河势变化

(一)概况

1989~2005年,东营黄河受来水来沙、边界条件、滩岸土质、整治工程等因素影响,既出现过突发性河势变化,亦出现过渐变性河势演化,总体趋势为下游河段大于上游河段。其中,利津断面以上主流线摆幅在100米之内;利津断面至渔洼断面主流线摆幅77~106米;渔洼至清3河段主流线摆幅100~167米;清3至清7河段主流线摆幅116~184米。以上河段中,河势变化最大的是CS7断面,1991年最大摆幅为1620米,1992~1995年平均摆幅550米,1996~2000年平均摆幅180米。其次为清6断面,1991~2000年平均摆幅280米。再次为朱家屋子断面,1991~2000年平均摆幅230米。

(二)上界至麻湾险工

五庄控导工程以上主溜偏左。洪水期间,五庄控导溜势为小水上提,大水下延,工程着溜面增大。

主溜出五庄控导后开始右移,在南坝头险工进入弯道,溜势为小水时略有上提,大水时有所下延。麻湾险工溜势亦为小水上提,大水下延。

(三)麻湾险工至王庄险工

麻湾险工27#坝挑出主溜后折向左岸,宫家险工溜势经常发生上提或下延,大水时主溜外移。宫家控导—打渔张险工主溜居中偏左。罗家险工—打渔张险工主溜基本居中。张家滩险工及控导主溜偏右,工程前淤滩宽180~250米。东关控导主溜居中偏左,受利津黄河大桥影响,溜势明显下延,工程下部吃溜较重。

溜出东关控导后稍有外移。卞家庄险工主溜居中偏右,大水时外移,居中偏左,溜势有所上提。綦家嘴险工主溜居中略偏左。胜利险工上首主溜偏右,下首主溜居中偏左。刘家夹河险工主溜居中偏左。小李险工主溜偏左,溜势上提幅度较大,工程着溜坝段增加,大水时主溜外移。常庄险工上首主溜居中,下首主溜偏右。路庄险工小水时溜势略有上提。宋庄控导上首主溜居中,下首主溜左移。王庄险工溜势集中,主溜偏左,靠水着溜坝段上提,37#~43#坝顶冲大溜。

王庄险工河势(黄河自西南至此折向东北)

（四）王庄险工至西河口

两岸控制工程少,溜势不稳。主溜出王庄险工后,逐渐右移展宽。宁海控导主溜偏右,小水时溜势上提,大水时有所下延,工程上、下首皆有坍塌。纪冯险工主溜位置小水时居中偏右,大水时居中偏左。

东坝控导主溜小水时居中略偏右,工程着溜明显减弱;大水时居中偏左。义和险工主溜居中偏右,小水上提,大水下延,主溜线从新9#坝以下逐渐外移至胜利大桥处居中偏右。2003年汛后,险工上首、下首滩岸出现大范围坍塌。

中古店控导主溜居中偏左,洪水期溜势明显减弱和下延。十八户控导溜势由20世纪90年代靠左为主演变为居中偏右为主,造成新、老控导上、下首滩岸坍塌。其中,十八户控导(老)6#坝大水时靠水,其余坝不靠水;十八户控导(新)上首主流居中,下首溜势偏右。

崔家控导主溜小水时明显偏左,大水时居中偏左;7#~17#坝不靠水,坝前淤滩宽12~420米;18#~20#坝着边溜或回溜;21#~23#坝顶冲主溜。右岸的苇改闸控导仍处于脱溜状态。

（五）西河口以下河段

西河口至十八公里险工属弯曲型河段,十八公里险工以下属微弯顺直型河段,控导工程少,溜势变化频繁。特别是东大堤破口处,形成卡口壅水,使得西河口一带河势多次发生大幅度左滚右摆。1993年8月11日第一号洪峰到达东营市时(利津站流量3200立方米每秒),由于左岸滩岸坍塌严重,西河口上下河段的河势及工程着溜情况发生变化,右岸苇改闸控导工程主溜逐渐下延,9月12日苇改闸控导工程全部脱溜,坝前最大淤滩宽1000米左右,主溜靠左,至2005年坝前淤滩宽达1260米左右。

清3控导工程溜势上提,上首滩岸坍塌、后退,坐弯明显,1#坝以上滩岸坍塌长600米,最大坍塌宽150米。

清4控导主溜居中偏右。由于清3控导溜势上提,清4控导工程上、下首出现滩岸坍塌,特别是11#坝以下滩岸坍塌长1000米,宽30~45米。

清4以下至清8断面为无工程控制段,河势变化频繁复杂。特别是丁字路附近主溜忽左忽右。1998年以后逐年右移,导致右岸坍塌长4.8千米,宽150米左右。2003年又坍塌150多米。

丁字路河段两岸无控制工程,由于1997~2001年黄河枯水枯沙,河道宽浅散乱,2002年调水调沙时(最大流量2500立方米每秒),右岸滩岸开始坍塌,该河段主溜右移300米左右。2003年又开始左移,2005年比2002年汛前的主槽右移60米左右。

1996年5月,在清8断面附近实施了人工出汊造陆采油工程。工程的出汊点位置选择在清8断面以上950米处,新汊河入海方向东略偏北,与出汊前河道成29°30′夹角。工程实施后,整个河口河段河床比降由0.9‰调整到1.2‰,流路长度缩短16千米。至2005年10月流路长度延伸到60千米(详情见本志第四篇第二章第五节)。

此外,西河口以上的CS7断面,1993年10月与5月相比,主槽位置向右滚动1330米;1994年5月,再度右滚460米;1997年5月与1996年9月相比,左岸又拓宽280米。再如CS6断面,1993年10月与5月相比,主槽位置向右滚动100米;1994年10月又恢复到原位置;1995 年 10 月与 5 月相比,主槽位置又向左滚 180 米。

三、2005 年河势状况

2005 年汛末利津站流量在 958～1020 立方米每秒,属于近期中常流量,工程着溜及河势情况如下。

(一) 王庄以上河段

上界至五庄控导主溜偏左,丁家、五庄控导溜势略有上提。主溜出五庄控导后逐渐右移,南坝头险工溜势略有上提。主溜出麻湾险工后冲向左岸。宫家险工溜势略有上提。打渔张险工至张家滩险工主溜居中,工程均不靠水。东关控导主溜偏左。綦家嘴险工主溜居中。卞家庄险工主溜居中偏右。胜利险工溜势有所下延。刘家河险工主溜居中偏左。王家院险工仍处于脱溜状态。小李险工主溜偏左。常庄险工溜势有所下延。路庄险工 1#～11# 坝靠主溜,14#～57# 坝靠边溜。宋庄控导 3#～11# 坝靠边溜,12#～18# 坝不靠水。王庄险工 14#～65# 坝靠水,37#～43# 坝着主溜。

(二) 王庄以下河段

主溜出王庄险工后,逐渐右移展宽。纪冯险工主溜居中偏左。东坝控导主溜上段居中、下段偏左。义和险工汛前 1#～7# 坝靠主溜,汛末新 1# 坝靠水,1#、新 3# 坝靠主溜。中古店控导 1#～4# 坝不靠水,5#～13# 坝靠水无溜,14#～16# 坝着大边溜,17#～19# 坝不着溜,20#～21# 坝着大边溜。

十八户控导上首坍塌加剧,最大塌宽 100 米。十八户控导(老)溜势居中,1#～6# 坝不靠水。十八户控导(新)主溜偏左。崔家控导主溜上提至 19# 坝,18#～23# 坝靠水,其中 18# 坝着回溜,19#～23# 坝着主溜。

苇改闸控导至生产村护岸主溜偏左,工程脱溜。西河口控导 9#～14# 坝靠主溜。

主溜出西河口控导后逐渐右移冲向右岸。护林控导主溜偏右。八连控导溜势略有上提。溜出八连控导后直冲十四公里险工,扬水站以下工程大部分靠溜,主溜在 175＋000 插板桩下首及新建工程段外移,居中偏右。清 3 控导溜势略有上提。清 4 控导主溜居中。清 4 断面以下为无工程控制区。丁字路附近右岸滩地自 1998 年至 2005 年坍塌长度达 5000 米,宽度 400 米左右。清 8 附近河道出现"S"形弯。

第二节 主 槽

一、河床冲淤变化

(一) 冲淤概况

清水沟流路河道冲淤经历三个阶段。1976 年 6 月至 1979 年 5 月为新河道淤积成槽阶段,西河口以上淤积量明显低于改道点以下。

1979 年 5 月至 1985 年,受水沙条件影响,汛期主槽发生明显的沿程冲刷。但由于河口延伸产生的溯源淤积,改道点以上河道冲刷量明显高于改道点以下新河道。

1986～1995 年,除 1988 年汛期洪水条件较好外,其他年份大于 2000 立方米每秒洪水平均每年不足半月,致使改道点以上与改道点以下河道处于持续淤积同步抬高阶段。其中,1991年汛前至1996年汛前,利津以下河道泥沙淤积总量5584万立方米,其中CS7至清7断面淤积量占总量的58.6%。各断面主槽冲淤幅度变化较大,淤积厚度最大的是王庄断面,累计淤积0.73米;冲刷幅度最大的是章丘屋子断面,累计冲刷0.36米。

1996年5月至2005年4月,利津以下主槽冲刷4718万立方米,其中利津至CS7河段冲刷1455万立方米,CS7至清7断面冲刷3263万立方米;滩地冲刷453万立方米,其中利津至CS7冲刷25万立方米,CS7至清7断面冲刷428万立方米。利津以下河道主槽除1997~1999年由于水沙条件差发生淤积外,其他年份均为冲刷。

(二)纵向冲淤

1986~1999年,利津水文站至清7断面河道淤积总量为10644万立方米,其中利津至西河口淤积5291万立方米。其间,除1988年、1995年和1996年汛期河道发生冲刷外,其余11年汛期全为淤积;非汛期除1996年、1997年稍有冲刷外,其余12年全为淤积。西河口以下河段淤积强度大于利津至西河口河段。沿程冲淤情况见表1-9。

表1-9　1991.5~2000.10各断面主槽冲淤厚度　　　(单位:m)

断面名称		利津	王庄	东张	章丘屋子	一号坝	前左	朱家屋子	渔洼
冲淤厚度	1991.5~1996.5	0.07	0.73	-0.32	-0.36	0.28	-0.09	0.37	-0.19
	1996.5~2000.10	0.16	0.11	0.30	0.04	-0.22	0.17	0.01	0.16
	累计	0.23	0.84	-0.02	-0.32	0.06	0.08	0.38	-0.03

断面名称		CS6	CS7	清1	清2	清3	清4	清6	清7
冲淤厚度	1991.5~1996.5	0.14	0.19	0.50	-0.04	-0.01	0.38	0.68	0.44
	1996.5~2000.10	-0.06	-0.37	-0.55	-0.03	-0.05	-0.33	-0.49	-0.45
	累计	0.08	-0.18	-0.05	-0.07	-0.06	0.05	0.19	-0.01

(三)横向冲淤

随着河床的冲淤变化,河槽横断面形态发生相应调整。1991~1996年汛期和非汛期都表现为淤积。1996年汛期水沙条件有利,局部河段溯源冲刷强烈。此后,水沙条件不利,各河段河床在自动调整过程中出现不平衡现象。利津至清7断面冲淤变化见表1-10。

由于1986年以后主槽得不到冲刷,滩地得不到淤积,主槽、滩地、堤根之间高差达1.2~2.45米,横比降达1/2000左右。

表 1-10　利津—清 7 断面冲淤变化一览表

河段	时间	主槽宽度（m）	主槽深度（m）	宽深比 $\sqrt{B}/H$	溪点高程（m）
利津—CS6	1991.10	190～820	1.68～3.09	5.82～12.7	3.68～9.81
	1992.10	290～650	2.01～6.63	2.61～11.8	5.77～9.54
	1993.10	230～580	1.97～4.00	4.03～12.3	4.73～9.26
	1994.10	260～670	2.08～3.38	4.76～10.8	3.27～7.00
	1995.10	230～660	2.00～4.52	3.35～12.9	3.34～9.94
	1996.5	230～630	1.87～3.22	4.71～13.4	3.44～9.81
	1996.9	230～630	2.54～5.65	2.68～9.55	2.72～8.95
	1997.10	280～1050	2.63～5.43	3.08～12.3	3.33～9.10
	1998.10	310～1050	2.73～4.32	4.07～11.7	3.57～9.63
	1999.8	300～1050	2.14～4.87	3.56～12.5	1.87～9.63
	2000.10	290～1050	2.29～4.41	3.86～14.2	1.17～10.5
CS7—清 7	1991.10	490～780	0.94～2.64	8.38～29.8	2.78～3.96
	1992.10	400～630	1.69～2.94	7.53～14.9	3.00～4.37
	1993.10	370～620	1.57～2.76	6.98～15.1	3.10～4.98
	1994.10	370～700	1.80～2.56	8.73～12.7	1.52～4.84
	1995.10	390～760	1.82～3.00	7.30～13.0	0.53～4.54
	1996.5	380～770	1.67～2.67	8.22～14.0	1.68～4.35
	1996.9	420～790	2.58～3.21	6.83～9.43	1.89～4.09
	1997.10	300～790	2.33～3.20	5.41～10.7	1.36～3.50
	1998.10	300～810	2.08～3.47	5.00～10.5	0.56～4.91
	1999.8	310～850	2.13～3.74	4.71～10.5	0.04～5.25
	2000.10	310～840	2.13～3.95	7.33～9.94	0.16～5.57

说明：此表录自黄河口治理研究所《九十年代黄河口水沙变化与河道冲淤变化分析》。

二、河道水位变化

（一）同流量水位

清水沟河道运用以后，随着河床的冲淤变化，同流量水位亦处于升降变化之中。以 3000 立方米每秒流量为例（详见表 1-11），1976～1979 年利津、一号坝、西河口水位分别上升 0.19 米、0.16 米、0.36 米。1979～1984 年，由于河床冲刷，水位分别降低 0.95 米、1.03 米、0.81 米。1985 年以后又开始逐年回升，除 1988 年因汛期来水较大引起河床冲刷、水位下降外，到 1992 年汛前利津以下各站 3000 立方米每秒水位平均上升速率为每年

0.13 米。1992～1995 年汛前,利津、西河口水位又有较大幅度上升,分别达到 13.96 米、9.64 米,年上升速率分别为 0.12 米、0.20 米。

表 1-11　各站汛前 3000m³/s 流量相应水位升降变化一览表　　　（单位:m）

年份	道旭	利津	一号坝	西河口	丁字路
1976～1977	−0.41	−0.58	−0.51	−0.55	
1977～1979	0.35	0.77	0.67	0.91	
1979～1984		−0.95	−1.03	−0.81	
1984～1996		1.83	1.64	1.61	−0.07
1996～1997		0	−0.10	−0.18	−0.32
1997～1998		−0.45	−0.56	−0.63	
1998～2002		0.32	0.56	0.56	0.23
2002～2005	−0.40	−0.42	−0.55	−0.60	
1976～2005	−0.46	0.52	0.12	0.31	

说明:此表摘录自黄河口治理研究所《黄河河口对下游河道反馈影响研究》。丁字路站从 1988 年开始有断续观测资料。

各河段水面比降变化情况见表 1-12。1991～1998 年,利津—丁字路 3000 立方米每秒流量相应水面比降由 0.95‰ 增大到 1.04‰。

表 1-12　利津以下 3000m³/s 流量相应水面比降表　　　　　（‰）

河段	1991 年	1992 年	1993 年	1994 年	1995 年	1996 年	1998 年
利津——号坝	0.93	0.93	0.94	0.94	0.86	0.94	0.99
一号坝—西河口	0.87	0.83	0.78	0.84	0.91	0.88	0.90
西河口—丁字路	1.02	1.04	1.08	1.10	1.05	1.04	1.20
利津—丁字路	0.95	0.94	0.94	0.96	0.95	0.96	1.04

说明:此表录自黄河口治理研究所《九十年代黄河口河道水沙特性与河道冲淤演变分析》。

（二）平滩流量变化

1989 年以后,东营黄河平滩流量的变化经历了减小、增大的过程。1990～1995 年,进入河口的水沙量较小,洪峰流量较小,次数也较少,河道主槽淤积较多,滩槽高差减小,平滩流量由 80 年代初的 5000 立方米每秒下降到 3000 立方米每秒左右。

1996～1998 年,受水沙条件、河道边界变化和清 8 改汊的影响,滩槽高差加大,平滩流量由 2500 立方米每秒左右增大到 3000 立方米每秒左右。

1998～2002 年,虽然利津站汛期平均流量和最大洪峰流量均不大,但由于在河口实施两次挖河固堤工程,受挖河减淤和小浪底水库下泄清水影响,利津、一号坝、西河口、十八公里、丁字路河道平滩流量维持在 3200～4500 立方米每秒。

2002～2005 年,连续进行黄河调水调沙,由于中水持续时间较长,含沙量较低,且在 2004 年又实施第三次挖河工程,河道主槽持续冲刷,平滩流量普遍增大到 4000 立方米每秒以上,其中西河口断面接近 6000 立方米每秒,泄洪能力基本恢复到 20 世纪 80 年代初的水平。

三、河床纵比降调整

1981～1984 年,大水连续冲刷河床深度达 1 米左右,使利津——号坝河床纵比降从 0.85‰增大到 0.98‰。

1986～1992 年,利津——号坝河床纵比降减小到 0.95‰;一号坝—西河口从 1.02‰减小到 0.95‰;西河口以下从 2.3‰减小到 1.47‰,并有较长时间保持在 1.4‰左右。

1993～1995 年,利津—CS7(西河口以上 1 千米)河床纵比降保持在 0.8‰左右,CS7—清 7 河床纵比降保持在 1‰左右。

1996 年以后,受清 8 出汊工程、两次挖河固堤和调水调沙过程影响,其中调水调沙对河床淤积影响最大,利津—CS7 河段延缓了河床淤积抬升趋势。CS7—清 7 河段由于清 8 汊河流程缩短,河床纵比降变大,但从 1998 年 10 月又逐渐变小,2002 年 10 月减缓到 1.1‰。

第三章 滩区与生产堤

第一节 滩 区

黄河滩区位于河道主槽与两岸大堤之间,水行主槽时滩面裸露,洪水溢槽后即被淹没。

1989年以后,主槽淤积速度大于滩区淤积速度,在同流量水位逐年升高的同时,洪水和凌汛漫滩机遇增加。截至2005年底滩区总面积472.60平方千米(详见第三篇第一章第五节)。

一、"二级悬河"的形成及危害

居住在黄河滩区的群众为了维持生计,普遍修筑生产堤,用来防御洪水,保护农田。

生产堤的存在,改变了行洪河道的边界条件,洪水溢槽漫滩机遇相对减少,中小洪水和枯水期泥沙淤积主要发生在主槽里,嫩滩附近淤积厚度较大,远离主槽的滩地淤积厚度较小,大堤根部淤积更少,逐步形成槽高、滩低、堤根洼的"二级悬河"形态。

"二级悬河"的河道横比降大于纵比降,滩区过流后极易发生"横河""斜河""滚河",出现主流顶冲大堤,造成溃决、冲决的威胁。大水漫滩后可能形成顺堤行洪的堤河长度为32431米,主要分布在左岸利津南宋、陈庄两处滩区。

截至2005年,东营市黄河两岸临堤沟河总长度90339米,宽度在20~145米,这些沟河除因自然地势低洼而形成外,大部分是因取土修堤时坑塘连片形成的。

二、滩区洪水风险

20世纪八九十年代,黄河流量达到3500立方米每秒时,部分滩区串水漫滩;达到5000立方米每秒以上,滩地全被淹没,村庄被水围困。

小浪底水库投入运用后,黄河大洪水经三门峡、小浪底、陆浑、故县四座水库联合调度,花园口站千年一遇洪峰流量仍达22600立方米每秒,百年一遇洪水为15700立方米每秒,10000立方米每秒的洪峰流量为十年一遇。

(一)历年淹没情况

1950~2005年,洪水凌汛造成东营市黄河滩区44次漫水。每次漫滩都造成耕地绝产、房屋倒塌,给滩区群众带来严重经济损失。历次漫滩情况见表1-13。

表 1-13　东营市黄河滩区历年漫滩受灾情况表

时间	受灾村庄（个）	受灾人口（人）	转移人口（人）	被水围困人口（人）	漫滩面积（km²）	淹没耕地面积（亩）	倒塌房屋（间）
1950.10	72	33105			32.46	45533	
1951.9	65	31526			31.79	44294	
1951.1	72	33232			32.46	45533	
1952.8	35	15837			15.34	21720	
1953.8	199	75028	4869	4869	76.68	99223	1943
1954.8	222	79859	5943	5943	78.77	102527	2146
1955.1	136	48907	4010	4010	43.45	56927	750
1955.9	72	33306			32.55	45967	
1956.8	72	33306			32.55	45967	
1957.7~8	222	84040	6398	6398	83.42	102961	2936
1958.7	235	84040	5621	5621	86.53	108302	3342
1959.8	72	33353			32.55	46175	
1963.5	6	2160	2160	2160	133.33	80000	70
1963.12	15	2675	2675	2675	273.33	130000	87
1964.7~8	112	59156			182.46	188364	
1966.8	92	49238			179.06	184675	
1967.9	226	98110	6256	6256	190.09	166239	704
1968.9	87	44878			159.34	131723	
1970.9	75	43151			141.80	100783	
1973.1	188	84820	4544	4544	69.22	85697	506
1973.9	36	13572			12.62	18058	
1974.10	44	16352			22.46	28878	
1975.10~11	222	100692	7293	7293	183.35	166893	672
1976.8~10	266	129751	11800	11800	168.57	203810	3826
1977.1	34	15521			7.80	11689	
1977.8	66	34353			26.42	37446	
1978.9	45	23343			16.73	25081	

续表 1-13

时间	受灾村庄（个）	受灾人口（人）	转移人口（人）	被水围困人口（人）	漫滩面积（km²）	淹没耕地面积（亩）	倒塌房屋（间）
1979.1	127	35301	7269	7269	45.96	52171	294
1979.8	39	20058			13.02	19477	
1981.10	16	6733			4.84	6980	
1982.8	48	23666			14.57	21850	
1983.8	55	27828			28.38	42570	
1984.10	96	50300	2849	2849	108.45	133397.4	1458
1985.9	175	91716	3195	3195	169.64	240317	1743
1985.1	55	29449			24.11	34701	
1986.1	46	29125			12.06	17700	
1988.8	92	41682			76.15	114000	
1989.7	18	7668			19.51	29000	
1990.8	9	5870			3.41	4870	
1992.8	2	668			2.25	3304	
1993.1～2	81	47199	3500	3500	59.43	82500	745
1993.7～8	77	51442	3500	3500	53.44	69010	867
1994.7	35	19003			25.14	37368	
1996.8	58	31218	3400	5364	494.13	37300	1563

说明：此表录自《东营市黄河滩区运用预案》。其中付窝滩包括王庄、老董、集贤等滩区，前左滩包括十八户、西宋等滩区。1997 年以后未再出现漫滩成灾局面。

（二）滩区蓄洪能力

东营市渔洼以上黄河滩区总面积 161.33 平方千米，在洪水或凌汛出现时可以起到削峰作用。1949～2005 年，东营黄河共有 30 个年份发生漫滩。其中，个别年份发生两次漫滩。损失严重的年份是 1957 年、1958 年、1975 年、1976 年、1982 年、1996 年。

6000 立方米每秒以上洪水漫滩后，两岸滩区平均水深按 1 米计，可蓄滞洪水 1.6 亿立方米，可以降低下游流量和水位。

三、河口滩地

西河口以下至清 4 断面之间滩区面积 341.8 平方千米，其中可耕地面积 19.93 万亩。

清 4 断面以下两岸滩地为近海沙嘴行洪区,是 1976 年以来黄河淤积延伸形成的新生陆地、滩涂和湿地,总面积约 450 平方千米。

1988 年以后,西河口以下河道基本保持单一行水状态。清 7 断面以上河道两岸修建的河口北大堤和南防洪堤已成为河口地区的防洪屏障。1990 年以后来水较小,滩唇附近泥沙淤积较多,滩面淤积较少,造成滩唇高于堤根,横比降较大。清 1 至清 7 河段滩唇与堤根之间高差已达 1.2～2.45 米,横比降为 4‰～10‰。

第二节　生产堤

黄河下游滩区存在的生产堤等挡水建筑物将滩区围成许多封闭圈,成为约束洪水自然演进的行洪障碍,减少了洪水漫滩机遇,加剧了"二级悬河"的形成。

一、生产堤成因及危害

历史上,生产堤被称为"民埝",是人增地减、"人水争地"的产物。1958 年强调"以粮为纲"后,为倾力发展粮食生产,沿河群众通过修筑生产堤,保护滩地农作物。所修生产堤多是傍河而成,高度和宽度都具相当规模,大幅度缩小了河道过水断面,限制了中小流量级洪水溢槽漫滩的机会。在黄河水沙条件没有根本好转的情况下,生产堤强制洪水不漫滩已成为加剧主槽淤积的重要原因,加快了槽高、滩低、堤根洼"二级悬河"局面的形成。

东营市黄河两岸生产堤沿袭已久,清末、民国时期称"缕堤",连绵不断。1985 年,西河口以上滩区分布生产堤 5 段,总长 33.80 千米。

二、生产堤破除

为缓解农业生产与黄河防洪的矛盾,1974 年 4 月国务院在《批转黄河治理领导小组关于黄河下游治理工作会议的报告》中同意,"从全局和长远考虑,黄河滩区应迅速废除生产堤,修筑避水台,实行一水一麦、一季留足全年口粮"政策。但有的地方对废除生产堤采取"小水保,大水丢"的随机应对方法,水退人进,垮了再修。

1986 年,黄河防总在《黄河防汛工作管理规定》中明确,黄河滩区要坚决破除生产堤,不准恢复和新修。现有生产堤按规定预先破除口门,口门宽度不小于生产堤长度的五分之一,其高程与当地滩面平,同时要清除河道内的阻水片林。并指出,河道、水库、滞洪区已有的行洪障碍,按照"谁设障,谁清除"的原则,由防汛指挥部在同级政府的领导下彻底清除。

1987 年 5 月 8 日,国务院在《关于清除行洪蓄洪障碍保障防洪安全的紧急通知》中指出:有的地区在行洪河道、河滩修建阻水建筑物或向行洪河道内倾倒各种废弃物,种植高秆作物,致使河道行洪能力大大减弱,成为防洪的最大威胁。要求建立各级人民政府主要领导人负责、一名副职具体抓的清障责任制,对河道、滩地加强管理。是年,东营市黄河滩区生产堤总长度 10.7 千米,按照规定,实际破口 4 个,长度 2100 米。

1992 年 4 月 29 日,黄河防总根据国家防总指示,下达破除生产堤的任务,破除标准为原有生产堤总长的二分之一。《关于进一步破除黄河下游滩区生产堤的实施意见》要求,河口地区顺河路应破除11.5千米。5月10日,山东省副省长王建功与沿黄地(市)分管防汛工作的市长(专员)签订责任书,对生产堤破除任务、要求和完成时间进行明确。当年,东营市(利津县境内)黄河滩区生产堤总长度10.4千米,按照规定,破口长度为5200米。至6月底,除1987年已经破除2100米外,又破除生产堤3100米。河口地区北岸顺河路总长26000米,其中,除分布在孤南24与垦东6油田防护围堤之间长3000米外,顺河路实际长度23000米,按照规定应破除11500米。胜利油田延至1993年完成破除长度10300米。

1999年,黄河防总颁发《黄河滩区生产堤破除管理办法(试行)》,对滩区生产堤破除标准、监督、检查、验收及处罚做出具体规定,进一步明确各级河务部门要及时掌握辖区内生产堤变化动态,发现有堵复缺口或新修情况,必须立即向本级行政首长和上级防汛指挥部报告。发现不报的,对所在地河务局长和分管局长酌情给予通报、警告或撤职处分。是年6月,东营市破除生产堤、顺河路、护滩路口门总长度44.02千米。

2003年3月,山东省防办在《县级以下黄河防汛责任制及工作制度》中规定:各县(市、区)河务局在汛前成立以分管局长为组长的行洪障碍监管领导小组,负责本辖区行洪障碍监管领导工作;各河务段成立观测组,具体负责行洪障碍监管工作。此后,由于各级防汛指挥机构严格做好生产堤和阻水片林等行洪障碍的清除工作,各地不再修筑超过破除标准的生产堤,破除任务相对减轻。

三、生产堤对策研究

建国以后,关于黄河下游生产堤的存在与破除问题存在两种意见,一是主张全部废除,二是认为可以修建。

2004年,黄委针对未来黄河下游水沙条件两极分化、大洪水依然存在、中小洪水发生概率较大等因素,提出下游河道的治理方略为"调水调沙、稳定主槽,宽河固堤、政策补偿"。中小洪水依靠主槽过洪,力争不漫滩。遇大洪水、特大洪水,靠宽滩进行淤滩刷槽,标准化堤防约束洪水不决口。对滩区群众淹没损失实行政策补偿。据此,未来黄河下游的生产堤是需要全部破除的。从现状到最终目标实现之前的对策:一是在控导工程之内的生产堤近期必须全部破除;二是在中水河槽塑造出来且政策补偿得以兑现后,生产堤必须全部破除。

2005年7月27日,黄委召开黄河下游生产堤问题会议,对生产堤问题进行分析,寻求对策。会议认为:生产堤是形成"二级悬河"的重要因素之一,从治河的技术角度分析,生产堤的存在是不利的,需要破除;从滩区群众的生产生活方面分析,生产堤的存在对滩区群众是有利的,需要保留。站在国家的立场上辩证地分析,既不能无视滩区群众的存在而单纯强调治河技术要求,又不能无视治河需要和大堤安全而纯粹强调滩区群众利益。

因生产堤政策尚未妥善解决局部与全局、现实与长远的矛盾,有些地方仍然坚持屡破屡修。截至2005年,西河口以上滩区尚存25段生产堤,总长38.51千米(见表1-14)。

2001年、2005年东营市黄河滩区生产堤相关统计情况分别见表1-15、表1-16。

表 1-14　东营市黄河滩区生产堤分布状况统计表

县（区）	岸别	滩区名称	起止位置对应大堤桩号	生产堤规模				备注
				长度（m）	顶宽（m）	高度（m）	边坡	
东营区	右岸	老于	189+121~191+500	969	1.5	1.16	1:1.7	1988年修筑
		老于	189+121~190+950	890	1.5	1.0	1:2	不含麻湾分洪闸围埝
		赵家	195+380~200+530	4250	2.0	1.4	1:0.7	
	小计	2个滩区	3段	6109				
垦利县	右岸	小街	202+580~204+430	1850	3.1	0.74	1:1.8	1978年修筑
		小街	207+480~208+580	1100	3.0	0.76	1:1.8	1978年修筑
		前左	239+550~241+300	1750	1.9	0.62	1:1.7	1974年修筑
		前左	243+800~244+760	960	1.8	0.70	1:1.5	1974年修筑
		前左	245+450~246+050	600	1.8	0.75	1:1.7	1974年修筑
		渔洼	246+350~247+550	1200	2.4	0.48	1:1.9	1981年修筑
		渔洼	248+920~249+550	630	2.2	0.61	1:1.8	1981年修筑
		渔洼	253+050~254+800	1750	3.9	0.93	1:1.2	1983年修筑
		渔洼	防洪堤2+550~3+600	950	3.8	0.87	1:1.2	1983年修筑
	小计	3个滩区	9段	10790				
利津县	左岸	南宋	297+050~299+070	3270	2.00	1.72	1:2.25	1989年前修筑
		大田	306+000~307+400	1400	1.80	1.50	1:1.50	
		东关	312+200~315+400	1370	1.80	1.95	1:1.54	
		东关	316+200~317+550	1500	1.60	1.55	1:2.20	
		王庄	321+780~322+900	1100	2.10	1.40	1:1.27	
		王庄	324+900~326+700	1400	2.30	1.40	1:1.27	
		老董	329+300~332+250	2800	2.00	1.70	1:2.18	
		老董	334+550~336+500	1670	1.40	1.64	1:1.31	
		集贤	340+500~340+850	400	1.60	1.36	1:1.30	
		集贤	345+400~347+300	2700	2.00	1.50	1:2.60	
		付窝	349+300~350+100	800	2.30	1.47	1:1.47	
		付窝	352+800~354+800	2000	2.80	1.50	1:2.23	
		付窝	河口堤6+400~7+600	1200	2.10	1.85	1:2.26	
	小计	7个滩区	13段	21610				
全市合计		12个滩区	25段	38509				

表 1-15 2001 年东营市黄河滩区生产堤调查情况统计表

单位	滩桩号	长度（m）	宽度（m）	高度（m）	地点	口门情况
东营区	3 段	7500				
	96＋150～97＋000	1700	3.6	1.7	上界—南坝头	
	101＋500～105＋000	3500	3	1.5	林家—打渔张	
	102＋850～104＋800	2300	3.2	2.5	陈家—打渔张	
垦利县	11 段	45640				
	107＋000～113＋000	6000	1.2～1.5	1.2～1.5	罗家—卞庄	
	123＋000～127＋400	4400	3.6	2.0	陈家—宁海护滩	以渠代堤
	127＋800～128＋600	800	2.0	1.2	宁海护滩—纪冯	
	129＋000～135＋000	6000	2.5	2	纪冯—章丘屋子	
	136＋000～140＋640	4640	3～4	1.6～2.1	义和险工以上	
	143＋500～150＋000	6500	2.7	2.0	大桥—十八户闸	
	150＋000～154＋000	4000	3.2	2.0	十八户控导以上	
	157＋600	300			横堤	
	157＋000～164＋000	7000	1.5	1.5	苇改闸以上	
	165＋000～167＋000	2000	1.5	1.5	生产村—护林	
	169＋000～173＋000	4000	2.3	1.0	十四公里险工以上	
利津县	10 段	47790				
	92＋000～94＋680	2580	2.6	2.5	丁家—五庄护滩	
	97＋200～100＋000	2800	2.5	2.5	五庄—宫家险工	
	103＋150～107＋150	4000	2.5	0.7～1.7	宫家护滩—张滩	
	111＋200～111＋925	725	2.0	1.4	东关护滩—齐家嘴	
	113＋855～114＋255	450	1.0	1.2	刘家河—蒋家庄	
	116＋000～117＋000	1000	0.5～1.8	1.5～1.8	小李以上	
	118＋600～123＋400	4800	0.8～2.0	1.2	小李—王庄	
	126＋476～133＋476	7000	2.0	1.8	王庄—东坝	
	135＋650～136＋160	510	2.5	1.2	东坝—三合	
	136＋280～160＋200	23920	2～2.5	1.7～2.0	三合—崔家	
合计	24 段	100930				

表 1-16　2005 年东营市黄河滩区生产堤状况统计表（到渔洼断面）

	滩名	地点	大堤桩号	长度(m)	顶宽(m)	高度(m)
东营区	赵家滩	上界—麻湾险工	189+900～191+200	1492.6	2.7	1.8
		麻湾险工—罗家险工	195+400～200+400	3950.4	2.8	1.5
垦利县	小街滩	罗家险工—卞庄险工	202+245～209+170	6342.3	3.3	1.4
	王院滩	胜利险工—常家险工	210+726～214+187	2518.3	2.7	1.2
	纪冯滩	路庄险工—纪冯险工	217+604～224+345	4117.0	2.6	1.6
	寿合滩	纪冯险工—义和险工	224+730～236+700	9147.8	3.7	2.4
	前左滩	义和险工——十八户闸	239+170～246+450	7546.4	2.6	1.8
	渔洼滩	十八户闸—十八户控导	246+560～250+000	2011.4	2.6	1.6
利津县	南宋滩	利津上界—五庄控导	290+000～295+000	4030.8	2.6	1.7
		五庄控导—宫家险工	297+050～299+070	3114.0	2.3	1.8
	大田滩	宫家险工—张家滩险工	302+020～307+400	4826.3	2.4	1.7
	东关滩	东关—綦家嘴	312+200～315+400	1660.8	2.6	1.6
		綦家嘴—刘家河	316+200～317+500	1406.1	2.0	1.7
		刘家河—小李险工	318+400～320+200	1618.8	1.6	1.5
	王庄滩	小李险工—王庄险工	321+780～326+700	4522.1	2.8	1.8
	付窝滩	王庄险工—东坝险工	329+300～336+120	7448.0	1.3	1.8
		东坝险工—中古店工程	340+800～350+550	11307.5	3.0	1.5
		中古店工程—渔洼断面	352+050～河口3+300	8184.7	2.6	1.6
合计		18 段		85245.3		

第二篇 河 工

  1989~2005 年,国家、地方政府和胜利油田用于治黄工程建设的投资总额达 10.51 亿元,重点解决防洪工程标准不足问题,进一步完善以堤防、险工、控导、南展宽滞洪区为主体的黄河防洪工程体系,堤防高度基本达到 2000 年设防标准,河道整治工程基本完成节点布设,重要险工和部分控导工程得到加高改建。各项工程共计完成土方 8536.45 万立方米,石方 87.08 万立方米,混凝土 10.91 万立方米,主要项目完成情况见表 2-1。其中,国家投资 7.17 亿元,完成土方 3514.04 万立方米,石方 85.10 万立方米,混凝土 1.03 万立方米,历年完成情况见表 2-2。

表2-1　1989~2005年东营黄河治理完成工程量及效益明细表（含油田投资项目）

工程项目	完成工程量			竣工项目（个）	新增效益			备注
	土方（万m³）	石方（万m³）	混凝土方（万m³）		名称	单位	完成	
一、防洪基建	3196.23	34.32	4.44	323				
1. 临黄大堤培修	122.34			2	加高培厚	km	22.97	利津大堤加高6.86 km，垦利大堤加高16.11 km
2. 放淤固堤	2124.58			48	加固堤防长度	km	60.60	含临黄堤及河口南防洪堤新辟放淤堤段和老淤区加高拓宽堤段
3. 堤防加固	515.57			108	加固堤防	km	177.17	包括前后戗、黏土斜墙、锥探灌浆、翻修等措施
4. 河道整治	32.65	9.61	0.51	67	新建、改建护岸坝垛	段	32/21	北岸东坝以上，南岸宁海以上，不含抢险工
5. 险工加高改建	91.91	16.53		54	加高/新增坝垛	段	114/5	先后执行1983年设防标准，1995年设防标准，2000年设防标准
6. 截渗墙	15.94		0.17	2	加固堤防	km	1.74	1999~2000年完成的利津东关、綦家嘴工程
7. 堤防道路	76.68	0.82	1.78	8	堤顶硬化	km	106.90	临黄堤、北大堤、南防洪堤新修工程，包括沥青混凝土
8. 防汛道路	25.44			7	防汛交通	km	54.10	含滩区公路
9. 防浪林				9	临河防护	km	44.89	共9段，总面积2016.42亩
10. 涵闸新、改（扩）建	110.89	4.08	1.96	10	设计流量	m³/s	291	新建6座,改建4座（包括十八户闸除险加固）
11. 河口治理（专项）	80.23	3.28	0.02	8				不含黄河入海流路治理一期工程

续表 2-1

工程项目	完成工程量			竣工项目（个）	新增效益				备注
	土方（万 m³）	石方（万 m³）	混凝土方（万 m³）		名称	单位	完成		
二、事业基建	177.35			16					包括房屋建设、堤防、险工岁修养护等工程
三、黄河入海流路治理	1225.62	29.65	1.33	76					
1.北大堤顺六号路延长	414.82			6	加高、帮宽长度	km	14.40		1991 年,1992 年,1996 年,2001 年施工
2.南防洪堤	433.95	0.15		8	加高、加固长度	km	27.71		1997～1999 年施工,竣工验收资料
3.险工建设	58.20	5.84		5	新增坝垛	座	11		油田投资的三十公里险工改建,三十八公里和四十二公里险工新建
4.河道整治	174.71	22.88	1.16	43	新建、改建坝垛	段	129/19		南岸十八户以下,北岸中古店以下,共 8 处控导工程（含油田投资项目）
5.北大堤及六号路滚河防护	143.94	0.78	0.17	14	淤临长度	km	27.38		围堤及建筑物施工,尚未达到淤临标准
四、挖河固堤	1302.73	12.75		4	挖河、固堤长度	km	55.4/24.8		含挖河段、疏通段及口门疏浚段
五、防汛岁修	108.35	0.51	0.20	28					含抢险工程
六、地方基建	14.95			11					
七、胜利油田投资项目	2511.22	9.85	4.94	62					省、市政府安排的水利设施等投资
总计	8536.45	87.08	10.91	461					

说明:1.表中 1989～2000 年数字录自山东河务局编制的《山东黄河治理统计资料(1986—2000)》,2001～2005 年数字录自河务处上报给省局的统计表。

2.工程量有出入的以竣工验收资料中核定的工程量为主。

3.此表已包含油田投资建设项目,故与表 2-2 中的工程量数字相差较大。

表2-2　1989~2005年东营黄河治理完成工程量及效益统计表（按年度划分，不含油田投资项目）

年度	投资（万元）	完成工程量			新增效益				备注
		土方（万m³）	石方（万m³）	混凝土方（m³）	竣工项目（个）	加固堤防（km）	险工控导（段）	堤防道路（km）	
1989	515.26	110.05	2.52		22	17.28	11		加固堤防含压力灌浆，石方中含备防石购置0.40万m³
1990	1053.98	181.02	3.82	1171	29	24.23	20	0.40	加固堤防含压力灌浆，石方中含备防石购置1.00万m³
1991	816.13	96.53	2.71		28	27.81	6		加固堤防含压力灌浆，石方中含备防石购置1.55万m³
1992	932.85	92.52	2.99	1797	25	26.86	6	10.00	加固堤防含压力灌浆，石方中含备防石购置1.00万m³
1993	1768.77	98.93	3.97		22	27.10	14	2.70	加固堤防含压力灌浆
1994	1034.73	115.99	4.67		13	34.57	12		加固堤防含压力灌浆
1995	909.23	69.87	3.27	2020	12	2.84	1	2.50	
1996	3809.86	77.38	11.10		12	2.00	7		
1997	4383.97	227.82	5.16	254	18	2.76	1		
1998	7697.81	341.97	3.60	1121	10	0.48	25	30.50	
1999	7269.68	235.86	13.19	2739	16	0.90	31	9.05	
2000	7838.99	248.01	5.92	220	20	1.45	33		竣工项目以项目计划为准
2001	11154.96	552.96	4.91	999	18	1.18	13	13.63	
2002	9198.83	400.93	7.07		23	1.72	20	12.90	
2003	7273.00	83.18	0.85		16	2.00	10		
2004	5606.82	179.15	1.35		28	0.78	9	18.87	
2005	401.87	401.87	8.00		23	9.78	5	8.43	
总计	71666.74	3514.04	85.10	10321	335	183.74	224	108.98	

说明：1. 表中1989~2000年数字录自山东黄河河务局编制的《山东黄河治理统计资料(1986~2000)》,2001~2005年数字录自河务处上报给省局的统计表。

2. 此表未包含油田投资建设项目，故与表2-1中的工程量数字相差较大。

第一章 建设管理

1989~1997年,黄河工程建设项目实行逐级行政决策的计划管理体制。1998年,按照水利部、黄委及山东河务局的部署,开始推行防洪工程建设管理三项制度(项目法人责任制、招标投标制、建设监理制)改革(以下简称"三制改革"),实现由传统的计划经济向社会主义市场经济体制的转变。

第一节 管理体制

一、建设管理体制

1997年以前,河务部门自主选择设计、施工、质量监管队伍。山东河务局是项目主管单位,河口管理局为建设单位,较大工程由山东黄河勘测设计研究院进行设计,河口管理局负责组织施工。县(区)河务局是中小型项目的施工单位,也是防洪工程的管理单位。大中型工程施工前,由市、县(区)政府分管黄河工作的负责人组建施工指挥部,黄河业务部门负责施工管理、质量检验、工程结算与开支等事项。有的小型工程仅由县(区)河务局负责施工管理。市、县(区)两级河务局签订承包任务书,实行岗位责任制,并按照批准预算实行经费包干、节余分成的经济管理办法。

1998年2月,山东河务局要求各个单位进行"三制改革"试点。次年,治黄工程建设项目全面推行"三制改革",防洪工程建设由投资计划管理改变为项目计划管理。山东河务局是项目主管单位,从工程立项到竣工验收,全面实施监督与管理。河口管理局是项目法人(建设)单位,负责项目建设的组织与落实。建设项目开工前,由建设单位做好招(投)标选择、设计、施工、监理、施工现场"四通一平"、迁占补偿、开工申请等前期准备工作。建设过程中,建设单位组建项目办公室,全面协调地方政府(群众)、业务部门、参建单位,对工程进行随机检查,组织阶段验收、竣工初验、申报终验等工作。施工单位成立项目经理部,编制施工组织设计,健全施工管理组织和质量保证体系,执行班组自检、质检部门复检、项目部核检(以下简称"三检制")程序,对施工进度、质量和安全生产进行直接管理。监理单位按照"三控制、两管理、一协调"(进度控制、质量控制、投资控制,合同管理、信息管理,协调建设单位与施工单位之间的关系)的要求实行旁站式监理,根据有关技术规范开展现场跟踪检测,严格执行单元工程和分部工程验收签证制度。质量监督单位对施工质量实行全方位监督与巡查。工程竣工后,山东河务局根据建设单位的报验申请,主持并组织参建和运行管理等单位实施竣工验收,对工程质量进行检测和等级评定,做出鉴定验收结论。

2002年8月,河口管理局根据水利部、黄委和山东河务局的有关规定,结合东营黄河防洪工程实际制定《防洪工程建设管理办法(试行)》,对防洪工程建设和管理程序做出具体规定。

二、项目建设管理

（一）工作程序

治黄工程基本建设项目,不论其资金来源如何,都按照水利部、黄委和山东河务局规定,执行下列工作程序:河势查勘→编制可行性研究报告→单项工程设计概要→初步设计→施工详图设计→施工及监理队伍招标投标→申请开工→施工→竣工验收。

（二）前期工作

工程建设前期工作包括规划、项目建议书、可行性研究报告、初步设计、施工详图设计等。山东河务局是前期工作的行业主管单位,河口管理局及县(区)河务局负责组织或委托具有相应勘测设计资质的单位编制项目建议书、可行性研究报告及单项工程设计,并按规定权限向山东河务局或黄委申报审批。

（三）工程设计

工程设计由具备相应资质的设计单位编制,较大型工程初步设计需报山东河务局审查、黄委审批。

（四）招标投标

1998年12月,山东河务局设立水利工程建设项目施工招标投标办公室,全面履行招标投标工作职责。

2001年9月,黄委成立招投标管理中心,指导、监督、检查治黄工程招标投标工作。

2001年11月,黄委成立黄河水利工程交易中心,统一发布招标投标信息,为招标单位和投标单位提供交易场所,对投标单位进行资格审查,受理投标文件,组织开标评标活动,并督促招标单位与施工企业进行合同签订、合同审查和合同公证等工作。

1998~2005年,东营黄河防洪工程采用的招(投)标形式主要为公开招标、邀请招(投)标、直接发标。

三、迁占补偿

迁占补偿标准主要依据1991年2月国务院发布的《大中型水利水电工程建设征地补偿和移民安置条例》和山东省1994年1月发布的《山东省大中型水利水电工程建设征地补偿和移民安置条例实施细则》有关规定。黄河防洪工程建设征地费用只有补偿费和安置补助费,按6倍年产值进行赔偿。临时用地根据使用时间按该土地前三年的平均年产值逐年进行赔偿。由于黄河防洪工程建设临时用地一般不到一年时间,挖地赔偿标准按一年产值进行赔偿,若有青苗另加一季青苗赔偿。

1997年12月,山东省人大常委会发布《山东省黄河河道管理条例》,规定:培修加固堤防以及进行河道整治需要占用土地的,按照国家规定给予补偿。新修控导(护滩)工程占用土地,只付给青苗补偿费。

1999年1月1日起实施《中华人民共和国土地管理法》和《山东省实施〈中华人民共和国土地管理法〉办法》,征用耕地赔偿费用均按办法规定实施。

2001年11月,国土资源部、国家经贸委、水利部联合下发文件,对建设项目用地预审、审查报批、征地补偿安置、耕地占补平衡四个问题作出规定。

为贯彻落实国家和地方政府有关土地迁占补偿政策法规和要求,河口管理局及所属县(区)河务局对迁占赔偿实行责任制,完善征用土地的合同、协议,按照有关财务规定对迁占赔偿费用进行结算,配合地方政府做好群众工作,减少因迁占赔偿工作引起的上访投诉。

第二节　工程施工

一、管理规定

为保证项目建设实现投资、质量、工期最优的目标,工程施工中执行下列规范、标准、管理办法。

1989年1月1日起,试行山东河务局制定的《山东黄河碾压式土方工程施工及验收规程》《山东黄河石方工程施工管理办法》。

1991年5月1日起,废止此前下发的相应试行文件,执行山东河务局制定的《基本建设工程质量监督实施细则》《涵闸施工管理办法》《涵闸施工质量评定办法》《碾压式土方工程施工及验收规程》《险工加高改建工程施工质量评定办法》《堤防压力灌浆施工及验收规程》《机淤固堤施工管理办法》等管理规定。

1996年9月开始,执行修订后的《山东黄河土方工程施工及验收规程》。

1998年12月开始,执行黄委颁发的《黄河水利委员会水利基本建设工程验收规程》。

1999年4月1日起,执行水利部颁发的《水利水电建设工程验收规程》。6月1日起,执行水利部颁发的《堤防工程施工质量评定与验收规程(试行)》。

2000年8月开始,执行山东河务局印发的《山东黄河水利基本建设工程竣工验收实施细则(暂行)》。

为顺利完成防洪工程建设任务,河口管理局结合项目特点,制定相应的施工管理、质量管理、质量监督、计划管理、财务稽查等实施细则、制度、办法。参与施工的单位,根据现场实际情况,制定调度管理、质量检查、岗位责任等规章制度。

二、施工组织

1986～1997年,工程涉及范围跨县(区)的大型防洪工程施工任务由市政府组建施工指挥部,涉及范围小的施工任务由各县(区)组建施工指挥部。指挥部办事机构以河务部门为主,负责施工准备到竣工验收期间进度、质量及资源的调度和管理。

1998年实行"三制改革"后,工程施工由建设单位(项目法人)、设计单位、施工单位、监理单位分别在施工现场建立相应的组织机构。建设单位成立项目建设管理办公室,配备技术、质量、财务、安全等管理人员,对建设项目进行全面管理和关系协调。大中型项目或技术复杂的项目设计单位派驻现场设计代表,处理相关技术问题。施工单位建立项目经理部,配置项目经理和技术负责人,下设技术、财务、安全等职能部门。监理单位根据建设单位委托合同,配备现场监理人员,对工程质量进行旁站监督和检查。

三、施工管理

工程达到开工条件,由项目法人(建设单位)向主管部门提出主体工程开工申请报告。除工程规模较大或技术特别复杂、有文件特别明确的外,各单项工程的开工由工程项目主管单位或项目区域主管单位批准。

建设项目施工控制目标包括进度、质量和投资。建设单位(项目法人)负责三项目标的全面掌控。施工单位根据建设单位的要求制定具体的施工组织设计。监理单位定期向建设单位汇报工程建设的实际进度并提供必要的进度报表,对涉及进度的重大问题,及时组织各方参加进度协调会。建设单位及其委托的监理单位对工程质量负总责,在项目实施过程中,做好全程质量控制,及时处理质量缺陷和进行质量检验评定,审查单项工程和分部、分项工程的清单和单价,根据工程进度拨支预付款。对工程价款的结算,实行监理签证制度。

四、质量管理

(一)"三制改革"前

1989～1997年,建设单位、施工单位根据工程规模、施工要求,逐级建立工程质量检查组织。建设单位定期或不定期组织质量联合检查或抽查,及时解决发现的问题,并公布检查结果。施工单位按合同和有关规定以及设计图纸、规程、规范的要求组织施工,施工员和质检员将检查情况记入原始记录;对检查中发现的质量问题,及时进行返工补救。

(二)"三制改革"后

1. 质量管理体制

黄河水利工程建设的项目法人(建设单位)代表国家行使建设组织管理职能,对工程项目的质量负全责,在工程质量管理中起主导作用,并主动接受质量监督机构的监督。监理、设计、施工等单位按照合同规定,履行工程质量管理义务和承担相应质量缺陷责任。

2. 施工单位质量管理

施工单位通过建立质量保证体系,实施全过程的质量控制。主要环节包括:①工序质量控制执行"三检制"。②单元工程质量评定,质量等级分为合格和优良,报监理工程师复核。③质量事故处理。④施工技术资料管理。对施工过程中形成的施工组织设计、原始记录、试验和检测成果、质量检查、评定、签证、有关文件等所有技术资料进行分类整理和归档,保持技术资料的完整性和真实性。

3. 勘测设计单位质量管理

按合同规定提供设计文件及施工图纸,做好技术交底。在大中型工程项目及采用新技术、新材料、新结构、新工艺的施工现场派驻设计代表,落实设计意图,处理设计变更事宜。参加工程阶段验收、单位工程验收和竣工验收,并对施工质量是否满足设计要求提出评价。

4. 监理单位质量控制

按合同规定和有关法规文件规定,设立项目监理机构,编制监理规划和质量控制内容。根据合同规定,协助建设单位办理招标工作和其他准备工作;对工程设计、施工等质量工作实施监理和控制;组织图纸会审并签发施工图纸;审查施工单位的施工组织设计和技术措施;指导监督合同有关质量标准、要求的实施;参加工程质量检查、工程质量事故调查处理和工程验收工作。

五、工程质量监督

工程质量监督是政府在建设领域的行政职能之一,具有强制性、独立性和权威性,参与建设的有关单位必须无条件接受。

(一)组织机构

1990年3月开始,东营修防处设立工程质量监督站,具体行使管辖范围内的基本建设工程质量监督。

1998年8月,黄委水利工程质量监督机构按分站、项目站两级设置,由各项目站(组)在施工现场实施质量监督。

1999年3月,山东河务局设立新的山东黄河水利工程质量监督站,同时撤销原各地(市)河务局的工程质量监督站。工程质量监督工作由监督站根据工程建设安排情况,派出项目站或质量监督员进行监督。是年,山东河务局共设立8个质量监督项目站。

(二)质量监督程序和职责

项目法人(建设单位)在开工前,携带有关文件到相应的水利工程质量监督机构办理监督手续。质量监督机构对监理、设计、施工和有关产品制造单位的资质进行复核。对建设、监理单位的质量检查体系和施工单位的质量保证体系以及设计单位的现场服务等实施监督检查。对工程项目的单位工程、分部工程、单元工程划分进行监督检查,并认定划分结果。对参建各方执行法律、法规、技术标准,履行合同中的质量条款,以及作业质量情况进行监督检查;核查有关各方的质量检查评定情况;办理有关签证,编写工程质量评定报告;参与工程验收工作。

(三)质量监督方式

质量监督机构根据施工项目情况,采取派驻项目站现场监督和巡回监督的方式进行质量监督。质量监督员持证进入作业现场,可以对作业质量进行检查,调阅检测试验成果、检查记录和施工记录。根据需要,质量监督机构可委托经计量认证合格的检测单位,对工程项目有关部位以及所采用的建筑材料和工程设备进行抽样检测,受委托的检测单位应对其出具的检测数据和检测结论负责,不得伪造检测数据和检测结论。

2000年8月以后,为保证质量监督员公正、独立地开展工作,避免人为因素的干扰,黄委要求在黄河系统内实行质量监督员异地委派制,并要求加强社会监督,建立质量管理的公示制度,将所建工程项目的参建单位、责任人、质量情况、受理举报电话等内容以各种形式进行公示。根据黄委要求,山东河务局设立的8个项目站(其中包括河口项目站)均实行异地委派。

六、工程建设督查

1998年,黄委对黄河防洪工程专项资金建设项目开始进行督查。

1999年4月,山东河务局正式建立巡回督查组,对工程建设实行全方位、全过程的监督、检查。11 月,巡回督查组开始按照《黄河水利委员会水利工程建设督查办法(试行)》规定,代表项目主管单位行使督查职责。

为确保黄河水利工程建设质量,黄委从 2000 年 5 月开始实行工程质量飞检制,在建设项目实施过程中进行突击性检查和随机抽样测试。质量飞检由工程建设主管部门委托通过国家计量认证的检测单位进行,被委托单位与黄委工程建设督查室组成质量飞检小组,共同进行工作。

七、工程验收

(一)"三制改革"前

竣工验收由建设项目主管单位主持,会同建设单位、设计单位、地方政府、建设银行、质量监督机构、施工、管理、财务、档案等部门(单位)组成验收委员会或验收领导小组进行竣工验收。验收步骤包括:施工单位汇报工程施工情况;按要求在室内和施工现场全面检验工程质量;审查工程现场质量检验有关资料,评定工程质量,提出遗留问题的处理意见和管理运行中应注意的问题,起草并通过工程竣工验收鉴定书。

(二)"三制改革"后

基本建设工程验收划分为初步验收和竣工验收。初步验收参验单位包括验收主持单位、建设单位(项目法人)、设计单位、施工单位、监理单位、质量监督单位、运行管理单位等,讨论并形成"初步验收工作报告"和"竣工验收鉴定书"初稿。

竣工验收由主持单位组织竣工验收委员会,通过实地察看工程现场、听取参建各方汇报、抽查工程内业资料等形式,对工程作出质量鉴定和验收结论,并对存在的问题提出处理意见。被验单位列席验收委员会会议,负责解答质疑。工程遗留问题写入验收鉴定书,由项目法人负责处理。

第二章 堤防工程

堤防工程是黄河防洪的主要屏障。1989~2005年,为适应黄河防洪需要,对不同类型的堤防分别实施了加高、加固,消除隐患,绿化硬化,提高其防洪标准。

第一节 堤防类别及分布

截至2005年,东营市境内黄河两岸堤防总长度369.012千米。其中,临黄堤、一号坝格堤、南展堤、南防洪堤、河口北大堤及顺六号路延长工程为设防大堤;东大堤、三十公里以下老北大堤、南大堤、退修前老防洪堤、民埝及导流堤为不设防大堤。各类堤防状况见表2-3。

表2-3 东营黄河设防大堤长度一览表 （单位:m）

管理单位	设防大堤					不设防大堤					总计
	临黄堤	南防洪堤	河口北大堤及顺六号路延长工程	南展堤	一号坝格堤	东大堤	三十公里以下老北大堤	南大堤	退修前老防洪堤	民埝	
东营河务局	12179			6750							18929
垦利河务局	53860	27800		28151	2470	2700		25883	15800		215164
利津河务局	64231		13634							20436	98301
河口河务局			30997			18500	5621				55118
全市合计	130270	27800	44631	34901	2470	21200	5621	25883	15800	20436	329012

说明:1. 本表参照《山东黄河治理统计资料(1986—2000)》及《河口治理资料长编(送审稿)》编制。其中北大堤桩号30+200~35+821原为防守堤段,六号路改为防守堤段后,该段大堤暂不防守。

2. 表中不含河口导流堤44千米。

一、临黄堤

总长度130.27千米。其中,右岸临黄堤上界在东营区南坝头险工,下界在垦利县二十一户村,长66.039千米(189+121~255+160);左岸临黄堤上界在利津县宋家集村,下界在四段村,长64.231千米(291+033~355+264)。堤顶宽度为7~9米,其中右岸义和险工以下为8米。临背河堤脚差值在1~3米,个别堤段达到7~8米。堤顶高程左岸宋家集村—四段村为22.16~16.28米,右岸老于村—二十一户为21.67~15.69米。

河口北大堤

东营区堤防

利津宫家堤防

南展堤堤顶整修

（一）东营区临黄堤

长度 12.179 千米（189＋121～201＋300）。堤顶宽度为平工 8 米，险工 9 米。堤顶高程 21.50～20.14 米（大沽基面，下同），其中 189＋121～199＋000 达到 11000 立方米每秒防洪标准。

（二）垦利县临黄堤

长度 53.86 千米（201＋300～255＋160）。堤顶宽度为平工 7.0 米，险工 9.0 米。2005 年堤顶高程 20.45～15.80 米。

（三）利津县临黄堤

长度 64.231 千米（291＋033～355＋264）。其中达到 2000 年防洪标准的有 41.065 千米，分别为 299＋000～309＋806（利津镇大马家村至东关村）、319＋050～322＋050（利津镇蒋家庄至扈家滩村）、328＋000～355＋264（王庄险工至临黄堤下界四段村）。

二、南展堤

1971 年 11 月至 1972 年 12 月修建的南展堤工程总长 38651 米。其中，滨州市境内堤线长 3750 米；东营市境内堤线长 34901 米。

位于东营区境内的南展堤上界在龙居镇大孙村，下界在曹家村，堤线长 6750 米（3＋750～10＋500）。堤顶高程 18.92～18.30 米，比 2000 年设防标准低 2.4 米左右。

位于垦利县境内的南展堤上界在打渔张村，下界在西冯村，堤线长 28151 米（10＋500～38＋651）。堤顶高程 18.16～14.81 米，纵比降 1.185‰。

工程存在的主要问题是工程质量较差；37＋500～38＋651 堤段长 1151 米，为近堤水库，临背河坡、堤脚渗蚀严重。

三、河口北大堤

起点在利津县四段村，原止点在垦利县林场，总长度 35.82 千米（0＋000～35＋821）。其中 5621 米堤段（30＋200～35＋821）自 1988 年六号路延长后不再设防。北

大堤顺六号路延长堤段起点在三十公里险工,止点在孤东围堤三号险工,长 14.43 千米
(30 +200 ~ 44 +631)。

位于利津县境内的河口北大堤长 13.634 千米,堤顶高程达到 2000 年防洪标准。

位于河口区境内的北大堤,1987 年以前长 22187 米,起止点高程为 14.11 ~ 9.21 米。
1988 年以后长 30997 米,起止点高程为 12.63 ~ 7.49 米。

四、河口防洪堤

河口防洪堤又称南防洪堤。起点在垦利县二十一户村,止点在防潮坝,堤线长 27.8
千米。

五、不设防大堤

河口地区由于入海流路变迁或堤防改线等原因,不具有防守任务的堤防还有 128.94
千米,详见表 2-4。

表 2-4　东营黄河不设防大堤一览表

管理单位	堤防类别	岸别	起止地点	起止桩号	堤防长度（m）	堤顶高程		备注
						起点	止点	
合计					128940			
利津河务局	民埝	左	四段—羊拦沟子	355 +264 ~ 375 +700	20436	9.44	6.75	堤身有间断
河口河务局	东大堤	左	西河口水库—孤岛水库	7 +500 ~ 22 +000	18500	9.56	7.88	左岸滩地4000m
	北大堤	左	三十公里险工—垦利县林场	30 +200 ~ 35 +821	5621	10.27	8.81	
垦利河务局	南大堤	右	二十一户—防潮坝	255 +160 ~ 281 +043	25883	11.96	4.77	
	东大堤	右	生产村—生产村护岸	0 +000 ~ 2 +700	2700	11.50	11.45	右岸滩地
胜利油田	老防洪堤	右	1977 年退修前堤段	10 +180 ~ 23 +300	15800			退修后实际长度
	河口导流堤	右	南防洪堤—清 10 断面	0 +000 ~ 23 +400	23400			
		左	清 7 断面—清 10 断面	0 +000 ~ 20 +600	20600			

说明:本表中导流堤录自《河口治理资料长编(送审稿)》,其他堤防录自山东河务局"数字黄河工程·山东黄河水
情网·防洪基础资料·堤防类"《山东黄河不设防大堤情况统计表》。

第二节　堤防培修

1990年开始第四次大堤加高，是按11000立方米每秒防洪标准修建的，设计水平年分别为1995年和2000年。东营黄河先后安排4处较大规模的堤防加培工程，分别为北大堤顺六号路延长及孤东南围堤加高工程、南防洪堤加高加固及延长工程、利津大堤加高工程、垦利堤防帮宽工程。其中，临黄堤工程建设由国家投资，河口堤工程建设分别由国家和胜利油田投资。

一、北大堤顺六号路延长及孤东南围堤加高工程

（一）兴工缘由

1989年12月，根据胜利油田提出的"以路代坝"要求和委托，山东河务局科学技术咨询服务中心完成六号路工程质量技术鉴定、加固方案论证和新修防洪工程施工详图设计。胜利油田首先按1991年防洪需要的最低标准安排工程投资，又在1992年安排二期工程投资。

1992年10月，国家计委对《黄河入海流路规划报告》进行批示后，山东河务局考虑到新的北大堤布局在河口防洪中的重要地位，遂在《黄河入海流路治理一期工程项目建议书》（以下简称《项目建议书》）中将其列为重点工程项目之一。胜利油田根据"逐年修做、分期实施"的原则，又安排了加高加固工程投资。

北大堤顺六号路延长工程

（二）1991年度汛工程

施工长度14385米（30+200～44+585）。设计标准是按艾山下泄10000立方米每秒洪水、堤顶高程超出相应水位1.0米修筑临时过渡堤防。推算起点水位8.41米，堤顶高程为9.41米；止点水位6.91米，堤顶高程为7.91米。堤顶纵比降为1.02‰。30+200～32+015堤顶宽度为7米，其余堤顶宽度为5米。后戗顶宽34+500～35+500为14米，39+500～41+500为12米，其余为10米；戗顶高程与原六号路路面高程相同，计划土方120.27万立方米，预算投资545.58万元。

为加强施工领导和协调,东营市政府成立东营市黄河北大堤工程施工指挥部,由河口管理局、垦利县政府、济南军区开发局、河口区河务局的有关负责人组成。指挥部下设办公、工务、财务三个职能管理科室,并成立了质量检查领导小组和安全委员会。山东河务局在工地派驻的监督工作组负责施工质量监督。利津、东营、河口、垦利等4个县(区)河务局的土方施工机械队承担施工任务。

工程自4月10日开工,至7月9日竣工,进场施工机械共88部,其中铲运机74部,推土机14部;管理及作业人员291名。实际完成壤土填筑117.75万立方米,红土包边盖顶土方2.52万立方米。质量合格率为99.6%。

(三)1992年加高培厚工程

因北大堤顺六号路延长堤段仍低于艾山下泄10000立方米每秒洪水的防洪标准,且堤顶高程低于设计高程2.8~2.9米,堤身宽度相差22米左右,故实施二期工程。

二期工程由山东黄河科学技术咨询服务中心承担施工详图设计。标准为:在1991年修做的工程基础上普遍加高1.0米,平均帮宽7.0米左右,修工长度14.431千米。堤顶高程超过1991年设计防洪水位2.0米,起点高程10.41米,止点高程8.92米,纵比降仍为1.02‰。32+015以上堤顶宽度为7.0米,以下为5.0米。设计工程量64.67万立方米,胜利油田核定投资520万元。

主体工程和红土包边盖顶工程分别由利津、垦利、东营等3个县(区)河务局承担,共计投入铲运机87台(套),推土机6台,拖拉机1台,12HP小拖拉机140部,生产及管理人员592名。自3月10日开工,至5月27日竣工。实际完成土方填筑65.95万立方米,其中红土包边盖顶土方5.99万立方米。检测质量合格率为99.3%。山东河务局于6月20日组织有关单位进行竣工验收,工程被评定为全优工程。

(四)1996年临河帮宽工程

1994年,黄河口疏浚工程指挥部在清4断面附近实施淤临工程前,先在六号路预修顶宽10米、高1米的前戗。1996年实施北大堤(含六号路)滚河防护淤临工程时,根据1988年6月7日中国石油天然气总公司和水利部共同召开的防洪现场办公会议意见,考虑到六号路将作为沉沙条渠北围堤运用,为了以后能按防洪标准继续加高加固,遂与淤临工程同步安排六号路临河帮宽工程,长度14.55千米(30+316~44+866)。设计标准是:堤身平均帮宽20米左右;30+316~39+000堤顶高程4.6米(黄海基面,下同),39+000以下按1.4‰比降递增,止点44+866处高程5.43米。设计土方工程88.77万立方米。

设计经山东河务局批准后,市政府成立东营市黄河北大堤六号路段淤临工程施工指挥部,组织利津、垦利、东营、河口等4个县(区)河务局的工程处承担施工任务。工程自9月23日开工,至1997年4月15日基本竣工。施工高峰期投入铲运机113台(套),推土机11台,自卸汽车10部,12HP拖拉机49部。实际完成土方填筑94.16万立方米,其中包边盖顶土方7.74万立方米。工程结算投资10669740元。

(五)2001年加高工程

1997年实测北大堤顺六号路延长大堤起点(30+200)堤顶高程8.78米(黄海基面,下同),末端(44+631)堤顶高程6.67米,堤顶宽度4~7米,堤身断面仍比《项目建议书》要求的防洪标准偏低较多。

　　为使该段大堤达到设计防洪标准,胜利油田委托山东黄河勘测设计研究院进行北大堤顺六号路延长堤段加高加固工程设计。设计防洪标准按西河口10000立方米每秒流量相应水位12米推算沿程水面线,依照临黄堤堤顶超高设防水位2.1米的标准,起点堤顶高程为10.91米,孤东南围堤终点堤顶高程为9.21米;堤顶宽度为平工7米,险工9米。

　　胜利石油管理局黄河口治理办公室(以下简称胜利油田治河办)采用议标方式选择胜利工程建设(集团)有限责任公司和东营市黄河工程局分别负责A、B合同段施工。2001年10月8日开工,2002年5月26日竣工。山东龙信达工程咨询监理有限公司负责全部工程监理,山东黄河水利工程质量监督站负责质量监督。共计完成土方134.43万立方米,挖地2243.72亩,总投资2701.38万元。

　　2004年6月1日,由胜利石油管理局基建处主持并组织有关单位进行竣工验收,工程质量被评定为优良等级。

(六)未完工程

　　截至2005年,北大堤顺六号路延长及孤东南围堤加高工程达到10000立方米每秒防洪标准的长度为14.631千米。孤东南围堤尚有7.1千米未按照以上标准进行加高。北大堤状况见表2-5。

二、南防洪堤加高加固及延长工程

　　1968年开始修建的南防洪堤堤顶高程仅能满足1993年6400立方米每秒流量相应水位的超高要求。按10000立方米每秒防洪标准衡量,有10.1千米低1.10米左右,有17.7千米低2.10米左右。《项目建议书》将其列为重点建设项目之一,确定将其加高加固并延长10千米,使其终点到达清7断面附近,长度达到37.80千米。

南防洪堤加高加固

(一)设计标准

　　工程等级为国家一级堤防。设防流量为10000立方米每秒,设计水平年为2000年。考虑到北岸孤东油田的确保程度更高,0+000～25+900按堤顶超高设防水位2.1米、顶宽7米、临背河边坡皆为1:3的要求进行加高,并且加修后戗,顶宽6.5米。25+900～37+800设计标准适当降低,为堤顶超高设防水位1.0米、顶宽7米。以上设计工程土方总量577.3万立方米。根据投资安排计划,工程施工分为三期进行。

表2-5　2005年黄河口左岸北大堤状况一览表

管理单位	桩号	2000年设防水位(m)	设计超高(m)	设计堤顶高程(m)	浸润线出溢点高程(m)	现状堤顶高程(m)	低于设计安全超高(m)	堤顶宽度(m)	淤背区高程(m)	淤背区宽度(m)	临河堤防边坡	背河堤防边坡	临河地面高程(m)	背河地面高程(m)	备注
利津河务局	0+000	11.89	2.1	13.99	8.54	14.88		5.2	13.6	6.1	1:3.0	1:2.8	7.26	7.64	
	1+000	11.77	2.1	13.87	8.46	14.74		5	14.06	5.8	1:2.5	1:3.2	6.71	6.79	
	2+000	11.65	2.1	13.75	8.34	14.23		5	12.68	6.5	1:2.9	1:2.6	6.38	6.47	
	3+000	11.53	2.1	13.63	8.22	14.11		5.8	12.37	6.4	1:3.2	1:3.3	6.39	6.81	
	4+000	11.41	2.1	13.51	8.10	14.01		5.6	12.42	8.4	1:2.5	1:2.8	6.41	6.95	
	5+000	11.29	2.1	13.39	7.98	13.90		4.4	12.19	5	1:3.0	1:3.3	7.08	6.46	
	6+000	11.16	2.1	13.26	7.85	13.83		5.8	11.68	7.4	1:2.8	1:2.6	7.27	5.33	
	7+000	11.04	2.1	13.14	7.73	13.92		5.2	12.88	6.2	1:2.7	1:3.0	7.36	6.15	挖河固堤段，宽102 m，高程9.0 m
	8+000	10.92	2.1	13.02	7.61	13.42		6	12.2	6.4	1:2.5	1:2.9	7.72	5.95	挖河固堤段，宽108 m，高程11.40 m
	9+000	10.80	2.1	12.90	7.49	13.88		6	12.38	5.3	1:2.7	1:2.0	8.85	7.6	挖河固堤段，宽100 m，高程10.5 m
	10+000	10.68	2.1	12.78	7.37	13.43		5.2	12.26	5.3	1:2.3	1:3.1	7.32	6.37	
	11+000	10.56	2.1	12.66	7.25	12.96		6	12.02	6.6	1:2.8	1:4.0	7.17	8.21	
	12+000	10.44	2.1	12.54	7.13	12.75		5.4	11.82	6.5	1:2.9	1:2.9	6.76	6.97	
	13+000	10.31	2.1	12.41	7.00	12.69		5.8	11.44	7.2	1:2.9	1:2.9	7.08	6.75	
河口河务局	14+000	10.52	2.1	12.62	6.78	13.19		6.1			1:3.0	1:3.4	6.71	6.4	
	15+000	10.42	2.1	12.52	6.62	12.98		6.4			1:3.2	1:3.3	7.2	7.36	
	16+000	10.31	2.1	12.41	6.59	12.69		6			1:3.3	1:3.3	7.06	6.95	
	17+000	10.21	2.1	12.31	6.41	12.50		6.4			1:3.6	1:2.5	6.65	9.78	
	18+000	10.10	2.1	12.20	6.42	12.36		5.8			1:3.3	1:3.3	6.1	8	
	19+000	10.00	2.1	12.10	6.04	11.79	0.31	7.2			1:3.4	1:3.9	6.07	5.88	

续表2-5

管理单位	桩号	2000年设防水位(m)	设计超高(m)	设计堤顶高程(m)	浸润线出溢点高程(m)	现状堤顶高程(m)	低于设计安全超高(m)	堤顶宽度(m)	淤背区高程(m)	淤背区宽度(m)	临河堤防边坡	背河堤防边坡	临河地面高程(m)	背河地面高程(m)	备注
	20+000	9.89	2.1	11.99	6.15	11.62	0.37	6.1			1:3.4	1:3.8	4.87	4.83	
	21+000	9.79	2.1	11.89	6.01	11.46	0.43	6.3			1:3.2	1:3.8	4.66	4.25	
	22+000	9.68	2.1	11.78	5.94	11.48	0.30	6.1			1:3.0	1:3.9	5.5	3.94	
	23+000	9.58	2.1	11.68	6.55	11.35	0.33	8.6			1:3.0	1:3.5	5.98	4.08	
	24+000	9.47	2.1	11.57	5.63	11.30	0.27	6.6			1:3.0	1:3.5	6.17	3.25	
	25+000	9.37	2.1	11.47	5.45	11.01	0.46	7			1:3.1	1:3.1	4.79	2.59	
河口河务局	26+000	9.26	2.1	11.36	5.42	10.89	0.47	6.6			1:3.4	1:3.2	5.01	3.87	
	27+000	9.16	2.1	11.26	5.44	10.80	0.46	6			1:3.0	1:3.1	4.41	3.37	
	28+000	9.05	2.1	11.15	5.23	10.81	0.34	6.5			1:3.0	1:3.0	4.23	3.23	
	29+000	8.95	2.1	11.05	5.09	10.65	0.40	6.7			1:3.3	1:3.6	4.81	3.6	
	30+000	8.84	2.1	10.94	5.87	10.27	0.67	9.2			1:2.8	1:3.2	4.03	3.27	
	31+000	8.74	2.1	10.84	5.12	8.54	2.30	5.5			1:3.7	1:3.3	2.67	3.41	六号路以下
	32+000	8.63	2.1	10.73	5.01	8.45	2.28	5.5			1:3.3	1:3.9	2.79	3.61	六号路以下
	33+000	8.53	2.1	10.63	4.89	8.28	2.35	5.6			1:3.7	1:3.9	2.84	2.63	六号路以下
	34+000	8.42	2.1	10.52	4.90	8.21	2.31	5			1:4.0	1:3.8	2.75	2.94	六号路以下

续表 2-5

管理单位	桩号	2000 年设防水位 (m)	设计超高 (m)	设计堤顶高程 (m)	浸润线出溢点高程 (m)	现状堤顶高程 (m)	低于设计安全超高 (m)	堤顶宽度 (m)	淤背区高程 (m)	淤背区宽度 (m)	临河堤防边坡	背河堤防边坡	临河地面高程 (m)	背河地面高程 (m)	备注
	35+000	8.32	2.1	10.42	4.80	7.91	2.51	5			1:3.6	1:3.7	2.79	3.13	六号路以下
	36+000	8.21	2.1	10.31	4.69	7.70	2.61	5			1:3.9	1:3.2	2.74	2.01	六号路以下
	37+000	8.11	2.1	10.21	4.59	7.91	2.30	5			1:3.2	1:3.4	2.64	2.41	六号路以下
	38+000	8.00	2.1	10.10	4.50	8.08	2.02	4.9			1:3.3	1:3.9	2.61	2.43	六号路以下
河口河务局	39+000	7.9	2.1	10.00	4.38	7.73	2.27	5			1:3.7	1:2.6	2.88	2.86	六号路以下
	40+000	7.79	2.1	9.89	4.27	7.50	2.39	5			1:3.9	1:4.5	2.75	2.58	六号路以下
	41+000	7.69	2.1	9.79	4.03	7.31	2.48	5.7			1:3.8	1:3.8	3.51	2.5	六号路以下
	42+000	7.58	2.1	9.68		7.42	2.26	5.3			1:3.6	1:3.6	2.97	2.82	六号路以下
	43+000	7.48	2.1	9.58		7.22	2.36	5.3			1:3.5	1:4.0	2.93	2.59	六号路以下

说明：本表录自山东河务局"数字黄河"·山东黄河工程·山东黄河水情网·防洪基础资料·堤防类"《山东黄河堤防现状统计表》。高程系统：黄海。

(二)一期工程施工

施工长度 10210 米,相应桩号为 0+000~10+210。主体工程为局部堤身进行翻修,全部堤身加高帮宽,后戗修筑等。

东营市政府成立的东营市南防洪堤加高加固工程建设指挥部,全面负责施工期间的组织协调与对外联系工作。施工任务由利津、垦利、东营、河口等 4 个县(区)河务局工程处承担。山东河务局质量监督中心设立的质量监督站对施工质量进行现场监督。1997年 3 月开工,8 月竣工。施工高峰期投入施工机械 108 台(套),管理及作业人员 335 名。实际完成开挖与填筑土方 143 万立方米,石方砌筑 0.15 万立方米,混凝土浇筑 0.11 万立方米,总投资 2020.44 万元。

1997 年 12 月,山东河务局主持进行阶段验收,工程质量被评为优良。

(三)二期工程施工

施工长度 9925 米(10+210~11+450、19+050~27+735),施工内容与一期工程基本相同。

本期工程参照"三项制度"运作模式,采用议标方式确定利津、垦利、东营、河口等 4 个县(区)河务局工程处承担工程施工,山东黄河工程监理有限责任公司负责工程监理,河口管理局组成质量监督站对施工质量进行现场监督。主体工程自 1998 年 10 月开工,至 12 月 15 日竣工。施工高峰期投入施工机械 230 台(套),管理及作业人员 638 名。实际完成开挖与填筑土方 150.2 万立方米,总投资 3498 万元。

1998 年 12 月进行阶段验收,评定 4 个单位工程质量全部合格。

(四)三期工程施工

施工长度 7600 米,桩号为 11+450~19+050。施工内容与一、二期工程基本相同。

本期施工通过招标确定,垦利县水利工程公司负责第Ⅰ标段(11+450~14+000)施工;山东水利工程总公司负责第Ⅱ标段(14+000~16+500)施工;山东黄河工程局第一分局负责第Ⅲ标段(16+500~19+050)施工;河南黄河勘察设计工程科技开发总公司负责工程监理;山东黄河水利工程质量监督站负责质量监督。

为加强项目管理,参建各方分别设置施工管理机构和人员。自 1999 年 5 月 8 日开工,至 6 月 26 日竣工。施工高峰期投入施工机械 323 台(套),管理及作业人员 715 名。实际完成开挖与填筑土方 140.75 万立方米,总投资 1805.03 万元。

1999 年 7 月,河口管理局主持进行初步验收,3 个单位工程、15 个分部工程全部达到优良等级。2000 年 4 月 15~16 日,山东河务局主持对二、三期工程进行竣工验收,结论为:工程质量合格,可以交付使用。

(五)待建工程

施工期间,黄委要求防洪堤下延 10 千米(27+800~37+800)工程暂不修做。三期施工实际长度为 27800 米。加培后的南防洪堤情况见表 2-6。

三、利津大堤加高工程

(一)设计与批复

黄河左岸临黄堤总长度 6856 米(305+950~309+806 和 319+050~322+050),于

表 2-6　2005 年黄河口右岸南防洪堤状况一览表

管理单位	桩号	2000年设防水位(m)	设计超高(m)	设计堤顶高程(m)	浸润线出溢点高程(m)	现状堤顶高程(m)	低于设计高程(m)	提顶宽度(m)	淤背区高程(m)	淤背区宽度(m)	临河堤防边坡	背河堤防边坡	临河地面高程(m)	背河地面高程(m)
垦利河务局	0+000	11.46	2.1	13.56	7.54	13.74		7	7.94	4	1:3.0	1:3.0	6.71	5.97
	1+000	11.29	2.1	13.39	7.37	13.61		7	7.73	4	1:3.0	1:3.0	6.69	5.87
	2+000	11.12	2.1	13.22	7.20	13.71		7	7.53	4	1:3.0	1:3.0	6.76	6.61
	3+000	10.95	2.1	13.05	7.03	13.23		7	9.01	6	1:3.0	1:3.0	5.73	6.06
	4+000	10.78	2.1	12.88	6.86	13.14		7	8.84	6	1:3.0	1:3.0	5.79	5.6
	5+000	10.61	2.1	12.71	6.69	13.21			8.62	6	1:3.0	1:3.0	5.99	5.44
	6+000	10.44	2.1	12.54	6.52	12.94		7	8.5	6	1:3.0	1:3.0	4.86	5.7
	7+000	10.28	2.1	12.38	6.36	12.50		7	8.41	6	1:3.0	1:3.0	5.24	5.18
	8+000	10.11	2.1	12.21	6.19	12.46		7	8.16	6	1:3.0	1:3.0	6.14	4.77
	9+000	9.94	2.1	12.04	6.02	12.26		7	7.99	6	1:3.0	1:3.0	5.23	4.22
	10+000	9.77	2.1	11.87	5.85	12.04		7	7.82	6	1:3.0	1:3.0	4.64	3.25
	11+000	9.61	2.1	11.71	5.69	11.93		7	7.65	6	1:3.0	1:3.2	3.92	4.12
	12+000	9.44	2.1	11.54	5.52	11.92		7	7.48	6	1:3.3	1:3.0	4.93	3.06
	13+000	9.27	2.1	11.37	5.35	11.72		7	7.31	6	1:3.0	1:3.0	5.09	3.45
	14+000	9.11	2.1	11.21	5.19	11.45		7	7.14	6	1:3.0	1:3.0	3.94	2.62

续表 2-6

管理单位	桩号	2000年设防水位 (m)	设计超高 (m)	设计堤顶高程 (m)	浸润线出溢点高程 (m)	现状堤顶高程 (m)	低于设计高程 (m)	堤顶宽度 (m)	淤背区高程 (m)	淤背区宽度 (m)	临河堤防边坡	背河堤防边坡	临河地面高程 (m)	背河地面高程 (m)
	15+000	8.94	2.1	11.04	5.02	11.29		7	6.97	6	1:3.0	1:3.0	4.71	2.04
	16+000	8.77	2.1	10.87	4.85	11.12		7	6.8	6	1:3.0	1:3.0	4.68	1.92
	17+000	8.60	2.1	10.71	4.68	10.96		7	6.63	6	1:3.0	1:3.0	4.66	2.21
	18+000	8.44	2.1	10.54	4.52	10.79		7	6.46	6	1:3.1	1:3.1	4.32	2.27
	19+000	8.32	2.1	10.42	4.40	10.71		7	6.29	6	1:3.1	1:3.0	2.46	2.51
	20+000	8.19	2.1	10.29	4.27	10.68		7	6.12	6	1:3.0	1:3.0	3.34	2.83
垦	21+000	8.06	2.1	10.16	4.14	10.47		7	5.95	6	1:3.0	1:3.0	2.71	2.47
利	22+000	7.93	2.1	10.03	4.01	10.63		7	5.78	6	1:2.8	1:2.9	1.88	2.43
河	23+000	7.80	2.1	9.90	3.88	10.22		7	5.61	6	1:2.8	1:2.8	2.57	2.47
务	24+000	7.68	2.1	9.78	3.76	10.06		7	5.44	6	1:3.0	1:3.0	3.01	2.67
局	25+000	7.55	2.1	9.65	3.63	9.97		7	5.27	6	1:3.1	1:3.1	2.72	2.56
	26+000	7.42	2.1	9.52	3.50	8.75		7.1			1:2.6	1:3.2	3.12	2.42
	27+000	7.29	2.1	9.39	3.37	8.67		7			1:2.5	1:3.1	2.62	2.32
	27+800	7.19	2.1	9.29	3.27	8.6		7			1:2.5	1:3.0	2.63	1.48

说明:本表录自山东河务局"数字黄河工程·山东黄河水情网·防洪基础资料·堤防类《山东黄河堤防现状统计表》。高程系统:黄海。

第三次大复堤期间按照 1983 年设防标准建成。为使堤身高度和断面满足 2000 年设计防洪要求，河口管理局委托山东黄河勘测设计研究院进行了工程设计。加高工程设计水平年为 2000 年，设防流量为 11000 立方米每秒。堤顶高程按防洪水位超高 2.1 米设计，加高不足 1 米的统按 1 米加高，堤顶宽度为平工 8 米，险工 9 米。山东河务局批复工程量为 42.86 万立方米，投资 1123.94 万元。

（二）施工简况

通过公开招标，选择东营市黄河工程局承担主体工程施工。工程监理单位是河南黄河勘察设计工程科技开发总公司。质量监督单位是山东黄河水利工程质量监督站。

河口管理局成立了项目办公室，参建单位分别在工地设立了施工管理机构。2000 年 4 月 30 日正式开工，6 月 25 日完成主体工程施工。实际完成加高帮宽土方 50.67 万立方米。总投资 1123.94 万元。2001 年 9 月，山东河务局主持竣工验收，认定工程质量为合格等级。

四、垦利堤防帮宽工程

（一）设计与批复

黄河右岸临黄堤 239+050～255+160，长 16.11 千米，经过多年风剥雨蚀，堤身断面减小，堤脚残缺不全，背河后戗以下冲口浪窝较多。为使工程完整性和外观面貌达到国家 I 级堤防标准要求，按照 11000 立方米每秒设防流量、2010 年设计水平年，对原堤身进行帮宽。

2002 年，经黄委批复立项，河口管理局委托山东黄河勘测设计研究院进行施工详图设计。山东河务局批复预算投资 1757.75 万元，2003 年下达投资计划。

（二）工程施工

通过公开招标，选择济南市黄河水利水电工程局和垦利县治河工程有限公司承担施工任务。工程监理单位是山东龙信达咨询监理有限公司。质量监督单位是山东黄河水利工程质量监督站。

2002 年 11 月河口管理局成立项目办公室，参建单位设立了施工管理机构。2003 年 5 月 23 日完成主体工程。附属工程于 10 月 8 日开工，10 月 30 日告竣。实际完成开挖土方 1.92 万立方米，利用开挖土回填 1.30 万立方米，堤身帮宽土方 63.50 万立方米，辅道土方 4.45 万立方米，房台土方 0.81 万立方米，淤泥开挖 1.83 万立方米，清基土方 8.92 万立方米，挡水围堰土方 2.98 万立方米。同时完成土地征购 159.63 亩，挖地补偿 1526.95 亩，踏压土地补偿 152.96 亩，临时占用补偿 85 亩。竣工决算投资 1685.18 万元。

（三）竣工验收

2005 年 12 月，山东河务局组成竣工验收委员会，主持进行竣工验收，认定工程质量为合格等级，同意交付使用。

五、2005 年堤防状况

经过第四次大堤加高，东营黄河大堤欠高 0.5 米以下及堤身断面不足的堤段尚未加高培厚，不能完全满足 2000 年设防标准。截至 2005 年，堤顶高程低于设防标准的总长度为 111088 米，其中临黄堤 63157 米，分布情况见表 2-7。临黄堤中低于设防标准 0.5 米以上的有 12225 米，低于设防标准 0.5 米以下的有 50932 米。堤身断面不足的长度共计

167963 米,其中临黄堤 92275 米,南防洪堤 27780 米,北大堤 13658 米,南展堤 34250 米。表 2-8 和表 2-9 为两岸临黄堤状况。

表 2-7　2005 年东营黄河堤防高度不足情况统计表

管理单位	岸别	堤防类别	起止桩号	长度(m)	高度不足值(m)
合计				111088	
东营河务局	右岸	临黄堤	小计	9879	
			189 + 121 ~ 197 + 500	8379	0. 10 ~ 0. 30
			197 + 500 ~ 198 + 300	800	0. 30 ~ 0. 60
			198 + 300 ~ 199 + 000	700	0. 20 ~ 0. 30
垦利河务局		临黄堤	小计	26936	
			201 + 300 ~ 204 + 020	2720	0. 07 ~ 0. 27
			206 + 000 ~ 230 + 008	24008	0. 06 ~ 0. 87
			233 + 992 ~ 234 + 200	208	0. 01 ~ 0. 07
		南展堤	小计	20020	
			12 + 000 ~ 16 + 000	4000	0. 05 ~ 0. 38
			18 + 000 ~ 30 + 020	12020	0. 04 ~ 0. 84
			32 + 000 ~ 36 + 000	4000	0. 05 ~ 0. 25
		南防洪堤	小计	1780	
			26 + 000 ~ 27 + 780	1780	0. 69 ~ 0. 77
利津河务局	左岸	临黄堤	小计	26342	
			291 + 033 ~ 305 + 950	14917	0. 05 ~ 0. 37
			310 + 575 ~ 319 + 050	8475	0. 37 ~ 0. 59
			322 + 050 ~ 325 + 000	2950	0. 29 ~ 0. 60
河口河务局		北大堤	小计	26131	
			18 + 500 ~ 29 + 000	10500	0. 30 ~ 0. 47
			29 + 000 ~ 30 + 200	1200	0. 55 ~ 0. 67
			30 + 200 ~ 35 + 821	5621	0. 67 ~ 2. 51
			35 + 821 ~ 44 + 631	8810	2. 0 ~ 3. 0

说明:本表摘录自《山东黄河防洪基础资料汇编》。其中,河口北大堤包括六号路以下堤段。

表2-8　2005年东营黄河右岸临黄堤状况一览表

管理单位	桩号	2000年设防水位(m)	设计超高(m)	设计堤顶高程(m)	浸润线出溢点高程(m)	现状堤顶高程(m)	与安全超高相差(m)	堤顶宽度(m)	淤背区高程(m)	淤背区宽度(m)	临河堤防边坡	背河堤防边坡	临河地面高程(m)	背河地面高程(m)
东营河务局	190+000	18.29	2.1	20.39	14.579	20.12	0.27	5.9			1:2.5	1:2.7	12.66	10.42
	191+000	18.19	2.1	20.29	14.478	20.12	0.17	6.1			1:2.5	1:3	12.64	11.32
	192+000	18.09	2.1	20.19	15.152	19.89	0.30	5.6	14.21	105	1:2.7	1:3.1	13.59	10.42
	193+000	17.99	2.1	20.09	15.051	19.98	0.11	7	16.72	120	1:2.5	1:2.7	18.51	10.72
	194+000	17.89	2.1	19.99	14.951	19.74	0.25	7.8	16.7	120	1:2.6	1:3.2	18.57	10.7
	195+000	17.79	2.1	19.89	14.850	19.79	0.10	6.8	16.18	115	1:2.3	1:3	19.02	11.61
	196+000	17.69	2.1	19.79	13.975	19.52	0.27	6.4	11.6	55	1:2.6	1:3	13.58	11.15
	197+000	17.59	2.1	19.69	13.875	19.40	0.29	6	12.28	99	1:2.6	1:2.5	12.03	12.28
	198+000	17.48	2.1	19.58	13.774	18.98	0.60	6			1:2.8	1:2.3	10.47	9.01
	199+000	17.38	2.1	19.48	13.674	19.61		5.6	14.8	115	1:2.6	1:3.1	11.56	10.62
	200+000	17.30	2.1	19.40	13.586	19.79		5.7			1:2.6	1:2.4	12.81	10.62
	201+000	17.21	2.1	19.31	13.499	19.60		6.2			1:3.0	1:2.4	13.01	14.55
恳利河务局	201+300	17.18	2.1	19.28	13.47	19.01	0.27	7	14.3	100	1:2.3	1:3.3	12.88	14.74
	202+000	17.12	2.1	19.22	14.35	19.06	0.16	7.9	13.99	111	1:2.4	1:3.6	14.2	13.58
	202+210	17.08	2.1	19.18	14.23	19.03	0.15	8.4	13.98	106	1:2.3	1:3.0	12.91	14.98
	202+990	17.03	2.1	19.13	13.50	18.98	0.15	6.1	14	157	1:2.8	1:4.0	12.59	11.21
	203+870	17.04	2.1	19.14	13.48	18.98	0.16	6.3			1:2.9	1:3.5	11.81	14.88
	204+020	16.94	2.1	19.04	13.36	18.97	0.17	6.4	14.3	112	1:2.6	1:2.4	11.35	10.35

续表2-8

管理单位	桩号	2000年设防水位(m)	设计超高(m)	设计堤顶高程(m)	浸润线溢出点高程(m)	现状堤顶高程(m)	与安全超高相差(m)	堤顶宽度(m)	淤背区高程(m)	淤背区宽度(m)	临河堤防边坡	背河堤防边坡	临河地面高程(m)	背河地面高程(m)
垦利河务局	205+000	16.86	2.1	18.96	13.28	19.10		6.3	14.28	112	1:2.5	1:2.9	11.11	14.46
	206+000	16.77	2.1	18.87	13.23	18.76	0.11	6.2			1:2.4	1:3.0	11.29	10.65
	207+000	16.68	2.1	18.78	13.04	18.70	0.07	6.7	14.2	100	1:2.5	1:3.1	10.6	10.62
	208+000	16.60	2.1	18.70	12.76	18.63	0.07	7.7	13.1	95	1:2.7	1:3.3	11.55	9.46
	209+000	16.50	2.1	18.60	12.95	18.45	0.15	6.2	14.28	113	1:2.3	1:3.5	12.69	14.37
	210+000	16.42	2.1	18.52	12.84	18.28	0.24	6.3	14.21	113	1:2.6	1:3.2	17.25	14.18
	211+000	16.29	2.1	18.39	13.65	18.23	0.16	6.9	14.18	113	1:2.6	1:3.1	12.3	14.17
	212+000	16.18	2.1	18.28	13.41	18.05	0.13	7.8	13.19	73	1:2.5	1:3.7	16.91	9.08
	213+000	16.08	2.1	18.18	13.31	18.07	0.11	7.8	14.1	108	1:2.5	1:2.5	11.42	13.14
	214+000	15.99	2.1	18.09	13.21	17.90	0.19	7.9	12.74	70	1:2.6	1:2.9	11.82	9.42
	215+000	15.90	2.1	18.00	13.14	17.60	0.40	7.8	13.84	220	1:3.0	1:3.0	16.45	9.04
	216+000	15.80	2.1	17.90	12.77	17.63	0.27	7.7	14.74	117	1:2.3	1:2.5	16.48	9.22
	217+000	15.71	2.1	17.81	12.98	17.51	0.30	7.6	13.48	123	1:3.0	1:3.0	16.66	7.39
	218+000	15.62	2.1	17.72	11.77	17.52	0.20	7.7	11.03	81	1:2.4	1:3.2	12.26	8.35
	219+000	15.52	2.1	17.62	11.83	17.42	0.20	6.9	10.05	62	1:2.7	1:3.0	10.79	8.52
	220+000	15.43	2.1	17.53	11.66	16.66	0.87	7.3	9.19	53	1:2.5	1:2.7	9.17	8.04
	221+000	15.34	2.1	17.44	11.61	16.75	0.69	7.1	12.97	170	1:2.6	1:3.0	7.79	7.38
	222+010	15.24	2.1	17.34	11.42	16.58	0.76	7.6	12.51	190	1:2.5	1:2.3	7.87	8.16
	223+000	15.15	2.1	17.25	11.26	16.78	0.47	7.9	11.84	98	1:2.5	1:3.1	8.58	9.11

续表 2-8

管理单位	桩号	2000年设防水位 (m)	设计超高 (m)	设计堤顶高程 (m)	浸润线逸出溢点高程 (m)	现状堤顶高程 (m)	与安全超高相差 (m)	堤顶宽度 (m)	淤背区高程 (m)	淤背区宽度 (m)	临河堤防边坡	背河堤防边坡	临河地面高程 (m)	背河地面高程 (m)
	224+018	15.05	2.1	17.15	11.40	16.51	0.64	6.7	12.81	118	1:2.4	1:3.1	8.68	9.13
	225+000	14.96	2.1	17.06	11.29	16.72	0.44	6.8	12.88	220	1:2.5	1:2.9	10.45	10.02
	226+000	14.83	2.1	16.93	11.07	16.45	0.48	7.2	11.36	50	1:2.5	1:3.3	9.55	9.52
	227+000	14.70	2.1	16.80	10.97	16.44	0.36	7.1	12.94	192	1:2.4	1:2.8	9.75	9.99
	228+000	14.57	2.1	16.67	10.82	16.54	0.13	7.2	12.24	95	1:2.4	1:3.1	10.05	8.74
	229+013	14.44	2.1	16.54	10.76	16.48	0.06	6.9	12.85	145	1:1.8	1:2.9	8.33	8.7
	230+008	14.32	2.1	16.42	10.43	16.31	0.11	7.9	9.13	101	1:2.3	1:2.9	9.05	8.22
垦	231+018	14.19	2.1	16.29	10.48	16.31		7.1	10.82	103	1:2.3	1:3.3	8.84	10.16
利	232+020	14.06	2.1	16.16	10.35	16.03	0.13	7.2	10.17	62	1:2.5	1:2.8	8.11	8.56
河	233+000	13.93	2.1	16.03	10.22	16.80		6.9	10.11	76	1:2.5	1:2.7	9.12	10.11
务	233+992	13.81	2.1	15.91	10.15	15.90	0.01	6.8	10.46	76	1:2.4	1:3.1	8.7	10.63
局	234+200	13.78	2.1	15.88	9.96	15.81	0.07	7.5	10.6	76	1:2.5	1:2.6	9.15	9.28
	234+750	13.70	2.1	15.80	9.68	15.92		8.5	9.35	116	1:2.8	1:2.7	9.3	8.89
	235+300	13.64	2.1	15.74	9.97	15.62	0.12	6.8	13.12	50	1:2.5	1:3.3	9.49	9.56
	236+000	13.53	2.1	15.63	9.82	15.37	0.26	6.9	12.68	50	1:2.5	1:2.7	8.49	9.56
	237+000	13.39	2.1	15.49	9.68	15.56		7	13.1	50	1:2.5	1:3.3	9.9	9.64
	238+000	13.24	2.1	15.34	9.80	15.25	0.09	5.6	12.74	50	1:2.5	1:4.3	10.32	10.76
	239+000	13.10	2.1	15.20	8.89	14.90	0.30	9.5	12.34	60	1:2.8	1:4.1	14.5	12.34
	240+000	12.97	2.1	15.07	9.86	15.37		4	12	50	1:2.9	1:3.1	8.19	9.4

续表 2-8

管理单位	桩号	2000年设防水位 (m)	设计超高 (m)	设计堤顶高程 (m)	浸润线出溢点高程 (m)	现状堤顶高程 (m)	与安全超高相差 (m)	堤顶宽度 (m)	淤背区高程 (m)	淤背区宽度 (m)	临河堤防边坡	背河堤防边坡	临河地面高程 (m)	背河地面高程 (m)
垦利河务局	241+000	12.84	2.1	14.94	9.64	15.36		4.5	12.86	9	1:3.0	1:3.0	7.45	9.05
	242+000	12.71	2.1	14.81	9.48	15.18		4.5	12.86	10.5	1:2.7	1:3.2	7.5	8.3
	243+000	12.58	2.1	14.68	9.26	15.00		5.1	12.34	9	1:2.4	1:3.8	7.24	7.66
	244+000	12.45	2.1	14.55	9.17	14.90		4.8	12.55	9	1:2.6	1:3.5	7.06	8.26
	245+000	12.31	2.1	14.41	9.01	14.90		4.8	12.58	7.5	1:2.5	1:3.6	7.27	8.25
	246+000	12.20	2.1	14.30	8.48	14.78		6.7	8.05	6.1	1:2.2	1:3.7	7.52	7.9
	247+000	12.08	2.1	14.18	8.86	14.53		4.5	12.28	7	1:2.5	1:3.1	7.46	8.32
	248+000	11.97	2.1	14.07	8.60	14.64		5.3	10.8	100	1:2.5	1:3.0	7.2	8
	249+000	11.85	2.1	13.95	8.58	14.70		4.8	10.71	100	1:2.3	1:3.6	8.36	7.24
	250+000	11.74	2.1	13.84	8.42	14.53		5	10.63	100	1:2.5	1:3.2	7.1	6.77
	250+990	11.62	2.1	13.72	8.15	14.42		5.8	10.54	100	1:2.5	1:2.8	6.8	7.19
	252+000	11.50	2.1	13.60	8.04	14.52		5.7	10.41	100	1:2.4	1:3.0	7.39	7.58
	253+000	11.39	2.1	13.49	8.17	14.34		4.6	10.3	100	1:2.5	1:3.1	7.22	6.15
	254+000	11.27	2.1	13.37	8.06	14.29		4.5	11.59	7	1:2.5	1:2.9	6.87	4.9
	255+000	11.16	2.1	13.26	7.53	13.87		6.6	11.56	7	1:2.6	1:3.2	6.83	4.96

说明：本表录自山东河务局"数字黄河"工程·山东黄河水情网·防洪基础资料·堤防类"《山东黄河堤防现状统计表》。高程系统：黄海。

表 2-9　2005 年东东营黄河左岸临黄堤状况一览表

管理单位	桩号	2000年设防水位 (m)	设计超高 (m)	设计堤顶高程 (m)	浸润线出溢点高程 (m)	现状堤顶高程 (m)	与安全超高相差 (m)	堤顶宽度 (m)	淤背区高程 (m)	淤背区宽度 (m)	临河提防边坡	背河提防边坡	临河地面高程 (m)	背河地面高程 (m)
	291+033	18.58	2.1	20.68	15.07	20.17	0.51	6	16	8.3	1:2.5	1:3.0	11.92	11.62
	292+000	18.49	2.1	20.59	15.08	20.42	0.17	5.5	14.03	71	1:2.5	1:3.0	11.01	9.86
	293+000	18.40	2.1	20.50	14.89	20.22	0.28	6	14.22	76.5	1:2.5	1:3.0	11.42	9.22
	294+000	18.31	2.1	20.41	14.70	20.19	0.22	6.5	13.03	81	1:2.5	1:3.0	11.61	10.53
	295+000	18.22	2.1	20.32	14.61	20.10	0.22	6.5	15.08	69	1:2.5	1:3.0	11.37	12.08
	296+000	18.14	2.1	20.24	14.43	19.89	0.35	7	13.87	84	1:2.5	1:3.0	11.42	10.59
	297+000	18.05	2.1	20.15	14.44	19.88	0.27	6.5	14.32	76	1:2.5	1:3.0	12.36	10.24
	298+000	17.96	2.1	20.06	14.25	19.47	0.59	7	15.92	80	1:2.5	1:3.0	12.15	11.04
	299+000	17.87	2.1	19.97	14.06	19.78	0.19	7.5	17.68	75	1:2.5	1:3.0	12.55	11.21
利津河务局	300+000	17.79	2.1	19.89	15.18	19.43	0.46	6.7	17.06	90	1:2.5	1:3.0	18.24	13.3
	301+000	17.70	2.1	19.80	14.96	18.83	0.97	7.6	15.96	40	1:2.5	1:3.0	17.75	11.63
	302+000	17.61	2.1	19.71	13.82	19.31	0.40	7.4	16.75	36	1:2.5	1:3.0	12.79	10.59
	303+000	17.52	2.1	19.62	13.93	19.16	0.46	6.4	15.73	63.5	1:2.5	1:3.0	12.89	10.59
	304+000	17.44	2.1	19.54	13.85	19.16	0.38	6.4	14.09	82	1:2.5	1:3.0	11.52	10.72
	305+000	17.36	2.1	19.46	13.77	19.47		6.4	13.38	70.5	1:3.0	1:3.0	11.1	9.77
	306+000	17.27	2.1	19.37	12.91	19.98		9.2	13.56	65	1:3.0	1:3.0	10.43	9.77
	307+000	17.19	2.1	19.29	12.77	20.02		9.5	15.6	43	1:3.0	1:3.0	11.82	8.9
	308+000	17.10	2.1	19.20	12.76	19.90		9.1	16.09	58	1:3.0	1:3.0	11.5	8.77
	309+000	17.02	2.1	19.12	12.66	19.75		9.2	13.56	65	1:3.0	1:3.0	10.8	8.87
	310+000	16.93	2.1	19.03	12.79	19.55		8.1			1:3.0	1:3.0	10.72	9.77
	311+000	16.85	2.1	18.95	13.18	18.50	0.45	6.8	12.66	67	1:2.5	1:3.0	10.34	8.89
	312+000	16.77	2.1	18.87	13.22	18.40	0.47	6.2	14.02	68	1:2.5	1:3.0	9.76	7.51
	313+000	16.68	2.1	18.78	13.11	18.20	0.58	6.3			1:2.5	1:3.0	9.36	8.04

续表2-9

管理单位	桩号	2000年设防水位(m)	设计超高(m)	设计堤顶高程(m)	浸润线溢出点高程(m)	现状堤顶高程(m)	与安全超高相差(m)	堤顶宽度(m)	淤背区高程(m)	淤背区宽度(m)	临河堤防边坡	背河堤防边坡	临河地面高程(m)	背河地面高程(m)
	314+000	16.60	2.1	18.70	12.18	18.26	0.44	9.5	18.59	18.5	1:3.0	1:3.0	9.33	8.08
	315+000	16.51	2.1	18.61	12.92	18.02	0.59	6.4	13.31	73	1:3.0	1:3.0	9.83	8.23
	316+000	16.43	2.1	18.53	13.87	18.03	0.50	6.4	14.26	78	1:2.5	1:3.0	12.84	10.17
	317+000	16.34	2.1	18.44	12.85	18.07	0.37	5.9	12.82	70	1:2.5	1:3.0	11.39	8.57
	318+000	16.25	2.1	18.35	12.66	17.76	0.59	13.6	14.44	60	1:2.5	1:3.0	13.06	9.23
	319+000	16.15	2.1	18.25	12.62	17.77	0.48	6.1	12.04	45	1:2.5	1:3.0	10.69	9.6
	320+000	16.04	2.1	18.14	11.90	18.53		8.1	12.7	34.5	1:3.0	1:3.0	11.73	9.6
	321+000	15.92	2.1	18.02	12.78	18.49		9.4	13.5	150	1:3.0	1:3.0	13.62	8.92
	322+000	15.80	2.1	17.90	11.68	18.6		8	14.1	38.5	1:3.0	1:3.0	11.34	8.62
利津河务局	323+000	15.90	2.1	18.00	12.19	17.56	0.44	7	13.54	59.5	1:2.5	1:3.0	10.99	8.52
	324+000	15.58	2.1	17.68	11.97	17.24	0.44	6.5	11.13	55	1:2.5	1:3.0	9.99	8.73
	325+000	15.48	2.1	17.58	11.77	16.97	0.61	7	11.61	61	1:2.5	1:3.0	8.89	9.14
	326+000	15.36	2.1	17.46	11.65	17.53	0.11	7	12.58	55	1:2.5	1:3.0	9.69	9.86
	327+000	15.25	2.1	17.35	11.44	17.24	0.07	7.5	14.22	53	1:2.5	1:3.0	11.3	9.76
	328+000	15.14	2.1	17.24	11.33	17.17		7.5	13.08	31.9	1:2.5	1:3.0	12.54	8.2
	329+000	15.03	2.1	17.13	11.40	17.42		6.6	14.58	47.5	1:2.5	1:3.0	11.78	13.38
	330+000	14.92	2.1	17.02	11.37	17.09		6.2	11.74	61	1:2.5	1:3.0	11.9	8.81
	331+000	14.80	2.1	16.90	11.21	16.98		6.4	12.16	69.5	1:2.5	1:3.0	10.96	8.41
	332+000	14.69	2.1	16.79	10.98	16.84		7	11	52.5	1:2.5	1:3.0	10.07	10.99
	333+000	14.58	2.1	16.68	10.75	16.69		7.6	12.11	100	1:2.5	1:3.0	8.85	10.99
	334+000	14.47	2.1	16.57	10.76	16.83		7	11.81	50	1:2.5	1:3.0	9.98	8.99
	335+000	14.35	2.1	16.45	10.68	16.74		6.8			1:2.5	1:3.0	9.63	8.27
	336+000	14.24	2.1	16.34	10.63	16.55		6.5			1:2.5	1:3.0	9.68	9.41

续表 2-9

管理单位	桩号	2000年设防水位 (m)	设计超高 (m)	设计堤顶高程 (m)	浸润线溢出点高程 (m)	现状堤顶高程 (m)	与安全超高相差 (m)	提顶宽度 (m)	淤背区高程 (m)	淤背区宽度 (m)	临河堤防边坡	背河堤防边坡	临河地面高程 (m)	背河地面高程 (m)
	337+000	14.13	2.1	16.23	10.44	16.37		6.9			1:2.5	1:3.0	8.12	8.88
	338+000	14.01	2.1	16.11	10.32	16.12		7.9			1:2.5	1:3.0	8.08	8.56
	339+000	13.90	2.1	16.00	10.21	16.11		8	0	0	1:2.5	1:3.0	8.31	8.28
	340+000	13.79	2.1	15.89	10.04	16.07		7.2	0	0	1:2.5	1:3.0	9.49	8.08
	341+000	13.67	2.1	15.77	10.08	16.41		6.4	11.3	50	1:2.5	1:3.0	8.69	8.34
	342+000	13.56	2.1	15.66	9.99	15.99		6.3	11.26	50	1:2.5	1:3.0	8.23	7.85
	343+000	13.45	2.1	15.55	9.88	15.84		6.3	0		1:2.5	1:3.0	7.71	7.92
	344+000	13.34	2.1	15.44	9.79	15.79		6.2			1:2.5	1:3.0	8.87	7.89
	345+000	13.23	2.1	15.33	9.32	15.49		8			1:2.5	1:3.0	8.12	8.38
利津河务局	346+000	13.11	2.1	15.21	9.54	15.69		6.3			1:2.5	1:3.0	7.98	7.99
	347+000	12.99	2.1	15.09	9.22	16.80		7.3			1:2.5	1:3.0	7.65	8.47
	348+000	12.87	2.1	14.97	9.40	15.52		5.8			1:2.5	1:3.0	7.49	8.15
	349+000	12.74	2.1	14.84	9.23	15.46		6			1:2.5	1:3.0	7.4	8.06
	350+000	12.62	2.1	14.72	9.09	15.47		6.1			1:2.5	1:3.0	7.34	7.68
	351+000	12.50	2.1	14.60	8.99	15.40		6			1:2.5	1:3.0	7.94	6.98
	352+000	12.38	2.1	14.48	8.77	14.92		6.5			1:2.7	1:3.0	6.02	6.8
	353+000	12.26	2.1	14.36	8.69	14.98		6.3			1:2.6	1:3.0	6.12	6.71
	354+000	12.14	2.1	14.24	8.55	14.83		6.4			1:2.6	1:3.0	6.96	7.14
	355+000	12.02	2.1	14.12	8.41	14.65		6.5			1:2.7	1:3.0	6.72	6.31

说明：本表录自山东河务局"数字黄河工程·山东黄河水情网·防洪基础资料·堤防类"《山东黄河堤防现状统计表》。高程系统：黄海。

第三节 除患加固

1987 年以后,黄委和山东河务局编制的堤防建设规划中规定:黄河大堤属国家 I 级水工建筑物,是抗御黄河洪水的主要屏障,不仅其高度、宽度、坡度应满足设防标准和静力稳定要求,而且还必须有足够的强度以满足渗流稳定要求。因此,除进行堤身加高帮宽外,还要消除险点隐患,进行堤身加固。在加固措施上,主要根据工程作用及设计标准,分别采取放淤固堤、修做前后戗、截渗墙、密锥灌浆等方法。

河口管理局根据堤防普查中发现的问题,安排了东营市辖区内黄河大堤的加固工程。其中,放淤固堤工程在本章第四节专门记述,本节记述其他加固工程实施情况。

一、后戗及前戗

1989 年后修筑堤防戗工遵循两大原则:一是"临河截渗、背河导渗";二是凡具备放淤固堤条件的堤段,尽量采用淤背加固措施,不具备淤背条件的堤段,酌情安排后戗或前戗加固。

根据以上原则,1991 年修筑老董、南岭子后戗,1994 年修筑东关后戗。三处工程总长906 米,完成土方 8.56 万立方米,投资 191.90 万元。1999 年后,此类工程纳入淤背区内。

截至 2005 年,东营市临黄大堤尚存前、后戗总长度 24861 米,其中分布在垦利县境内的后戗长度 17335 米,前戗长度 7200 米;分布在利津县境内的前戗长度 326 米。非临黄堤防前、后戗工程 96334 米,其中分布在南防洪堤上的后戗长度 24200 米,分布在北大堤上的后戗长度 56213 米,前戗长度 15921 米。

二、截渗墙

东营黄河堤防自 1994 年开始采用截渗墙加固技术。截至 2002 年修做截渗墙 3 段,总长度 2328 米。

(一)1994 年利津东关黏土斜墙及前戗工程

利津县东关临黄堤 309+441~310+000,长 559 米,临背河堤脚高差 5 米左右,背河堤脚外有常年积水坑塘两个。由于堤身断面不足,浸润线出溢点比背河地面高出 0.7 米左右。洪水漫滩偎堤后,渗流造成坑塘水面上涨。该段堤防虽早已被纳入填塘淤背计划,但因民房密集,搬迁投资过大,一直未能实施。

为消除此处险点,1994 年在临河修筑黏土斜墙和部分截水槽相连的防渗体,并附加壤土前戗。黏土斜墙长 400 米(309+400~309+800),水平宽度 1 米,顶部高程 18.52米,底部高程 13.18 米。斜墙前面修筑壤土前戗,宽 9 米,顶部高程 19.02 米,底部高程12.00 米。临河堤基设有截渗槽,水平宽度 2.5 米,底部高程 9.1 米,上部与黏土斜墙连接,形成防渗整体。

利津县河务局组织施工队伍和机械,于 4 月 1 日至 6 月 30 日完成施工任务。完成土方工程 5.31 万立方米,土地征购 6.8 亩,挖地补偿 112.2 亩,临时占地补偿 39.2 亩,青苗补偿 91.8 亩,树木补偿 1400 株。总投资 171 万元。

（二）利津东关截渗墙工程

黄河左岸临黄堤 309+806～310+545，堤身、堤基透水性强。经山东河务局批准，在临河堤脚外 5 米处修做垂直铺塑防渗工程 739 米，净深 8 米。防渗材料选用厚度 0.4 毫米的聚乙烯土工膜；在临河堤坡铺设的防渗材料选用二布一膜复合土工膜。墙顶高程超过 2000 年设防水位 1 米，下部至堤脚平铺 5 米长膜复合土工膜与垂直铺塑膜连接，并覆盖壤土保护。大堤顶宽 8 米，临河边坡 1∶3，坝顶高程超过 2000 年设防水位 1.1 米。

1999 年 10 月，河口管理局组建项目办公室，通过公开招标，滨州地区黄河工程局承担主体工程施工，河南黄河勘察设计工程科技开发总公司承担工程监理，山东黄河水利工程质量监督站进行质量监督。11 月 6 日正式开工后，施工单位按照设计工艺程序，于 2000 年 4 月 25 日完成全部施工内容。共计完成开挖与回填土方 10.28 万立方米，垂直铺塑 7395 平方米，复合土工膜平铺 2576 平方米，斜铺 15841 平方米。同时完成土地征购 11.5 亩，挖地补偿 104.7 亩，压地补偿 18.5 亩。工程总投资 305.52 万元。

2000 年 10 月，山东河务局主持进行竣工验收，认定工程质量为优良。

（三）利津綦家嘴混凝土截渗墙工程

黄河左岸临黄堤 313+200～314+200，在历次大水期间渗水严重。经山东河务局批准，在堤基修做混凝土 1000 米截渗墙。截渗墙布置在临河堤脚外 1 米处，墙顶高程与临河地面相平，墙体净深 6.3～8.4 米，厚度 22 厘米。截渗墙筑成后，在原堤坡铺设一层复合土工膜作为防渗材料，膜顶高程超过 2000 年设防水位 1 米，下部与混凝土墙体连接，并覆盖壤土保护。大堤顶在原基础上加宽 3 米，临河边坡 1∶3。施工工艺为液压开槽与射水法。

1999 年 10 月，河口管理局组建项目办公室。通过公开招标，确定河南黄河勘察设计工程科技开发总公司为监理单位，山东菏泽黄河工程局承担施工任务。投入施工机械 36 台（套），人员 180 名，于 2000 年 6 月 10 日完成全部施工内容。共计完成开挖与回填土方 6.17 万立方米，混凝土截渗墙浇筑 1900 立方米，复合土工膜 23905 平方米，植草 29120 平方米。同时完成土地征购 13.84 亩，挖地补偿 179.9 亩，压地补偿 17.99 亩。工程总投资 390.3 万元。

2000 年 10 月，山东河务局主持进行竣工验收，认定工程质量为合格。

三、堤防险点消除

（一）险点情况

黄河堤防险点分别存在于堤身内部或两侧堤脚附近，是由多种原因造成的抗洪薄弱环节。为掌握险点变化情况，除定期组织人员进行普查外，还采用钢锥探摸方法对黄河堤身内部隐患进行分析判断。1995 年，河口管理局开始引进山东河务局研制成功的电子探测仪器，在东营区河务局开始试用。取得经验后，又在两岸大堤应用于堤身内部隐患的探测。

近堤坑塘是渗水、管涌等险情的易发堤段。截至 2005 年，黄河两岸临黄大堤附近共有坑塘 95 处，总面积 1005 万平方米，一般深度 2 米左右，最大深度达 7 米。非临黄堤附近共有坑塘 29 处，总面积 78 万平方米，一般深度 1～2 米，最大深度 5 米。

(二)险点管理

黄河堤防险点按照紧要程度实行黄委、山东河务局、地(市)河务局三级管理。

1987 年开始,黄委对堤防险点实行动态控制。根据 1985 年汛前工程普查资料,发布黄委编列在册的山东黄河第一批 8 类险点险段共 113 处,其中东营黄河堤防在册险点 29 处,类别为渗水 11 处(利津县宋集、红卫、南关、老董、南岭、罗家屋子、二分场,垦利县大张、苏刘、苏家);穿堤管线 14 处(垦利县一号坝水管线 3 条、油管线 1 条、气管线 1 条、二十一户油管线 1 条、南防洪堤油管线 1 条、王营南展堤油管线 1 条,利津县集贤油管线 1 条、罗家屋子水管线 1 条,河口区北大堤 16 + 050 水管线 1 条、20 + 630 油管线 1 条、23 + 840 油管线 1 条、35 + 625 油管线 1 条);涵闸 4 座(胜利、五七、宫家、王庄)。1988 ~ 1989 年又增列涵闸 2 处(东关、十八户)。1996 年又增列渗水险点 2 处(利津南十六户、101 防汛屋),共计 33 处险点。

(三)险点消除情况

1986 年起,山东河务局把险点消除工程列为年度工程计划重点,年年安排投资,逐个进行消除。被消除的险点,在下一年度由黄委认定后予以注销。1999 年,黄委加大险点消除力度,要求 2000 年汛前全部消除在册险点。河口管理局根据批复投资情况,于 1987 ~ 1999 年采取不同措施消除险点 29 处,详见表 2-10。

截至 2005 年,东营市黄河堤防仍有一处险点被列在《山东黄河现有在册险点统计表》中,即垦利县小街渗水堤段,长 500 米,相应临黄堤桩号为 205 + 750 ~ 206 + 050。此外,还有险点 20 处被列为东营市黄河防洪重点,详见表 2-11。

表 2-10 黄委在册险点消除情况统计表

年份	险点编号	所在地点		岸别	大堤类别及桩号	险情	消除措施
		县区	村庄				
1987	鲁－渗－34	利津	罗家屋子	左	北大堤 10 + 336 ~ 10 + 536	堤脚渗水	
1987	鲁－渗－35	利津	东关	左	临黄堤 309 + 500 ~ 309 + 700	堤脚渗水	帮临
1987	鲁－渗－36	垦利	大张	右	临黄堤 219 + 950 ~ 220 + 400	堤脚渗水	淤背
1987	鲁－渗－37	垦利	苏刘	右	临黄堤 220 + 800 ~ 221 + 700	堤脚渗水	帮临
1987	鲁－管－28	河口	同兴	左	北大堤 16 + 050	水管穿堤	抬高
1987	鲁－管－29	河口	同兴	左	北大堤 20 + 630	水管穿堤	抬高
1987	鲁－管－30	河口	同兴	左	北大堤 23 + 340	水管穿堤	抬高
1987	鲁－管－31	河口	林场	左	北大堤 35 + 526	水管穿堤	拆除
1988	鲁－管－19	垦利	义和	右	临黄堤 237 + 770	水管穿堤	加固
1988	鲁－管－20	垦利	义和	右	临黄堤 238 + 450	水管穿堤	加固
1988	鲁－管－21	垦利	义和	右	临黄堤 239 + 402	水管穿堤	加固
1988	鲁－管－22	垦利	义和	右	临黄堤 239 + 400	油管穿堤	加固

续表 2-10

年份	险点编号	所在地点		岸别	大堤类别及桩号	险情	消除措施
		县区	村庄				
1988	鲁－管－23	垦利	义和	右	临黄堤 239＋400	气管穿堤	加固
1988	鲁－管－24	垦利	二十一户	右	临黄堤 255＋250	油管穿堤	加固
1988	鲁－管－25	垦利	生产村	右	南防洪堤 4＋700	油管穿堤	加固
1988	鲁－管－26	利津	集贤	左	临黄堤 348＋403	油管穿堤	加固
1988	鲁－管－27	利津	罗家屋子	左	北大堤 10＋126	水管穿堤	加固
1988	病险闸涵	利津	宫家	左	临黄堤 299＋980	标准低	废除
1988	病险闸涵	利津	王庄	左	临黄堤 328＋368	标准低	废除
1988	病险闸涵	垦利	胜利	右	临黄堤 210＋315	标准低	废除
1989	鲁－管－37	垦利	王营	右	南展堤 26＋650	油管穿堤	抬高
1991	鲁－渗－32	利津	老董村东	左	临黄堤 331＋100～333＋150	堤脚渗水	后戗
1991	鲁－渗－33	利津	南岭子	左	临黄堤 336＋200～336＋350	堤脚渗水	后戗
1992	鲁－渗－28	利津	宋集	左	临黄堤 291＋033～291＋600	堤脚渗水	淤背
1992	鲁－渗－29	利津	红卫	左	临黄堤 308＋820～309＋000	堤脚渗水	淤背
1993	病险闸涵	利津	东关	左	临黄堤 309＋350	防洪标准低	废除
1994	鲁－渗－26	利津	东关	左	临黄堤 309＋500～309＋700	堤脚渗水	前戗
1998	鲁－渗－16	利津	101 汛屋	左	临黄堤 340＋373～341＋950	老口门	淤背
1999	鲁－渗－15	利津	南十六户	左	临黄堤 333＋850～334＋750	背河渗水	淤背

说明:本表录自山东河务局"数字黄河工程·山东黄河水情网·防洪基础资料·堤防类"《山东黄河现有在册险点统计表》。

表 2-11　2005 年东营市防洪工程险点情况统计表

堤防类别	险点类别	岸别	起止桩号	长度（km）	险点情况及成因
临黄堤	顺堤行洪	左	291＋033～299＋000	7967	堤河宽 100～120 m，深 1.5～2.0 m
北大堤	顺堤行洪	左	24＋600～30＋200	5600	堤河宽 15～25 m，深 1.5 m，常年积水
防洪堤	顺堤行洪	右	23＋723～27＋800	4077	临河堤脚通海潮沟
临黄堤	病险涵闸	右	麻湾分凌闸		低于设计防洪水位 1.53 m
临黄堤	堤身渗水	右	234＋700～235＋300	600	背河堤脚水库，风浪淘刷，堤身断面缩小
临黄堤	堤身渗水	左	342＋500～342＋650	200	1985 年凌汛期背河堤脚外地面渗水
临黄堤	堤身渗水	左	343＋600～344＋900	1300	1985 年凌汛期背河堤脚外地面渗水
北大堤	堤身渗水	左	11＋900～11＋940	40	1993 年凌汛背河堤脚外 20～25 m 渗水

续表 2-11

堤防类别	险点类别	岸别	起止桩号	长度(km)	险点情况及成因
北大堤	堤身渗水	左	12 + 000 ~ 12 + 050	50	1993 年凌汛背河堤脚外 20 ~ 25 m 渗水
北大堤	堤身渗水	左	22 + 300 ~ 22 + 800	500	临河常年积水,背河低洼渗水
南展堤	堤身薄弱	右	3 + 750 ~ 38 + 651	34901	堤身高度低于同断面临黄堤高度 2.4 m
临黄堤	穿堤管线	右	239 + 400		低于 2000 年设防水位 0.3 m
临黄堤	穿堤管线	右	239 + 402		低于 2000 年设防水位 0.3 m
临黄堤	穿堤管线	右	237 + 770		低于防洪水位 0.57 m
临黄堤	近堤水岸	右	234 + 700 ~ 235 + 300	600	背河一号水源紧靠大堤,堤身常年受浸
南展堤	近堤水岸	右	37 + 500 ~ 38 + 651	1151	背河水库紧靠堤身,堤脚浸蚀严重
临黄堤	近堤水岸	右	236 + 460 ~ 238 + 350	1890	水库紧靠黄河大堤,堤身常年受浸
防洪堤	近堤水岸	右	12 + 000 ~ 17 + 000	5000	临河水库靠近堤身
北大堤	近堤水岸	右	16 + 030 ~ 17 + 820	1790	背河水库,临河沉沙池,堤身长年受浸
临黄堤	近堤堤河	右	202 + 300 ~ 207 + 950	5650	1981 年加培大堤取土,宽 50 m,深 2 m

说明:此表根据《2005 年东营市黄河防洪预案》统计情况编列。

四、其他加固措施

黄河上沿用的堤防加固方法还有锥探灌浆、压力灌浆、填塘固基、抽槽换土、抽水涸堤、黏土斜墙、沙石反滤等。

上述办法中,压力灌浆是经常采用的方法。1989 ~ 1994 年,东营黄河堤防、涵闸等工程共计完成压力灌浆 29.79 万眼,实施灌浆长度 148.72 千米,灌入土方总量 5.30 万立方米,平均每眼灌入土方 0.18 立方米。1994 年以后,未再实施大规模灌浆工程。

第四节　放淤固堤

东营黄河大堤临背河堤脚高差一般为 1 ~ 3 米,个别堤段达 7 ~ 9 米。1974 年开始,按照先易后难、先险工后平工的原则,对两岸临黄堤进行淤背加固,借以增强堤身断面,延长渗流径程,消除险点隐患,确保防洪安全。1987 年以后,胜利油田为增强北大堤及顺六号路延长工程的抗洪能力,结合引黄供水工程建设,先后采用自流或提水方法实施淤临固堤工程。

一、工程标准

1985 年以前按照黄委规定:淤背工程宽度为险工 50 米,平工 30 ~ 50 米;淤背高度按1983 年设防水位计算,高出背河堤坡浸润线出溢点 1 米(包括盖顶厚度 0.5 米);边坡

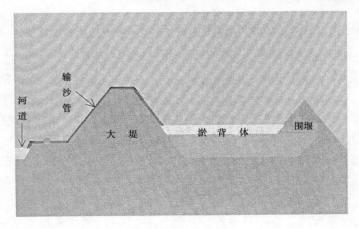

放淤固堤示意图

挖塘机抽沙固堤

1:3～1:5。淤成后,抽淤盖顶厚0.5米,壤土盖顶厚0.3米。淤临工程高出1983年设计洪水位0.5米,边坡1:3～1:5,必须用黏土或两合土淤成。

1986年12月,黄委在《第四期堤防设计任务书(1986～1995)》中规定:淤区宽度为险工50～100米,平工30～50米,老口门100米;淤区高度按1995年设防水位计算,高出背河堤坡浸润线出溢点1米。已达1983年设防标准的堤段,原则上不再加高;淤区边坡1:3。

1995年10月,黄委对淤区高度做出变更:按2000年设防水位,顶部高出背河堤坡浸润线出溢点0.5米。已达1983年设防标准的堤段,与设计相差在0.5米以内的不再加高;相差较大而又未淤红盖顶者,按本次设计淤高。同时还对高标准淤背加固做出规定:顶部高程与设计水位相平,淤区宽度为平工50米,险工及老口门100米。

2000年8月,黄委在《"十五"可研报告》中规定:重点确保和部分险要堤段淤宽100米,淤高与2000年设防水位相平;其余堤段淤宽80米,顶部低于设计洪水位2米,其中河口地区南展宽区以下堤段淤区顶部低于设计洪水位3米。

二、临黄堤淤背工程实施

20世纪七八十年代,机淤固堤施工机械以简易吸泥船为主,绞吸式挖泥船和挖塘机组为辅。90年代后,东营黄河年年断流,新淤区输沙距离越来越远,经常失去冲吸式挖泥作业施工条件。为提高机淤固堤效率,河口管理局组织有关人员围绕淤背固堤先后试验成功中转接力泵、组合泥浆泵等生产新技术。在此基础上,2000年8月"挖塘机和汇流泥浆泵组合输沙试验研究"取得成功,实现了远距离、高效率输沙目标。

1989~2005年,河口管理局根据黄委及山东河务局的批复意见,完成机淤总长度61.64千米(含原淤区加高、拓宽及挖河固堤段落),放淤土方2141.05万立方米。施工段落见表2-12。

1997年前,机淤固堤工程项目由省、市(地)、县(区)三级河务局逐级编报、审批下达施工计划。施工任务确定后,各县(区)河务局按照定淤区、定任务、定投资、定时间的要求,对吸泥船生产运行、维修养护进行统一管理,按照经济责任制与每条吸泥船负责人签订承包合同,实行投资包干、单船核算、节余分成、按规定比例提取福利基金、奖励基金和生产发展基金。承包形式基本分四种:一是按计划单价全额承包;二是按施工定额计量承包;三是按单位前三年实际执行单价承包;四是只包运转费,经济收入与产量直接挂钩。

1998年开始,黄河防洪工程建设管理推行"三制改革"。机淤固堤工程同样实行项目法人责任制,通过招投标择优选定施工队伍、监理单位,依照有关法规程序加强施工管理。

30多年的应用实践证明:淤背固堤区内沉积物主要为粉沙,有利于导渗出堤;放淤固堤区内土质均匀,接头少,施工质量易保证;堤身断面增大,抗震能力较高;使用劳力少,挖压农田少,地方群众容易接受;工程成本相对较低,输沙距离在2500~3000米的堤段都宜采用。

三、罗家屋子水源沉沙池工程

1991年12月,胜利石油管理局向河口管理局递交《关于罗家屋子沉沙池规划意见的报告》,建议自罗家屋子虹吸管向西沿北大堤修建沉沙池工程长10千米,往复式沉沙池长20千米,宽度500米,占地面积7500亩,其中耕地3000亩,非耕地4500亩;利用滩区打水船引水至罗家屋子沉沙池,平均淤厚4米,可容沙1600万立方米。按照统一规划、分期实施的原则,工程建设分为两期完成。

1992年1月,山东河务局对上述规划进行审查批复后,胜利石油管理局委托山东黄河勘测设计研究院在6月完成工程设计。

(一)一期工程施工

位于北大堤桩号5+950~9+550,长度3600米。施工内容包括沉沙池、输水渠、截渗沟、大堤前戗、生产辅道、拦河坝及简易提水泵站和穿渠涵洞等。设计工程量为土方开挖150621立方米,土方填筑5644951立方米,预算投资2465195元。

施工期间,河口管理局成立罗家屋子沉沙池工程施工指挥部,东营、利津、垦利、河口4个县(区)河务局工程处承担并于1992年11月完成施工任务。

表2-12　1989～2005年东营黄河放淤固堤工程完成情况表

岸别	管理单位	大堤桩号	淤区尺度(m) 长	宽	厚	淤区顶高程(m)	完成土方(万m³)	完成年份	是否达标 宽	是否达标 高	备注
		全市合计	62328				2141.05				○达标，√未达标
左岸	利津河务局	小计	22565				792.06				
		291+033～293+560	2527	74	5.50	13.79～15.34	103.36	1992	○	○	
		293+985～294+550	565	62	5.90	12.86～15.54	20.82	1993	○	○	
		299+300～299+920	620	131	2.30	17.52	18.89	1990	√	√	
		310+500～312+450	1950	73	4.50	13.76～13.96	64.43	1994	○	○	
		312+450～313+250	800	100	1.00	14.52	78.4	2002	√	○	
		322+500～324+185	1685	52	2.50	11.41～14.23	22.17	1993	○	○	
		325+240～326+100	860	35	4.20	11.41～14.21	12.5	1992	√	√	
		326+350～327+153	803	60	2.10	15.42～13.38	10.09	1990	√	√	
		327+350～328+155	805	155	0.70	15.18	9.32	1989	√	√	2005年挖河固堤
		330+000～332+000	2000	60	11.60	14.80～14.69	70.14	2003	√	√	
		332+000～333+850	1850	100	5.80	14.68～14.48	107.18	2002	√	√	
		333+850～334+750	900	50	5.4	13.20	16.47	1998	○	○	
		334+750～340+450	5700	100	4.10	11.52～12.17	231.15	2003	√	√	
		340+450～341+950	1500	54	3.40	11.13	27.14	1998	○	○	
右岸	东营河务局	小计	2520				168.03				
		189+121～189+900	779	100	9.17	18.38～18.30	65.35	2002	√	√	
		195+400～196+050	650	100	7.84	17.75～17.68	47.30	2002	√	√	
		196+819～197+530	711	100	4.77	15.39	34.03	2000	√	√	
		198+180～198+560	380	100	6.21	15.26	21.35	2002	√	√	
	垦利河务局	小计	37243				1180.96				
		201+550～202+125	575	111	0.29	13.7～13.98	1.85	1995	○	○	
		202+800～203+440	640	157	1.93	13.02～13.2	19.40	1995	○	○	
		205+350～206+560	1210	100	4.32	16.82～16.73	57.84	2002	√	√	
		206+800～207+276	476	100	3.09	13.68～13.71	23.80	1999	√	√	
		207+668～208+673	1005	95	3.55	13.06～13.2	40.05	1998	√	√	宽按80m标准

续表2-12

岸别	管理单位	大堤桩号	淤区尺度(m) 长	宽	厚	淤区顶高程(m)	完成土方(万m³)	完成年份	是否达标 宽	高	备注
右岸	垦利河务局	210+400~210+550	150	44	3.60	14.11~14.50	23.80	1999	√	○	
		211+815~212+982	1167	73	3.80	13.19~13.3	35.95	1995	○	○	
		213+651~214+903	1252	67.5	1.90	12.84~13.30	31.00	1995	○	○	
		214+920~215+810	890	90	3.58	12.62	36.00	1995	√	○	
		215+900~216+050	150	90	5.94	15.16	8.02	1995	√	○	
		216+100~216+550	450	70	6.81	16.03	21.50	1995	○	√	
		217+430~219+050	1620	74	2.50	10.27~11.03	30.69	1995	○	√	1990年、1995年放淤
		222+079~223+232	1153	75	2.02	10.33~11.8	17.47	1995	○	○	
		224+027~224+320	293	80	5.92	15.05	11.69	2005	√	√	1995年淤固堤,2005年挖河固堤
		224+032~224+850	818	89	1.25	10.57~10.81	9.10	1995	√	○	1995年放淤固堤,2005年挖河固堤
		225+767~226+592	825	5	0.76	10.01~10.96	3.14	1995	○	○	1995年放淤固堤,2005年挖河固堤
		225+860~226+665	805	80	5.29	14.85	38.34	2005	√	√	1995年放淤固堤,2005年挖河固堤
		226+923~227+360	437	95	2.97	12.44~12.94	16.32	2000	○	√	1995年放淤固堤,2005年挖河固堤
		227+400~228+136	736	100	3.29	12.44~12.34	23.69	2000	√	√	1989年、2000年放淤
		229+553~231+477	1924	80	3.94	12.14~12.09	70.25	2005	√	√	1995年放淤固堤,2005年挖河固堤
		231+742~232+637	895	50	0.48	10.11~10.17	2.15	2005	√	√	1995年放淤固堤,2005年挖河固堤
		232+700~234+251	1551	65	1.84	11.95~11.82	28.68	2005	○	○	1995年、1996年放淤,2005年挖河固堤
		235+200~236+310	1110	80	4.08	13.64~13.53	77.59	2005	√	√	1991~1997年放淤
		236+837~238+095	1258	41	2.70	10.55~10.96	14.41	1997	○	√	
		238+095~238+745	650	41	3.44	10.96~11.5	6.42	1998	○	○	1994年、1995年放淤,1998年包边盖顶
		238+850~239+250	400	51	4.51	12.34~12.31	13.84	1995	√	○	1993年、1995年放淤
		239+800~240+290	490	47	3.64	12.34~11.15	7.50	1992	○	√	
		240+290~241+635	1345	50	3.64	12.34~11.16	23.18	1995	○	○	1994年、1995年放淤
		240+760~246+330	5610	100	4.40	11.60~12.30	248.84	2002	√	√	挖河固堤
		247+680~253+800	6120	100	2.77	8.50~11.4	175.80	1998	√	√	挖河固堤
		防洪堤6+000~6+128	128	100	7.72	10.52	9.89	2002	√	√	
		防洪堤10+180~10+940	760	50	7.00	9.80	26.60	2002	√	√	
		防洪堤15+600~15+950	350	100	7.47	10.27	26.15	2002	√	√	

说明:此表根据河务处上报省局数字,参考《山东黄河治理统计资料(1986—2000)》编列。

（二）二期工程施工

位于河口北大堤桩号 0 + 760 ~ 5 + 950。施工项目包括一期工程扩建中的沉沙条渠加高、补残及加固，回水渠扩宽及渠堤加高帮宽，截渗沟清淤，施工长度 3700 米；新建和扩建工程中的沉沙条渠围堤、回水渠道及渠堤修筑；截渗沟开挖；三处生产路及六处生产桥；出口节制闸。设计工程量为土方工程 134 万立方米，石方工程 3401 立方米，混凝土工程 3680 立方米。

施工期间，市政府公布成立东营市黄河罗家屋子水源沉沙池二期工程建设指挥部。泵站提水工程由胜利油田组织施工，沉沙池工程由山东黄河工程局滨州建安工程处和利津、东营、河口河务局所辖工程处及曹店河务段承担。全部工程于 1998 年 6 月 30 日竣工。共完成土方工程 141.90 万立方米，石方工程 3471 立方米，混凝土工程 3735 立方米，投资 1460 万元。同年 7 月，山东河务局主持进行竣工验收。

四、北大堤及顺六号路延长堤段淤临工程

北大堤及顺六号路延长堤段淤临工程是《项目建议书》中的重要项目之一。根据国家计委同意的投资分工意见，工程建设费用由中国石油天然气总公司承担。

（一）兴工缘由

西河口至清 7 断面之间黄河左岸滩唇地面高于北大堤临河堤根 0.52 ~ 3.54 米，滩面横比降为 0.65‰ ~ 7.02‰。六号路修建时临河取土，大堤桩号 19 + 000 ~ 20 + 000 及 30 + 000 ~ 52 + 370 总长 21.37 千米的堤段，形成 130 ~ 250 米宽的连通坑塘。此外，由于北大堤及顺六号路延长工程基础薄弱，洪水漫滩偎堤后发生横河、斜河及堤身生险的概率很大。而河口地区人烟稀少，防守及抗洪抢险队伍需从外地调集，一旦大水偎堤或工程出险，防守困难。

根据 1988 年 6 月 7 日中国石油天然气总公司和水利部共同召开的防洪现场办公会议意见，拟对六号路及孤东南围堤进行加高加固，对北大堤（含六号路）前的滩面进行淤高，以便作为黄河口北岸滨海地区的主要防洪屏障。通过引水、沉沙、淤滩，既可防止黄河故道、串沟、坑塘等低洼地势引发滚河、顺堤行洪等危险，又可增加淡水资源供给能力。因此，1988 年完成神仙沟引黄闸改（扩）建工程后，曾在北大堤桩号 18 + 170 ~ 24 + 280 顺堤修建淤临围堤长 6110 米，利用神仙沟闸水源实施淤临工程。随着《项目建议书》的批准和三十公里引黄闸的建成，胜利油田决定采取加快进度、分期实施的办法，全面安排北大堤及顺六号路延长堤段淤临工程。

（二）1994 年淤临工程

1994 年初，黄河口疏浚工程指挥部提出，先以自流放淤和分段淤高的办法对北大堤桩号 30 + 400 ~ 44 + 631 堤段进行淤临加固。经市政府、胜利油田、河口管理局会议研究同意后，委托山东黄河勘测设计研究院进行工程设计。总体布局是：在清 4 断面附近按大河流量 2000 立方米每秒、自流引水 5 立方米每秒修筑输水（沙）条渠长 12 千米。引水口渠底高程 5.8 米（黄海基面，下同），纵比降 1/4000，渠底宽 6 米，边坡 1:2，渠堤顶宽 2 米，高程 7.30 米。在穿越顺河路处修建简易过水涵洞 1 座，在三号险工南和疏浚指挥部南修建排泄尾水涵洞各 1 座。淤临宽度根据堤河宽度确定，北大堤延长桩号 30 + 400 ~ 39 +

000 淤宽 130 米，39＋000 至孤东五号险工淤宽 500 米。考虑到六号路堤顶高程比设计防洪标准偏低 1.8 米左右，为避免以后加高帮宽时重新翻沙换土，淤临工程开始前先预修宽 10 米、高 1 米的前戗。

工程设计确定后，胜利石油管理局批复概算投资 2993 万元，计划当年投资 1379 万元。一期工程自 1994 年 7 月至 12 月完成引水渠道简易涵洞、二级提升泵站基础、沉沙池围堤、泄水建筑物等。1995 年 3～10 月完成二级提水泵站、条渠开挖、前戗等工程。

该项工程完成后，由于多种原因，未能充分发挥放淤效益。

（三）1996 年淤临工程

1996 年 2 月，国家计委正式批复《项目建议书》。为加快六号路淤临进度，胜利石油管理局又委托山东黄河勘测设计研究院进行北大堤及顺六号路延长堤段淤临工程勘测与设计。工程总体布局为：沉沙池位于清 3 至清 6 断面的滩地上，北依六号路，自孤东三号险工向西直至三十公里险工，长 14666 米，宽 200 米，占地面积 293.32 公顷，运行 10 年。淤临工程取水口采用泵站（船）提水，设计提水能力 10 立方米每秒。输水干渠沿丁字路向北穿过顺河路、垦东六油田公路后折向孤东三号险工前，长度 6.1 千米。在孤东围堤三号险工前修建提水流量 10 立方米每秒的二级泵站一座，提水进入淤临沉沙条渠。顺六号路临河至北大堤三十公里险工修筑淤临沉沙条渠，总长度 14.896 千米，平均宽度 200 米。在沉沙条渠西、南、东三面各修筑顶宽 5 米的围堤一条。围堤外侧距轴线 32.5 米处开挖截渗沟一条，长 14434 米。在北大堤三十公里险工 5#、6# 坝间修建引黄闸一座。主要工程量为：土方工程 171.52 万立方米，石方工程 10062 立方米，混凝土工程 2013 立方米。工程概（预）算总投资 3100 万元。

上述设计完成后，山东河务局批复同意该项工程的建设与管理由石油部门负责，质量监督和竣工验收由山东河务局负责。

经过协商确定，胜利油田负责一、二级泵站和两座干渠公路桥的施工，其余项目由河口管理局负责施工。为加强施工组织领导和工作协调，东营市政府批准成立东营市黄河北大堤六号路段淤临工程施工指挥部。工程自 1996 年 5 月开工，至 1997 年 6 月全部竣工。

（四）2001 年续建工程

2001 年汛前实施的续建工程是三十公里引黄闸以上的北大堤淤临工程。总体布局是：上端与 1988 年修建的北大堤 18＋170～24＋280 堤段淤临工程相接，下端在 30＋390 处与六号路淤临工程相接。在北大堤桩号 24＋280～30＋900 修建围堤长 6600 米。淤临方法是：利用 1988 年神仙沟闸建成后为上段淤临工程设置的取水口、输沙渠道和二级泵站引取黄河水沙进入沉沙条渠，再从三十公里引黄闸宣泄尾水进入孤东干渠，向滨海地区油田供水。

1997 年 8～12 月，山东黄河勘测设计研究院先后完成工程初步设计和施工详图设计。工程主要内容包括：二级提水泵站 1 座，提升流量 30 立方米每秒；沉沙条渠长 5.677 千米，容沙能力 650 万立方米，围堤顶宽 5 米；截渗沟长 5442 米；孤南 24 公路改线及公路桥加高；十四分场（28＋911）生产路及生产桥；沉沙条渠出口（29＋957）节制闸 1 座，过流能力 20 立方米每秒；六号路淤临工程出口节制闸 1 座。

胜利油田治河办采用议标方式选择施工队伍及参建单位。东营市黄河工程局组成项目经理部负责围堤修筑等土方工程施工,自 2001 年 3 月开工,至 10 月 28 日竣工。胜利油田工程建设三公司组成项目经理部负责建筑物工程施工,于 2001 年 6 月竣工。山东龙信达咨询监理有限公司组成河口治理工程监理部进行工程监理;山东黄河水利工程质量监督站组成河口项目站进行质量监督。本次施工完成土方 65 万立方米,石方 4671 立方米,混凝土及钢筋混凝土 1384 立方米,竣工决算总投资 1190 万元。

2001 年 11 月 23 日,胜利石油管理局主持进行竣工验收,评定工程质量为优良等级。

至此,北大堤及顺六号路延长堤段的淤临工程全线贯通,上端起自 18＋170,下端止于 45＋034,顺堤总长度 26864 米。

第五节　堤防绿化

一、概况

1989 年以后,河口管理局按照"临河防浪、背河取材、堤坡植草防护"的原则,安排黄河堤防绿化工程。在政策上,对"国有队营"制度进行改革,探索和推广责任承包制、联营制、合同承包制,加快堤防绿化进度,提高植树造林质量,取得较好的工程效益和经济效益。

在堤防绿化布局上,临河柳荫地栽植高柳和丛柳,形成乔灌结合、外低内高的阶梯式屏障。背河柳荫地则以速生用材林为主,根据土壤情况选择适宜树种。临、背堤坡以植草为主。适宜植树的背河堤坡,适当种植紫穗槐等条料树种。堤顶两肩及其以下各植行道林 2 行,大部分堤段以速生树种为主。河务机关庭院及险工、涵闸等堤段以美化树种为主。

截至 2005 年,东营黄河两岸宜林大堤总长度 306.74 千米,共有各类成材树 40.52 万株。其中,行道林 8.34 万株,堤坡及柳荫地树株 24.27 万株,护堤地(柳荫地)树株 7.91 万株。堤坡适宜植草面积 910.41 万平方米,已植草面积 551.05 万平方米(详见表 2-13)。

表 2-13　2005 年东营黄河堤防绿化状况一览表

管理单位	堤防类别	长度(m)	行道林树株(万株)			堤坡(草:万 m²,树:万株)			
			现有树株	成材树数量	未成材树数量	植草面积	成材林数量	未成材林数量	树株合计
东营河务局	小计	18929	1.13	0.71	0.42	51.15	22.00		22.00
	临黄堤	12179	0.87	0.69	0.18	37.30	22.00		
	南展堤	6750	0.26	0.02	0.24	13.85			
垦利河务局	小计	138394	2.33	1.66	0.67	392.00	0.27	0.25	0.52
	临黄堤	53860	1.85	1.35	0.50	153.76	0.15	0.01	0.16
	南展堤	28151	0.30	0.16	0.14	71.44	0.12	0.24	0.36
	防洪堤	27800	0.18	0.15	0.03	166.80			
	东大堤	2700							
	南大堤	25883							

续表 2-13

管理单位	堤防类别	长度(m)	行道林树株(万株)			堤坡(草:万 m², 树:万株)			
			现有树株	成材树数量	未成材树数量	植草面积	成材林数量	未成材林数量	树株合计
利津河务局	小计	98301	2.78	1.67	1.11	94.94	0.18	0.13	0.31
	临黄堤	64231	2.32	1.57	0.75	90.08			
	北大堤	13634	0.46	0.10	0.36	4.86	0.18	0.13	0.31
	民坝	20436							
河口河务局	小计	51118	2.10		2.10	12.96		1.44	1.44
	北大堤	22187	2.10		2.10	12.96		1.44	1.44
	六号路	14431							
	东大堤	14500							
全市合计		306742	8.34	4.04	4.30	551.05	22.45	1.82	24.27

说明:本表摘自山东河务局"数字黄河工程·山东黄河水情·防洪基础资料·涵闸、社经、绿化等"《山东黄河堤防绿化统计表》。

二、防浪林建设

为进一步完善黄河下游防洪工程体系,增强防洪功能,国务院和水利部要求尽快建设黄河下游生物防护工程,把黄河防浪林建设作为防洪的第一道防线,纳入防洪基建之列,并确定从 2002 年开始,按照标准化堤防建设标准,把黄河下游堤防建成"防洪保障线、抢险交通线、生态景观线"。

防浪林建设

根据以上标准,河口管理局从 1998 年起,淤背区顶部种植生态林,背河堤脚护堤地植树,平工堤段临河堤脚外种植宽度为 30~50 米的防浪林。截至 2005 年,东营黄河堤防完成临河防浪林建设长度 44.81 千米,共计植树 47.89 万株,其中临黄堤 48.33 万株,防洪堤 0.62 万株,北大堤 0.25 万株,详见表 2-14。

表 2-14　东营黄河防浪林统计表

单位	岸别	起止桩号	长度 (m)	宽度 (m)	面积 (亩)	树种	实有数量 (株)	栽植年份	投资 (万元)
利津河务局	左	小计	37219		1674.87	柳	289200		1287.50
		291+033-299+070	8037	30	361.67	柳	65000	2000	426.24
		301+150-307+086	5936	30	267.12	柳	48000		
		316+200~317+500	1300	30	58.50	柳	9700		590.57
		318+456~320+250	1794	30	80.73	柳	12700		
		321+534~326+774	5240	30	235.80	柳	40100		
		329+300~336+390	7090	30	319.05		52700		
		307+778~315+600	7822	30	352.00	柳	61000	1999	270.69
垦利河务局	右	小计	7590		341.55		42900		269.06
		232+900~236+170	3270	30	147.15	柳	18500	2001	269.06
		246+680~251+000	4320	30	194.40	柳	24400	2001	
全市合计			44809		2016.42		332100		1556.56

说明:本表录自山东河务局"数字黄河工程·山东黄河水情·防洪基础资料·涵闸、社经、绿化等"《山东黄河防浪林统计表》,同时参考《山东黄河治理统计资料(1986—2005)》和竣工验收资料编列。

三、淤背区生态林工程

根据《国务院关于进一步推进全国绿色通道建设的通知》精神,河口管理局确定自 2001 年开始,对 16 处已达标的黄河大堤淤背区进行生态林建设,总长度 17151 米,生态林建设面积 1879.8 亩,植树总量 208881 株,投资 185.98 万元。其中,东营区境内长度 711 米,垦利县境内长度 7573 米,利津县境内长度 8867 米。生态林树种为三倍体白毛杨。

四、造纸林工程

2003 年,根据中共东营市委、市政府关于建设 30 万亩造纸林工程的指示精神和有关政策,河口管理局按照"植满植严"的原则,充分利用淤背区、南展堤及退守堤防、河务段(所)庭院、涵闸、险工及控导工程周围等空闲地带,安排三年植树规划。对任务完成好的单位,给予每亩 50 元的奖励。截至 2005 年,完成造纸林种植面积 15950 亩。

为确保栽植成活率,河口管理局投资 379 万元用于土地平整、挖坑、施肥等管理环节,建设小型扬水站 8 座,修建混凝土防渗渠道 86800 米。

造纸林工程

五、新树种

针对河口地区土壤盐渍化、生态环境脆弱、天然降水不足、引水困难、植被种类稀少、覆盖率低、植树种草难等问题,继1994年开始银杏种植后,2000年又在淤背区引进、推广三倍体毛白杨、冬枣等经济树种。

2002年,利津河务局引进14个杨树品种和部分优质林果、美化苗木进行种植试验,建设高科技林果示范园4处。

2004年4月,河口防洪堤生物植被试验工程正式启动后,在南防洪堤种植红花槐、白蜡、红柳等树种10500株。7月,又种植无叶地锦1000株,成活率达到80%以上。

六、树株管理

1989年以后,除防浪林树株实行基本建设投资项目管理外,其余堤防植树植草实行多种形式的承包管理。

集体承包:由县(区)河务局购置树苗,栽植单位(户)按照承包合同负责日常管理。树株直径达到15厘米以上时,经县(区)河务局批准,逐年进行采伐、更新。树株收益由河务段、村委会、承包户共同评议划价,按照合同约定比例进行分成兑现。承包者在工程承包范围内进行林农间作时,要符合河务部门统一规划。

职工承包:由县(区)河务局安排资金购置树苗并完成栽植后,按照自愿报名、优化组合的原则,与职工签订承包协议,交由职工负责日常管理。承包人向河务段预交一定数额的风险抵押金,根据树株成活率和管理效果予以返还。树株收益按照三(县(区)河务局)七(职工)比例兑现。

林木所有权拍卖:主要用于淤背区片林管理。方法是本着集体、个人共同受益和让利职工的原则,将部分淤背区林木所有权拍卖给职工。林地使用权一般为7年左右,需要延长时,县(区)河务局根据情况每年加收一定数额的土地使用费。林木买断后,可以继承,也可向内部职工转让。

农户承包:河务部门与沿黄村民(护堤员)签订植树和管护协议。河务部门负责购置树苗和栽植人工费,承包人负责种植和管护,年底进行清点,按树株存活率结算费用。管理期间,任何一方不得私自砍伐树木,成材后由双方协商采伐更新,共同拍卖。所得收益按照合同约定比例进行分成。在不影响树株生长的条件下,承包人可在林地内种植花生、大豆、地瓜等低秆作物。

七、堤坡植草

堤坡植草是黄河大堤沿用已久的生物防护措施之一。实践证明,护坡功能较大的草种是葛巴草和铁板芽。但这些草类喜光怕寒,特别是葛巴草对其他杂草害草的排斥力较差,在背阴坡面很难繁茂生长。为了提高良草护坡效益,山东河务局在 1990 年前后择点开展堤身草皮更新试验研究,引进龙须草、结缕草等优良草种,对葛巴草和铁板芽进行复壮试验。东营河务局结合本地气候、大堤土质情况,更新了堤身草皮结构。2002 年东营黄河两岸大堤宜草面积 910.41 万平方米,实际植草 551.05 万平方米,草皮覆盖率为 61%。

2004 年夏季,在南防洪堤堤坡上播种高羊茅、结缕草等 5 个耐碱草种,总面积 1800万平方米。

2005 年 4 月,山东林业科学研究院专家在防洪堤考察后,确定在 11+600~11+800和 14+500~15+500 两段堤坡进行试验,种植酸模、狗牙根草 2000 平方米;种植沙柳、侧柏、三叶地锦等 15 个树种,共计 8500 株。

第六节　堤防道路

黄河主汛期为多雨季节,而堤顶为土质修筑,逢雨泥泞难行,极不适应防汛抢险交通需要。为改善堤顶交通条件,1991 年开始对临黄堤堤顶进行路面硬化。截至 2005 年底,东营市黄河两岸修筑堤防道路总长度 106.90 千米,分布情况见表 2-15。

表 2-15　2005 年底堤防道路硬化工程统计表

所在河务局	岸别	大堤名称	起止桩号	长度(m)	路面		建成年份
					结构	状况	
东营	右	临黄堤	189+121~202+010	12889	沥青、碎石	较好	1998、2003
垦利	右	临黄堤	201+300~239+538	38238	沥青混凝土	较差	1998、1999
垦利	右	防洪堤	7+650~8+650	1000	沥青混凝土	良好	1991
垦利	右	防洪堤	19+318~27+800	8482	沥青混凝土	良好	2005
利津	右	临黄堤	299+000~309+806	10806	沥青混凝土	一般	2000
利津	右	临黄堤	317+500~318+070	570	沥青混凝土	一般	1991
利津	右	临黄堤	336+390~355+264	18874	沥青混凝土	一般	2003~2005
利津	右	北大堤	0+000~13+634	13634	沥青混凝土	一般	1992、2003
河口	左	北大堤	13+634~16+040	2406	沥青混凝土	一般	1996
合计				106899			

说明:本表录自《2005 年东营市防洪预案》《山东黄河治理统计资料》。

一、堤顶道路设计标准

参照平原微丘三级公路,设计运用年限为 10 年。路面等级为次高级,下基层灰土宽 6.8 米,上基层灰土宽 6.5 米,总厚度 30 厘米。面层采用热拌沥青碎石混合料,厚度 5 厘米。行车道宽度 6 米,路肩宽 2×0.75 米(含路沿石宽 2×0.10 米)。凡堤顶宽度在 11 米以上者,直接进行堤顶道路设计;堤顶宽度在 11 米以下者,先帮宽到 12 米后再进行堤顶道路设计。

二、施工情况

(一)垦利县、东营区临黄堤堤防道路工程

总长 9050 米,预算投资 569.59 万元。1998 年 6 月开工,7 月 15 日竣工。实际完成沥青混凝土铺设 54240 平方米,灰土 18523 立方米,路沿石 1066 立方米,干砌石路面 3618 立方米,旧路面拆除 4920 平方米。山东河务局主持进行竣工验收,认定工程质量合格。

(二)北大堤堤防道路工程

总长 5586 米,2002 年 11 月开工,2003 年 7 月竣工。实际完成堤身帮宽土方 4.29 万立方米,路槽开挖土方 4.00 万立方米,填筑石灰碎石土下基层 3.99 万平方米,填筑石灰碎石土上基层 3.81 万平方米,培路肩 8.21 万平方米,沥青混合料拌和及铺筑 1408 立方米,乳化沥青稀浆上、下封层各 3.52 万平方米,路沿石制作及安装 417 立方米。同时完成挖地补偿 79.01 亩,土地踏压补偿 7.9 亩,测绘标志迁移补偿 6 个。竣工决算投资 415.67 万元(河口治理专项资金)。2003 年 12 月,山东河务局主持进行竣工验收,认定工程质量合格。

(三)利津堤防道路工程

总长 10806 米(299+000～309+806)。其中堤顶宽度不足 8 米的,按照平工 8 米、险工 9 米标准进行帮宽。投资来源为中央财政预算内专项资金。2000 年 11 月 16 日开工,2001 年 6 月 30 日主体工程竣工。实际完成堤身帮宽土方 12.10 万立方米,附属土方 1.31 万立方米,路肩红土 0.45 万立方米,水泥石灰稳定土基层 7.21 万平方米,下封层 7.65 万平方米,黏层 0.11 万平方米,沥青碎石路面铺筑 3416 立方米,路沿石制作及安装 999 立方米。同时完成土地征购 22.23 亩,挖地补偿 385.8 亩,土地踏压补偿 38.6 亩。竣工决算投资 898.75 万元。2002 年 10 月,山东河务局主持工程质量鉴定,认定工程质量合格。

(四)东营区堤防道路工程

上起南展堤与临黄堤交界处,止于北李村,实际长度 9636 米。2003 年 3 月 12 日开工,8 月 5 日完成大堤帮宽,9 月 25 日完成堤防道路主体工程。实际完成清基土方 26788 立方米,帮宽土方 204681 立方米,辅道土方 9313 立方米,堤身开挖及压实 67853 平方米,培路肩 11935 平方米,石灰碎石土上基层 64962 平方米,下基层 67853 平方米,沥青碎石路面铺筑 2406 立方米,乳化沥青上、下封层各 60144 平方米,路沿石制作及安装 420 立方米。同时完成土地征购 50.21 亩,挖地补偿 545.53 亩,土地踏压补偿 54.56 亩,树株补偿 4667 棵,拆迁穿堤管线 2 处。竣工决算投资 1079.61 万元。2005 年 12 月,山东河务局主

利津堤防道路工程

持进行竣工验收,认定工程质量合格。

(五)利津堤防道路工程(南岭村至四段村)

总长 18874 米,2003 年 2 月开工,10 月 15 日完成。共计完成路槽开挖 13.49 万平方米,培路肩 3.60 万平方米,上基层 12.27 万平方米,下基层 12.83 万平方米,上、下封层各 11.32 万平方米,沥青碎石路面铺筑 4529 立方米,路沿石制作及安装 1387 立方米。同时完成挖地补偿 96.65 亩,土地踏压补偿 14.92 亩,临时占地补偿 162.75 亩。竣工决算投资 1176.89 万元。2005 年 12 月,山东河务局主持进行竣工验收,认定工程质量合格。

(六)南展堤道路硬化工程

2003 年 6 月,河口管理局同意董集乡对黄河南展堤 13 + 500 ~ 18 + 500 堤段堤顶实施硬化,并提出要求:路面硬化工程不得损坏黄河防洪工程设施,不得修建影响防洪和黄河工程管理的附属设施。工程施工由垦利河务局负责检查、监督,竣工后经河口管理局验收合格方可使用。工程运用期间,由董集乡政府负责日常维护和加固。

第三章 险 工

1989~2005 年安排的险工建设项目有两类,一是随大堤加高培厚同步进行的险工加高改建;二是适应河势变化及河口大堤布局调整,在临黄堤上采用上接或下延方法增建新坝岸,在北大堤及顺六号路延长堤段增设新险工。先后增建、改建坝岸 130 段,共计完成土方 150.11 万立方米,石方 22.37 万立方米,投资 3297.16 万元,详见表 2-16。

1989~1998 年险工建设实行以行政管理为主的管理体制。山东河务局负责规划、立项、设计、施工、运行管理等工作。河口管理局负责提供工程设计依据、搞好计划管理、组织工程施工。各县(区)河务局负责编制年度施工计划、预算,组织完成施工任务。

1999 年春季,险工建设正式推行"三制改革"。

第一节 增建与接长

1989~2005 年,东营黄河新修险工坝岸 16 段。其中,为适应老险工溜势变化,将南坝头险工接长 4 段,罗家险工接长 1 段;在北大堤上新增险工 3 处,分别为三十公里险工、三十八公里险工、四十二公里险工,修建坝岸 11 段。

一、南坝头险工下延工程

由于河势右移,险工溜势下延幅度较大,工程控溜长度不足,下首滩岸坍塌不止,危及堤身安全,确定将防护工程下延。

(一)2000 年下延工程

分别为 7#、8# 坝。设计水平年为 2000 年。每段坝长 172 米,坝顶宽度 15 米,高度超过设防水位 1.1 米,相应高程 19.25 米。根石台顶与 3000 立方米每秒流量相应水位齐平,相应高程 15.12 米,宽度 2 米。设计工程量为土方 6.64 万立方米,石方 1.31 万立方米,投资 479.55 万元。

施工期间,河口管理局组建项目办公室,济南市黄河工程局承担主体工程施工,河南黄河勘察设计工程科技开发总公司负责工程监理,山东黄河水利工程质量监督站进行质量监督。3 月 1 日开工,6 月 30 日竣工。完成基槽开挖、坝基填筑、包边盖顶、坝胎等土方 6.02 万立方米,乱石护坡 3297 立方米,柳石枕 3457 立方米,柳石搂厢 5758 立方米,铅丝笼 2006 立方米,抛根石 2471 立方米,备防石 1300 立方米,排水沟 98 米,植草 4500 平方米。同时完成土地征购 30 亩,挖地补偿 142 亩,压地补偿 14.2 亩,树木补偿 800 株。2000 年 10 月,山东河务局主持进行竣工验收,认定工程质量合格。

(二)2002 年下延工程

修建丁字坝 2 段,编号为 5#、6#。工程设计长度 5# 坝 192 米,6# 坝 140 米,裹护长度为丁坝长度的 2/3。设计水平年为 2000 年,设防标准为 11000 立方米每秒。设计坝顶高程

表2-16　1989～2005年东营黄河险工建设完成情况一览表

建设单位	险工名称	加高、改建(道、段)				新增建(道、段)				累计完成工程量		投资(万元)	备注
		合计	坝	垛	护岸	合计	坝	垛	护岸	土方(万m³)	石方(万m³)		
合计	18	114	36	11	67	16	12	4		150.11	22.37	3297.16	
垦利河务局	7	49	9	11	29	1		1		11.87	5.66	780.03	
	罗家	8	5	3		1		1		6.62	1.25	258.46	新增工程为2001年修建的3+1#坝
	胜利	2			2						0.15	9.13	
	王家院	1			1					0.05	0.55	49.32	
	常庄	23		7	16					1.63	2.27	215.30	
	路庄	6		1	5					2.10	0.46	125.33	
	纪冯	3	2		1					0.54	0.42	51.58	
	义和	6	2		4					0.93	0.56	70.91	
东营河务局	2	25	18		7	4	4			75.00	7.21	1279.94	
	南坝头	13	6		7	4	4			27.65	5.44	1007.76	新增坝段为2000～2002年下延的5#～8#坝
	麻湾	12	12							47.35	1.77	272.18	

续表 2-16

建设单位	险工名称	加高、改建(道、段)				新增建(道、段)				累计完成工程量			备注
		合计	坝	垛	护岸	合计	坝	垛	护岸	土方(万 m³)	石方(万 m³)	投资(万元)	
利津河务局	6	40	9		31					5.04	3.66	437.26	
	宫家	10			10					0.76	0.70	101.80	
	张滩	3			3					0.03	0.07	8.60	
	寨嘴	4			4					0.50	0.22	60.44	
	刘家河									0.24	0.29	17.22	
	小李	11	3		8					1.28	0.98	99.41	
	王庄	12	6		6					2.23	1.40	149.79	
胜利油田	3					11	8	3		58.20	5.84	799.93	
	三十公里					4	2	2		16.80	1.32	147.00	新增工程为河口疏浚指挥部沿六号路修建的 6#~9# 坝
	三十八公里					3	3			18.26	1.43	258.68	新增工程为胜利油田完成的黄河入海流路治理一期工程
	四十二公里					4	3	1		12.47	0.96	215.74	新增工程为胜利油田完成的黄河入海流路治理一期工程

说明:1. 此表根据山东黄河防洪资料网上所列 2002 年前统计数字及河务处上报 2003~2005 年资料汇总。

2. 十四公里和十八公里险工为胜利油田自防自管工程。其中,十四公里险工中间留有 450 米空当,按大桩号(13+310~14+930)计算,工程长度应为 1620 米,有些资料中未列空当长度,将工程长度列为 1170 米。

3. 三十公里险工 1#~5# 坝由河口河务局管理,6#~9# 坝由胜利油田管理。

19.25 米(黄海基面,下同),根石台高程为 15.12 米,顶宽 2 米;坦石顶宽 2 米。黏土坝胎水平宽度 1 米。土坝基迎水面、背水面皆不裹护。山东河务局批复预算投资 499.51 万元,资金来源为中央财政预算内专项资金。

通过公开招标,垦利县治河工程有限责任公司承担该工程施工。工程监理单位是黄委勘测规划设计研究院工程监理公司,质量监督单位是山东黄河水利工程质量监督站。自 2002 年 9 月 30 日开工,12 月 13 日完成主体工程。共计完成基槽开挖、坝基填筑、包边盖顶、坝胎等土方 10.19 万立方米,乱石护坡 3294 立方米,柳石枕 5336 立方米,柳石搂厢 8190 立方米,铅丝笼 2409 立方米,抛根石 2892 立方米。同时完成挖地补偿 161.2 亩,土地踏压补偿 14.2 亩,工程占地补偿 30 亩,树木补偿 800 株。工程决算投资 473.47 万元。2003 年 12 月,山东河务局主持进行竣工验收,认定工程质量合格。

二、罗家险工增建工程

罗家险工 3# ~ 4# 坝之间空当较大。由于溜势右移,滩岸出现坍塌。为防止危及堤身和 4# 坝安全,2001 年改建 3#、4# 坝时,增修 3 + 1# 坝。施工情况在本章第二节记述。

三、北大堤顺六号路延长堤段险工设置

北大堤顺六号路延长堤段险工设置是为预防堤身着溜而增建的"等工"。初修时主要根据堤线走向和洪水偎堤后的预测溜势,确定工程长度和坝型。

(一)三十公里险工

三十公里险工位于北大堤桩号 29 + 671 ~ 30 + 750。1985 年始修时建成坝垛 8 段。北大堤顺六号路延长后,三十公里险工位于延长工程的起点,黄河口疏浚工程指挥部在 1992 ~ 1993 年重新调整工程布局,在 30 + 078(5# 坝)以下沿新堤方向增设 4 段坝头。1992 年完成 6#、7#、8# 坝施工,1993 年完成 9# 坝施工。共计完成土方 16.80 万立方米,石方 1.32 万立方米,投资 147 万元。2005 年底,险工共有坝垛 12 段,其中老险工中的 6#、7#、8# 坝已被撇在设防堤段以外。

(二)三十八公里险工

三十八公里险工位于北大堤桩号 38 + 300 ~ 38 + 700。设计拐角坝 7 段,坝基长度平均为 250 米。1993 年 5 月建成 3#、4# 长坝,1995 年 6 月建成 6# 坝。已建 3 座坝段共计完成土方工程 18.26 万立方米,石方工程 1.43 万立方米,投资 258.68 万元。其余 4 段坝尚未修建。

(三)四十二公里险工

四十二公里险工位于北大堤桩号 43 + 270 ~ 43 + 699。设计坝垛 6 段。1994 年汛前始修 2# ~ 5# 坝时,建成丁坝 3 段,垛 1 段。已建 4 座坝段共计完成土方工程 12.47 万立方米,石方工程 0.96 万立方米,投资 215.74 万元。其余 2 段尚未修建。

四、南防洪堤险工设置

(一)十八公里险工

1976 ~ 1978 年,在 12 + 400 ~ 19 + 400 堤段修建坝垛 37 段,护砌长度 5520 米。1977 年将防洪堤 10 + 175 ~ 25 + 900 改线退修后,原堤线及十八公里险工改由胜利油田接管防

守。1978年以后主流基本稳定在13+000~15+000处,其他坝岸相继脱险,胜利油田将18+000~20+000堤段工程改建成护岸20段,《黄河入海流路规划报告》将其列为河口控导工程。

（二）护林险工

1988年经山东河务局批准,将护林险工改称护滩（控导）工程,修建情况见本篇第四章所述。

（三）十四公里险工

1978年,十八公里险工溜势大幅上提。胜利油田为保护小垦利油田,在13+310~14+930堤段修建坝垛22段,并担负日常管理和防守。2005年工程总长1620米,其中护砌长度1056米,空当450米。

五、附属工程

黄河险工是河务部门防守的重点堤段,设有管护人员定居驻守。没有人员定居的险工,设有守险房,供伏秋汛期和凌汛期派驻的临时防守人员居住。

为改善驻守人员工作、生活条件和工程面貌,在险工建设过程中,加大附属设施建设力度,提高住房、仓库建设标准,搞好环境绿化、美化。截至2005年,东营黄河两岸险工共有守险房656间,总面积14773平方米;险工植树4779株,植草234万平方米。

六、险工现状

截至2005年,东营黄河两岸大堤存在险工23处,工程总长度30.44千米。共布设坝、垛、护岸工程667段,裹护总长度29.81千米。各险工主要情况详见表2-17。

第二节 改 建

一、改建标准

1989年以后,险工加高改建先后执行1983年设防标准、1995年设防标准、2000年设防标准。工程结构执行《黄河下游险工加高改建工程设计暂行规定》。

（1）险工坝岸顶面高程低于所依附的大堤高程1米。

（2）土坝基顶面宽度为12~15米;非裹护段边坡1:2,裹护段边坡与裹护体内坡相同;靠坦石背部设置黏土坝胎厚1米,或使用土工织物垫层。

（3）扣石坝和乱石坝的坦石顶部水平宽度1米,新建坝段的坡度采用1:1.5;为适应今后顺坡、退坦加高,坦石内外坡平行;改建坝原坦石坡度已达1:1.5、质量好、根石坚固者,可顺坡加高,否则退坦加高,外坡1:1.5,内坡1:1.3;砌石坝的坦石顶部水平宽度1.5~2.0米,内外坡平行,为1:0.35~1:0.4。

（4）根石台顶高程与2000年设计水平的3000立方米每秒流量相应水位齐平,台顶宽度2米,外坡1:1.5。

根据以上标准,东营黄河险工在1989~2005年先后加高改建坝垛114段。

表2-17　2005年东营黄河险工情况统计表

管理单位	岸别	堤防类别	险工名称	始建年份	大堤起止桩号	工程长度(m)	裹护长度(m)	坝垛数量(段) 小计	坝	垛	护岸	坝顶高程(m)
利津河务局	左	临黄堤	宫家	1899	299+070~301+150	2080	2717	58	11		47	19.63~18.63
			张家滩	1891	307+086~307+778	692	797	20	1		19	17.76~18.45
			綦家嘴	1903	315+390~316+200	810	893	24			24	17.56~16.11
			刘家河	1909	317+500~318+454	954	1018	17	1		16	16.84~17.17
			小李	1909	320+250~321+534	1284	1201	30	5		25	16.48~16.86
			王家庄	1899	326+774~329+300	2526	2920	80	19		61	16.15~16.85
			小计(6处)			8346	9546	229	37		192	
河口河务局		北大堤	二十二公里	1987	22+348~23+000	652	759	7	5	2		10.50~10.66
			二十八公里	1986	29+671~30+734	1063	1183	9	6	3		8.60~9.58
			三十八公里	1993	38+508~39+465	957	799	3	3			8.10~8.88
			四十三公里	1994	43+270~43+699	429	553	4	3	1		7.34
			小计(4处)			3101	3294	23	17	6		
		临黄堤	南坝头	1947	191+357~192+600	1243	1117	19	12		7	19.00~19.36
			麻湾	1946	192+695~195+042	2347	2338	56	46		10	18.37~19.18
			打渔张	1900	200+126~200+802	676	605	16	12		4	17.84~18.22
			小计(3处)			4266	4060	91	70		21	
东营河务局	右	临黄堤	罗家	1948	201+460~202+245	785	518	9	6	3		14.12~18.28
			卞家庄	1898	209+170~209+717	547	550	18		3	15	17.31~17.32
			胜利	1898	209+717~210+726	1009	1050	28		6	22	17.21~17.25
			王家院	1910	211+450~213+930	2480	2040	54		15	39	14.88~17.11
			常庄	1898	214+170~215+790	1620	1630	39	5		34	13.73~17.15
			路庄	1884	215+790~217+604	1814	1794	57		5	52	16.56~16.73
			纪冯	1949	224+345~224+730	385	415	6	5		1	15.90~16.19
			义和(一号坝)	1949	236+700~239+170	2470	1861	71	11		60	12.88~14.63
			小计(8处)			11110	9858	282	27	32	223	
昆利河务局		老防	十四公里	1978	13+310~14+930	1620	1056	22	2	20		7.60~9.00
胜利油田		洪堤	十八公里	1976	18+000~20+000	2000	2000	20	2		20	
			小计(2处)			3620	3056	42	2	20	20	
全市合计 23处						30443	29814	667	153	58	456	

说明:1.此表根据河务处上报省局资料编列。

2.三十公里险工1#~5#坝由河口河务局管理,6#~9#坝由胜利油田管理。

3.十四公里和十八公里险工为胜利油田自防自管工程。其中,十四公里险工中间留有450米空当,按大堤桩号(13+310~14+930)计算,工程长度应为1620米,有些资料中未列空当长度,将工程长度列为1170米。

4.十八公里险工已被《黄河入海流路治理一期工程项目建议书》列入河道整治工程。2005年东营市黄河防洪预案中将其长度列为2150米,与此表数字相差150米。

二、右岸险工改建

分布在右岸临黄堤上的11处险工分别为南坝头、麻湾、打渔张、罗家、卞家庄、胜利、王家院、常庄、路庄、纪冯、义和。

(一)南坝头险工

1989年南坝头险工重新成险后,1993年前按1983年防洪标准对原有13段坝、岸进行加高。1996年汛前,按控导工程标准建成3#和4#坝。

1997～1998年,险工下首受中、小水回溜和边溜冲刷,滩岸坍塌接近堤身。由于1#坝标准低,部分坝基破坏严重。1999年11月对1＋1#、1＋2#、1－2#、1－5#坝段进行拆除改建。1999年11月至2000年4月按原坝型平面布置形式对3#、4#坝进行加高改建。2000年10月,山东河务局主持进行竣工验收,工程质量被认定为合格。

截至2005年,险工存在坝岸19段,分布在右岸临黄堤桩号191＋357～192＋600,工程长度1243米。其中长、短坝12段,护岸7段,护砌总长度1117米。

南坝头险工

(二)麻湾险工

1988年汛期出现5740立方米每秒洪水,大溜顶冲9#乱石坝,根石走失,1990年进行改建。

1994年,因回溜淘刷改建25－2#坝。

1999年11月至2000年4月,按照2000年设防水位对1#、3#、7#、8#、10#、20#、23#、27－4#、28#、29#、31#、33#坝进行加高改建。坝体结构分别为扣石、护岸、乱石坝。山东河务局主持进行竣工验收,认定工程质量合格。

2005年共有坝岸56段,分布在右岸临黄堤桩号192＋695～195＋042。工程长度2347米,其中布置长、短坝46段,护岸10段,护砌总长度2338米。

(三)打渔张险工

打渔张险工平面形式呈凸出状。1996年,对9#、10#坝坝基进行加高,使9#～16#坝达到1983年设防标准,其余坝段未加高改建。2005年共有坝岸16段,分布在大堤桩号200＋126～200＋802,工程长度676米,裹护长度605米。

麻湾险工

打渔张险工

（四）罗家险工

1991 年 3 月,1#坝由砌石坝改为扣石坝。

1999 年 11 月至 2000 年 4 月改建 6#、7#、8#坝。2000 年 10 月,山东河务局主持进行竣工验收,认定工程质量优良。

罗家险工

2001 年 3～6 月改建 3#、4#坝时,在两坝之间加修 3+1#坝。2002 年 10 月,山东河务局主持进行竣工验收,认定工程质量优良。

2005 年共有短坝 6 段,垛 3 段,布置在临黄堤桩号 201+460～202+245,工程长度 785 米,护砌总长度 518 米。其中,5#坝未达到 1983 年设防标准,1#、2#坝达到 1983 年设防标准,3#、3+1#、4#、6#～8#坝达到 2000 年设防标准。

（五）卞家庄险工

1981 年 5 月完成 1#～18#扣石坝加高改建后,未再兴工。2005 年共有坝岸 18 段,分布在临黄堤桩号 209+170～209+717,工程长度 547 米,护砌长度 550 米。坝顶及根石顶高程均达不到 2000 年设防标准。

（六）胜利险工

除 27#、28#护岸拆改为扣石坝外,其余坝段未行改建。2005 年共有坝岸 28 段,分布在右岸临黄堤桩号 209+717～210+726,工程长度 1009 米,护砌长度 1050 米。其中 19#～22#坝被胜利引黄闸及刘家河渡口占用。

胜利险工

（七）王家院险工

1992 年,将 30#、31#坝改为粗排扣石坝后,其余坝段未再改建。2005 年共有坝岸 54 段,分布在右岸临黄堤桩号 211+450～213+930,工程长度 2480 米,护砌长度 2040 米。所有坝段都未达到 2000 年设防标准,48#～54#坝已淤在地下。

（八）常庄险工

1989 年 4 月,4#～6#坝拆改为粗排。1990 年春,1#～3#坝拆改为粗排。1993 年 4 月,24#、25#、32#、33#坝由乱石坝拆改为扣石坝。1994 年 4 月,30#～31#乱石坝改建为扣石坝。1995 年春,26#坝拆改为扣石坝。1999 年 11 月,改建加固新 1#、新 2#、10#～14#、27#～29#坝。

2005 年共有坝岸 39 段,分布在桩号 214+170～215+790,工程长度 1620 米,护砌长度 1630 米。除新 1#、新 2#、10#～14#、27#～29#坝达到 2000 年设防标准外,其余 29 段达不到设防标准。

王家院险工

常庄险工

（九）路庄险工

先后改建垛、岸6段,其中7#、8#坝拆改为扣石坝;12#、13#坝拆改为粗排砌石;56#、57#坝拆改为粗排砌石。

2005年共有坝岸57段,分布在临黄堤215 + 790 ~ 217 + 604,工程长度1814米,护砌长度1794米,均达不到2000年设防标准。

（十）纪冯险工

1989年5月,1#坝拆改为扣石坝。1999年11月改建加高新2#、新3#坝。

2005年共有坝、垛、护岸6段,分布在右岸临黄堤桩号224 + 345 ~ 224 + 730,工程长度385米,护砌总长度415米。其中,除新2#、新3#坝外,其余坝段均未达到2000年设防标准。

路庄险工

（十一）义和险工

义和险工又称一号坝险工。1990年4月,实施3#坝基加高。1991年5月,3+3#、3+4#扣石坝加高。1998年5月,1#坝拆改为粗排砌石。1999年11月,新1+1#~新1+4#坝改为粗排扣石坝。

2005年共有坝岸71段,分布在临黄堤236+700~239+170,工程长度2470米,护砌长度1861米。其中,新1#、1#、3+3#、3+4#、5#、7#、11#、13#坝达到2000年设防标准,其余坝段未达标准。

义和险工

三、左岸险工改建

分布在左岸临黄堤上的6处险工分别为宫家、张家滩、綦家嘴、刘家河、小李、王庄。

（一）宫家险工

1998年10~11月,7#~10#坝进行拆除改建和根石加固。

1999年11月至2000年4月,1#~6#坝进行改建。

2005年共有坝岸58段,布设在临黄堤299+070~301+150,工程长度2080米,护砌长度 2717 米。除 1#~10#、23#、24#、42#、44#、48#、50#坝外,其余坝段均未达到 2000 年设防标准。

宫家险工

（二）张家滩险工

自 1986 年开始中小水脱险,坝前普遍淤宽 100 米左右。仅对 3 座坝、垛加高改建。

2005 年共有坝岸 20 段,分布在临黄堤 307 + 086 ~ 307 + 778,工程长度 692 米,护砌长度 797 米。其中,10#~11#、14#~18#坝达到 2000 年设防标准。

张家滩险工

（三）綦家嘴险工

1999 年 11 月至 2000 年 4 月,加高改建 22#~24#坝。

2005 年共有坝岸 24 段,分布在临黄堤 315 + 390 ~ 316 + 200,工程长度 810 米,护砌长度 893 米。其中 8#~16#、22#~24#坝达到了 2000 年设防标准。

（四）刘家河险工

1977 ~ 1987 年按 1983 年防洪标准进行加高改建后,除对主要着溜坝号稍加整修外,未再按照新标准进行加高改建。

2005 年,共有坝岸 17 段,分布在临黄堤 317 + 500 ~ 318 + 454,工程长度 954 米,护砌长度 1018 米。

綦家嘴险工

刘家河险工

(五)小李险工

先后加高改建坝、岸 11 段。其中,2001 年 4~7 月,按 2000 年防洪标准对 15#、16#、23#~26#坝进行改建。

2005 年共有坝岸 30 段,分布在临黄堤 320+250~321+534。其中,布置长、短坝 5 段,护岸 25 段,工程长度 1284 米,护砌总长度 1218 米。除上述 15#、16#、23#~26#改建坝外,其余均未达到 2000 年设防标准。

(六)王庄险工

先后加高改建坝、岸 12 段。其中,坐落在险工上首的 5#~8#坝经常着靠主流,1999 年 11 月至 2000 年 4 月改建为扣石坝。2005 年共有坝岸 80 段,分布在临黄堤 326+800~329+300,工程长度 2500 米,护砌长度 1833.2 米。其中,9#~10#、14#、57#、60#~63#、65#、71#坝达到 2000 年设防标准。

小李险工

王庄险工

第三节　岁修与抢险

一、岁修加固工程

1997年以前,利用春、冬季枯水季节,安排资金对险工中的损毁坝、垛及护岸工程进行局部或整体修复与加固,被称为"岁修工程"或"度汛工程"。1998年以后,为提高险工坝、垛、护岸工程基础强度,在加大岁修力度的同时,按照根石台顶高程与2000年当地3000立方米每秒流量的相应水位齐平、顶宽2米、边坡1:1.5的标准,先后安排多处根石加固工程。

1998年10~12月,完成4处险工、18座坝段根石加固2176立方米。其中麻湾险工3段348立方米,义和险工4段702立方米,宫家险工6段664立方米,王庄险工5段462立方米。

2001年11~12月,完成10处险工、115座坝段根石加固3.74万立方米,投资739.16万元。其中宫家险工散抛根石5067立方米,抛铅丝笼1267立方米;小李险工散抛根石7659立方米,抛铅丝笼1915立方米;王庄险工4段(25#、40#~42#)散抛根石3160立方米,抛铅丝笼 790 立方米;南坝头险工散抛根石 791 立方米,抛铅丝笼 197 立方米;麻湾险工散抛根石 1105 立方米,抛铅丝笼 279 立方米;打渔张险工散抛根石 1149 立方米,抛铅丝笼 287 立方米;卞家庄险工散抛根石 2028 立方米,抛铅丝笼 507 立方米;胜利险工散抛根石 324 立方米,抛铅丝笼 81 立方米;常庄险工散抛根石 1728 立方米,抛铅丝笼 432 立方米;路庄险工散抛根石 6951 立方米,抛铅丝笼 1740 立方米。

2002 年 9 月,完成 6 处险工、31 座坝段根石加固 7218 立方米,投资 121.27 万元。其中南坝头险工 2 段($2-5^{\#}$、$2-6^{\#}$)抛根石 678 立方米,抛铅丝笼 291 立方米;麻湾险工 3 段($25+1^{\#}$、$25+2^{\#}$、$27+1^{\#}$)抛根石 810 立方米,抛铅丝笼 347 立方米;卞家庄险工 4 段($11^{\#}$~$14^{\#}$)抛根石 738 立方米,抛铅丝笼 316 立方米;胜利险工 15 段($1^{\#}$~$4^{\#}$、$8^{\#}$~$18^{\#}$)抛根石 1663 立方米,抛铅丝笼 713 立方米;常庄险工 5 段($22^{\#}$~$26^{\#}$)抛根石 515 立方米,抛铅丝笼 221 立方米;路庄险工 2 段($10^{\#}$~$11^{\#}$)抛根石 578 立方米,抛铅丝笼 248 立方米。

2005 年 9～12 月完成的整修及根石加固工程包括:南坝头险工($3^{\#}$、$4^{\#}$、$5^{\#}$、$6^{\#}$、$7^{\#}$、$8^{\#}$)抛石 5461 立方米,土方 6000 立方米,投资 81.98 万元;麻湾险工($1^{\#}$、$5^{\#}$、$9^{\#}$、$10^{\#}$、$27^{\#}$、$28^{\#}$、$29^{\#}$、$31^{\#}$、$33^{\#}$)抛石 9687 立方米,土方 8300 立方米,投资 140.68 万元;常庄险工(新 $1^{\#}$~$37^{\#}$)抛石 5188 立方米,土方 6896 立方米,投资 91.96 万元;胜利险工($1^{\#}$~$20^{\#}$)抛石 8160 立方米,抛铅丝笼 1836 立方米,投资 149.51 万元;义和险工($1^{\#}$、新 $3^{\#}$、$7^{\#}$、$9^{\#}$)抛石 3707 立方米,投资 52.04 万元。

二、险情抢护

西河口以上两岸老险工多是在建国前修做的临堤下埽、应急抢险工程,受堤基和堤身土质、坝身断面结构和尺度、修工质量、隐患、风浪等多种因素影响,遇到不同流量级洪水冲击发生的常见险情有坝身蛰陷、掏膛后溃、裂缝、滑塌、坦石及根石掉蛰或墩蛰、根石走失、洪水漫顶、跨坝等。特别是由于河势发生剧烈变化,造成主流上提或下延幅度较大,还会出现新险工。河务部门把根石探摸作为获取险情信息、预筹抢险措施的重要手段。发现根石走失或下蛰,主要采取抛块石或抛铅丝笼固根方法。发现坝身坍塌或掉蛰入水时,多是采用柳石枕抢护方法。墩蛰严重,危及堤身,捆枕不便时,则用柳石搂厢方法抢护,层柳层石,桩绳联结,直到抓底为止,并在埽前抛石护根。

1989 年以后,在抗洪抢险修工中加大科技含量,研制和引进新技术、新机具,如简易捆枕器、抢险服务站、抛石排、铅丝笼编织机等,提高了抢险修工效率。特别是 1999 年 6 月组建山东黄河第七机动抢险队后,配置了挖掘机、装载机、推土机、自卸车等设备,提高了抢险修工的专业化和机械化程度。"人机配合"的抢险修工方法在黄河抗洪斗争中得到广泛应用。

为保证各类工程险情得到及时抢护,除按批准的年度岁修计划进行施工外,汛期出险的坝段由各县(区)河务局上报抢险代电,按批准的工、料组织施工。2004 年 11 月 3 日,山东河务局重新印发《山东黄河工程抢险报批办法》。

装载机进行险工抛石抢险

用吊车与自行研制的工具进行大块石散抛抢险

第四章　控导工程

1989~2005年,为制止滩岸坍塌、控导主流、改善河势,先后新建控导工程6处,分别为八连(1989年)、十八户(老,1990年)、清3(1993年)、崔家(1994年)、生产村(1995年)、清4(2000年)。

因原有工程平面布局不合理、长度不足及迎溜、导溜、送溜功能不完善而续建新建工程6处,分别为五庄、东坝、中古店、宋庄、宁海、十八户(新)。

因洪水毁坏、河床淤积、年久失修等原因,对19处控导、65座坝垛进行整修、恢复、加高改建。

第一节　建设概况

1989~2005年实施的河道整治工程除新建控导工程外,还对大部分控导工程实施了续建或加高改建。其中,新建和续建坝、垛、护岸工程170段(座),修工长度19522米;加高改建坝、垛工程65段。累计完成修工土方205.29万立方米,石方29.04万立方米,混凝土2.36万立方米,柳料6126吨,总投资11518万元,详见表2-18。

一、审批权限

1988年2月11日,黄委规定陶城铺以下河段新建工程报送黄委批准,续建工程由山东河务局审批,报送黄委备核。由于河道淤积,控导(护滩)工程需要加高帮宽时,由山东河务局批准,报送黄委备查。1991年1月28日,黄委进一步明确陶城铺以下新建工程要根据黄委批准的单项工程设计概要编制初步设计,由山东河务局审批,报送黄委备核。采用新材料、新结构的试验工程设计报黄委审批。

二、工程标准

1997年10月,山东河务局在《山东黄河治理"九五"规划》中规定,河道整治原则是以防洪为主,兼顾护滩、引水和航运。工程布局采用微弯型,整治流量采用5000立方米每秒。治导线宽度500~600米。坝岸顶面高程与当地滩面高程齐平;坝岸冲刷坑深度为9米。工程布置形式为:新建工程尽量修成凹入型;续建工程有计划地调整改善原有凸出型和平顺型河弯;工程位置线采用连续弯道式复合圆弧曲线。

控导工程由坝、垛、护岸等土工建筑物组成。坝工布设采用下挑式、小档距短丁坝;坝轴线与经常来溜方向成30°~60°夹角;坝长一般为100米,裹护长度100米;坝型主要为直线型、拐头型和抛物线型;坝间距与坝长之比为1:1。布设垛工时,垂直长度为10~30米,裹护长度50~70米,垛间距50~70米。坝、垛建筑物由土坝基、护坡(裹护体)、护根三部分组成。其中,土坝基顶宽10~15米,坝胎厚度0.5~1米;无裹护段边坡1:2,有裹

表2-18　1989～2005年山东黄河控导工程建设完成情况表

岸别	管理单位	工程名称	新建或续建工程（段）小计	坝	垛	护岸	工程长度(m)	加高改建工程（段）小计	坝	垛	护岸	累计完成工程量 土方(万m³)	石方(万m³)	柳料(吨)	混凝土(m³)	累计投资(万元)
左	利津河务局	合计(8处)	54	7	42	5	6662	44		44		80.76	12.93	2485	0.58	5018.83
		丁家										0.70				1.67
		五庄	9		9		970	22		22		6.76	2.05	198		288.70
		宫家										0.34	0.13			16.25
		张滩										0.10	0.01			2.37
		东关										0.28	0.84			71.64
		东坝	17		15	2	2725	8		8		15.32	2.41	214	0.50	1605.37
		中古店	11		11		1231	14		14		14.24	2.96			1038.98
		崔家	17	7	7	3	1736					43.02	4.53	2073	0.08	1993.85
右	垦利河务局	合计(6处)	45	8	36	1	5094	21	5	16		76.47	10.25	3527	0.95	4059.86
		宋庄	2		2		30	16		16		4.22	2.45	81		644.12
		宁海	6		6		144					5.04	1.05	705		413.10
		十八户(老)	6		6		720					4.56	0.26	360		50.05
		十八户(新)	20	8	12		2000					44.65	3.12	1742	0.46	1649.18
		护林						5	5			0.90	0.82	257		182.00
		清4	11		10	1	2200					17.10	2.55	382	0.49	1121.41
左	河口河务局	合计(1处)	27	7	20		2766					30.28	3.25	2834		1504.04
		八连	27	7	20		2766					30.28	3.25	2834		1504.04
	胜利油田	合计(2处)	33	1	32		3360					20.25	6.06	736	0.14	2046.00
右		生产村	7	1	6		760					2.52	1.28	152		388.00
左		清3	26		26		2600					17.73	4.78	584	0.14	1658.00
全市合计(17处)			159	23	130	6	19522	65	5	60		207.76	32.49	9582	1.67	12628.73

说明：1. 此表根据河务处上报省局数字编列。其中崔家、八连、清3、生产村护岸新建和改建工程投资参考《黄河入海流域一期治理工程竣工验收鉴定书》及胜利油田《黄河入海流域一期治理油田》中提供的数字填列。中古店、十八户、护林、清3等新建和改建工程参考竣工验收鉴定书及《黄河入海流域一期治理工程项目建设情况报告（南岸）》附件1所列。

2. 韦改闸，西河口控导为1988年前建成，1989年后基本处于脱溜状态，未再施工。

护段边坡1:3;裹护体自挖槽底面开始,内用柳石枕,外用散抛石,内坡1:1.3,外坡1:1.5,顶宽1米,顶高程与土坝基同;护根部位采用块石、铅丝笼和柳石枕等材料修筑。平面及断面结构如图2-1所示。

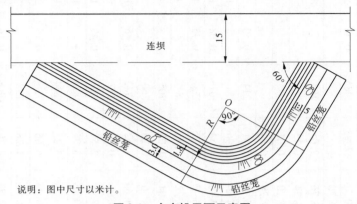

说明:图中尺寸以米计。

图2-1　人字垛平面示意图

2001年12月,山东河务局在《山东黄河2001年至2010年防洪工程建设规划》中针对河道演变新特点,拟订了新的河道整治方案。新方案确定:①新建控导工程整治流量选用4000立方米每秒;②排洪河槽宽度由2.5~3.0千米减少为2.0~2.5千米;③控导工程顶部高程超过当地滩面0.5米;④基础护根除采用传统的柳石结构外,增加新结构、新材料,如混凝土四角体、铰链式模袋混凝土沉排护底等。

三、资金来源

1996年国家计委正式批复《项目建议书》之前,左岸以利津四段、右岸以垦利渔洼为界,界上河道整治工程由黄河部门承担,界下河道整治工程由胜利油田承担。其中,右岸除苇改闸、生产村护岸是胜利油田为改善引水条件而投资外,其余工程由黄河部门投资。

1996年之后,按照《项目建议书》确定的工程建设项目,石油部门负责黄河北岸崔家—清7断面的河道整治工程建设与管理;水利部和山东省政府负责崔家护滩以下南岸十八户—清6断面及北岸中古店的河道整治工程。

第二节　新建工程

一、八连控导工程

八连控导工程位于黄河左岸河口区孤岛镇境内,始建于1989年,至2005年建成坝、垛27段。

(一)兴工缘由

1986~1989年,该地河槽向左摆动1200米,滩地坍塌加快,最大坍塌速度300米每年,河道形成锐弯,河弯半径减小到600~900米,引起十八公里河段溜势大幅度上提。为防止河势进一步恶化,胜利油田确定投资兴建八连控导工程。

八连控导工程

（二）修工过程

设计拟建坝垛 21 座。由于资金限制，胜利油田在 1989 年汛前投资 400 万元，先在弯顶坍塌严重处修建柳石垛 10 段（9# ~ 18#），控制滩岸长度 1000 米。修工标准为 1983 年防洪标准，设计流量 5000 立方米每秒，设计水位 8.42 米，坝顶设计高程 9.0 米（大沽基面，下同）。

由于修工长度不足，工程上首当年塌入河中 60 ~ 80 米。胜利油田又在 1990 年投资 400 万元，将工程向上接长 8 段（1# ~ 8#），向下接长 2 段（19#、20#），工程长度增加到 2000 米，护砌长度 1711 米。

1993 年，受上游河势变化影响，工程着溜点上移，上首塌岸加剧。为防止溜势发生连锁变化，胜利油田安排资金在 1994 年 4 ~ 7 月将工程上延 3 段人字垛（01#、02#、03#）。

由于河床淤积，水位抬高，9# 坝顶冲主流，壅水严重。胜利油田根据《项目建议书》安排，在 1996 年 3 ~ 6 月实施 1# ~ 9# 坝加高工程。加高标准为：坝顶高程超过 5000 立方米每秒洪水相应水位 0.5 米，即 10.88 米。

为适应河势变化情况，1999 年 5 月 20 日至 7 月 8 日又在工程下首接长 19#、20# 丁坝和 21# 插板桩坝。19#、20# 丁坝采用柳石结构，坝顶高程超出当地滩面 0.5 米。

21# 插板桩坝为大溜顶冲主坝。2001 年 5 ~ 6 月又将 21# 插板桩坝改建为土石坝。坝体采用丁坝型，土石结构，采用水中进占方法施工。为防止坝基加高后土压力导致插板桩外倾，对突入河中的前头插板桩进行锚固，顶部由拉杆与后面的锚墩连接。

2004 年 4 月，向上接长 4# 和 5# 坝，向下接长 22# 坝。

截至 2005 年底，八连控导共有坝、垛 27 段，位于左岸滩桩 170 + 594 ~ 173 + 050，工程长度 2766 米，护砌长度 2547 米。历次修工累计完成土方 30.28 万立方米，石方 3.25 万立方米（含备防石），实用软料 283.4 万公斤，人工 3.02 万工日，投资 1407 万元。

二、十八户控导工程（老）

十八户控导工程（老）位于垦利县西宋乡十八户村北黄河滩地上，始建于 1990 年，至 2005 年新增坝、垛 6 段。

1976 ~ 1989 年，该段滩地累计坍塌 450 米，主槽岸边距大堤最近处 256 米。为确保大堤防洪安全,1990年10～11月,在右岸滩桩153+750～154+470修做柳石垛6段,工程长度720米,护砌长度644米。修工标准为防御大河流量5000立方米每秒,相应水位10.2米,超高滩面0.5米,坝顶高程10.70米,根石顶高程9.70米。完成土方4.56万立方米,石方0.26万立方米,投资50.05万元。

三、十八户控导工程(新)

十八户控导工程(新)位于垦利县西宋乡十八户村北黄河滩地上,始建于1998年,至2005年建成坝、垛20段。

（一）兴工缘由

1990年后,由于溜势下延,1990年修建的工程长度不足、控导能力有限、滩岸继续坍塌等问题随之显现。为减轻崔家河弯继续冲刷、下移,稳定苇改闸以下工程靠溜点,遂于1998～1999年在老控导以下修建新控导,使其与中古店、崔家等控导工程形成统一治导线。

（二）设计标准

新建控导工程位于滩桩号155+000～157+000,布置坝、垛20段,工程长度2000米。造床流量3500立方米每秒;整治河宽450米;坝顶高程9.5米。工程布局为:上游12段人字垛上部用散抛石防护,底部用铅丝笼护根;下游8段短丁坝上部用散抛石防护,其中6段下部采用模袋混凝土沉排护底,2段下部采用铅丝笼护根。坝、垛长度皆为100米,背部连坝顶宽10米,高度与坝顶高程齐平。连坝为护坝地宽30米。

（三）施工简况

续建施工分为两个阶段。第一阶段自1998年10月至12月完成1#～12#人字坝的修建。第二阶段自1999年5月至6月30日完成8段丁字坝的修筑。累计完成土方43.46万立方米,石方2.38万立方米,土袋枕埽体1.16万立方米,模袋混凝土1.30万立方米,备防石0.68万立方米,投资50.05万元。山东河务局主持竣工验收,认定工程质量合格。

（四）2003年加固工程

由于11#～14#坝常年靠主流,加之2002年和2003年小浪底水库调水调沙及2003年秋汛期间来水较大,工程受到冲刷,坝身底部石方走失严重,全部封顶石塌陷。12#～14#坝抢险时动用备防石,缺额亦需补充。连坝及1#、5#、10#坝埽面和土石结合部沉陷沟缝较多。

经抛石加固边坡、土方加高坝顶高程、封顶石整修、坦石和黏土坝胎拆改翻修等修工,至2004年5月,共计完成土方挖填8771立方米,抛石及粗排1356立方米,封顶石300立方米,购置备防石1170立方米。2005年11月,山东河务局主持进行竣工验收,认定工程质量为合格。

四、清3控导工程

清3控导工程位于河口区孤岛镇境内,1993年始建,2001年续建。2005年底共有人字垛26段,分布在左岸滩桩177+750～180+350,工程总长度2600米,护砌长度2613米。

清3控导工程

（一）兴建缘由

20世纪90年代初，由于十四公里险工出溜散乱，左岸滩地大、中、小水的着溜点变化范围很大，滩桩177+500以下河岸坍塌加快，主流趋向孤南24油田围堤，威胁油区生产安全。胜利油田治河办在1993年初提出修建清3控导工程，并委托山东黄河工程开发有限总公司进行咨询和设计，确定布置土石建筑物24座，其中1#～20#为柳石垛，21#～24#为短丁坝。

（二）修工过程

控导工程设计治导线采用复合圆弧曲线与直线相结合的方式，工程总长度2500米。其与对岸上游的十四公里险工河弯相距4.8千米，与对岸下游的清4控导工程河弯间距2.6千米。

1993年，在滩桩179+750～179+950位置修建柳石垛2段，工程长度200米，护砌长度200米，完成土方6.67万立方米，石方0.85万立方米，投资93万元。汛期，由于来水来沙条件变化，清3一带溜势外移，滩岸坍塌暂停，其余坝段搁置未建。

1994年以后，西河口以下河段由宽浅顺直型向弯曲型发展，清3一带继续坍塌，局部岸线塌过1993年的工程布置线，已修的2段工程难以控制河势。为全面发挥《项目建议书》所列尾闾河道整治中各节点的控制作用，胜利油田决定在2001年实施清3控导续建工程，并委托山东黄河勘测设计研究院完成工程设计。

续建工程长度2600米，布置人字垛26段。除继续利用1993年所建2段石垛（21#和22#）外，尚需增建新垛24段。工程设计标准为：整治河宽500米，造床流量3500立方米每秒，相应水位与滩面高程齐平。各垛长度皆为76.9米，顶部高程超过当地滩面0.5米，垛间距为100米。其中，旱地施工的1#～10#、17#～20#人字垛采用土石结构，垛基采用柳石枕、土袋枕、铅丝笼固脚止滑；裹护体为乱石护坡，顶宽1米。23#～26#垛采用土袋枕水中进占施工，埽体顶宽1米；根部外抛柳石枕、铅丝笼固脚止滑。11#～16#垛采用插板桩护根，上部为土石结构。垛后修筑土质连坝1条，护坝地宽30米。修建管理房1处，防汛道路1条，与连坝相接，路长720米，宽6米，路面高于地面0.5米。

续建工程施工由胜利油田投资并邀标，2001年3月6日开工，6月30日告竣。完成土方挖填 11.04 立方米,土袋枕 6312 立方米,石方 26531 立方米,柳石枕 5387 立方米,铅丝笼 1371 立方米,混凝土及钢筋混凝土 1358 立方米。工程决算投资 1130 万元。

清 3 控导工程预算投资总额 2042.15 万元。除施工费用外,建设单位还按工程稳定 10 年考虑,另行安排了传统坝垛抢险石方及抛护费;暂按工程稳定 5 年考虑,另行安排插板桩坝垛石方、抛护费及管护人员工资等费用。

2001 年 11 月,胜利石油管理局组成验收委员会,对工程实施竣工验收,认定工程质量优良。

五、崔家控导工程

崔家控导工程位于利津县陈庄镇(原付窝乡)境内,始建于 1994 年。1995 年、1999 年进行续建。2005 年,共有坝垛 17 段,分布在河道左岸滩桩 160 + 230 ~ 161 + 966,工程长度 1736 米,护砌长度 1946 米。

崔家控导 21 号坝

(一)兴建缘由

1981 年之后,利津县崔家河弯溜势变化甚大,河岸坍塌加剧,弯顶下移到滩桩 159 + 000 ~ 160 + 500 处,下移距离 2000 多米,159 + 000 处坍塌宽度达 1345 米。由于坐弯挑溜,右岸苇改闸以下滩岸坐弯后退,弯顶下移。

1986 年,山东河务局完成的义和庄至八连河道整治工程设计中,将崔家河弯列入整治规划。继 1987 年完成苇改闸控导工程建设后,又于 1990 年建成十八户控导工程(老)。崔家控导工程因投资渠道悬而未决难以兴工。1993 年,163 + 000 处坍塌宽度 1005 米,河弯溜势继续变化,导致苇改闸控导全部脱溜,工程前淤滩宽度 200 ~ 1200 米,主流顶冲工程下首 164 + 300 处,仅 9 月坍塌宽度即达 300 多米。同时导致左岸西河口扬水船护岸前淤滩宽 100 ~ 300 米,扬水船脱流,取水困难。若再拖延修建,苇改闸、西河口、护林、八连等工程可能发生脱险、抄后路、工程报废等危险,打乱河势控导工程体系的布局。

为保持清 7 断面以上的河道稳定,山东河务局、胜利石油管理局、河口管理局在 1994 年 3 月共同勘察确定:由胜利油田投资,立即修建崔家控导工程;由山东黄河勘测设计研究院按照设计治导线和工程布置方案抓紧进行工程设计,以便在汛前完成施工。

（二）总体布局

工程位置确定在滩桩 159 + 670 ~ 162 + 000,全长 2400 米,整治河宽 600 米。其中,上端 600 米为直线段,其下由三个弧线段衔接组成。共布置土石建筑物 24 座,1# ~ 16# 为人字垛,17# ~ 24# 为丁坝。设计坝(垛)顶高程 8.5 米;坝垛采用土苇柳石结构,下部抛直径 1.0 米的苇柳石枕铺底,上部为干砌石粗排护坡,坝顶宽度 1.0 米,迎水面抛铅丝笼护根。坝(垛)后沿治导线方向修筑连坝 1 条,高度 3.5 米,顶宽 10 米。

鉴于工程投资较大,确定 1994 年修工 7 段,其余 17 段根据河势和资金情况相继完成。

（三）修工过程

1994 年在滩桩 161 + 000 ~ 161 + 700 修建 7 段坝垛,工程长度 700 米。其中 14# ~ 16# 为人字垛,17# ~ 20# 为丁坝。4 月 13 日开工,6 月 15 日竣工。共计完成土方 19.34 万立方米,石方 2.22 万立方米,投资 767 万元。

由于所修工程控制长度有限,弯道下段仍然坍塌不止。1995 年又在滩桩 161 + 700 ~ 161 + 936 续建 21# 和 22# 丁坝,工程长度 236 米。丁坝采用土苇柳石结构,坝基长度 120 米,顶部宽 15 米,顶部高程 9.0 米。连坝顶宽 25 米,与 1994 年所修连坝平顺衔接。5 月 12 日开工,7 月 4 日竣工。共计完成土方 10.15 万立方米 ,石方 0.78 万立方米 ,投资 450 万元。

为进一步发挥崔家控导的节点控制作用,1999 年又安排上接和下延坝垛 8 座。上延的 7# ~ 13# 人字垛工程长度 700 米。其中,7# ~ 11# 沿治导线布置,垛长 75 米,垛间距 100 米;12# 和 13# 垛按护岸型工程布置,并根据油田建议采用钢筋混凝土插板桩试验技术,桩顶高程 7.0 米,7.0 ~ 9.0 米为砌石护坡。下延的 23# 丁坝长 120 米,顶宽 18 米,与 22# 坝间距 130 米。自 5 月 21 日开工,至 6 月 25 日竣工。共计完成土方 13.53 万立方米,土袋枕 1300 立方米,柳石枕 3300 立方米,抛石 6200 立方米,铅丝笼 4000 立方米,干砌石 1800 立方米,混凝土插板桩 750 立方米,投资 776.85 万元。

（四）待建工程

崔家控导工程 1# ~ 6# 人字垛和 24# 丁坝,尚待有利时机进行续建。

六、生产村护岸工程

生产村护岸工程位于垦利县黄河口镇生产村北黄河滩地。因 1993 年崔家河势剧变,引起西河口一带主槽右移,东大堤以下滩岸坍塌坐弯,导致西河口扬水船主溜右移,引水困难。胜利油田治河办与河口管理局协商后,确定在 1995 年春修建垦利生产村临时护岸(试验)工程,布置柳石垛 6 段。

由于工程控制范围短,滩岸土质疏松,抗冲能力差,岸线后退幅度仍然较大。特别是"96·8"洪水对工程造成严重毁坏。如不制止坍塌发展,所存护岸工程难以保全,西河口扬水船引水条件更加恶化。因此,1997 年春,先将 1# ~ 6# 柳石垛恢复,加固为乱石坝。1999 年春,又在 6# 垛下首修筑一段混凝土插板桩护岸,插板桩顶高程 9.98 米,桩长 12 米。

2005年共有坝垛7段,分布在滩桩164+050～164+810,工程长度760米,护砌长度500米,已达到2000年设防水位。历次修工完成土方2.52万立方米,石方1.28万立方米,投资388万元。

七、清4控导工程

清4控导工程位于垦利县黄河口镇境内,2000年始建。2005年共有人字垛10段,护岸1段,分布在右岸滩桩184+230～186+430,工程长度2200米,护砌长度2208米。

(一)兴建缘由

1993年以后,清4附近主槽向右移动200米,开始坐弯。以下河段由宽浅散乱型演化为弯曲型。为控制尾闾河势恶化,《项目建议书》将清4断面右岸列为河道整治的控制节点之一。按照《黄河入海流路规划报告》中确定的统一治导线,与上游的清3控导工程密切配合,发挥迎溜、导溜、送溜作用,平稳调整河势溜向。

(二)工程布局

上部为10段人字垛,长度1000米,垛间距100米。其下为护岸1段,长度1200米。设计坝顶高程5.5米(黄海基面)。断面结构为:人字垛裹护体顶宽1.0米,外坡1:1.5,内坡1:1.3,黏土坝胎水平宽1米,根石底高程2.0米;护岸采用散抛乱石防护,底部采用铰链式模袋混凝土沉排护底,沉排成型厚度0.25米,宽度14.0米,埋入坝内0.3米。工程后侧修做土质连坝1条,护坝地宽30米。

(三)施工简况

2000年10月5日开工,11月30日竣工。实际完成坝基清理2200米,土方17.09万立方米,施工围堰挂柳排1200米,乱石坦面1.32万立方米,捆抛柳石枕2544立方米,编抛铅丝笼2222立方米,铺设模袋混凝土16305平方米。同时完成土地征购363.6亩,挖地补偿95.27亩,土地踏压补偿9.53亩。工程决算投资1121.41万元。2001年9月,山东河务局主持进行竣工验收,认定工程质量合格。

第三节 改(续)建工程

1989～2005年,因原有工程平面布局不合理,长度不足,迎溜、导溜、送溜功能配套不完善而续建工程6处,分别为五庄、东坝、中古店、宋庄、宁海、十八户(新)。由于洪水毁坏、年久失修等原因,对19处控导工程中需要整修、恢复、加高改建的65座坝垛进行了施工。

一、控导工程

(一)丁家控导工程

丁家控导工程位于利津县境内,始建于1958年。1967年以后,工程逐步脱溜,大部分坝段被淤没。洪水时,有些坝段虽然靠水,但吃溜不重。1989年以后未曾修工。2005年尚存石垛16段,分布在河道滩桩90+100～97+200,工程长度2000米,护砌长度1256米。

丁家控导

（二）五庄控导工程

五庄控导工程位于利津县境内,始建于 1968 年 6 月。1989 年 7 月在新6#柳石堆以上续修柳石堆 4 段,编号为新 7#～新 10#。1996 年 8 月,因上游滩区漫滩串水,顺堤行洪之水从工程背部漫顶,加之大河水流冲击、淘刷,新 2#～老 6#坝出现根石走失、坝身蛰陷、坝面揭顶等险情,坝身破坏严重,护滩路亦被冲毁。汛后进行修复时,普遍加高 0.5 米,整个坝段达到 2000 年设防标准。

五庄控导

2005 年共有坝垛 22 段,分布在滩地桩号 94＋680～97＋200,工程总长度 2520 米,护砌长度 1847 米。坝身结构均为散抛石,坝顶高程 14.59～15.00 米。汛期着溜均匀且较大,大水时冲刷严重。由于坝身和根石单薄,时常出现根石走失、掉蛰等险情。

（三）宫家控导工程

宫家控导工程位于利津县境内,始建于 1952 年。2005 年共有 11 段石垛(2#～12#),分布在河道滩桩号 101＋900～103＋150,工程长度 1250 米,护砌长度 637 米,坝顶高程14.05～14.53 米,已达到 2000 年防洪标准。

（四）张家滩控导工程

张家滩控导工程位于利津县境内,始建于 1951 年。1964 年后溜势逐渐减弱,10#～12#坝未出险情。20 世纪 70 年代改建成航运港口,将原来石堆及坝档改为砌石护岸。因

宫家控导

宫家控导

河道淤积,河势右移,工程前淤滩宽 100~150 米。

2005 年共有石垛(护岸)13 段,分布在河道滩地桩号 108＋304~109＋679,工程长度 1375 米,护砌长度 1011 米。石垛顶部高程 13.82~14.76 米。

（五）东关控导工程

东关控导工程位于利津县境内。1955 年建成以来,经历 6 次大险。1993 年、1994 年分别将 $6^\#$~$8^\#$、$9^\#$~$10^\#$ 乱石坝改建成扣石坝。1996 年、1997 年分别将 $11^\#$、$12^\#$ 乱石坝改成扣石坝。

由于河道淤积严重,"96·8"洪水期间水位异常偏高,部分坝段漫顶过水,遂在当年和 1997 年对水毁严重的坝段进行改建。

2005 年共有坝(垛)15 段,分布在滩地桩号 109＋679~111＋100,工程长度 1421 米,护砌长度 1187 米。

控导上首建有利津黄河公路大桥,对附近河段河势变化、行洪行凌、防洪工程安全等产生较大影响。控导上首溜势右移,靠主溜坝段由原来的 $3^\#$~$5^\#$ 坝下移至 $10^\#$~$15^\#$ 坝;控导下游滩地坍塌严重。

（六）东坝控导工程

东坝控导工程位于利津县北岭乡和盐窝镇境内。1971 年始建时修做 $1^\#$~$5^\#$ 柳石垛。

东关控导工程

1979 年向上接修 1#~3# 柳石垛。1993 年 6 月将所有坝段拆除改建为扣石坝。此后,溜势上提,原有工程不能进行有效控制,上游滩岸坍塌后退。为增加工程控制范围,1998 年确定向上接修坝垛 8 段,其中 +5#~+11# 为人字垛,+4# 为护岸,工程总长度 1325 米,坝挡距 20 米。垛后设连坝 1 条,护坝地宽 30 米。上延工程自 5 月 13 日开工,6 月 28 日竣工。实际完成开挖及填筑土方 5.52 万立方米,石方 0.91 万立方米,模袋混凝土 7900 平方米;土地占压赔偿 415 亩。2000 年 4 月 17 日,山东河务局主持进行竣工验收,认定工程质量优良。

1998 年以后,上游滩岸继续坍塌后退。2002 年调水调沙期间坍塌宽度 10 米左右。为防止塌滩坐弯后引起河势重大变化,2002 年向上接修人字垛和护岸工程,总长度 1400米。其中人字垛 8 段长 640 米,护岸 1 段长 760 米。设计标准为:整治流量 3500 立方米每秒,坝顶高程按当地滩面高程加 0.5 米超高。人字垛断面结构为顶宽 1 米的裹护体;土石结合部铺设 300 克每平方米涤纶针刺无纺土工布;根石底高程 8.5 米,顶高程 10.0 米。护岸连坝顶宽 10 米,采用粗排乱石防护,土石结合部铺设 300 克每平方米涤纶针刺无纺土工布;采用 150# 铰链式模袋混凝土沉排护底,沉排成型厚度 0.30 米,宽度 21.0 米,埋入坝内 2.0 米。连坝背侧护坝地宽 30 米。新修防汛路 1 条,长 1700 米,路面铺设碎石,宽 6米,厚 0.60 米。另设备防石 7000 立方米。上延工程自 11 月开工,至 2003 年 3 月竣工。共计完成土方 7.75 万立方米,石方 0.87 万立方米,土工布铺设 9191 平方米,模袋混凝土16850 平方米;土地征购 178.99 亩,挖地补偿 72.71 亩,土地踏压补偿 7.27 亩。工程决算投资 782.81 万元。

2003 年 10 月,山东河务局主持进行竣工验收,认定工程质量合格。

截至 2005 年底,共有坝(垛)25 段,分布在滩桩 132+116~135+550,工程长度 3523米,裹护长度 3182 米。

（七）中古店控导工程

中古店控导工程位于利津县陈庄镇(原集贤乡)境内,始建于 1971 年。1989~2005年新增坝(垛)11 段,改建坝(垛)14 段。

中古店控导工程是为控制左岸滩地坍塌、保障右岸十八户放淤闸引水而应急抢修的,存在长度不足、布局不合理、上下游衔接不严密等问题。为使该工程与十八户、崔家等控导工程形成统一治导线,《项目建议书》将其列为续(改)建项目之一。

续建工程设计指标为:造床流量 3500 立方米每秒,整治河宽 450 米,坝顶高程 9.8 米(黄海基面,下同)。整修内容为:改建原 2#～10# 垛 9 段,除 7# 垛加高 1.4 米外,其他坝号加高 0.3～0.5 米;坝身坡度不足 1∶1.5 的用乱石补足。在原 6#～7# 垛空当增修人字垛 5 段,垛间距 100 米。垛身采用散抛石排整,顶宽 1 米;红土坝胎水平厚度 1 米,根部为长 5 米、直径 0.75 米的耐特龙石枕护底,宽 1.5 米,厚 1 米。考虑到坝前部位需在水中修做,采用水中耐特龙石枕进占施工,底部高程随河底变化,变化幅度在 5～6 米。在原 10# 垛以下延长 6 段护岸垛,总长 661 米,垛间距 100 米。其中新 6# 和新 7# 垛沿现状滩岸布置,新 8#～新 11# 垛逐渐过渡到设计治导线位置。垛体型式、结构、尺寸及修工方法皆与填空当人字垛相同。坝垛后修做连坝,护坝地宽 30 米。工程投资 870.10 万元。

续(改)建工程历时两个月,1999 年 7 月 15 日竣工。实际完成土方 13.94 万立方米,石方 2.25 万立方米,土地占压赔偿 477 亩。2000 年 4 月,山东河务局主持进行竣工验收,认定工程质量合格。2003 年 3 月又对 6#～老 10#、新 2#～新 4#、新 6#～新 11# 垛实施抛石加固工程。完成土方 3017 立方米,抛石 6335 立方米,铅丝笼加固 704 立方米,投资 168.88 万元。投资来源为黄河入海流路治理一期工程项目节余资金。2005 年 11 月 12 日,山东河务局主持进行竣工验收,认定工程质量合格。

截至 2005 年,实有坝垛 21 段,分布在左岸滩桩 147＋280～149＋284,工程长度 2004 米,护砌长度 1768 米。顶部高程已达到 2000 年设防标准。

中古店控导

(八)西河口控导工程

西河口控导工程位于黄河左岸,始建于 1988 年。2005 年共有坝垛 11 段,分布在河道滩桩 164＋530～166＋200,工程长度 1670 米,护砌长度 1051 米。其中坝 3 段,垛 8 段,坝身结构全部为乱石。

该工程按照 1983 年设计防洪标准建成后,未再进行改(续)建。"96·8"洪水期间,曾经抢险 10 坝次,用石 3571 立方米,铅丝 5394 公斤,人工 7149 个。2002 年调水调沙中抢险 3 坝次,用石 837 立方米,铅丝 4.26 吨,人工 903 个。

(九)宋庄控导工程

宋庄控导工程位于垦利县境内,1955 年始建。1988 年,将 1#、2# 坝改为路庄险工 56#、

西河口控导工程

57#坝。

　　由于修建年代久远,工程标准很低,3#~11#坝距离大堤较近,极易形成顺堤行洪,发生重大险情。2002年10月20日至11月13日,新建11+1#、11+2#两段柳石垛,对3#~18#坝(垛)进行加高改建。

　　改建工程以原工程位置线为基础,把原坝型简化为抛物线型,并将坝裆进行平顺连接、裹护。整治流量采用3500立方米每秒,坝顶高程与滩面齐平,达到2000年设计标准。11#~12#坝间距350米,改建时新增坝垛2段,护砌长度261米。改建后坝岸结构为:坦石顶宽1米,坝顶高程12.50米;坝基与坦石之间设一层土工织物,上铺10厘米厚地瓜石垫层。

　　改建施工完成清基及基槽开挖土方10.05万立方米,土袋枕540立方米,土工布铺设16007平方米,石方1.83万立方米,新增备防石0.97万立方米,修建碎石路面1.68千米。同时完成挖地补偿58.77亩,踏压补偿5.88亩,青苗补偿118.10亩。决算投资605.89万元。

　　2002年10月,山东河务局主持进行竣工验收,核定工程质量合格。

　　截至2005年,实有石垛18段,分布在河道滩桩121+800~123+330,工程长度1530米,护砌长度1685米。

(十)宁海控导工程

　　宁海控导工程位于垦利县境内,1957年始建。1994年按照1983年设计防洪标准,在新2#坝上首修建新3#、新4#坝。1999年11月5日至12月6日,上延5#、6#坝(垛),完成土方2.02万立方米,土袋枕0.47万立方米,石方0.35万立方米,备防石0.11万立方米。同时完成土地占压补偿58.88亩,其中挖地47.8亩,压地4.78亩,占地6.7亩。2000年10月19日,山东河务局主持进行竣工验收,认定工程规模和质量合格。

　　1999~2001年,溜势右移上提,工程上首滩岸不断坍塌,长达500多米。为防止继续坐弯,2002年确定向上接长-1#、-2#、-3#。上延工程自4月4日开工,5月31日主体工程竣工。完成土方2.26万立方米,石方0.50万立方米。同时完成挖地补偿46.16亩,土地踏压补偿4.01亩,临时占地补偿72.40亩。工程决算投资199.81万元,资金来源为中央财政预算内拨款。12月26日,山东河务局主持进行竣工验收,核定工程质量合格。

　　2005年,实有坝垛13座,分布在右岸滩桩126+560~127+750,工程长度1190米,护砌长度1050米，达到2000年设防标准。

宁海控导

（十一）苇改闸控导工程

苇改闸控导工程位于垦利县西宋乡。该工程是由胜利油田投资，在1986年4月修建的。目的是防止苇改闸至西河口之间右岸滩地继续坍塌。

由于对岸崔家河段坍塌坐弯，弯顶下移，主流顶冲苇改闸工程下首164+300处，工程前淤出新滩宽200～1200米。1993年9月，工程全部脱溜。

2005年共有坝垛30段，分布在滩桩161+800～163+500，工程长度1700米，护砌长度1615米。其中按结构、类型分为乱石坝15段，垛15段。坝顶高程9.9～10.15米。

（十二）护林控导工程

护林控导工程位于河口南防洪堤。1977年始建时为险工，1988年山东河务局批准改称护滩（控导）工程。1987年，2#坝加高并接长289米。2001年3月，将3#～6#坝拆改加固。改建标准为：坝顶高程和宽度不变，坦石顶宽1米。旱地坝段加固按挖深2.0米设计，着溜坝段加固由现根石台顶修至坝顶。共计完成土方0.23万立方米，石方0.38万立方米，投资103.35万元，资金来源为财政预算内河口治理专项资金。2002年10月13日，山东河务局主持进行竣工验收，认定工程质量优良。

由于3#～6#坝（垛）缺石较多，2004年3～5月又实施抛石加固，完成土方6712立方米，石方3519立方米，新增备防石650立方米。2005年11月，山东河务局主持进行竣工验收，认定工程质量合格。

截至2005年，共有坝垛23段，分布在南防洪堤7+500～9+300，工程长度1550米，护砌长度1150米。除1#坝外，其余坝段达到2000年设防标准。

二、2005年工程状况

截至2005年，东营黄河两岸滩地共布设河道整治（控导）工程19处，比1988年增加7处；共有坝、垛、护岸工程317段（座），比1989年增加154段（座）；工程总长度34545米，比1989年增加17461米（详见表2-19）。

表2-19　2005年控导工程状况一览表

管理单位	岸别	工程名称	始建年份	滩桩起止号	工程长度(m)	护砌长度(m)	坝岸类型 小计	坝	垛	护岸	坝顶高程(m)
利津河务局	左	丁家	1958	90+100～92+100	2000	1256	16		16		14.59
		五庄	1968	94+680～97+200	2520	1847	22		22		14.59～15.26
		宫家	1952	101+900～103+150	1250	637	11		11		14.29～14.53
		张滩	1951	108+304～109+679	1375	1011	13		13		13.82～14.76
		东关	1955	109+679～111+100	1421	1187	15		15		14.51～15.17
		东坝	1971	131+997～135+550	3553	3182	25		23	2	11.83
		中古店	1971	147+280～149+284	2004	1768	21		21		9.70～9.82
		崔家	1994	160+230～161+966	1736	1946	17	7	7	3	10.08～8.60
		小计(8处)			15859	12834	140	7	128	5	12.53
垦利河务局	右	宋庄	1955	121+800～123+330	1530	1685	18		18	1	12.13～13.74
		宁海	1957	126+560～127+750	1190	1050	13		12		9.27～9.30
		十八户(老)	1990	153+750～154+470	720	644	6		6		9.31～9.50
		十八户(新)	1998	155+000～157+000	2000	2061	20	8	12		9.31～9.50
		苇改闸	1986	161+800～163+500	1700	1615	15		15		9.31～9.50
		护林	1977	南防洪堤7+750～9+300	1550	1150	23	6		17	6.41～10.99
		清4	2000	184+230～186+430	2200	2208	11		10	1	5.10～5.50
		小计(7处)			10890	10413	106	14	73	19	
河口河务局	左	西河口	1988	164+530～166+200	1670	1051	11	3	8		7.98～8.40
		八连	1989	170+594～173+050	2766	2547	27	7	20		7.40～8.20
		小计(2处)			4436	3688	38	10	28		
胜利油田	左	清3	1993	177+750～180+350	2600	2613	26		26		6.10
	右	生产村	1995	164+050～164+810	760	500	7	1	6		8.49～8.36
		小计(2处)			3360	3113	33	1	32		
全市合计(19处)					34545	30048	317	32	261	24	

说明：1. 此表根据河务处上报河务局数字和《2005年东营市黄河防洪预案》中所列情况编制。

　　　2. 丁家护滩已被淤没。

三、附属工程

控导工程是河务部门防守的重点。所有重要工程设有守险房,由所在河务段安排管护人员常年驻守;对于没有常驻人员的工程,在伏秋汛期和凌汛期派出临时人员防守。

为改善驻工人员的工作和生活条件,美化工程面貌,河务部门在进行工程建设过程中,加大附属设施建设力度,搞好环境绿化、美化。截至2005年,东营黄河两岸控导工程共有守险房141间,总面积达2960平方米;在控导工程上植树29745株,植草275亩(详见表2-20)。

表2-20 控导工程附属工程情况统计表

单位	岸别	守险房数量(间)	守险房面积(m²)	植草(亩)			植树(株)			划定护坝地			备注
				宜草	已草	种类	种类	数量	成材	长度(m)	宽度(m)	面积(亩)	
垦利河务局	右	97	2143	174	88	葛巴草	小计	13664	1802	4920	30	221	
							杨						
							柳	13664	1802				
利津河务局	左	29	542	178	89		小计	14981	4788	7920	13～30	308	苗圃75亩
					78	铁板芽	杨	7059	4671				
					11	葛巴草	柳	7922	117				
河口河务局	左	15	275	474	98	铁板芽	小计	1130		3790	30	159	
							柳	670					
							槐	460					
全市合计		141	2960	786	275		小计	29745	6590	16630		688	
					99	葛巴草	柳	22226	1919				
					176	铁板芽	杨	7059	4671				
							槐	460					

说明:1. 本表录自山东河务局"数字黄河工程·山东黄河水情·防洪基础资料·涵闸、社经、绿化等"《山东黄河控导附属工程统计表》。

2. 表中数字截止日期为2000年底。

第四节　施工技术改进

一、主要施工方法

控导工程施工分别采取旱地作业和水中作业方法。旱地施工一般先修坝基,然后开挖基槽修做护根和裹护体(护坡)。水下施工采取水中进占作业方式。

　　经过验证,旱地施工简便易行,进度快,投资省。但受地下水位限制,挖槽深度一般只达河床以下1~2米,工程基础达不到设计冲刷坑深度,着溜后容易发生大墩大蛰,后续抢险任务繁重。

　　水中进占多是采用柳石枕、柳石搂厢方法。占体材料以柳(秸、苇)、石(或土袋)为主,以桩、绳或铅丝连接或捆扎而成的轻型水工结构物,具有体积大、柔性好、进占速度快等优点。坝岸基础在施工期间便已经历水流冲刷而达到一定深度,工程稳定性相对增强。但施工技术较复杂,作业难度大,工料投入多,关键工序作业人员需要经过专门培训。是故,新建、续建控导工程的修工时机大部分选择在春季枯水时期,根据大河水情确定旱工作业或水中作业。

　　由于受河床明水或潜水影响,无论采用旱工、水工,坝岸基础都难达到设计冲刷坑最大深度10~15米,其差值需在工程抗洪运用中通过抢护不断弥补。

十八户柳石搂厢演习

二、新技术应用

　　1989年以后,在继承和发扬传统治河技术的同时,不断开展新材料、新工艺、新结构、新坝型(以下合并简称新技术)的试验和研究,先后推广应用不抢险坝、土工合成材料、塑料编织袋护根等技术。

(一)钢筋混凝土水力插板桩

　　1994年开始,先后在崔家、清3等5处控导工程中试用钢筋混凝土插板桩护根技术,达到工程投资省、施工进度快的良好效果(详见表2-21)。

　　插板桩采用C30钢筋混凝土结构,桩长根据预定深度而定,宽1.0米,厚0.3米,顶部现浇0.3米高的连续梁。每块插板桩的一侧设有安装槽,另一侧预埋导向安装螺栓,以便施工时互相咬合。纵向钢筋顶部预留长度0.25米,作为现浇连续梁预埋钢筋。在插板桩中心预留直径76毫米的充水管,顶端伸出30厘米;底部焊接横向开孔喷水管,孔距13厘米。孔位按照梅花形布置。为保证插板桩的稳定性,顶部用拉杆与后面的锚固桩连接。为防止水流淘刷坝脚,板桩与坝体间平铺厚1.0米、顶宽1.85米的散抛石。为了安全,在板桩外适当抛石护根,根石台顶宽 3.5 米。

表 2-21　钢筋混凝土插板桩试验工程情况表

工程名称	修工长度（m）	插板桩			钢筋混凝土总量（m³）	投资（万元）	
		长度（m）	宽度（m）	厚度（m）		总额	每米
八连 21#坝	100	13～15	1.0	0.30	439.8	106	1.06
前段	68	15	1.0	0.30			
后段	32	13	1.0	0.30			
十四公里 21#护岸	102	10	1.0	0.25	248	48	0.47
崔家护滩取水口	129	10	1.0	0.25	275	64	0.50
丁字路口护岸	80	12.5	1.0	0.35	350	64	0.80

说明:据估算,同一地点修建柳石工程造价为每米 1.5 万元左右。

插板桩施工是运用水力冲填技术,在板桩中部预埋的纵向导流钢管中注入高压水,通过板桩底部的喷水管射出高压水流切槽,靠板桩自重沉入地基,并在板桩顶部现浇混凝土连续梁以维持结构稳定。

通过观测分析认为,该项技术比柳石工程投资省,施工速度快,平均 40 分钟可完成一根插板桩,质量控制较易,工程运用后无须维护。经过几个汛期及调水调沙期洪水冲刷考验,证明插板桩护根抗冲效果明显,没有发现沉陷、位移或变形等险情,达到了不抢险、无须维护的预期目的。几年来未出险情,抗洪效果达到预期目的。

(二)铰链式模袋混凝土沉排

1999～2002 年,河口管理局在 3 处控导工程的 8 段坝、护岸工程中应用模袋混凝土护底技术,总面积 37196 平方米,详见表 2-22。其中,十八户控导工程被水利部列为土工合成材料示范工程。

表 2-22　铰链式模袋混凝土沉排护底工程情况表

工程名称	坝号	段数	模袋混凝土			施工日期	施工最大流量（m³/s）
			长度（m）	厚度（m）	面积（m²）		
东坝	+4#护岸	1	17	0.3	7900	1999 年 5 月 27 日至 6 月 1 日	128
十八户	15#～20#坝	6	13、17	0.3	12991	1999 年 5 月 24 日至 6 月 12 日	295
清 4	11#护岸	1	14	0.25	16305	2000 年 11 月 30 日竣工	500
合计		8			37196		

说明:此表录自《山东黄河志资料长编》P107。

铰链式模袋混凝土沉排是采用具有一定强度和渗透性的双层合成纤维有纺布做模板,其中充填混凝土或砂浆,在灌注压力作用下,混凝土或砂浆形成一个相互联结、高强度的固结体。块与块之间的联结方法是在模袋内预设类似铰链的高强度绳索。排体下部铺设一层反滤布,既能有效地抵御水流冲刷排体下的土颗粒,又能适应河床变形。其具有整体性好、外形整齐美观、维修养护费用低等优点。

铰链式模袋混凝土沉排施工工艺分为四个环节。一是对地形起伏过大的河床应进行平整,不平度取±15厘米。二是反滤布铺设。在断流河段或水深小于1.5米的部位可以直接铺设;进行水中施工时,将反滤布和模袋布直接铺放在河床上;水深较大时,把反滤布折叠好后放于上游船只的迎水面一侧,在下游船控制下缓缓向下移动,使反滤布自然展开、均匀沉入河底。三是模袋布铺设。为使模袋布在整个充填过程中保持平整,在岸边定位桩上挂手葫芦,用于调整模袋布张力。四是混凝土充填。自下而上,按照注入口先两边后中间的顺序,充灌速度为10~15立方米每小时,压力不小于200千帕,确保袋内充填混凝土饱满实在。

观测结果表明:在流速不大,水深小于1.5米或旱地施工时,1台30-A型混凝土输送泵,每天可灌注模袋混凝土1500平方米左右;在中常洪水作用下,沉排沉降量基本符合设计数值,最大沉降量为4.4米;没有发现沉排掀折、卷起等现象,护底防冲效果良好。

第五节　　维修与抢险

一、岁修加固工程

1989~1997年,各县(区)河务局根据批准的年度岁修计划,利用春、冬季枯水季节,对控导工程中损毁坝垛进行局部或整体修复与加固。1998年以后,为提高控导工程基础强度,在加大岁修力度的同时,重点安排了根石加固工程。

2002年,据黄委《关于编制黄河干流河道整治工程应急度汛根石加固设计的紧急通知》,对控导工程中缺石较多的靠溜坝段进行了根石加固。加固工程涉及2处控导工程的14座坝段,投资总额为98万元。加固标准为:对坡度不足1:1.5的坝段加固到1:1.5,坝垛裹护范围保持原状不变。当年实际完成加固石方4916立方米,其中五庄控导抛石2701立方米,抛铅丝笼1158立方米;东关控导抛石740立方米,抛铅丝笼317立方米。受山东河务局委托,河口管理局在2003年10月27日主持进行竣工验收,认定工程质量合格。

2003年安排的河口治理控导加固工程分别为中古店控导老6#~10#、新2#~4#、新6#~11#,护林控导3#~6#,十八户(新)1#~20#。2004年3月1日开工,5月9日告竣。共计完成土方1.85万立方米,石方1.38万立方米,投资315.64万元。

2005年实施的十八户控导加固工程为7#~10#抛石、抛笼,15#、16#、20#翻修。自9月23日开工,至12月4日竣工。完成土方3112立方米,石方4087立方米,抛笼832立方米,投资83.75万元。

二、险情抢护

新建控导工程是靠水流或上部工程逐步向下蛰实冲刷形成工程基础的。无论旱地施工,还是水中进占,后续抢险都难避免。

(一)常见险情及抢护方法

常见险情有根石走失、坝身墩蛰、坍塌、滑动、漫顶、溃膛塌陷等。1986~2002年,利津县控导工程有13个年份出险323坝次,抢险动用石料共计36339立方米,平均每坝次用石112.5立方米。垦利县控导工程有11个年份出险205坝次,抢险动用石料共计21234立方米。

控导工程抢险执行"抢小、抢早"的方针,把分析险情、查明原因、制订方案作为工程出险后的首要任务。险情出现后,按照《黄河防汛抢险技术手册》中规定的抢护方法进行处理。

(二)抢险纪要

八连控导抢险 1994年汛期由于河势变化、溜势下延等原因,西河口控导10余段次根石走失严重,八连控导工程出险12坝次。为了避免险情扩大,首先人工抛投柳石枕护脚,继之从险情最严重的中间部位开始抛投大块石,然后向两边抛投,最后抛投铅丝笼固脚防冲。经过抢护,险情得到控制。

1996年8月15日,利津站出现3290立方米每秒的洪水,八连控导3#坝由于受大溜顶冲,根石走失严重,坝身出现墩蛰。河口区黄河防汛办公室接到险情报告后,组织专业抢险人员80人,对出险部位抛大块石进行固脚,使险情得到控制。

五庄控导抢险 五庄控导工程自1996年8月9日开始受洪水主溜冲刷。8月11日,滨州市河段洪水漫滩,顺堤行洪之水从滩区经五庄控导工程新2#~老8#坝漫顶,并向大河倒流,导致坝面冲刷,出现土石结合部蛰陷等重大险情,出险长度990米。8月19日,老9#~老10#坝同样发生滩区洪水漫顶过水,出险长度195米。险情发生后,利津县黄河防汛指挥部组织专业抢险人员78人,群众队伍120余人,调集运输车辆25辆,打桩设备10套,在工程漫顶坝面采取打桩、铺散柳及压石封顶等措施进行抢护,分组轮流实施,对新2#~老8#等靠主溜坝垛进行抛石加固。经过近26小时奋力抢护,险情得以控制。

崔家控导抢险 崔家控导工程自1996年7月23日6时起,主溜顶冲21#、22#坝。由于两坝伸入河中180米,过水断面小,大溜顶冲后出现严重壅水。两段坝基修做在沙性土的河床上,槽底深度达不到理论计算的冲刷坑数值,连续出现坝基淘刷、坝身墩蛰、坝体滑坡等险情。上游圆头至迎水面80余米的坝面砌石急剧下沉,出水高1米的坝面砌石几分钟内全部墩蛰入水。受到主流淘刷的土坝基有垮坝的危险。

8月6~24日,大河流量保持在3000~4000立方米每秒。两坝长时间受到主流冲刷,根石走失严重,先后发生各种险情37次。险情出现部位集中在坝身前头和迎水面,坦石墩蛰下滑入水。同时,两坝背水面土坝基淘刷严重,出现大面积塌方,共计流失土方2770立方米。

险情发生后,东营市和胜利石油管理局的领导多次亲临现场,研究制订抢险方案。利津县政府及河务局成立了崔家控导工程抢险指挥部,组织专业抢险队员160余人,群防队伍250余人,调动自卸车及各种运输车辆60余辆,铲运机、推土机8台,ZL50D装载机1台,投入抢险。

21#、22#坝因主溜顶冲,墩蛰险情不断恶化。在人力不能胜任抢险速度的情况下,及

"96·8"洪水五庄控导人工抛石抢险

"96·8"洪水期间崔庄控导抢险

时采用推土机将备防石集中横推坝下,散抛石高度很快与坝顶相平。再加人工配合,及时捆抛铅丝笼加固,避免了散石被急溜冲走。但是,推石抛护只能在近距离或坝面存在备防石的情况下使用,推石平距在 20 米之内效果最佳。

　　由于近处石料不足,险情继续恶化。又加阴雨连绵,整个工地道路泥泞,各种运输车辆在坝头行驶困难,致使调运石料难度加大。在此情况下,立即调用 ZL50D 装载机 1 台,其在抢险运石、抛石中发挥了重大作用。

　　由于在抢险中采取了抛掷块石、铅丝笼、土袋枕、柳石枕和雨布封顶等多项措施,昼夜连续抢护,险情得以有效控制,确保了工程安全。本次抢险共用土方 2892 立方米,石料 5811 立方米,柳料 28.57 吨,铅丝 11.6 吨,工日 3903 个。

第五章　南展宽工程

位于黄河右岸的南展宽工程上端在博兴县老于家村,相应临黄堤桩号 189＋121,下端在垦利县西冯村,相应临黄堤桩号 235＋230,面积 123.84 平方千米。其中,滨州市辖区面积 0.64 平方千米,其余在东营市辖区。原设计运用方案以防凌为主,其次为汛期分洪和放淤改土。有效库容(相应章丘屋子处大堤保证水位 13.0 米)3.27 亿立方米,放淤造滩后减少为 1.1 亿立方米。

第一节　存在的问题及对策

1971 年 9 月批准兴建的南展宽工程主要解决麻湾至王庄之间 30 千米窄河段的凌汛威胁。工程建成后,由于未发生严重凌汛,分凌功能一直未能启用。

一、工程存在的问题

(一)堤防工程

南展宽大堤总长度 38651 米。其中,0＋000～3＋750 堤段分布在滨州市博兴县境内,其余堤段分布在东营市所辖的东营区和垦利县境内。

由于河槽逐年抬高,展宽堤堤顶高程比 2000 年设计防洪标准平均低 2.4 米。加之堤身断面单薄,长期缺乏维护经费,展宽堤并未加培,堤身蛰陷、裂缝、残缺现象频频发生。37＋500～38＋651 堤段受近堤水库影响,堤脚渗蚀严重,临背河坡、脚严重残缺。原计划中的南展堤后戗、沿堤截渗排水沟等遗留尾工被搁置。

(二)水闸工程

南展宽区内侧临黄大堤上建有麻湾分凌分洪闸、曹家店分洪放淤闸、章丘屋子泄洪(退水)闸。其中,除曹家店分洪放淤闸在 1992 年报废堵复外,麻湾分凌分洪闸设计防洪水位比 2000 年设防水位低 2.54 米,已不能安全挡水运用。加之工程年久,闸室部分混凝土结构表面严重碳化剥蚀,钢结构部分构件严重锈蚀,严重影响该闸的安全运用,已成为黄河防洪的险点。

章丘屋子分凌泄洪闸泄洪能力已达不到设计要求。1996 年 5 月胜利水库(原东张)建成,寿合村附近被水库占用,仅留泄水道 40 米左右,致使该闸泄洪能力丧失。闸底板原设计高程 9.00 米,1999 年实测闸前主槽河底高程为 10.06 米,滩唇高程 11.50 米,滩地最高点 13.10 米,泄水难以通畅。闸门钢筋混凝土表面残蚀剥落露筋;导轨、门轮锈蚀严重。底板、闸墩下部混凝土冻融破坏,钢筋外露。闸门止水年久老化,破裂漏水严重。启闭机控制柜因年久老化,已不能使用。部分灌排水涵闸不同程度地存在老化、失修问题,有的已不能按照原设计标准运用。

（三）避水工程

随着人口的自然增长,南展宽区原筑村台面积已由人均 45 平方米降低到人均 30 平方米。由于住房紧张,通行不便,大部分村庄被迫扩大村台面积,但部分新增村台高程低于原台顶高程 1 ~ 2 米。还有 8 个村庄 5332 人返迁旧址,平地建房。一旦分凌,南展宽区群众及低村台居住群众迁安将成为首要问题。加之村台与临黄堤连为一体,严重影响堤防加高、续建和日常管理、维护。

（四）排灌、蓄水工程

为解决南展宽区内排涝及周边地区人民群众生产生活用水问题,南展宽区内修建的灌排水建筑成为影响行凌畅通的障碍。其中,四干渠、五干渠高于地面 1.5 米左右,六干渠弃土高于地面 2.5 米左右,还有稠密的电线杆和农业林网等。1996 年在南展宽区下端修建的东张水库,占地面积 6.0 平方千米。加之已经实施淤地改土,库底抬高,使得南展宽区的防凌库容减少到 2.1 亿立方米。东张水库预留的泄洪口偏小,最宽处 64 米,最窄处 14 米,还有一座石桥阻断水流。

二、社会经济状况及存在的问题

南展宽工程初建时,涉及东营市及滨州市所辖 3 县(区)5 个公社(乡、镇)80 个自然村,人口总数 4.89 万人。经过多次区划调整,2005 年东营市南展宽区涉及东营区、垦利县的 76 个自然村 56949 人,详见表 2-23。南展宽区内有 29 个村台,面积 353 万平方米,居住人口 49287 人,其中返迁人口 5332 人。

2000 年南展宽区民居

南展宽区内居民住房和其他经营性固定资产 29539 万元,其中房屋 35357 间。集体财产包括学校、乡镇企业等有固定资产 4193 万元。区内有耕地 10.24 万亩,农业基础设施包括灌排渠道和斗门等,价值 850 万元。区内公路 26.1 千米,价值约 8000 万元。

此外,南展宽区内分布油井 117 口,资产价值 23400 万元;输变线路 135 千米,变压器 117 台;其他零星设施价值 450 万元。

表2-23　2005年南展宽区基本情况表（东营市辖区）

单位		滞洪区面积		涉及乡镇		涉及村庄			区内村庄			区内避水村台		硬化撤退道路	
县(区)	乡(镇)	合计(km²)	其中耕地(万亩)	小计	其中区内	行政村(个)	自然村(个)	人口(人)	行政村(个)	自然村(个)	人口(人)	顶面积(万m²)	台上人口(人)	数量(条)	长度(km)
东营区	龙居乡	27.30	2.40	1	1	19	19	14358	19	19	13942	80.23	12450	1	3.5
	董集乡	19.07	1.71			19	19	12511	11	11	9799	43.36	9799	1	5.0
垦利县	郝家镇	6.91	0.62			2	2	978							
	胜坨镇	68.60	5.49			35	35	28828	35	35	26788	224.97	26788	2	14.1
	垦利镇	1.33	0.03			1	1	274	1	1	250	4.37	250	1	3.5
东营市		123.21	10.24	5	4	76	76	56949	66	66	54619	352.92	49287	5	26.1

说明：此表根据防汛办公室提供的数据编列。其中，垦利县胜坨镇包括原胜利乡和宁海乡。滞洪区面积不包括滨州市辖区内的0.64平方千米。

存在的问题主要是:分凌滞洪任务尚未解除,修筑房台所挖土地尚未完成改造,南展宽区内经济发展受到制约,生产条件落后,房屋拥挤狭窄,群众生活水平低下。河务部门多次收到各级人大、政协代表关于南展宽问题的提案,群众上访事件屡屡发生。

三、南展宽问题研究

(一)运用条件的变化

南展宽工程建成后,黄河下游防凌形势、河道径流及边界条件、南展宽区内的社会经济环境等发生较大变化,运用条件随之发生变化。

1. 运用难度加大

南展宽区作为滞洪区备用期间,逐步增加公路、水库、大桥、油井、气井等基础设施的建设,增加了工程运用难度。

2. 运用概率变小

1999 年 10 月投入运用的小浪底水库长期调节库容为 51 亿立方米,其中 20 亿立方米防凌库容可以承担大部分防凌蓄水任务。三门峡、小浪底水库联合运用,可以满足黄河下游防凌的水量调节要求。加之沿黄各地凌汛期引黄水量逐年增加,河道槽蓄水量相对减少;防洪工程经过加固完善,河道防凌水量调节能力增强,凌情、水情预报手段提高,河道水量调度控制措施日趋完善,南展宽工程的运用概率大大减少。

(二)运用处理意见

2002 年 5 月,国家发展计划委员会副主任刘江率领的黄河下游防汛抗旱检查组听取山东河务局对南北展宽区情况汇报后,建议黄委加紧对南北展宽区问题的研究,提出具体解决意见,按程序上报审批。黄委主任李国英两次批示,加快研究工作进程,尽快提交研究成果。

河口管理局针对南展宽区存在的困难,组织人员对小浪底水库建成后南展宽区工程防凌运用问题进行研究。2002 年 8 月 9 日,河口管理局在向山东河务局报送的《关于南展宽区工程存在的问题及处理意见的请示》中建议:尽早实施麻湾分凌分洪闸和章丘屋子闸维修、加固、改建工程,按照临黄堤的标准加高加固南展宽大堤,修做南展堤堤防道路。对影响工程建设的村台房屋进行外迁,并在背河靠村台堤防设置防护栏,实行封闭式管理。在南展堤 16 + 100 处建设流量为 30 立方米每秒的排水闸一座,并在南展堤外 200 米处修做排水沟,总长度 38.65 千米,设置配套建筑物 38 座。实施上述工程,约需投资 9.24 亿元。

2004 年 7 月,黄委和山东河务局完成的《小浪底水库运用后黄河下游南北展宽工程防凌运用综合研究》课题报告认为:小浪底水库运用后,南展宽工程河段一旦遭遇历史上最严重的凌情,在不利用南展宽区分凌滞洪和不考虑上游引(分)水的情况下,堤防工程设防水位(2000 年水平)仍高于冰坝壅水水位 0.85 米。故此,南展宽工程可以不作为滞洪区运用。

第二节 改建利用

一、缘由

垦利县境内宜农荒地和备用开发土地潜力很大,是黄河三角洲商品粮基地建设重点之一。但境内地下及地表径流水质不良,淡水资源缺乏,成为制约经济发展的关键因素。

为进一步发挥南展宽工程的除害兴利作用,东营市政府在1994年5月23日将南展宽区改建为大型水库方案的筹划情况向黄委主任綦连安、山东河务局局长李善润做了汇报。6月15日,国家防总副总指挥、水利部长钮茂生率领的防汛检查组到东营察看防洪工程时,对南展宽滞洪区改建水库问题讲了具体意见。

1995年,东营市政府向山东河务局报送《关于利用南展宽工程修建水库的请示》,并委托山东黄河勘测规划设计研究院完成《利用黄河垦利南展宽部分工程修建水库可行性研究报告》的编制。黄委对山东河务局转送的请示进行研究后给予批复:同意利用南展宽区下端的10.9平方千米建库蓄水。

二、东张水库

东张水库位于南展宽区末端东张村附近,民丰水源6号水库西邻,南北宽2183米,东西长2842米,占地总面积9300亩,总库容3675万立方米,投资4410万元。

建库一期工程占地8900亩,沉沙池占地2900亩,设计蓄水深度2.5米,设计蓄水能力1500万立方米。水库自路庄引黄闸引水,设计引水能力30立方米每秒。自1994年3月上旬开工建设,10月建成运用。完成土方工程41万立方米,混凝土及石方工程5.83万立方米。水库建成后,控制灌溉面积8.85万亩,同时解决垦利县及胜利油田部分地区的生产生活用水问题。

因建设资金不足,一期工程蓄水库容不能满足当地经济发展要求。垦利县河务局根据县政府指示,2002年3月12日向河口管理局报送《关于垦利县胜利水库扩建的请示》,拟在原水库基础上,加高培宽坝体,增加库容。河口管理局原则上同意垦利胜利水库进行扩建,同时要求:如因南展宽工程分凌运用,该工程须破除时,建设管理单位必须无条件服从,并承担全部费用;扩建工程施工和建成运用期间,由垦利河务局负责做好监督检查工作;工程竣工后,须经山东河务局验收合格后方可投入运用。

二期工程由胜利石油管理局和山东河务局共同投资兴建,其中油田投资2000万元。2002年4月正式开工,10月告竣。东张水库亦更名为胜利水库。

第三篇 河 防

　　黄河洪水泥沙未得到有效控制之前,防洪问题仍是河务部门的首要任务。2001年小浪底水库建成投入运用后,下游防御洪水目标没有改变,但大洪水出现概率减少,花园口站22000立方米每秒的洪水由原来的六十年一遇提高到千年一遇;通过水库调蓄,防洪威胁减轻。

　　东营市黄河防洪重点河段有三处。一是麻湾至王庄河段。该河段具有河型狭窄、弯道陡急、险工密布等特点,最窄处(小李险工与对岸大堤)仅460米,历史上曾多次发生决口。二是河口河段。河道两岸是国家重要石油能源基地,滩内及滩外分布多处油井、气井,而这里地广人稀,堤线较长,一旦发生洪水,防守和抢险困难,直接威胁油田生产安全。三是防洪工程险点险段。这是防洪工程的薄弱环节,洪水漫滩偎堤后存有致灾隐患。

第一章　基础工作

黄河防汛是一项长期而艰巨的任务,一直采取"以防为主,防重于抢"的方针,动员全社会力量共同参加。强调防汛准备工作立足于来早水、来大水,以争取主动。有鉴于此,沿黄党、政、军、民历年来都把黄河防汛工作列入重要议事日程,大力开展基础建设工作。

第一节　防汛体制建设

一、组织领导

1989年以来,遵照《中华人民共和国防汛条例》(以下简称《防汛条例》)、《中华人民共和国防洪法》(以下简称《防洪法》)等有关法令规定,黄河防汛工作由市政府统一组织和领导。

根据中华人民共和国防汛抗旱总指挥部(以下简称国家防总)、黄河防汛总指挥部(以下简称黄河防总)、山东省政府有关防汛职责的规定,东营市防汛抗旱指挥部(以下简称市防指)及其办事机构在东营市政府和上级防汛指挥机构的共同领导下,在本市辖区内行使黄河防汛指挥权,具体履行宣传教育、组织发动、抗洪救灾等职责。

为贯彻执行"安全第一、常备不懈、以防为主、全力抢险"的方针,市政府在每年汛前及时召开专门会议,部署黄河防汛(凌)任务,逐级签订防汛(凌)责任书,建立岗位责任制,按照思想、组织、工具料物、防守责任制、技术训练"五落实"要求进行宣传、教育和发动,做到在任何情况下有准备、有对策。

二、防汛机构

遵照国家《防汛条例》规定,东营市黄河防汛工作实行行政首长负责制和分级分部门负责制,建立市、县(区)、乡(镇)、村四级防汛工作机构。

(一)市级机构

全市防汛工作由市长负总责,分管副市长具体负责。市政府在每年汛前行文公布的东营市防汛抗旱指挥部,是市政府的办事机构和防汛指挥机关。指挥部正、副指挥分别由市政府、军分区及胜利油田、黄河河务、水利、城建部门的负责人担任。指挥部领导成员包括水文、气象、公安、民政、交通、财贸、农林、电信、卫生等市直部门和企事业单位的负责人。

市防指下设的东营市黄河防汛办公室(以下简称市黄河防办)设在河口管理局,是黄河防洪防凌的参谋机构,负责全市范围的黄河防汛日常管理工作。主任由河口管理局一名副局长兼任,技术负责人由总工兼任。

（二）县（区）级机构

东营市所辖的东营、垦利、利津、河口沿黄四县（区），分别建立防汛抗旱指挥部（以下简称县（区）防指）。县（区）防指是县（区）政府的办事机构和防汛指挥机关。指挥部正、副指挥分别由县（区）政府、武装部的负责人担任。指挥部成员包括县（区）直部门和有关企事业单位的负责人。

县（区）防指设立的黄河防汛办公室（以下简称县（区）黄河防办）是县（区）政府的参谋机构，设在县（区）河务局，负责本辖区范围的黄河防汛日常管理工作。

（三）乡（镇）级机构

沿黄各乡（镇）按照民兵建制建立防汛民兵营。营部负责人由乡（镇）党委、政府、武装部的负责人担任。河务部门设置的河务（管理）段是所在乡（镇）的防汛参谋单位。

（四）村级机构

沿黄两岸以行政村为主体，按照民兵建制组织防汛民兵连。连部负责人由村党支部书记、村委会主任、民兵连长担任，按照防汛工作"五落实"要求组织群众防汛队伍，筹集防汛工具、料物。各级防汛机构关系如图3-1所示。

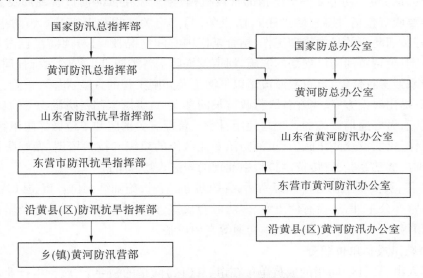

图3-1　黄河防汛指挥及办事机构图

三、防汛工作职责

国家有关法规规定，有黄河防汛任务的省、地（市）、县（市、区）防汛指挥部负责本辖区黄河防汛工作，各级政府行政首长担任指挥，并对本辖区防汛负总责。任何单位和个人，都有参加黄河防汛抗洪抢险的义务。

（一）行政首长职责

地方行政首长全面负责黄河防汛的准备、实施及善后，主要包括：贯彻防汛法律、法规和政策，执行上级防汛指令，组织制定本辖区有关防汛的法规和政策；组织开展防汛宣传、教育和思想动员，加快本地区防洪工程建设，督促重大清障项目的完成，协调解决黄河抗洪抢险中的有关问题;审查、批准黄河防洪预案,组织开展防汛督察和检查活动;根据汛情发展和上级指令,对各类洪水的防御措施做出决策、指挥和调度;及时做好黄河滩区居民的迁移安置、灾民救护和灾后重建工作,妥善安排群众生产与生活。

(二)防汛指挥部职责

市、县(区)防指负责所辖境内防汛抗旱工作的统一组织和领导。具体职责包括:接受同级人民政府和上级防汛指挥机构的共同领导,在本境内行使黄河防汛指挥权,向同级人民政府和上级防汛指挥机构报告工作;组织开展宣传教育活动,提高全社会的防洪减灾意识;结合本地区实际情况,制订黄河防洪预案;建立黄河防汛督察组织,督促并协调有关单位、部门做好黄河防汛工作;下达、检查、监督防汛调度指令的贯彻执行,并将情况及时上报;黄河洪水达到警戒水位以上时,按照防洪预案组织巡堤查险、报险、抢险、迁安救护等工作。汛情紧急时,组织动员社会各界共同投入抗洪抢险工作;研究和推广先进防汛科学技术,按有关规定对防汛单位和个人进行奖惩。

(三)黄河防汛办公室职责

市、县(区)黄河防办是同级防指的常设机构,分别设在黄河河口管理局及县(区)河务局。主要职责包括:按照《防洪法》《防汛条例》等有关法规和上级及本级防指的命令、指示,做好黄河防汛的日常管理工作;结合辖区内实际情况,制订黄河防洪预案和防洪工程抢护方案;负责黄河防洪规划的实施、河道及堤防上各类防洪工程的运行管理、普查、除险加固及水毁工程修复;负责漫滩流量以下河道及涵闸工程的查险、报险、抢险,及时掌握防汛动态,提出对策方案,当好各级行政首长的参谋;负责国家储备防汛物资的日常管理、补充与调配,做好通信设施的管理与使用;检查、督促有关部门和单位做好防汛组织、河道清障等工作,落实群众防汛队伍、黄河防汛专业队伍的组织和技术培训;做好防汛工作总结,积极推广成功经验,宣传抗洪抢险中涌现的先进人物和事迹。

1997年,黄委下达防办专项经费后,各级防办必备设施陆续到位。市、县(区)级防办除设有日常办公室外,还设有值班室、多功能会议室,配有大屏幕显示系统及微机、传真、打印、复印等办公设备和通信、音像、交通等专用设备。

(四)防汛成员单位职责

被列入市、县(区)防指的成员单位在市、县(区)防指的领导下,履行本行业承担的防汛职责。

四、防汛队伍

黄河防汛队伍按照"专群结合、军民联防"原则,由群众队伍、专业队伍、军警队伍组成,根据汛情发展需要,随时接受指令任务。

(一)群众防汛队伍

群众防汛队伍是黄河抗洪抢险的主力军,洪水偎堤期间担负着大堤、险工、控导、涵闸等防洪工程的防守、巡查、抢险、运料等任务。其组成以青壮年为主,吸收有防汛经验的人员组成。查险抢险所需的小型工具和常备料物由所在村庄或个人自备;大宗抢险用料由当地乡(镇)政府或防汛指挥部筹集;国家常备料物和专用工具由河务部门提供。

1.队伍组成和任务

群众防汛队伍分为基干班、抢险队、护闸队和预备队。

基干班是由民兵组成的防汛骨干队伍,洪水漫滩后首先上堤防守,进行查险和抢险,组建规模为每公里12班,每班12人。

军警防汛队伍

抢险队是由普通群众组成的防守预备队伍和抢险机动力量,每个县(区)组建一到数个,每队30～50人。任务是中常洪水时进行一般险情的抢护,大洪水时协助专业队伍和解放军进行重大险情的抢护。

护闸队视工程情况而定,每队30～50人。

预备队承担各类防汛料物的运输和供应,并作为紧急情况下防汛抢险的后备力量,由各县(区)根据任务大小确定组建数量。

2.一、二、三线划分

群众防汛队伍按照距河远近划分为一、二、三线,根据汛情发展程度,依次调遣上堤参战。划分规定是:沿黄乡(镇)为一线,沿黄县(市、区)的后方乡(镇)为二线,沿黄市(地)的后方县(市、区)为三线。

东营市所辖5个县(区)中,利津、河口、东营、垦利4个县(区)距离黄河大堤较近的乡(镇)、村、场(厂)为一线防汛单位。每个单位以村(场)为单元分别组建基干班、抢险队、防汛队。广饶县北部乡(镇)为二线防汛力量,必要时受调支持垦利县境的黄河防汛任务。三线防汛力量除沿黄四县(区)其余乡(镇)、广饶县的部分乡(镇)外,还包括滨州市的沾化县。根据省防指的安排,该县负责支援利津县和河口区黄河防汛任务。

3.组建要求和运用原则

群众防汛队伍按照民兵建制形式编为营、连、排、班。编队和登记造册工作全部在汛前完成,做到思想、组织、技术、工具料物、防守责任段"五落实"。1989年以来,根据堤线防守长度变化情况,市防指确定的群众防汛队伍规模保持在15万人以上。2005年纳入群众防汛队伍编制的18.4万人,组成情况见表3-1。

表3-1 2005年黄河防汛队伍组织情况一览表　　　（单位:人）

单位	一线队伍	二线队伍	三线队伍	专业抢险队	第七机动抢险队	黄河口专业机动抢险队
利津县	46372	19793	沾化3000	77		
河口区	10072	4115	沾化2000			30
东营区	5572	480	1807	29		
垦利县	50558	广饶15910	广饶20000	141	50	
全市合计	112574	44318	26807	247	50	30

说明:本表录自《2005年黄河防洪预案》。

一、二、三线防汛队伍的运用原则是根据汛情发展和设防需要,本着先一线、再二线、后三线的次序,就近成建制的分批调度集结。队伍调集数量根据洪水偎堤水深、后续洪水大小、漫滩行溜强弱、防守工程强度等情况而定。一般情况下,洪水偎堤后先调基干班上堤防守,根据水情、险情酌情增减上防人员数量。黄河防总对基干班上防的规定如表3-2所示。

表3-2 上堤防守人员数量参照表

堤根水深（m）	每千米上防基干班(个)			批准机关及权限	备　注
	已淤背堤段	未淤背堤段			
		一般段	重点段		
0.5~2.0	0.5	1	2	县防指1~2个班	每个基干班编制定员标准为12人
2.0~3.0	2	3~4	3~6	市防指3~6个班	
>3.0	6	7~10	10~12	省防指7~12个班	

说明:本表参考《2005年黄河防洪预案》。

4.技术培训

为了提高群众队伍的防汛技术水平,黄河河务部门除在每年汛前派出技术人员,对防汛民兵连长、抢险队长、基干班长等骨干力量进行技术培训外,还组织一定规模的模拟抢险实战演习,传授巡堤查险、堵塞漏洞、捆枕、搂厢、编抛铅丝笼等抢险方法操作技能。

5.军事化管理

1989年以后,受农村经济体制改革影响,群众防汛队伍中存在人员流动、队伍不稳、年龄偏大、素质不高等问题。个别村庄在接到上防命令后,出现子代父、妻代夫等顶替现象。为适应社会主义市场经济和农村生产形式的变化,对防汛队伍的组织、训练和管理进行了程度不同的改革。

东营市自2001年开始,在东营区推行民兵黄河防汛抢险队汛期驻防黄河大堤试点工作,以龙居镇民兵为主,组建1支30人的驻堤队伍,从6月至11月在麻湾险工驻防。管理办法是:由县(区)防汛指挥部领导,由抢险队所在乡(镇)负责组建、管理,县武装部按照"军事化"管理模式进行集训;河务部门提供驻地场所,负责技术培训、考勤和工资发放。为保证队员驻堤期间的人身安全,由当地政府与抢险队员签订安全协议。队员驻堤期间平均每人每月工资500～700元,由当地政府筹集,河务部门适当补贴。

上述办法实行后,达到了以群补专、专群结合、平战结合的目的。但是,由于没有专项经费来源,资金筹集涉及多方,协调难度较大,在一定程度上影响队伍的稳定。

(二)专业防汛队伍

由河务部门在编职工组成,主要负责黄河防汛的日常工作,包括防洪工程管护、水情及工情测报、洪水时协助和指导群众队伍巡堤查水、制订抢险方案、传授抢险技术、指导险情抢护等。根据承担的任务和技术装备水平,分为专业机动抢险队、专业抢险队和工程管理班。

利津河务局第一抢险队在进行抢险作业(2004年第三次调水调沙期间)

1.专业机动抢险队

专业机动抢险队是为适应黄河抗洪抢险复杂多变的特点而建立的精锐力量,由县(区)河务局抽调技术骨干和青壮年组成,主要承担远距离、重大险情抢护任务和支援地方重大险情抢护。垦利县河务局组建的省属第七专业机动抢险队组建于1999年,承担东营区、垦利县辖区范围内工程抢险任务,由山东省黄河防汛办公室在全省范围内统一调遣使用。

2.专业抢险队

由沿黄县(区)河务局选拔的职工组成。平时由黄河防汛办公室负责管理,汛期接受县(区)防汛指挥部和防汛办公室的指挥和调度。主要承担本县(区)范围内的工程抢险任务。防守堤线较短的县(区)河务局组织1支,堤线较长的县(区)河务局组织2支。

3.工程管理班

日常驻防在各个河务段,负责黄河堤防险工、控导(护滩)工程及其附属设施的管理、维护。洪水期间负责防守、查险和抢险。沿黄县(区)河务局所辖的每处险工、控导工程,都实行班坝责任制,严格按照工程管理规范开展各项工作。

(三)军警防汛队伍

中国人民解放军和武警部队是黄河防汛抢险的坚强后盾。黄河防总规定:发生急、难、险、重特大险情需要部队支持时,先由市防指向省防指提出请求,由省防指与省军区和济南军区协商,由济南军区下令调遣。需要武警部队参加抢险时,由市防指报市政府同意后,由行政首长批准,调用所管辖的武警部队参战。

五、防汛信息库建设

1991年8月31日,黄河防总提出:应用现代化的管理手段,建立黄委及省、地(市)河务局三级黄河信息数据库,服务于防汛调度、指挥、决策与抗灾、减灾。

根据以上要求和山东河务局的部署,河口管理局对河道、堤防、险工、控导、南展宽区、滩区等涉及防汛的工程、社经情况进行反复测量、调研、修正,于1992年4月将防汛技术基础资料报送山东河务局。由于当时防汛自动化水平较低,防汛网络没有建立,信息发布渠道不畅,许多资料数据未能发挥作用。

为全面准确地掌握新情况,河口管理局又在1999年组织技术人员开展防洪基本资料普查,并于年底完成《东营黄河基本资料汇编(内部资料)》的编制工作,内容包括基本情况、防洪工程、引黄工程、水文、其他。其中的许多资料,已被纳入山东河务局2000年开发的《山东黄河防洪基础资料数据库》,实现了防汛数据的网上查询。

2002年底,黄委信息中心在河口管理局安装的冰凌实时图像传输系统,可将图像信息直接传递到防凌调度中心,为领导直观了解冰凌发展动态提供方便。

为提高防汛和办公的综合会商水平,河口管理局在2003年自筹部分资金安装了视频会议系统。该系统通过山东河务局的MCU进行切换和控制,为市局收看视频会议,与山东河务局进行防汛会商、水量调度、远程教育和其他远程会商应用提供了手段。

第二节　防洪对策

一、设防指标预报

1968~2005年,黄河下游以防御花园口站22000立方米每秒的洪水为目标。为使沿黄防汛单位及时掌握河床、水位动态变化,山东河务局在每年汛前通报各主要控制站的警戒水位、设防水位。表3-3是2005年近口河段主要控制站的预测数值。

二、制订防洪预案

1988年开始,黄河防总要求市、县(区)河务部门在汛前完成黄河防洪方案的编制。1991年7月颁布的《防汛条例》对防洪方案的编制做出规定后,黄河防洪方案的编制工作走向正规。1996年5月,按照黄河防总规定,黄河防洪方案改称黄河防洪预案。

(一)编制依据和内容

一是黄委确定的防洪指标(1979年以来一直为防御花园口站洪峰流量22000立方米每秒,控制艾山站下泄流量10000立方米每秒);二是山东河务局在每年汛前测算的利津站各级流量相应水位;三是东营河道及防洪工程的实际状况。

表 3-3　2005 年主要控制站流量、水位预测一览表

站名		道旭	麻湾	利津	一号坝	西河口
不同流量（m³/s）下水位（m）	2000	16.58	14.46	12.94	10.36	8.38
	3000	17.20	15.10	13.70	10.95	8.90
	4000	17.75	15.73	14.36	11.47	9.33
	5000	18.25	16.30	14.92	11.95	9.69
	6000	18.65	16.70	15.30	12.29	9.91
	7000	19.03	17.08	15.66	12.58	10.10
	8000	19.40	17.44	15.99	12.86	10.28
	9000	19.76	17.77	16.32	13.13	10.45
	10000	20.11	18.10	16.65	13.40	10.62
	11000	20.46	18.39	16.97	13.67	10.79
大堤或河道滩桩号	左岸	276+000		318+170	345+000	163+220
	右岸	173+700	193+340	211+340	238+047	
警戒水位（m）		17.70	15.90	14.24	11.70	9.90
设防流量（m³/s）		11000	11000	11000	11000	10000
设防水位（m）		20.46	18.39	16.97	13.67	10.62
历史最高洪水位（m）		18.48	16.59	14.71	12.08	10.16
出现年份		1996	1976	1976	1996	1996
大沽与黄海基面差（m）		1.377	1.450	1.391	1.392	1.484

注：水位为大沽基面。

《防洪预案》除明确防洪任务、职责分工、队伍组成、料物筹集、保障措施等事项外，重点内容是各级洪水的防守方案及专项方案，包括黄河洪水测报方案，滩区群众迁移抢救方案、防汛物资保障方案，交通运输保障方案，通信信息保障方案，防汛供电、照明保障方案，防汛抢险后勤保障方案，机械化抢险方案。

（二）洪水防御对策

按花园口站发生 6 个流量级的洪水制定相应对策。其中花园口站 4000 立方米每秒以下洪水到达时利津站的流量在 2500 立方米每秒以下，采取的防洪措施包括：河务部门启动防汛运行机制，开展水位、河势、工情、滩岸坍塌等观测；市、县（区）分别对防洪预案落实等情况进行督察和指导，境内 7 座浮桥全部拆除。河务部门划拨国家常备料物一宗，以供险工、控导工程抢险之用。险情分级如表 3-4 所示。

4000～6000 立方米每秒洪水由花园口到达东营市需要 85 小时左右，利津站流量2500～4500 立方米每秒，相应水位 13.57～14.64 米，黄河防汛进入警戒状态。增加的措施包括：县（区）防汛指挥上堤主持黄河防汛工作；靠水堤段的责任单位组织一线防汛队伍的基干班上堤防守；加密汛情监控，固定人员定期进行河势查勘、险工巡查和根石探摸；

增加国家常备料物动用指标及柳料来源。

表3-4　险工和控导工程主要险情分类分级表

工程类别	险情类别	险情级别与特征		
		重大	较大	一般
险工	根石坍塌	根石台墩蛰入水1/2以上	根石台局部墩蛰入水	其他情况
	坦石坍塌	坦石入水大于1/3	坦石入水小于1/3	局部坦石坍塌
	坝基坍塌	根石、坦石与坝基同时墩蛰	非裹护部位坍塌1/2以上	非裹护部位坍塌小于1/2
	坝裆后溃	堤脚坍塌大于1/3	堤脚坍塌小于1/3	局部堤脚坍塌
	漫溢	坝基原形全部破坏	坝顶有冲沟	局部坝顶变形
	风浪淘刷	堤坡全部坍塌	堤坡坍塌大于1/2	堤坡坍塌小于1/2
	坝基冲断	断坝		
控导工程	根石坍塌			各种情况
	坦石坍塌	坦石入水大于2/3	坦石入水大于1/3	局部坦石坍塌
	坝基坍塌	根石、坦石与坝基同时墩蛰	非裹护部位坍塌1/2以上	非裹护部位坍塌小于1/2
	坝基冲断	断坝		
	坝裆后溃	连坝坝坡冲塌2/3以上	连坝坝坡冲塌1/2以上	连坝坝坡冲塌小于1/2
	漫溢	裹护段坝基冲失	坝基原形全部破坏	坝基原形尚存
	风浪淘刷	坝顶坍塌	堤坡全部坍塌	堤坡坍塌1/2

说明:此表录自《2005年东营市黄河防洪预案》。

　　6000~10000立方米每秒洪水由花园口到达东营市需要95小时左右,利津站流量4500~7500立方米每秒,相应水位14.64~15.83米,所有滩区全部淹没,大堤全部偎水,险工、控导、涵闸及平工堤段出现重大险情,临黄堤、北大堤、南防洪堤等处可能出现顺堤行洪,黄河防汛进入紧张状态。增加的防汛措施包括:各级防汛领导人上堤办公,有工程责任分工段的领导人到岗就位、现场指挥。市直部门抽调干部充实抗洪一线力量,河务部门增设军事协调职能组。花园口站流量超过5000立方米每秒时,各引黄涵闸全部关闭,停止引水。预报泺口流量超过5000立方米每秒时,发出迁安救护预警。超过6000立方米每秒,先将老幼病残迁出,再视洪水上涨情况陆续迁出其他人员及生产生活用品。组织落实国家常备、社会团体和群众料物供应指标。堤防、险工发生重大险情时,成立前线指挥部,组织和决策抢险工程的实施。堤防工程的险情分级见表3-5。

表 3-5　堤防工程险情分级表

险情类别	险情级别与特征		
	重大险情	较大险情	一般险情
漫溢	各种情况		
漏洞	各种情况		
渗水	渗出浑水	清水、有沙粒流动	清水、无沙粒流动
管涌	涌出浑水	清水、直径大于 10 厘米	清水、直径小于 10 厘米
风浪淘刷	堤坡坍塌 2/3 以上	堤坡坍塌 1/3～2/3	堤坡坍塌小于 1/3
堤身坍塌	大溜顶冲	边溜淘刷	浸泡坍塌
滑坡	各种情况		
裂缝	贯穿横缝、滑动性纵缝	其他横缝	非滑动性纵缝
陷坑	与渗水、管涌有直接关系	背河有渗水、管涌	背河无渗水、管涌

说明：此表录自《2005 年东营市黄河防洪预案》。

10000～15000 立方米每秒洪水由花园口传播到利津站约需 125 小时,流量为 7500～10000 立方米每秒,堤根水深增加到 2.5～4.5 米,顺堤行洪、堤身塌陷、险工、涵闸工程等险情严重,所有滩区村庄皆被洪水围困。届时,全市防汛处于严重状态,各级党、政、军主要负责人亲临抗洪一线坐镇指挥,有关部门负责人分为前后方上岗到位,各司其职。一线防守力量不足的,可组织二线防汛队伍上堤,需要时报请上级安排部队支援。滩区人口按照村对村、户对户的预定方案,全部迁往堤外居住。

15000～22000 立方米每秒洪水由花园口传播到利津约需 135 小时,流量为 10000～11000 立方米每秒,相应水位 16.65～16.97 米,偎堤水深 2.5～4.8 米,堤防、险工、涵闸工程受到严峻考验;低于防洪水位的穿堤油、气、水管线周围将发生渗漏;十八户以下河势将发生较大变化。届时,防汛抗洪将成为全市压倒一切的中心任务,各级党政军领导亲临抗洪一线,组成强有力的抗洪指挥中心。动员一、二、三线全部群众防汛队伍分期分批上堤,并请防汛部队开赴防守阵地,实行军民联防,确保大堤安全。

22000 立方米每秒洪水到达时,利津站相应水位将超过 16.97 米。偎堤水深最大 7 米左右,防洪工程多处生险,尾闾河段可能改道。届时,防汛处于最危险状态,全党全民尽最大努力,采取一切措施缩小灾害。

第三节　制度建设

根据法律法规要求,黄河防汛工作逐步建立健全了防汛责任、设防巡查、物资储备等制度。

一、防汛责任制度

（一）行政首长负责制

1987 年 4 月 13 日,中央防汛总指挥部总指挥、国务院副总理李鹏指示:当地行政首长为辖区防汛的第一责任人,省长、专员、县长可指定一名副手具体抓防汛工作。如果工作失误,造成严重损失,首先要追究省长、专员、县长的责任。此后,国家颁布的《防洪法》《防汛条例》等法规,都把"防汛行政首长负责制"纳入有关条款。

每年汛前,市、县(区)政府分别组织召开会议,部署当年黄河防汛工作,并由分管黄河防汛的副市长与沿黄县(区)分管黄河防汛的责任人签订黄河防汛责任书。

(二)分级责任制

根据黄河堤防、涵闸、蓄滞洪区和险工、控导工程所在的行政地区、重要程度和防洪任务,实行分级管理运用、指挥调度的权限责任,在省防指的统一领导下,分级管理、分级调度、分级负责。如北金堤的运用由国务院负责,东平湖、北展宽工程的运用由省政府和黄河防总确定,其他各项工程的管理运用由所在地区政府根据有关规定实施,一级抓一级,层层抓落实。

(三)分包责任制

东营市政府为把以行政首长负责制为核心的各项防汛责任制落到实处,实行市、县(区)、乡(镇)行政负责人和防指领导逐项分解任务、分级承包办法。分管黄河防汛的各级领导承包的责任段分别为堤防、险工、控导(护滩)、涵闸、河道清障、迁安救护。

(四)分部门分工负责制

结合市、县(区)、乡(镇)机关部门和单位的行业特色,按照各司其职、分工负责的原则,将黄河防汛涉及的有关任务落实到有关部门承担。其中,水文、气象部门负责提供观测情报;计划、交通、商业、供销等部门负责防汛物资储备、调度、供应;电力部门保障防汛优先供电;新闻媒体负责宣传报导;民政、卫生、粮食等部门负责灾民赈济、防疫救护、食品供应等安抚工作;通信部门保障通信、汛情传递、设施维护等;公安、司法等部门负责维护社会治安;中国人民解放军和武警部队参加工程抢险和群众营救等任务;其他部门(单位)均应根据防汛需要,提供便利条件,接受分配的防汛抢险任务。

(五)岗位责任制

黄河业务部门对防洪工程中的每段堤防、每处险工、控导工程的各个坝段、每座涵闸安排职工,定岗定员,责任到人,带领防汛基干班或养护公司进行管理、维护和观测防守。

(六)技术责任制

凡是有关数值预报、评价工程抗洪能力、调度方案制订、抢险方法措施等重大技术性问题,由各级防办技术负责人负责。各级防办技术负责人原则上由同级河务局总工程师担任。

二、设防巡查制度

黄河防洪坚持"以防为主、防重于抢"的方针和"水到人到"的要求,做好偎水堤段及防洪工程的设防工作。平工堤段的防守按照行政区域分段划界,由所在县(区)、乡(镇)、村负责,按照《黄河防汛手册》《黄河防汛抢险技术手册》《黄河防洪预案》等规定组织防守力量,做好巡堤查水、查险、报险、抢险等工作。黄河险工、控导(护滩)、涵闸的防守以专业队伍为主,调集群众基干班协助。

1989年以后,根据行政区划变更,东营市所辖县(区)、乡(镇)、村的防守任务做出相应调整。表3-6是地方和油田防守责任段划分情况。

表3-6　东营市黄河防守责任段划分表

责任单位	临黄堤		河口南防洪堤		河口北大堤		合计（m）
	起止桩号	长度（m）	起止桩号	长度（m）	起止桩号	长度（m）	
东营区	189＋121～201＋300	12179					12179
垦利县	201＋300～255＋160	53860	0＋000～27＋800	27800			81660
利津县	291＋033～355＋264	64231			0＋000～13＋634	13634	77865
河口区					13＋634－30＋200	16566	16566
胜利油田					30＋200～44＋631	14431	14431
合计		130270		27800		44631	202701

说明：本表录自《2005年东营市黄河防洪预案》。

三、物资储备制度

黄河防汛抢险所需料物、工具、器材等物资按照"国家、社会团体和群众储备相结合"的原则储备。

（一）国家常备防汛物资

主要包括石料、铅丝、麻（编织）袋、木桩、绳料、燃料及照明、通信器材、工器具等，由河务部门按照国家规定的储备定额定点存放、集中管理，并按实际需要及时补充和调配余缺。

国家常备防汛物资只准用于黄河防汛抢险，需要动用时必须依照审批权限和程序办理相关手续。当本市防汛储备物资不能满足黄河抗洪抢险和救灾需要时，由市防指提出报告，向省防指、黄河防总、国家防总请求支援。由其他省、市或流域机构调入本市的防汛物资，由市防指统一调度使用。

进行国家常备防汛物资检查

（二）社会团体备料

主要包括各种抢险设备、水陆交通运输工具、救生器材、燃油、通信工具等。根据黄河防汛需要,由市防指在汛前向油田及市直有关单位、商业、供销部门下达储备任务,连同县、区有关部门储备物资一起登记造册,平时自存,控制销量。防汛需要时由政府或同级防指下达调令,确保随调随到。

各级地方政府人员和军警部队上堤参加防汛抢险时,所需交通工具、通信设备、小型工器具、爆破器材、生活用品等,由上防人员自行携带,抢险所需料物由同级防汛指挥部统一供应。其他厂(场)矿、机关、企事业单位及农村参加抢险的人员一律自带工棚、料物、防汛工器具及生活用品。

（三）群众备料

群众自用的巡堤查水、抢险料物、器具及运输车辆等,采用"备而不集、用后付款"的办法,在汛前进行登记造册,逐户评估作价,悬挂标识牌号,落实存放地点。防汛需要时由乡(镇)防汛营部统一调配使用,并报县(区)防指备案。

四、其他工作制度

（一）信息发布制度

为使社会各界及时了解黄河抗洪抢险信息,正确引导社会舆论,各级河务部门从1991年建立新闻发言人制度,向新闻媒体和公众发布流域降雨、水情、洪水漫滩偎堤状况,防洪工程出险、抢险情况,防洪指挥决策调度措施,抗洪救灾物资调运等信息。

（二）防汛例会、会商制度

市、县两级防指分别在每年汛前召开会议,部署黄河防汛工作。汛期不定期召开防汛专题会议,及时研究处理黄河防汛有关问题。1998年开始,正式建立防汛工作例会制度,一般每月召开一次,特殊情况临时决定。

（三）防汛检查考核

根据省防办先后制定的黄河防汛工作检查考核办法,1990年开始,对黄河防汛准备、实战中涉及的各项工作分别在汛前、汛中和汛后进行检查、考核和评定。1998年,对防汛准备进行了分类量化。

（四）汛情、灾情报告制度

各级防办在每年6月15日前、11月10日前分别将防汛准备、防凌准备情况向上一级防办做一次书面报告。伏(凌)汛期每周向同级防指和上一级防办做一次书面情况报告。遇有重大情况则随时上报。10月底和翌年3月底分别上报防汛、防凌工作书面总结。

（五）防汛督察制度

市防指从1999年成立东营市黄河防汛督察领导小组,正、副组长由分管防汛工作的副市长、东营军分区司令员、河口管理局局长担任。督察组成员包括济军生产基地主任、胜利石油管理局副局长、市水利局局长、市政府副秘书长等有关单位负责人。

（六）防汛值班制度

各级防办实行昼夜值班和领导带班制度。其中,伏秋汛期时间为每年的6月15日至

10月31日,凌汛期为每年的12月1日至翌年2月底。

(七)河道行洪障碍监管责任制

建立市、县、乡(镇)三级清障责任制,对河道、滩地加强管理。1999年,黄河防总颁发《黄河滩区生产堤管理办法》,进一步要求各级河务部门及时掌握辖区内生产堤变化动态,发现堵复或新修情况,必须立即向本级行政首长和上级防指报告。发现不报的,对所在地河务局长和分管局长酌情给予通报、警告或撤职处分。

2003年3月,省防办在《县级以下黄河防汛责任制及工作制度》中规定:各县(区、市)在汛前成立以分管局长为组长的行洪障碍监管领导小组,负责本辖区行洪障碍监管领导工作。各河务段成立观测组,具体负责行洪障碍监管工作。

(八)黄河防汛工作纪律

全体防汛工作人员按照"下级服从上级、局部服从全局、一般服从紧急、一切服从防汛"的原则严阵以待,听从指挥,提高警惕,履行职责。防汛抢险用料、灾情统计数字要实事求是,杜绝弄虚作假,谎报瞒报。对临阵脱逃、玩忽职守、弄虚作假、影响防汛工作顺利实施或造成严重损失的违反防汛纪律行为,要做出严肃处理。

第四节　通信建设

为加强有关单位的防汛调度、水情上报、日常行政业务工作,黄河防汛通信设施由黄河通信专网、地方公网、计算机网络组成。

一、黄河通信专网

(一)有线传输线(电)路

历史上,河口管理局到山东河务局、各县(区)局、河务段、闸管所、险工、水文(位)站等基层单位的通信联络主要采用有线电话。

1989年以后,根据防汛工作需要,对线路进行了增建或改造。是年11月,为适应东营市政府迁址,架设了河口管理局(工农村)至市政府2对直达有线线路,长度9.05杆公里。

1992年2月,安装ZS609IIZ型引入试验架,开始对外线和各种音频电路的调度、测试。8月,河口管理局ZMX201－IV型三路载波机音终盘改装局、户端音终盘拨号方式。

1993年3月,将利林至十八公里水位站2.65杆公里的杉木杆改换为水泥杆。4月,在工农村至市政府线路上加挂2对铁质导线。5月,开通河口管理局对淄博市河务局12CD－26型十二路载波机,至山东河务局长途电路增加6路,自动拨号能力增强。

1989~1993年,还对部分锈蚀严重的铁质导线进行更换改造,对部分H杆、角杆进行石垛加固,增加拉线和防雷装置,在穿过高压线的地方增加防护网。

1996年11月,开通垦利县河务局对麻湾河务段12CD－26型十二路载波机。

由于有线线路传输使用年久,铁质导线锈蚀严重,铜质导线断头增多,直流电器特性达不到技术标准,抵御自然灾害能力不足,时常出现倒杆断线,严重影响防汛通信的畅通。1999年4月,报经上级批准,河口管理局架设的有线通信线路全部拆除。

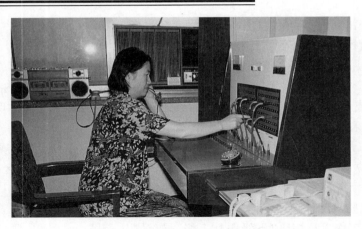

20世纪90年代中期的通信设备

（二）短波、超短波无线电台通信传输系统建设

1989年9月，河口管理局（工农村）、东营区河务局（麻湾）、黄河口疏浚指挥部（丁字路口）开通900兆基地台3部，JHM－85车台4部，手持机6部。

1990年5～8月，开通两处JDD－4无线三路双工电话接力机。一处为河口管理局（工农村）→利津县河务局→滨州市河务局→山东河务局信息中心；另一处为河口管理局→河口区河务局（西河口）。开通河口管理局SRZ－1645型无线基地台1部，HC－28A车台4部，手持机1部。

1993年，河口管理局（工农村）至东营区河务局（麻湾）开通JDD－4无线三路双工电话接力机。8月，河口区河务局（西河口）至河口区邮电局开通JZD－16A双工无线电话机。10月，河口区河务局（孤岛镇）至西河口河务段开通JDD－8A无线六路双工电话接力机。

1995年5月，河口区河务局（西河口）开通SRZ－1645型无线基地台1部。

1989～1995年，还购置、开通各种型号的短波、超短波无线电台。

（三）数字微波传输系统建设

1989年，黄委确定将数字微波通信作为黄河通信网主干线电路传输通道。根据黄河下游防汛通信总体规划，河口管理局完成东营市辖区内的项目建设任务。

1. 干线建设

1995年9月27日，济（南）—东（营）微波通信干线建成开通，线路全长238千米，采用芬兰NODIA、DMR2000型数字微波设备。该项目是1993年5月经国家计委批准立项，利用中国、芬兰政府间贷款实施的黄河下游防汛减灾项目的支项目之一。1994年7月至1995年3月，相继完成机房建设、铁塔安装、配套电源安装。1995年9～11月，完成微波主设备的安装，正式投入使用。

河口管理局在济—东干线上有利津、东营（东城）、河口（孤岛镇）三个微波站，解决了黄委、山东河务局与济南以下4个地（市）河务局、8个县（区）河务局之间长途通信无保障的"老大难"问题。

东营市网通公司在河口区孤岛镇开通小灵通业务后，造成河口管理局—河口区河务局之间微波通信不稳定。经检测确定,微波频率有所冲突。通过协商,由东营市通信公司提供 8 兆光纤线路,在山东河务局信息中心协助下,在 2004 年 8 月将东营—河口微波电路更换为光缆,传输带宽为 8 兆。

2.支线建设

1995 年 7 月 19 日,完成河口管理局至垦利县河务局数字微波支线建设。该工程是河口管理局机关搬迁建设项目之一。由于支线电路容量小,不能满足黄河防汛语音通信和计算机联网的需要,2001 年 8 月,将济—东微波干线上的利津→东营→河口段改建为利津→垦利→东营→河口,原东营→河口的微波电路保持不变。

1996 年 8 月 20 日,开通河口管理局至东营区河务局数字微波支线。由于电路容量小,不能满足黄河防汛语音和计算机联网需要,2002 年 6 月又更换微波设备,采用 2 兆中继方式与两端程控交换机连接。

3.一点多址数字微波通信系统建设

1997 年 12 月 5 日,山东河务局开设的一点多址微波通信工程建成后,开通以滨洲市河务局为中心的数字微波中心站。其中,垦利县河务局、麻湾河务段为中继站,利津水文站、水文水资源勘测局(东赵村)为外围站。此后,河口管理局所辖 4 个县(区)局全部实现数字微波传输、数字程控交换,并与郑(州)—济(南)、济(南)—东(营)微波干线连路并网,实现全河电话通信自动拨号。

(四)ETS450 兆无线接入系统建设

1998 年 6 月 25 日,黄河下游各县(区)河务局至堤防、涵闸、险工管理单位的无线接入工程全面建成,结束了完全依靠有线通信的历史,改善了县(区)河务局以下基层单位的通信状况和通信质量。7 月 25 日,河口管理局开通以垦利县河务局为中心的 ETS450 兆无线接入系统基站 1 个,工作信道 6 个,固定台 43 部,8 用户固定台 1 部,移动车台 5 部。

1999 年 6 月 30 日,黄河下游堤防查险、报险专用移动通信网全线开通。这是专为满足堤防查险、报险要求而建的通信设施,纵向覆盖范围为河南省孟津县黄河堤防起点至黄河口堤防止点,横向覆盖范围为两岸大堤各 20~30 千米。

引黄涵闸远程监控系统是确保黄河不断流,实现黄河水资源优化配置与涵闸工程安全监测信息化管理的重要手段。2002 年 10 月 22 日,开通了麻湾引黄闸、宫家引黄闸远程监控系统。2003 年 12 月 19 日,开通王庄引黄闸、曹店引黄闸远程监控系统。2005 年 3 月 31 日,完成路庄引黄闸、一号坝引黄闸远程监控无线接入通信设备安装、调试、开通工作,保证数据、图像、语音、文字等正常传输。

(五)800 兆集群移动系统扩容工程

为加快黄河防汛现代化建设步伐,黄委在 1999 年汛前确定:采用台湾东讯股份有限公司生产的 TCM-1-800 兆集群移动通信系统(模拟),完善黄河专用通信设施。

1.第一代设施

1992 年 6 月开通 800 兆集群移动通信系统(模拟)基站 1 个,工作信道 5 个,配置单工车台 9 部,手机 12 部。由于覆盖范围仅占黄河堤防的 5% 左右,不能满足黄河防汛、报汛、查险、报险的需要,该系统使用 6 年后被淘汰。

2. 第二代设施

1999 年 6 月 30 日开通的 800 兆集群移动通信系统,25 个工作信道(后河口区局扩容 5 个),手机 181 个,固定台、车台 21 部,通信覆盖范围约为堤防、险工险点、河道整治工程、涵闸、水文(位)站的 80% 左右,初步实现险情实时上报、防汛指挥命令及时下达的目标。

3. 第三代设施

2000 年 4 月,黄委批复的"河口区局至丁字路口 800 兆集群移动通信系统扩容工程",将 800 兆基站由 5 信道扩容到 10 信道,在丁字路口(疏浚指挥部)安装直放站设备 1 套,购置固定台 3 套、车台 3 套、手机 4 套作为机动使用,安装 17/2A 太阳能电池两组、蓄电池一组,建设 24 米轻型铁塔一座。扩容工程自 2001 年 3 月开工,6 月 22 日完成铁塔搬迁,8 月 30 日完成通信设备安装,决算投资 135.11 万元。2002 年 10 月 13 日,山东河务局主持竣工验收,认定工程质量合格。

(六)河口地区微波通信电路改造工程

2001 年 4 月 24 日至 2002 年 5 月 11 日,将垦利县河务局→河口管理局的数字微波通信电路由原 30 路扩充到 120 路,利津县河务局通信站整体搬迁,基建工程和设备安装工程投资 160.04 万元。2002 年 10 月 13 日,山东河务局主持竣工验收,认定工程质量合格。

2002 年 10 月,整体搬迁后的利津县河务局通信站

2002 年 7 月 10~25 日,河口管理局机关至东营区河务局机关之间重新安装一套 240 路数字微波通信设备,投资 28.57 万元。2003 年 10 月 20 日,河口管理局主持工程竣工初步验收,认定工程质量合格。

2002 年 12 月 1~30 日,完成的河口区河务局微波站改造工程,在新老办公区之间架设管道电缆线和架空电缆线,投资 38.86 万元。其中原办公区至协作东路之间租赁孤岛电信局管道电缆长 2 千米,利用电缆线路安装 NOKIA 公司 2Mbit/s 电路,为计算机联网、会议电视系统、图像传输等通信新业务提供技术保证。2003 年 10 月 20 日,河口管理局主持工程竣工初步验收,认定工程质量合格。

（七）2005 年通信网络状况

截至 2005 年，东营市辖区内有济—东 120 路数字微波干线 1 条，微波站 3 个；东营（东城）至河口（孤岛镇）光纤电缆 1 条。另外，建有管理局对东营区河务局 240 路点对点数字微波支线 1 条，以垦利河务局为中心建有 450 兆无线接入系统基地站 1 个，河务段共安装固定台 43 部、8 用户固定台 1 部、移动车台 4 部。河口管理局、县（区）河务局与各河务段、险工险点、工程处的通信以 450 兆无线接入系统为主，主要覆盖黄河沿岸范围，盲区集中在麻湾至王庄之间黄河两岸。以河口管理局、垦利河务局、河口河务局为中心建有台湾东讯股份有限公司生产的 TCM－1－800 兆集群移动通信基地站 3 个，配备车载台 21 部（含固定台），手持机 175 部，手机、移动台可以在河南、山东黄河沿岸覆盖范围内漫游，并且可使有线、无线互联。以滨州河务局为中心建有微波一点多址中心站、中继站、外围站，主要用于水文部门通信。以利津河务局、垦利河务局、河口河务局为中心建有涵闸远程监控宽带无线接入系统。

河口管理局设有 H20－20MAP 型程控交换机，利津河务局、东营河务局、河口河务局设有 EAST8000 型程控交换机，垦利河务局设有 ETS450 型程控交换机，总计装机容量 1134 余线，实现山东河务局、河口管理局、各县（区）河务局及各河务段等单位之间电话交换自动化。河口管理局、东营河务局、垦利河务局、利津河务局交换机与公网实现局间互联，公网可以直接拨打专网电话。

二、地方公网

主要包括东营市网通公司、东营市移动公司、东营市联通公司、胜利油田通信公司，形成以光纤传输为主、微波传输为辅的通信方式，可以提供多种业务需求。除黄河入海口（丁字路口以下）存在盲区外，固定电话和移动电话通信范围基本覆盖全市。

地方公网由东营市网通公司负责统一协调和指挥调度。一般中小洪水情况下以黄河通信专网为主，公网为辅。在大洪水及防汛特殊情况下，各通信机构及计算机网络服从统一指挥调度，确保黄河防汛中语音、数据、图像等信息及时准确传输。

三、计算机网络

黄委自 2001 年推行数字防汛技术以后，河口管理局及 4 个县（区）河务局相继建立局域网，并负责各子网的日常管理。网络传输全部经黄河微波干、支线路，其中利津河务局（经垦利河务局中继站）→河口管理局为 4 兆带宽，垦利河务局→河口管理局为 8 兆带宽，河口河务局、东营河务局→河口管理局分别为 2 兆带宽；河口管理局→山东河务局采用东营市网通公司 4 兆带宽的光纤电路，河口管理局→利津、垦利河务局采用思科三层交换机相连，河口管理局→东营、河口河务局采用思科路由器相连。在此基础上，各单位采用交换机或集线器方式构建成局域网，并实现各局域网互联互通，基本可以满足文字、数据、图表、影像等信息的传输需要，为信息查询、指挥和决策提供可靠依据。

截至 2005 年，黄河两岸主要险工、涵闸、河务段等基层单位尚未联网。根据黄河防汛情况，东营市网通公司可以提供拨号、ADSL、IP 宽带、无线上网等多种接入方式。

第五节　滩区安全建设

黄河两岸大堤之间既是行洪河道,也是滩区群众维持生计的场所。

1986年以来,黄河进入枯水枯沙期,河床出现主槽淤积快、滩地淤积慢、同流量水位逐年上升、滩槽横比降加大的局面,洪水和凌汛漫滩概率增加,滩区群众受灾威胁加重。

黄河滩区在滞洪、泄洪方面虽然作用巨大,但因洪、涝、旱、碱、沙等灾害俱存,生产条件较差,经济发展缓慢,群众生活状况与小康水平相差甚远。如何改善滩区生存环境,确保人民群众生命财产安全,成为沿黄各级政府和黄河防总关注的重大问题。

一、滩区社会经济概况

(一)面积

清4断面以上黄河两岸分布大、小滩区17个,总面积49.81万亩(详见表3-7)。清4断面以下为近海沙嘴行洪区,是1976年以来黄河淤积延伸形成的新生陆地、滩涂和湿地。

(二)人口

截至2005年,尚有17.34万人口在黄河滩区内从事工农业生产及其他开发活动,除涉及地方所属的乡(镇、农场)、自然村和胜利油田所属的职工外,还涉及东营市周边地区到河口从事垦、牧、采割等劳作的流动人口。

西河口以上沿黄群众为生产生活方便,曾在滩内建房定居。1989年以后,继续按照"滩内生产、滩外定居"的方式组织、动员居民外迁,滩内定居人口逐步减少。截至2005年,利津县的北宋(原南宋)、利津、陈庄(原傅窝)等3个乡(镇)20个自然村的8426人仍在滩内居住,共有房屋1.20万间。

表3-7　2005年山东黄河滩区基本情况表

县区	滩区名称	面积(万亩)		滩区人口(万人)		村台		备注
		总面积	其中耕地	区内人口	涉及人口	个	万 m²	
利津县	南宋滩	1.79	1.15	0.4589	0.97	8	30.31	
利津县	大田滩	0.83	0.44		0.58			
利津县	东关滩	0.96	0.57	0.0953	0.52	3	21.67	西河口以上
利津县	蒋庄滩	0.06	0.05		0.15			
利津县	王庄滩	0.47	0.37		0.35			
利津县	傅窝滩	12.93	10.05	0.2884	5.12	9	34.44	
垦利县	河口北滩	20.53	17.97		2.05			西河口到清4

续表3-7

县区	滩区名称	面积(万亩)		滩区人口(万人)		村台		备注
		总面积	其中耕地	区内人口	涉及人口	个	万m²	
东营区	赵家滩	0.38	0.205		0.53			西河口以上
东营区	老于滩	0.19	0.10		0.35			
垦利县	小街滩	0.4755	0.4728		0.6116			
垦利县	胜利滩	0.034	0.0254		0.4242			
垦利县	纪冯滩	0.7935	0.7686		0.9303			
垦利县	寿合滩	0.867	0.8448		1.3875			
垦利县	前左滩	4.4325	4.2245		1.4458			
垦利县	护林滩	0.693	0.6697		0.3530			西河口到清4
垦利县	建林滩	0.906	0.8805		0.2026			
垦利县	河口南滩	3.4716	3.384		0.4620			
合计	17	49.81	42.18	0.8426	16.437	20	86.42	

（三）油田

截至2005年底，西河口以下滩区内还有7处油田正在开采，分别为孤南24、垦东6、长堤、一棵树、新滩、新岛、垦90，共有油井337口，年产原油46.9万吨，固定资产6.06亿元。

二、滩区群众搬迁

为了给滩区群众创造安全的生产生活环境，山东省政府、山东河务局就滩区村庄搬迁、筑台工作，多次召开工作会议，进行组织发动，精心部署，制订计划，筹措资金。

根据山东省政府的部署和要求，东营市成立搬迁工作领导机构和办事机构，沿黄相关县（区）、乡（镇）政府把搬迁工作列入重要议事日程。1998～1999年，先后完成外迁村庄11个，村民1184人，用于滩区安全建设的投资共计683万元。其中黄委下达水利建设基金71万元，国家计委补助资金306万元，市、县政府投资306万元。

三、滩内避水设施

黄河滩区自1974年开始修建的避洪工程，由于高度不一，多数不能满足设防标准。1995年3月14日，黄委将黄河下游滩区蓄洪区安全建设与管理项目分为避水台（村台）、围村埝、撤退道路、桥梁和平顶房。经山东省人民政府批准，东营市黄河滩区村庄在1998年汛前全部按防御8000～10000立方米每秒洪水标准完成避水村台修筑，总面积86.42万平方米，台顶高程在11.6～20.0米，详见表3-8。

表 3-8　2005 年黄河滩区村台情况统计表

滩区名称	所属乡镇	村庄名称	户数（户）	人口（人）	房屋（间）	村台面积（万 m²）	容纳人口（人）	台顶高程（m）	相应流量（m³/s）
南宋	北宋镇	8	1525	4589	7515	30.31	4589		
		佟家	206	639	1080	4.53	639	19.40	10000
		坊子	86	252	422	1.98	252	19.50	10000
		贾家	262	736	1095	4.40	736	19.20	10000
		单家	122	405	692	1.90	405	19.00	10000
		丁家	55	183	308	1.73	183	18.30	9000
		董王	254	694	1109	5.30	694	20.00	10000
		高家	220	658	1072	3.64	658	19.00	10000
		三岔	320	1022	1737	6.83	1022	19.00	10000
东关	利津镇	3	397	953	1312	21.67	953		
		东关	61	184	302	3.25	184	15.35	8000
		崔家庄	251	575	700	13.26	575	15.45	8000
		毕家庄	85	194	310	5.16	194	16.30	9000
傅窝	陈庄镇	9	757	2884	3174	34.44	2884		
		前进一	61	209	262	2.31	210	11.60	10000
		前进二	85	292	356	3.32	294	11.70	10000
		爱林一	99	311	368	4.41	310	11.90	10000
		爱林二	67	243	293	2.81	244	12.00	10000
		新胜	92	283	339	3.86	317	11.90	10000
		新兴	85	346	496	4.58	330	12.00	10000
		东方红	161	668	798	5.75	668	11.80	10000
		一千二	99	429	159	6.09	329	11.70	10000
		崔庄	8	103	103	1.30	182	11.80	10000
合计	3	20	2679	8426	12001	86.42	8426		

说明：本表录自《东营市黄河滩区运用预案》。

四、迁安救护

(一)组织领导

为防止洪水到来后对滩区群众生命财产造成损失,市、县(区)防指在每年汛前专门设立由副市长、副县(区)长任指挥长,由民政、公安、交通、卫生等有关部门负责人组成的迁移安置指挥系统,下设宣传、安置、后勤、治安、督察等职能机构。各级迁安组织实行包乡、包村、包户责任制。

为提高石油勘采的防洪减灾能力,胜利油田亦在孤南 24 和垦东 6 油区修筑封闭式防护围堤,在其他油井修筑一定高度的避水井台。

(二)任务

1998 年以后,滩区群众迁安救护任务较重的是利津县,其他各县(区)已无固定居民需要迁移安置。

利津县所辖 7 个滩区中,3 个滩区内有常住人口,涉及北宋、利津、陈庄等 3 个乡(镇)20 个村庄,8426 人。迁安方案规定,县、乡(镇)、村分级负责迁移抢救和安置保障工作。同时,组织 42 支计 2125 人的迁安救护队伍,确保居民和可移动资产在漫滩洪水到达前24 小时搬迁出滩,并按"乡对乡、村对村、户对户、人对房"的办法进行安置。表 3-9 是2005 年对口情况表。

(三)实施方案

1998 年前,沿黄各县编制群众迁移安置救护方案(计划),以乡(镇)为单位组织实施。迁出单位和接收单位分别将对口安置人员数量、房屋造册登记,张榜公布,做到家喻户晓。

1999 年起,滩区群众迁移方案纳入市、县黄河防洪预案。每年汛前,根据河务部门提供的洪水预估数据,推算洪水淹没情况,分析迁安任务,制订实施方案。

(四)善后工作

洪水灾害过后,市政府采取以自力更生为主、国家适当补助的政策,帮助灾民重建家园,除及时发放救济物资、减免赋税外,黄河管理部门协助排除滩内积水。为搞好群众生产自救,政府及有关部门在农机、种子、化肥、农药及田间管理技术等方面给予支持和扶持。对于受灾较重的集体、企业,采取酌情发放贷款、救济金办法资助其恢复生产。被冲毁的农田、水利灌溉工程设施,由乡镇组织力量修复,国家适当给予资助。

2004 年 6 月 11 日,山东河务局在向黄河防总报送的《关于将黄河滩区按照蓄滞洪区同等对待的意见》中指出:多年来黄河滩区对堤防不决口起到很大作用。但由于黄河洪水频繁漫滩,滩区群众生产、生活经常遭受洪水灾害,国家又没有相应的补偿政策。滩区群众长期生活在贫困线以下,影响全面建设小康社会的进程。为使黄河滩区群众彻底摆脱"漫滩→救灾→重建→再漫滩→再受灾→再重建"的周期性循环局面,建议对距大堤较近、能够搬迁的群众,到堤外移民建镇;距大堤较远不能外迁的群众,完善避洪设施;黄河滩区的安全建设、灾后补偿等执行蓄滞洪区现行政策,确保滩区群众生产生活有基本保障。

表3-9 2005年滩区群众迁移安置对口情况一览表

滩区名称	需要迁出数量				对口安置地点		配备抢救力量及工具				路况	撤退道路				
	乡(镇)名称	村庄名称	居住户数(户)	人口数量(人)	乡(镇)名称	村庄名称	抢险队		车辆(辆)	船只(只)		上堤路口	大堤桩号	路面		长度(km)
							个数(支)	人数(人)						高程(m)	宽度(m)	
南宋滩区	北宋镇	佟家	206	639	北宋镇	宋家集	3.5	175	22	3	柏油路,良好	宋集	291+300	12.0	6	2.0
		坊子	86	252		船王	1.5	75	8	2	柏油路,良好	宋集	291+300	12.2	5	1.5
		贾家	262	736		碾李	3.5	175	22	4	柏油路,良好	宋集	291+300	12.5	5.5	1.5
		单家	122	405		相李下	2	100	14	1	柏油路,良好	碾李	292+800	13.1	5.8	1.5
		丁家	55	183		相李上	1	50	6	2	柏油路,良好	碾李	292+800	13.5	5.0	1.5
		董王	254	694		张潘马	3.5	175	22	3	柏油路,良好	宋集	291+300	12.3	6	2.5
		高家	220	658		四图	3.5	175	22	3	柏油路,良好	南宋	295+050	13.1	6	2.0
		三岔	320	1022		五庄	5.5	275	34	5	柏油路,良好	南宋	295+050	13.2	6	2.5
小计	8		1525	4589		8	24	1200	150	23						15.0
东关滩区	利津镇	东关	61	184	利津镇	东关	1	50	5	2	土路,较差	东关	309+806	14.1	5	0.5
		毕家	85	194		安家庄	3	150	6	2	柏油路,良好	安家庄	311+000	13.2	5.6	1.2
		崔家	251	575		后北街	1	50	18	3	柏油路,良好	安家庄	311+000	13.0	6	1.3
小计	3		397	953		3	5	250	29	7						3.0
付窝滩区	陈庄镇	前进一	61	209	陈庄镇	灶户刘	1	50	7	2	柏油路,良好	灶刘	360+760	8.5	5.5	2.0
		前进二	85	292		联合	1.5	75	9	3	柏油路,良好	灶刘	360+760	8.5	5.5	2.0
		爱林一	99	311		薄扣	2	100	10	2	柏油路,良好	肖庙	358+660	8.3	5	3.0
		爱林二	67	243		肖庙	1	50	8	2	柏油路,良好	灶刘	360+760	8.4	5.2	2.5
		新胜	92	283		爱国一	1.5	75	10	2	柏油路,良好	灶刘	360+760	7.5	5.6	2.0
		新兴	85	346		四段	1.5	75	10	3	柏油路,良好	四段	355+760	8.0	5.8	3.0
		东方红	115	668		太阳升一	3	150	20	5	柏油路,良好	临河	353+900	7.3	5.4	1.5
		一千二	99	429		爱国二	2	100	12	4	柏油路,良好	灶刘	360+760	7	5.5	3.0
		东新	46	103		太阳升二	1	50	6	1	柏油路,良好	临河	353+900	7.1	5.2	3.0
小计	3	9	711	2884		8	14.5	725	92	25						19.0
合计	3	20	2633	8426	3	19	43.5	2175	271	55						37.0

说明:本表根据《2005年黄河防洪预案》摘录。

第二章　防大(伏、秋)汛

1989～2005年,东营黄河防洪任务为防御花园口站洪峰流量22000立方米每秒,经过东平湖分洪,控制艾山站下泄流量不超过10000立方米每秒(考虑到艾山至泺口区间河道滩地增水,泺口以下河段设防流量为11000立方米每秒),确保大堤不决口;遇中常洪水强化调度措施,减小滩地损失;遇超标准洪水,尽最大努力,采取一切办法减小灾害。

根据以上防洪标准,推估11000立方米每秒洪水到达东营市的相应水位分别为:东营区麻湾站18.39米(大沽基面,下同),利津县刘家夹河站16.97米,垦利县一号坝站13.67米,西河口站10.79米。

第一节　汛　情

一、洪水概况

1989～2005年,花园口站发生大于3000立方米每秒的洪峰29次,大于6000立方米每秒的洪峰8次。其他年份的洪水流量多在1500～4700立方米每秒。最大洪峰流量为1996年8月出现的7860立方米每秒。表3-10是1989～2005年利津水文站出现的较大洪水特征值统计表。

由于枯水枯沙持续时间较长,洪水表现特征一是平滩流量降低,同流量级水位不同程度上升,导致小洪水也能漫滩成灾的不利局面。2005年利津站3000立方米每秒洪水相应水位比1985年上升1.22米,平均每年抬高0.06米;西河口站上升0.64米,平均每年抬高0.03米。二是洪水传播时间延长,"96·8"洪峰从花园口传播至利津时间长达369.3小时,比正常传播时间推迟一倍左右。

表3-10　利津站最大洪峰流量、相应水位统计表

年份	月	日	流量 (m³/s)	水位 (m)
1989	7	28	4620	13.86
1990	7	12	3750	13.46
1991	6	17	2800	13.21
1992	8	20	3080	13.48
1993	8	11	3210	13.99
1994	7	15	3200	14.13

续表 3-10

年份	月	日	流量 (m³/s)	水位 (m)
1995	9	7	2390	13.77
1996	8	20	4130	14.70
1997	8	6	1330	12.53
1998	8	29	3020	13.87
1999	7	28	2090	13.33
2000	11	5	894	13.01*
2001	3	12	662	12.95*
2002	7	19	2500	13.8
2003	10	20	2890	13.85
2004	8	27	3200	13.51
2005	6	28	2950	13.27

说明:表中水位为大沽高程,带有"＊"的水位为凌汛期最高水位。

二、历年汛情(7～10 月)简况

1989 年:利津站汛期日平均流量大于 3000 立方米每秒的时间 4 天,7 月 28 日出现最大洪峰流量 4620 立方米每秒。由于小水持续时间较长,河道出现较大淤积,导致水位抬高,多处防洪工程出现根石走失、坝身蛰陷等险情。

1990 年:利津站汛期先后出现洪峰 3 次,7 月 12 日最大洪峰流量 3750 立方米每秒,相应水位 13.46 米。

1991 年:6 月 17 日出现最大流量 2800 立方米每秒,相应水位 13.21 米。

1992 年:8 月 16 日 19 时,花园口站出现洪峰流量 6430 立方米每秒。20 日 16 时,洪峰到达利津站,流量 3080 立方米每秒,相应水位 13.48 米。由于洪水含沙量较大,河道发生严重淤积,同流量水位表现偏高,境内共有 6 处滩地漫滩,淹没面积 72532 亩。

1993 年:8 月 7 日,花园口站出现洪峰流量 4300 立方米每秒。10 日,洪峰进入东营市。11 日 18 时 30 分利津站实测流量 3210 立方米每秒。河道水位表现普遍偏高,胜利大桥以下发生两次较大范围的漫滩,54 千米大堤偎水,水深 1～2 米,9 个村庄、3500 人、44 口油井被水围困。险工、控导工程相继出险,经抢护转危为安。12 日 18 时,洪水入海。

1994 年:利津站先后出现两次较大洪峰。7 月 15 日洪峰流量为 3200 立方米每秒,相应水位 14.13 米,丁字路口洪峰流量为 3130 立方米每秒,相应水位 6.20 米。由于沙峰滞后,利津站同流量水位比 1992 年抬高 0.63 米,利津站以下各站抬高 0.7 米左右。全市共有 11 处滩地进水,淹没面积 87802 亩,偎水堤段长度 27830 米。8 月 11 日,黄河二号洪峰通过利津水文站,全市共有 9 处滩地进水,淹地面积 15036 亩,偎水堤段 9530 米。整个汛期共有义和、胜利、宫家 3 处险工及宁海、十八户、护林、五庄、东关、东坝、西河口、八连 8 处控导 54 段坝出险 64 坝次,有宁海、崔家、十八户、八连 4 处控导坝顶漫水。经积极抢护,确保了工程安全。8 月 11 日,利津站洪峰流量 3410 立方米每秒,相应水位 14.08 米。丁字路口洪峰流量 3120 立方米每秒,相应水位 6.26 米。

1995 年:9 月 7 日,利津站出现最大洪峰流量 2390 立方米每秒,相应水位 13.77 米。由于水位表现较高,防洪工程出险较多。崔家控导 22# 坝出现墩蛰,一夜抛石 700 立方米。

1996 年:8 月初,黄河中游降中到大雨、局部大暴雨,花园口站 5 日 15 时 15 分出现第一号洪峰,洪峰流量 7860 立方米每秒,相应水位 94.7 米;13 日 4 时 30 分出现第二号洪峰,洪峰流量 5520 立方米每秒,相应水位 94.09 米。由于河道前期淤积严重,水位表现高,一号洪峰在演进过程中,造成两岸滩地大面积漫滩,减慢了洪峰传播速度,在高村与孙口站之间一、二号洪峰汇合。20 日 22 时 45 分,洪峰到达利津站,流量 4130 立方米每秒,相应水位 14.70 米,比 1976 年出现的历史最高水位仅低 0.01 米,导致防洪工程多处出险,20 处滩区进水成灾。

1997 年:受小浪底水库大坝截流影响,黄河下游出现水、沙特枯年份,利津站汛期最大流量只有 1330 立方米每秒。由于沿河大量引水,河床干涸时间创历史纪录。

1998 年:利津站 8 月 29 日出现最大洪峰流量 3020 立方米每秒,相应水位 13.87 米。东营市河道水位虽然偏高,但未酿成灾害。

1999 年:7~10 月,黄河上中游降水量偏少,径流枯小,利津站最大流量 2090 立方米每秒。

2000 年:伏秋汛期,利津站最大流量仅 894 立方米每秒。利津站径流量仅 18.72 亿立方米。

2001 年:利津站汛期来水量 12.69 亿立方米,来沙量 0.075 亿吨,实测最大流量仅 662 立方米每秒。

2002 年:首次调水调沙期间,花园口站在 7 月 6 日形成 3160 立方米每秒的洪峰,19 日 5 时到达利津站时,最大流量 2500 立方米每秒。此后再未发生较大汛情。

2003 年:8~10 月,黄河中下游多次出现较大范围强降雨过程,发生严重秋汛。8 月 31 日开始的洪水过程持续到 11 月 21 日。其间,利津站在 10 月 20 日出现最大洪峰流量 2890 立方米每秒。虽然洪峰偏小,但 2000 立方米每秒以上流量持续时间较长,河道主槽受到冲刷,15 处滩岸发生坍塌,总长度 31650 米;25 处险工及控导工程中 156 段坝(垛)发生险情 212 段次。

2004 年:河口地区来水自 6 月 18 日突破 1000 立方米每秒流量,连续保持 78 天,2000 立方米每秒以上洪水累计时间 29 天。8 月 27 日出现的最大洪水流量 3200 立方米每秒,防洪工程出险 12 处、48 坝次。

2005 年:受调水调沙生产运行和秋汛洪水影响,河道出现两次洪水过程。第一次为 6 月 28 日 5 时,利津站达到调水调沙运用最大值 2950 立方米每秒,相应水位 13.27 米。9

月下旬,黄河中下游部分地区连续发生较强降雨,支流相继涨水,加上东平湖泄水入黄,利津站流量逐渐增大,再次出现较大洪水过程,10月6日突破2000立方米每秒,12日9时最大流量2900立方米每秒,水位13.16米。洪水期间,滩岸坍塌6处,长度5.76千米;险工、控导工程有5处出险23坝次。

第二节　度汛措施

一、防汛管理

1989年以后,省防指先后制定《山东省黄河防汛管理工作若干规定》《山东省黄河防汛管理工作规定》。2005年5月1日,黄委发布《黄河下游实时工情险情信息采集技术标准》,使防汛工作逐步实现正规化、规范化。

为确保黄河防汛安全,河务部门在每年汛前组织进行徒步拉网式工程普查,对发现的险点、隐患除制定技术处理措施外,还把险点险段作为汛期防守重点,在料物准备、人力防守等方面做出部署。表3-11是2005年防洪工程中存在的险点险段。

二、洪水测报

各级领导把汛期洪水测报工作作为指挥防汛斗争的耳目,加密测站网络建设,及时提供可靠的水文情报。截至2005年,东营市黄河两岸共布设水文、水位观测站38处,责任分工、观测频次详见本志第一篇第一章第二节所述。

黄河防汛办公室负责水文信息上传下达。各县(区)河务局将辖区内各站观测成果在规定报水时间的15分钟内上报市黄河防汛办公室,市黄河防汛办公室汇总上报省黄河防汛办公室。黄河内部通信网络出现故障时,及时开通公网转接。报汛频率较高或汛情紧急时,县(区)河务局为报汛人员配备800兆瓦移动通信电话,该机不能满足或处在电话盲区时,县(区)防指要为测报人员配备公网通信工具。

省、市之间水情信息查询网站出现故障时,通过黄河专网电话或公网电话连接查询。

表3-11　2005年黄河防洪工程险点险段情况统计表

险点险段名称	堤防类别	岸别	起止桩号	长度(m)	状况或成因
顺堤行洪	南防洪堤	右	23＋374～27＋800	4077	临河堤脚紧靠通海潮沟
	临黄堤	左	291＋033～299＋000	7967	临河堤一侧堤河宽度100～120 m,深1.5～2.0 m
	北大堤	左	24＋600～30＋200	5600	临河堤一侧堤河宽度15～25 m,深1.5 m,常年存有积水
病险涵闸	临黄堤	右	麻湾分洪分凌闸		低于设计防洪水位1.53 m

续表 3-11

险点险段名称	堤防类别	岸别	起止桩号	长度（m）	状况或成因
堤身渗水	临黄堤	右	234+700～235+300	600	背河堤脚外为水库,长期受到风浪淘刷后堤身断面缩小
	临黄堤	左	342+450～342+650	200	1985年凌汛期间背河堤脚外地面渗水
	临黄堤	左	343+600～344+900	1300	1985年凌汛期间背河堤脚外地面渗水
	北大堤	左	11+900～11+940	40	1993年汛期背河堤脚外20～50m范围内渗水
	北大堤	左	12+000～12+050	50	1993年汛期背河堤脚外20～50m范围内渗水
	北大堤	左	22+300～22+800	500	临河常年积水,背河低洼渗水
堤身薄弱	南展堤	右	3+750～38+651	34901	堤顶高度低于同断面临黄堤高程2.4m左右
穿堤管线	临黄堤	右	239+400		管顶高程低于2000年设防水位0.3m
	临黄堤	右	239+402		管顶高程低于2000年设防水位0.3m
	临黄堤	右	237+770		管顶高程低于2000年设防水位0.57m
近堤水库	临黄堤	右	234+700～235+300	600	背河为一号水源蓄水池,紧靠大堤,堤身常年受到浸泡
	南展堤	右	37+500～38+651	1151	背河为东张水库,紧靠大堤,堤脚浸蚀严重
	临黄堤	右	236+460～238+350	1890	背河为东张水库,紧靠黄河大堤,堤身常年受到浸泡
	南防洪堤	右	12+000～17+000	5000	临河一侧为水库,紧靠堤身
	北大堤	左	16+030～17+820	1790	背河一侧为水库,临河一侧为沉沙池,堤身常年受到浸蚀
近堤堤河	临黄堤	右	202+300～207+950	5650	1981年取土加培大堤时形成堤河,宽度50m左右,深度2.0m左右

说明:本表录自《2005年黄河防洪预案》。

三、河道清障

根据国务院、国家防总指示的"谁设障,谁清障"原则,各级防汛机构在每年汛前做好河道清障工作。其中,1987年、1992年、1997年、2000年组织的河道清障规模较大,清障重点是滩区生产堤和违章片林。生产堤破除情况详见第一篇第三章第二节所述。

第三节 设 防

洪水漫滩偎堤后,防汛责任单位按照"水到人到"的要求,组织力量,开始对大堤、险工、涵闸等防洪工程进行防守,履行巡堤查水、查险、报险和抢险职责。当洪水接近或达到保证水位时,各级政府和抗旱防汛指挥部要组织党政军民投入抗洪抢险斗争。

一、审批权限

临黄堤设防力量主要根据堤根水深、后续洪水、漫滩走溜和工程强度等情况确定。基干班上堤数量参考表3-12酌定。洪峰过后,根据大河及滩地水位回落情况逐步撤防。

表3-12 洪水期间基干班上防数量参考表

堤根水深(m)	0.5~2.0	2.0~3.0	>3.0
陶城铺以上(个)	2~3	3~8	8~14
陶城铺以下(个)	1~2	2~6	6~12

说明:本表录自《山东黄河志资料长编(五)》P96。

基干班上堤的审批权限为:陶城铺以下河段,每千米不超过2个班,由县(市、区)防指确定;每千米不超过6个班,由市(地)防指确定;每千米超过6个班,由省抗防指确定。各地基干班上堤情况,一律上报省防办备案。

险工、控导(护滩)、涵闸、虹吸工程的防守,按照班坝、队闸责任制,明确责任人及任务。

撤防的审批权限与上防审批权限相同。

二、巡堤查险

(一)主要规定

堤防工程查险由县(区)、乡(镇)级堤段防汛责任人负责,组织群众防汛队伍完成,河务部门堤防管理干部负责技术指导。险工、控导、涵闸工程查险,在大河水位低于警戒水位时,由河务部门岗位责任人负责;超过警戒水位后,由河务部门岗位人员带班,乡(镇)级防汛责任人负责组织基干班完成。

(二)工具料物

群众防汛队伍上堤携带的工具料物:每个基干班除配备帐篷、便携式照明灯、手电筒、手钳、镰刀、探水绳、探水竿、抬筐、铁锨、救生工具、农用车、机动车等工器具外,还自备旧棉被或棉衣、雨具、编织袋、草捆或软楔等料物。每个防守单位配备锣(鼓)、红旗、红灯等报警工具和油锤、夯、梯、锛、锯、木桩、麦穰、苇席、门板、铁锅、编织袋、帆布等防汛物资。

(三)巡查方法

群众防汛队伍到位后,即刻清除防守界内的高秆杂草、带刺植物,在临河堤坡及背河堤脚修整查水小道。

　　巡查开始后,基干班分组轮流,昼夜不停,对临河堤坡、背河堤坡及堤脚外100米范围内地面实行地毯式排查。巡查频次根据偎堤水深变化、淤背工程情况酌情增加或减少。汛情特别严重时,安排多组人员递次出巡,做到川流不息;背河有积水坑塘的,巡查范围扩大到200米;必要时固定专人进行观察。

群众防汛队伍在巡堤查险

(四)巡堤查险主要制度

1.带班制度

每座防汛屋均有一名或数名脱产干部驻守,负责督促检查,轮流值勤,做好巡查记录。

2.工作制度

巡查、休息、接班时间由驻防汛屋带班人员掌握;巡查途中不得休息;巡查人员必须携带铁锨、口哨(手机)、探水竿等工具,精神集中,按照"五时""五到""三清""三快"进行巡堤查险。

3.交接班制度

下班人员将水情、工情、工具料物数量向接班人员交接清楚,对尚未查清的可疑情况,共同到达现场进行介绍。

4.汇报制度

换班时,班(组)长向带班干部汇报巡查情况。带班人员每日向上级汇报一次巡查情况。发现险情后,随时上报抢护情况。

5.请假制度

巡查人员下班后就地或在指定地点休息,不经批准不得擅自离岗。特殊情况需请假的,经乡(镇)防指领导批准,并及时补充缺额。

6.奖惩制度

对于完成任务好的单位和个人给予表彰。做出突出贡献的,由县级以上人民政府或防汛指挥部予以表彰、记功和物质奖励。对不负责任的,给予批评教育,玩忽职守造成损失的追究责任,情节、后果严重的,依照法律追究责任。

三、报险方法和程序

防洪工程出险区分为一般险情、较大险情、重大险情。查险人员发现险情后，按照"及时、全面、准确、负责"的原则，及时将险情逐级上报。一般险情，同时用手机和吹口哨报警。较大或严重险情，手机与锣、鼓同时报警（左岸用锣，右岸用鼓）。紧急出险地点，白天悬挂红旗，夜间悬挂红灯或点火，作为抢险人员集合标志。

险情报告除执行正常的统计报表外，一般险情上报至市黄河防汛办公室，较大险情上报至省级黄河防汛办公室，重大险情上报至黄河防总办公室。

查险人员发现险情或异常情况时，乡（镇）带班责任人与河务部门岗位责任人立即进行初步鉴定。如属较大或重大险情，及时电告县级防汛办公室。县防办接到报告后，立即进行核实，在研究抢护措施的同时，先用电话告知市级防汛办公室，然后送交书面报告。市级防汛办公室，接到书面报告后，报告上级防汛办公室。

各级防汛办公室接到较大或重大险情报告后，在10分钟内向同级防指负责人报告。

四、抢险

（一）抢险队伍

黄河防洪工程抢险由县（区）级防汛指挥部负责组织实施，每年6月15日前建立和完善群众抢险队伍，6月30日前对一线队伍的骨干进行技术培训。县级河务部门每年6月15日前集结专业抢险队，6月30日前完成技术训练和机械设备维修保养。

（二）险情等级

发生一般险情时，应制订抢护方案上报，经过批准后方可进行抢护。发生重大或较大险情时，可边抢护、边上报，不误抢险时机，全力制止险情扩大。因抢险需要取土用地、砍伐树木、清除障碍等，任何单位和个人不得阻拦。

（三）抢险修工审批程序

凡一次抢险动用石料150立方米（含）以上或全部工料投资3万元（含）以上者，为一类抢险，填报一类电报，由山东河务局审批。凡一次抢险动用石料150立方米以下或全部工料投资3万元以下者，为二类抢险，填报二类电报，由黄河河口管理局审批，报山东河务局备案。

（四）常见险情抢护方法

平工常见险情主要为漏洞、管涌、渗水、滑坡、堤坡坍塌、裂缝、漫溢、风浪淘刷、陷坑（跌窝）、坝岸漫顶。险工、控导工程常见险情主要为坝岸基础淘塌、坝岸墩蛰、坝岸溃膛等。

以上险情的抢护原则和方法，主要依据黄河防总办公室印发的《防汛抢险技术手册》规定。

（五）抢险新技术

1989年以后，河务部门为推动防汛抢险技术的发展，不断开展新技术、新材料、新机具课题研究。

1. 机械化抢险

为提高抢险速度和效率,河务部门在防洪抢险工程中充分发挥机械化优势,逐步实现"挖、装、吊、运、卸、抛、推"一条龙作业方式,在抢护漏洞、坍塌、根石走失等险情中推广应用。

探摸根石

2. 抢险新机具

1999~2002 年,河口管理局组织各县(区)河务局先后完成"充气涨压式软楔堵漏技术研究""水流冲击探测器平衡板堵漏探测器""土工材料帷幕吸堵法""充气充水袋枕抢护风浪险情""杠杆式捆枕器"等新技术、新方法的研究成果,均获山东河务局奖励。

3. 抢险新材料

20 世纪 90 年代,化纤类编织物逐步替代了传统的麻袋、帆布等,成为主要防汛物资储备之一。其中耐特笼石枕施工新材料新工艺、耐特笼石枕护根在控导工程中得到广泛推广应用,土工布和复合土工材料作为防渗材料,被用于堤防渗水等险情的抢护。

第四节　抗洪抢险纪实

1989~2005 年,东营市人民群众依靠黄河防洪工程体系和人防力量,战胜历年洪水。其中,1996 年、2003 年和 2005 年出现的三次洪水峰值虽然不大,却发生不同程度的漫滩受灾情况,并导致堤防、险工及控导工程多次出现风浪淘刷、根石走失、坝岸坍塌等险情。

一、1996 年抗洪抢险

1996 年 7~8 月,黄河中游普降大到暴雨,干流和支流相继涨水,沿途汇集成较大洪水。

(一)汛情

8 月 5 日 14 时形成第一号洪峰,花园口站洪峰流量 7600 立方米每秒,相应水位

94.73 米，为该站历史最高水位。8 月 13 日 4 时 30 分出现第二号洪峰，花园口站流量 5520 立方米每秒，相应水位 94.09 米。

两次洪峰下泄过程中，二号洪峰在孙口站附近与一号洪峰汇合，形成单一洪峰向下推进（以下简称"96·8"洪水）。8 月 20 日 22 时 45 分，洪峰到达利津站，流量 4130 立方米每秒，相应水位 14.70 米。22 日下午，洪峰安全入海。

"96·8"抗洪期间，东营区南坝头险工下首洪水偎堤

（二）灾情及险情

"96·8"洪水期间，东营市 20 处滩地进水，11 个乡（镇）的 123 个村庄受灾，淹没农作物 6.56 万亩，直接经济损失 3462 万元。其中，南宋、东关和傅窝三处滩地全部被淹，南宋、东关滩内 10 个村庄 5466 人被洪水围困。经过全力抢救，3400 人迁出堤外，未迁人员亦被安置在高台避水，避免了人员伤亡。全市防洪工程累计有 28 处险工、护滩工程出险 287 坝 475 次，有 11 处控导护滩的 92 段坝漫顶，抢险用石料 68614 立方米，铅丝 73008 公斤，柳料 200.5 万公斤，麻袋及编织袋 53800 条，用工 253110 个，总投资 993.52 万元。

1996 年 8 月抗洪抢险 王庄险工抛石

护滩抢险

（三）防洪措施

第一号洪峰发生后，党和国家领导人江泽民、李鹏、姜春云先后作出重要指示，要求做到领导、队伍、物资、通信、后勤"五到位"。国家防总、黄河防总及山东省防指领导先后亲临防洪一线，检查、指导黄河防汛工作。

8月4日，东营市防指对黄河防汛工作进行再检查、再落实，并决定按照防御大洪水建制，成立综合、水情、工情、物资、政宣等五个防汛职能组，开始实行昼夜轮流值班。

8月5日，市、县（区）行政首长把黄河抗洪工作列为当务之急，按照责任制分工立即上岗到位，现场办公，全面指挥抗洪抢险救灾工作。洪水开始漫滩后，及时组织防汛队伍上堤防守，领导干部亲自带班巡堤查险；对每处防洪工程落实责任，定岗定员。河务部门积极履行助手和参谋职责，及时为各级领导提供汛情、工情和灾情，适时提出群众搬迁和工程抢护意见。黄河职工充分发挥技术优势，在承担重大抢险任务的同时，开展现场培训，提高群众队伍的防守和抢险技术水平。市、县（区）还分别派出工作组到防汛第一线指导抗洪抢险救灾工作。

"96·8"洪水期间，市直各有关单位（部门）主要负责人亲自带领工作组深入防汛第一线考察灾情、险情，履行各自承担的抗洪抢险救灾职责。各水文、水位站日夜坚守观测岗位，及时提供水情信息，为各级领导提供指挥调度决策依据。

为确保黄河大堤安全，全市组织近万名防汛员工奋战10多个昼夜，将洪水安全送入海中。抗洪抢险斗争过后，3个单位被山东河务局授予先进集体称号，11名职工被授予先进个人称号。

二、2003年抗洪抢险

2003年，黄河发生的严重秋汛在山东黄河持续86天。经过干支流水库联合调度，削减了洪峰流量，减少了工程出险和漫滩受灾损失。

（一）汛情

8月25日至10月12日，受"华西秋雨"影响，黄河干、支流相继出现十余次较大洪水。由于来水量较大，黄委确定运用三门峡、小浪底、陆浑、故县水库进行长时间联合调度，连续6次削减洪峰。9月3日22时，花园口站最大流量为2780立方米每秒。10月20日14时，利津站最大流量为2890立方米每秒，相应水位13.85米。

洪水过程的主要特点是洪峰流量小，持续时间长，水量大，平均含沙量低，冲刷力强，高村以下河段同流量水位平均下降0.52米。

（二）工情

由于2000立方米每秒以上流量持续时间较长，河道主槽受到冲刷的同时，有15处地方发生滩岸坍塌，总长度31650米。防洪工程中有25处险工和控导工程共156座坝（垛）发生险情212坝次。抢险修工耗用石料3.02万立方米，柳料345吨，铅丝51吨，人工工日1.37万个，投资450.78万元。

（三）防洪措施

为确保黄河度汛安全，是年以数字防汛建设为突破口，在防汛准备工作中采取了五项重大措施。

一是贯彻落实以行政首长负责制为核心的黄河防汛责任制，建立健全各级防凌、防汛机构，修订完善防洪预案和反恐、防震、防非典等应急预案。

二是做好防汛队伍落实，全市共组织一线防汛队伍12.08万人（其中基干班2579个、30912人，抢险队65个、2485人，其他防汛队伍82061人），二线防汛队伍3.95万人，三线防汛队伍2.5万人。

三是做好防汛工具和料物准备，全市共落实袋类68.63万条，软料44000吨，木桩11.53万根，铅丝62吨，绳类20吨，堵漏材料14.64万件，竹竿0.8万根，照明设备19台、总功率474千瓦，照明工具6010件，雨具3.27万件，大型运输车辆338部。

四是加快防汛办公自动化建设，安装了山东黄河防汛指挥调度管理系统、险情传报系统、防汛信息管理系统，完成了东营市黄河河道、水情、工情、社经、仓储、防汛机构等基础资料数据的调查和整编工作，实现防汛信息、文件网上查询和发布。

五是加大防汛技术培训力度，把黄河防汛知识制成光盘发放到沿黄防汛单位，组织防汛人员特别是专业机动抢险队进行学习和培训，提高各级防汛领导和防汛队伍的实战能力。

（四）预防传染性非典型肺炎

是年发生的传染性非典型肺炎（以下简称"非典"）在许多地方蔓延，给黄河防汛工作带来一定困难。为克服"非典"影响，市防指根据党中央和国务院指示，专门制订《黄河防汛防传染性非典型肺炎保障方案》，要求各级防指成立卫生、公安等部门参加的防"非典"领导机构，调动全社会力量，消除"非典"疫情对防汛工作的影响，做到防"非典"和防汛并举，确保防汛队伍不减员，并采取以下保障措施：

（1）防汛准备期间，群众防汛队伍按超员30%编制登记造册，就地体检，采取化整为零的方法就地进行技术培训，不搞大规模演习活动。对外来人员和流动人员进行登记、查体。

（2）尽量减少人员流动，防汛工作检查由乡（镇）组织村民委员会安排料物落实储备，县防指电话查对。

（3）需要人员上防时，各乡（镇）防指设立临时防"非典"救治中心，配备急救车辆；对上防人员逐一查体；每支防汛队伍配备 1 名卫生员和一定数量的药品。上防后除整理查水小道外，对周围环境进行消毒，加强环境卫生和饮食管理。

（4）合理安排抗洪抢险人员作息时间，避免过度疲劳。对运送抢险料物的车辆严格进行消毒，对驾驶、装卸人员提前查体，防止病原被带入现场。

（5）在查水、抢险现场设置隔离带，由公安部门维持秩序。

（6）卫生防疫部门实行 24 小时值班，发现问题及时通报和处理。

（7）滩区群众迁移安置期间，进行体温测量，体温超过 37.5 摄氏度的另行隔离安排。东营市和利津县人民医院负责做好"非典"疑似病人的检查和救治。

三、2005 年抗洪抢险

2005 年，受调水调沙生产运行和秋汛影响，东营市河道出现 2 次洪水过程。

（一）汛情

6 月 28 日 5 时，利津站达到调水调沙运用最大值，流量 2950 立方米每秒，相应水位13.27 米。9 月下旬，黄河支流渭河、洛河、伊河相继涨水，加上东平湖泄水入黄，利津站再次出现较大洪水过程。自 10 月 6 日起突破 2000 立方米每秒，10 月 12 日 9 时 36 分，达到最大流量 2900 立方米每秒，相应水位 13.16 米。

（二）险情

汛期，部分河段河势出现上提下挫，在工程控制范围内靠溜坝岸数和靠溜段长度有所变化。黄河险工、控导工程有 5 处 12 段坝出险 23 次，分别为清 4 控导 11#、护林控导 3#、护林控导 5 + 3#、护林控导 5 + 2#、南坝头 3#、南坝头 4#、麻湾险工 29#、宁海控导新 1# ～ 新2#坝坝挡、宁海新 1#、宁海新 2#、宁海新 3#、宁海老 1# ～ 新 1#坝挡，先后出现根石走失、坝基坍塌、坝身掉蛰等险情。抢险完成石方 0.44 万立方米，铅丝 4.3 吨，麻料 0.18 吨，柳（秸）料 22 吨，人工 2494 个，投资 80 万元。其中，8 月底宁海控导连续出险 10 次之多，为多年罕见。

麻湾险工新修工程抢险

王庄险工机械化抛石护根

(三)抗洪工作

6月17日,市政府组织召开全市水利暨防汛工作会议。根据人员变动情况,市、县(区)、乡(镇)村调整充实防汛指挥机构,逐级签订防汛责任书,落实行政首长包堤防、包险工、包控导工程、包涵闸的承包责任制。工程责任人名单分别在《东营日报》、东营政府网等新闻媒体进行公布,接受社会监督。

全市共落实各类防汛队伍17.9万人,其中一线群众防汛队伍10.7万人,二线防汛队伍4.7万人,三线防汛队伍2.5万人。对沿黄县区分管防汛的县区长、乡镇长、人武部长等领导干部和群众队伍骨干7.8万人进行了技术培训。

对国家常备料物和器材进行了清查、补充更新、养护、翻晒和维修保养。机关团体备料和群众备料按照有关定额进行登记造册,实行部分集中存放和单位自存相结合,随调随用。

9月下旬黄河发生秋汛洪水后,市黄河防办多次发出通知,对迎战秋汛洪水进行部署,要求各级防指加强对黄河防汛工作的领导,严格班坝责任制,加强工程巡查,密切注意水位、河势和工情变化,及时发现和抢护险情,做好滩区防护。洪水期间,各级黄河防办昼夜值班,全面掌握情况,向省防办报送防汛动态,及时批复全部抢险电报,保证了工程安全。

第三章　防凌汛

《山东省黄河防汛管理规定》规定:自每年12月1日至翌年2月底为黄河凌汛期;特殊年份需要提前或延长,由省抗旱防汛指挥部另行确定。

受地理位置、气象条件、河道形态等不利因素影响,东营市黄河凌汛表现为封河早、开河晚、冰量大、卡口多,是凌汛多发地区。特别是遇到气温上暖下寒、河谷蓄水较多的情况,容易形成"武开河"、大漫滩局面。加之天寒地冻,防守与抢险困难,往往导致重大凌灾发生。是故,东营黄河凌汛较之伏秋大汛危害更甚。

第一节　凌　情

一、主要特点

1989～2005年,受全球气温变暖影响,连续出现暖冬天气,河口地区不封河年份增多,小流量封河年份多,封河日期偏晚,封冻期较短,开河时间较早,封河长度缩短,冰量及河谷蓄水不大。封河与开河没有发生严重凌洪,凌汛漫滩致灾的程度相对减轻。

但是,由于黄河多年枯水,河口地区来水大幅度减少,主河槽淤积加重,河道平滩流量亦由4000～5000立方米每秒降低到2000～3000立方米每秒,增加了凌汛漫滩机遇。

二、基本情况

1950～1988年,有4个年份未封河,占跨度时间的10%。1989～2005年17个凌汛期,有5个年份未封河,分别为1990～1991年度、1993～1994年度、1994～1995年度、2000～2001年度、2003～2004年度,占跨度时间的29%。

其余12个封河年份中,封冻最早日期是1999年12月4日,最晚日期是1990年1月24日。最低日平均气温为-10.2摄氏度,最高日平均气温为-2.0摄氏度。封冻比较严重的年份为1992～1993年度、1996～1997年度、1999～2000年度,其中1996～1997年度曾出现三封三开的严重凌情。封冻河段最上端到达河南省封丘县的禅房险工,封冻长度310千米;最短只达垦利县王家院,封冻长度25千米。最大冰量2179万立方米,最小冰量110万立方米。最早解冻日期为2005年2月25日,最晚开通日期为1985年3月11日。表3-13是1989年以来黄河下游封河及开河情况。

三、历年凌情简记

1988～1989年度:有三次降温过程。其中,1988年12月中旬降温幅度较大。16日,利津站流量200立方米每秒,西河口弯道处封河。此后,气温逐渐回升,封河缓慢上延到王家院险工,间断封河10段,总长度25千米,冰量112万立方米。12月24日至1月3日,没有冷空气入侵,冰盖就地融化,封冻河段开通。

表3-13　1989~2005年黄河下游凌汛情况统计表

年度	最早封河 日期(月·日)	地点	封河流量(m³/s)	最上封冻地点	开河日期(月·日) 最早	开河日期(月·日) 最迟	封冻长度(km)	最大冰量(万m³)	花园口至利津河槽最大蓄水增量(亿m³)	开河凌峰流量 冻口站	开河凌峰流量 利津站
1988~1989	12.16	西河口	190	垦利县王家院	12.24	1.3	25	112	0		
1989~1990	1.24	清3	430	河南封丘县禅房	2.5	2.13	310	2179	1.34	830	2000
1990~1991		未封河									
1991~1992	12.25	十八公里	23	东明县老君堂	1.1	2.16	203	1000	1.59	无峰	无峰
1992~1993	1.19	护林	340	东阿县范坡	2.1	2.10	180	1200	1.20	无峰	无峰
1993~1994		未封河									
1994~1995		未封河									
1995~1996	12.25	十八公里	65	济南老徐庄险工	2.11	2.15	165.4	1320	0.03	无峰	无峰
1996~1997	12.7	护林	185	郓城县杨集险工	1.24	2.15	233	970	1.18	无峰	无峰
1997~1998	12.3	西河口	32	东明县上界	2.5	2.12	320	824		无峰	无峰
1998~1999	1.9	护林	37	齐河县程官庄	1.17	2.4	99	110	0.58	无峰	无峰
1999~2000	12.19	利津王庄	66	东明县王高寨	2.8	2.24	306	1021	0.18	无峰	无峰
2000~2001		未封河									
2001~2002	12.14	十八公里	37	济阳县葛店闸	1.4	2.15	106.7		0.54	无峰	无峰
2002~2003	12.9	十四公里	73	菏泽市牡丹区上界	1.9	2.18	300.6	736.6	0.58	无峰	无峰
2003~2004		未封河									
2004~2005	12.27	护林	187	东营区麻湾险工	2.15	2.25	93.51	394.59	1.56	无峰	无峰

说明:1988~2003年情况录自《山东黄河志资料长编(五)》P202,2004~2005年情况录自防凌工作总结。

1989～1990 年度:1989 年 12 月 24 日,在防洪堤 13.5 公里处插冰封河。由于低气温持续时间长,封河速度较快。2 月 3 日,上延到河南省封丘县禅房险工,封河总长度 315 千米,冰量 2170 万立方米。其中,东营市境内冰厚 15～20 厘米,最厚 41 厘米。

1 月 31 日,气温开始回升。为避免出现"武开河"局面,三门峡水库自 2 月 3 日控制下泄流量不超过 300 立方米每秒。2 月 12 日,济南以上封冻河段基本开通,冰水齐下,在泺口形成 800 立方米每秒凌峰,加速了下游开河速度。13 日 16 时,开河至东坝控导,17 时在利津站形成 2000 立方米每秒凌峰,夜间全河开通,冰水安全入海。

1990～1991 年度:由于低气温持续时间短,河道流量较大,未能形成封河。

1991～1992 年度:1991 年 12 月 1～13 日,三门峡水库控制下泄流量 700 立方米每秒左右。由于下游引水较多,到达河口的水量较少。23 日,气温急剧下降。25 日,利津站流量 16 立方米每秒,十八公里至西河口河段开始封河。由于气温持续偏低,河道流量小,封河发展迅速,上端抵达东明县老君堂控导工程。

为防止小流量封河,三门峡水库加大泄量,沿黄涵闸停止引水。1 月上旬,大流量进入东营河段。由于封河时流量小,冰盖低,厚度薄,冰质弱,造成多处冰盖上浮、下滑,封冻河段减少至 62.4 千米。其后,河道流量稳定在 200 立方米每秒左右,虽有 2 次冷空气侵袭,降温幅度不大,河口地区封冻河段稍有延长。

1 月下旬,沿黄气温开始大幅回升,河道流量逐步递减,开河出现的融冰就地搁浅。2 月 16 日全河开通。此时利津站流量仅 8 立方米每秒,西河口以下基本断流,凌汛顺利结束。

1992～1993 年度:1993 年 1 月 14 日,河口地区最低气温骤降到 -12 摄氏度左右。19 日凌晨,护林险工封河。20 日,封冻河段断续向上发展到 12 处,总长度 62 千米。31 日,封河上端到达齐河县潘庄险工下首,总长度 180 千米,冰盖厚度 10～15 厘米,冰量 1200 万立方米,河谷蓄水 5.71 亿立方米。其中,东营市封河 6 段,长 74 千米,冰量 470 万立方米。

封河期间,三门峡出库流量调节在 400～500 立方米每秒。受河道淤积和冰凌壅水影响,封冻河段水位普遍抬高 1～1.5 米。纪冯险工最高水位达 12.58 米,与 1958 年最高洪水位齐平。

1 月 28 日,气温开始回升,冰凌逐渐融化。2 月 9 日,封冻河段全部开通。开河期间,由于冰凌滑动,先后在纪冯险工、义和险工、苇改闸护滩等处形成多处冰堆,水流受阻,水位抬高。王庄至西河口河段最高水位比封河前同流量水位抬高 0.58～1.7 米,利津站最高水位为 13.55 米、王庄 12.91 米、一号坝 11.06 米、西河口 8.83 米、十八公里 7.38 米,其中十八公里水位超过了该站 1992 年警戒水位 0.28 米,为建站以来最高值,造成东营河段 9 处滩区进水,淹没土地 12.33 万亩,其中耕地 7.23 万亩。利津县付窝乡滩区 9 个村庄、3600 人被水围困。垦 90 油田 38 口油井被迫停产近一个月。

漫滩之后,51.8 千米大堤偎水,堤根水深 1.0 米左右。为确保安全,省、市防指分别发出通知,要求搞好防凌值班,组织防凌队伍上堤防守巡查,做好漫滩灾情防护和群众避险工作。

1993～1994 年度:凌汛期间,有 4 次冷空气侵袭。由于强度弱,河道最大流量 800 立方米每秒左右,虽有三次流凌,却未形成封河。

1994~1995年度:凌汛期间有3次较为明显的降温过程。由于三门峡水库控制下泄流量为400~1100立方米每秒,利津站日平均流量曾达1380立方米每秒。由于流冰下泄顺利,未能造成封河。

1995~1996年度:1995年12月25日,利津站流量65立方米每秒,垦利县十八公里险工附近封河。其后,气温回升,部分河段冰凌融化、下滑。

1996年1月8日,寒潮再度入侵,降温幅度较大,封河抵达济南老徐庄险工,总长度165.4千米,冰厚10~30厘米。其中,东营市封冻长度75.2千米,冰量764万立方米。

2月14日,利津站开始断流,15日,凌汛解除。

1996~1997年度:凌汛期间,冷空气活动频繁,东营黄河形成三封三开局面。其中,1997年1月3日发生的第三次封河,自十八公里险工开始,境内封河长度81千米,最大冰量401.4万立方米。

为确保凌汛安全,三门峡水库自1月16日控制下泄流量不超过250立方米每秒,加之沿黄用水,河道水量不断减少。24日,沿黄气温大幅回升,局部河段冰质变弱,冰盖塌陷。2月7日,泺口以下河段断流,冰凌就地融化。15日,凌汛结束,未酿凌灾。

1997~1998年度:1997年12月3日,利津站流量10立方米每秒,西河口以下断流,一号坝、西河口先后结冰封河4段,长9.5千米。5日,利津站流量增大到120立方米每秒,加之气温回升,封冰消融。

12月9日,利津、西河口最低气温降至-6摄氏度,十八户开始封河。15日,封河长度46千米,冰厚3~5厘米。17日后,气温回升,全部河冰于月底消融。

1998年1月14日,利津站流量52立方米每秒,一号坝险工封河,迅速向上发展。22日,上端抵达东明县王家夹堤,断续封河65段,总长度320千米,冰量593万立方米。利津以下断流河道水面结冰长度80千米,冰量230万立方米。2月12日,河口仍然断流,冰盖就地融化,凌汛解除。

1998~1999年度:1999年1月9日,利津站流量279立方米每秒。受强冷空气影响,西河口至护林河段开始插冰封河,12日封至十八户引黄闸。17日,封河上界抵达齐河县程官庄险工,封河段落23处,总长度99千米。下旬,王庄险工以下断流,以上河段流量锐减。2月4日,冰盖融化,全河开通。

1999~2000年度:东营黄河两封两开。其中,1999年12月19日利津站流量64立方米每秒,在十八公里上界率先封河。23日,阶梯封河上溯到齐河县程官庄险工,总长度117千米。其中东营市境内封河长度66.8千米。

封河期间,由于小浪底水库大坝施工无法蓄水,引黄涵闸停止引水,河谷蓄水增大。加之气温大幅回升,封冻冰盖尚未稳定,河谷蓄水下泄时造成水鼓冰开,出现"武开河"现象。12月27日,大流量水头到达五庄控导工程,10千米流冰段相互挤压,叠积成5米多高的冰堆,高出控导工程2米左右。27日16时,首次封冻河段全部开通。

2000年1月7日凌晨,利津站流量108立方米每秒,护林浮桥及十四公里险工再度封河。1月20日后,冷空气入侵,封河加快。2月2日,全河封冰上界在东明县王高寨工程,长度增加到306千米,冰厚10~30厘米。

2月8日开始,气温大幅回升,封冻河段陆续减少,冰质变弱,冰盖破裂浸水,加速融化。26 日,小浪底水库泄量加大到 620 立方米每秒以上。在加快开河进程的同时,部分河段虽然水位壅高,凌水仍行主槽,未酿成凌灾。24 日 5 时,封冻河段全部开通。

2000～2001 年度:凌汛期间,黄河下游出现 20 世纪 50 年代以来第四个低温年份,低气温极值达 －17 摄氏度,累计负气温达 －129 摄氏度,最大淌凌密度达 90%,却未造成封河。主要是小浪底水库开始蓄水防凌运用,下泄流量较大、水温比常年偏高 2 摄氏度等因素的作用。

2001～2002 年度:2001 年 12 月 14 日,利津站流量 37 立方米每秒,河口地区气温降至 －8～－11 摄氏度,十八公里险工首先封河,阶梯向上发展。17 日 8 时,封至垦利县常庄险工 34 号坝,总长度 19.56 千米。此后,气温回升,封冻基本稳定。

12 月下旬,受冷空气影响,封河向上发展。2002 年 1 月 2 日,上延至济阳县葛店引黄闸,封河 34 段,总长度 104.6 千米。其中东营市境内 17 段,长 75 千米,冰量 355.1 万立方米。

1 月上旬,气温明显回升,封冻河段冰质变弱,自上而下开河。2 月 15 日,主槽全部开通,凌汛结束。

2002～2003 年:凌汛期内,低气温持续时间长,温差变幅大,出现两封两开局面。其中,2002 年 12 月 9 日,利津站流量 73 立方米每秒,十四公里险工开始封河。15 日,断续封冻 10 段,总长度 10.25 千米,上首抵达义和险工。16～18 日,气温回升,封冻河段全部开通。

12 月 24 日凌晨,利津站流量 31.8 立方米每秒,十四公里险工再度封河。由于气温继续下降,阶梯封河发展迅速。2003 年 1 月 8 日,封冻上端抵达菏泽市牡丹区上界,总长度 300.6 千米,其中东营境内 5 段 108.8 千米。冰盖厚度由初封时的 2～3 厘米增加到 18～20 厘米,最大厚度 25 厘米。2 月 7 日后气温回升较快,河道冰质变弱,开河速度加快。因大河流量小,槽谷蓄水少,冰凌难以下滑流动。直到 2 月 18 日封冻河段冰盖全部就地融化,形成"文开河"局面。

2003～2004 年度:凌汛期间,利津站流量维持在 418～850 立方米每秒,最大 1240 立方米每秒。气温比多年均值偏高 2 摄氏度,为避免封河创造了条件。期间,西河口、一号坝从 1 月 19 日出现淌凌。1 月 25 日,王庄以上河道淌凌密度达 40%～50%,以下河道为 70%～90%。1 月 26 日以后淌凌密度减小,岸冰逐渐脱落,2 月 9 日,流冰全部消失。

2004～2005 年度:受较强冷空气影响,2004 年 12 月 27 日,利津站流量 187 立方米每秒左右,清 8 浮桥以上形成阶梯封河。2005 年 1 月 18 日,封河上首抵达麻湾险工 1# 坝,6 段封河长度 93.51 千米,冰厚 5～17 厘米,冰量 443.35 万立方米。

2 月 15 日开始,气温持续回升,冰质变弱,封冻长度迅速减少。25 日 15 时 30 分,清 7 断面附近最后一处封冻段开通。由于封河开河平稳,没有酿成凌灾。

第二节　防凌措施

1989 年以后,黄河防凌仍以三门峡水库调节河道水量为主,人工破冰为辅。在防凌工作正规化、规范化建设中开始编制黄河防凌预案,对淌凌期、封冻发展期、封冻稳定期、开河期等不同阶段的防御措施进行策划。2001 年小浪底水库投入运用后,水量可调节库容增大,为减轻凌汛灾害创造了更有利条件。

一、指挥调度

黄河防凌贯彻以行政首长负责制为核心的各项防凌责任制。全市的防凌工作由市长总负责。市防指在上级防指和市政府的领导下,全面负责黄河防凌组织指挥。市防办负责防凌日常工作,利用多种形式宣传黄河防凌工作的严峻形势,提高沿黄人民群众的防凌忧患意识,从队伍组织、料物落实等方面对防凌工作做了具体量化要求。当发生重大险情或实施冰凌爆破时,市防指成员单位按照职责分工开展工作。

二、修订防凌预案

1998 年开始编制黄河防凌预案。此后,逐年进行修订和完善。防凌预案包括主预案、《南展区分凌运用预案》《物资保障预案》和《通信保障预案》等,根据黄河从结冰到开河所经历的全过程,做到各种凌情有措施、有方法、有对策。

三、防凌工作"五落实"

《山东省黄河防汛管理规定》要求,凌汛期防汛队伍也要做到思想、组织、技术、工具料物和防守责任制"五落实"。

群众防凌队伍以恢复大汛期一线防汛队伍为主。全市共组织各类防凌队伍总计 17.83 万人,其中一线 11.58 万人,二线 3.95 万人,三线 2.3 万人。另外,组织抢险队 6 支 203 人,冰凌爆破队 7 支 201 人,冰凌观测组 15 个 78 人。根据冬季天寒地冻、取土困难的情况,还要组织适当数量的爆破队和爆土队。

黄河专业防凌队伍的任务是冰凌观测,爆冰爆土,组成专业抢险队。每个河务段(分段)组织 1 个观测组,每个县(区)河务局组织 1~2 个专业抢险队和 1~2 个冰凌爆破队。

防凌工具料物以国家常备物资为主,其中炸药、雷管、起爆器、导火索等危险物品委托厂家专仓存放。群众和社团备料按照有关储备定额全部落实到位。

四、冰凌观测与普查

1990 年,根据沿黄行政区划变动情况,调整了冰凌观测责任段。表 3-14 是东营黄河冰凌观测责任段划分情况。

根据以上分工,各县(区)河务局按照分管的冰凌观测责任段,从淌凌期开始,组织人员 5~7 天进行一次观测。河道封冻稳定后,根据省防指统一部署,由市、县(区)河务部门组织专业技术人员实施冰凌普查。

五、黄河浮桥拆除

河道内所建浮桥在凌汛期起着拦冰阻水作用,是造成封河或冰凌阻塞的重要诱因之一。为保证冰凌顺利下泄,市防指根据凌情、水情和气温变化情况,责成有关部门对辖区内 7 座浮桥进行拆除。

表 3-14　　东营黄河冰凌观测责任段一览表

观测单位	起止地点	河道滩桩号
东营河务局	老盖家—宫家险工	94＋000～101＋000
利津河务局	宫家险工—东关引黄闸	101＋000～111＋000
	路家庄—东坝控导工程	120＋000～135＋000
	十八户控导工程—苇改闸控导工程	156＋000～161＋000
垦利河务局	东关引黄闸—路家庄	111＋000～120＋000
	东坝控导工程—十八户控导工程	135＋000～156＋000
	苇改闸控导工程—西河口	161＋000～164＋000
	西河口—清3断面	164＋000～181＋000
河口河务局	清3断面—清7断面	181＋000—清7断面

说明:此表录自《山东黄河志资料长编(五)》。

六、冰凌爆破

炸药破冰原则是:炸窄河道,不炸宽河道;开河前短时间内突击破冰;破冰长度根据上游冰量多少确定,并延长到窄河道出口下一定距离,以免出口附近冰凌插塞、上延。冰凌爆破操作技术按《山东黄河防凌爆冰操作规程》办理。

冰上爆破

七、迁移抢救

为减少滩区、滞洪区群众凌汛漫滩或分洪运用造成的损失,市、县(区)政府和防指每年都制订凌汛迁移抢救安置方案,落实防护和搬迁准备工作。胜利石油管理局根据油田生产安全需要,事先做好滩区油井防护和人员、物资撤退计划。在河口地区从事生产活动的群众,由所在地政府及时通报凌情,组织撤离或防护。

第四章　调水调沙试验及运行

2002年水利部部长汪恕诚提出治黄"四不"(堤防不决口、河道不断流、污染不超标、河床不抬高)要求后,黄委把解决下游河床不冲不淤的相对动态平衡确立为一项紧迫任务,从2001年初开始酝酿调水调沙试验。目的是寻找黄河下游泥沙不淤积河道的临界流量和临界时间,让河床泥沙尽可能冲刷入海;通过验证演算,深化对黄河水沙运动规律的认识,掌握小浪底水库的科学运用方式。

一、首次调水调沙试验

试验方案采用花园口站流量2600立方米每秒,小浪底出库含沙量大于20千克每立方米。方法是通过调度小浪底水库的出库流量和沙量,控制和调节水沙组合关系,形成"人造洪峰",优化河道水流条件,把河道内的泥沙更多地输送入海。

(一)水沙过程

2002年7月4日9时,小浪底水库开启试验闸门。5日12时,"人造洪峰"以2950立方米每秒的最大流量抵达花园口水文站。11日2时,"人造洪峰"以1880立方米每秒的流量注入渤海。15日9时,小浪底水库停止大流量放水,调水调沙试验结束。

调水调沙期间,由于沿河涵闸关闭,水量损失很小,利津站流量迅速增大,7月7日超过500立方米每秒,8日达到1000立方米每秒以上。10日达到2000立方米每秒之后,持续时间208小时。其间,19日5时最大流量为2500立方米每秒,相应水位13.80米;最大含沙量出现在11日8时,瞬时含沙量31.9千克每立方米,相应流量2010立方米每秒。20日0时以后,流量减小到2000立方米每秒以下,21日4时锐减到500立方米每秒以下。总计调水调沙期间利津站来水总量23.2亿立方米,输沙量0.504亿吨;平均流量1550立方米每秒,日平均最大流量为18日的2363立方米每秒;平均含沙量21.7千克每立方米。

丁字路口站7月10日6时出现最高水位5.70米,相应流量2000立方米每秒。之后受河槽冲刷及横断面剧烈调整影响,同流量水位明显下降。19日10时出现的最大流量为2450立方米每秒,相应水位5.53米,比最高水位低0.17米。最大含沙量出现在13日14时20分,瞬时含沙量为32.9千克每立方米,相应流量为2170立方米每秒。总计调水调沙期间丁字路口站来水总量22.8亿立方米,平均流量1515立方米每秒;输沙总量为0.534亿吨,平均含沙量为23.4千克每立方米。7月21日,试验水量全部入海,首次大规模调水调沙试验宣告结束。

(二)河道冲淤变化

试验期间黄河下游共冲刷泥沙3620万吨,加上小浪底水库下泄泥沙,入海泥沙总量为6640万吨,除夹河滩至高村河段有淤积外,其余河段均表现为冲刷。山东河务局分别采用输沙率法和同流量水位法分析计算了河口地区河道及海域冲淤变化情况。

输沙率法计算的结果是:利津站至丁字路口站之间河道冲刷泥沙300万吨。丁字路口站的沙峰最高点比利津站晚2天。利津站在前半期含沙量大,后半期含沙量小,而丁字路口站在前半期含沙量小,后半期含沙量大。以利津站12日16时(相应丁字路口站13日8时)为分界点,丁字路口站出沙0.183亿吨,与利津站来沙0.183亿吨相等,表明河段内冲淤平衡。丁字路口站12日16时后的平均含沙量大于利津站,利津站12日16时后的输沙量为0.321亿吨,相应丁字路口站为0.351亿吨,说明利津至丁字路口河段内冲刷泥沙0.030亿吨。

同流量水位法的计算结果是:利津断面调水调沙后比调水调沙前冲刷220平方米,原来的窄深小河槽冲淤成宽平底河槽。丁字路口站涨水期流量为2000立方米每秒时水位达到最高值5.70米。7月19日以后,2000立方米每秒以下同流量水位降低0.48米。

(三)填海造陆情况

根据2001年6月和2002年7月所测口门水下地形图计算,泥沙淤积部位是:口门前方多,两侧少;口门近处多,远处少;口门右侧多,左侧少。淤积范围86平方千米,最大淤积厚度2.8米,淤积总量3949万立方米,占同期利津站输沙量的95%。按1米等深线向前推进460米计算,造陆面积8.2平方千米。

二、第二次调水调沙试验

从2003年9月6日9时开始,到9月18日18时30分结束,历时12.4天,利津站下泄水量27.19亿立方米,沙量1.207亿吨。为了确保下游防洪安全、水库运用安全和实现减淤目标,经国家防总批准,黄河防总制订和实施了三门峡、小浪底、陆浑、故县等四个水库水沙联合调度的"03·9"洪水四库水沙调度预案。预案确定本次试验期间花园口站调控指标为:平均流量2400立方米每秒,平均含沙量30千克每立方米。

试验期内,洪水输送泥沙入海1.207亿吨,其中小浪底水库下泄泥沙0.74亿吨,冲刷花园口以下河道泥沙0.456亿吨。利津站过水总量27.19亿立方米,其中小浪底水库下泄水量18.25亿立方米,输沙量1.207亿吨。

三、第三次调水调沙试验

第三次调水调沙试验具有两大特点:一是空间尺度更大,调水调沙范围包括自黄河上游万家寨水利枢纽至山东入海口的2100千米河段。通过调度万家寨、三门峡、小浪底等水利枢纽工程,在小浪底水库塑造人工异重流,通过上中下游联动,实现小浪底库区和下游河道减淤的多重目标。二是增加人工扰动泥沙措施,促进床沙起动运行,实现河床下切,从而最大限度输沙入海。

试验于2004年6月19日开始,7月13日结束,历时25天。试验期内,小浪底下泄水量为43.75亿立方米。利津站有10多天保持在2000立方米每秒以上的入海流量。最大流量为7月14日9时30分出现的2940立方米每秒,最高水位13.43米,最大含沙量23.3千克每立方米。下泄洪水总量47.25亿立方米,沙量7069万吨。7月17日6时,利津站流量降至1360立方米每秒,19日6时降至798立方米每秒,第三次调水调沙试验水量全部按时顺利入海。计算结果,小浪底至利津河段共冲刷0.61万吨泥沙入海。其中,利津—清6断面河段冲刷703.4万立方米,清6—汊2断面淤积299.8万立方米。

截至7月16日14时,东营市防洪工程累计出险12处、36坝43次;抢险抛石5621立方米,铅丝5.77吨,柳料20吨,土工布97.4平方米,用工2328个,耗资93.45万元。

四、调水调沙试验对河口形态的影响

三次调水调沙试验期间,先后进行两次尾闾河段及河口拦门沙区水下地形测量,时间间隔726天。与2002年和2003年10月所测滨海大断面比较,口门沙嘴的变化是:2002年7～10月蚀退200米,2002年10月至2003年10月淤进2000米,2003年10月至2004年7月淤进2000米。口门两侧5千米处则是两次蚀退、两次淤进,进退距离100～400米,口门两侧10千米处总趋势为蚀退,只有12米以下深水区有所淤进。

2002～2004年清8汊河淤积造陆面积13平方千米,河长延伸6千米。第三次调水调沙后期,由于口门发生摆动,河长缩短4千米。

根据水下地形图计算,2002年8月至2004年7月调水调沙试验结束,拦门沙区(口门以上15千米河道、口门两侧各10千米滨海范围内)泥沙淤积量2.575亿立方米,占期间来沙总量的75.7%。其中,0～5米等深线范围淤积量0.279亿立方米,5～10米等深线范围淤积量1.109亿立方米,大于10米等深线范围淤积量1.187亿立方米。口门前方出现一个最大淤积中心,淤积厚度超过10米。2002年7月,该中心距离口门10千米,水深12米;2004年7月,距离口门2千米,水深只有2米。整个测区内,淤积厚度超过1米的范围为54.60平方千米,淤积厚度超过5米的范围为13.65平方千米,淤积厚度超过7.5米的范围为7.47平方千米,淤积厚度超过10米的范围为0.041平方千米。

五、调水调沙生产运行

2005年,黄河防总决定:当年6月开始的调水调沙正式转入生产运行,并将调水调沙过程划分为两个阶段。

第一阶段(6月9日9时至22日12时)为调水期,小浪底水库下泄流量分别为2600立方米每秒、2800立方米每秒、3000立方米每秒、3300立方米每秒。

第二阶段(6月22日12时至7月1日5时)为排沙期,采用人工塑造异重流出库。

调水调沙期间,小浪底水库出库沙量0.023亿吨,利津站输沙量0.4557亿吨,6月9日开始预泄至调水调沙结束,入海总水量42.04亿立方米,入海沙量0.65亿吨。各水文站2000立方米每秒同流量水位与2004年相比下降0.2～0.4米,主槽过流能力均进一步增大。

为做好黄河调水调沙生产运行工作,河口管理局成立了调水调沙生产运行指挥部,下设综合调度组、水情组、工情组、引水控制组4个职能组,明确职责分工。根据黄河防总和省防指有关文件精神,结合东营市黄河实际,制订了调水调沙生产运行4个预案。

第四篇　河　口

　　黄河口位于渤海湾与莱州湾之间,属陆相弱潮强烈堆积性河口。1855～1976年,黄河入海流路在东经118°10′～119°15′、北纬37°15′～38°10′频繁变迁。在自然状态下,黄河口处于周期性淤积、延伸、摆动、改道的发展过程。

　　1988年以后,随着对自然规律认识的深化和三角洲社会经济发展的需求,黄河河口治理从有计划的实施人工改道转变为以稳定清水沟入海流路30年以上为目标,开展一系列勘测、规划和科学研究、试验活动,实施大规模的防洪工程体系建设、河道疏浚整治、水资源统一调度及防潮减灾工程建设等综合治理措施,初步扭转了黄河河口游荡变迁不定、自然灾害频发、生态环境脆弱的历史局面,为黄河三角洲社会经济实现可持续发展提供了环境保障。

第一章 演 变

黄河河口演变是水沙条件和海洋动力相互作用的结果。与国内外其他大江大河河口演变相比,具有其特殊性和复杂性。进入河口的巨量泥沙,导致尾闾河道处于淤积、延伸、摆动、改道的周期性循环局面。如何减少河道淤积,是河口治理的关键。

第一节 入海流路

1855年黄河在河南兰阳(今兰考县)铜瓦厢决口改道夺大清河注入渤海以来,黄河尾闾河段在以垦利县宁海为顶点、北起徒骇河口、南至支脉沟口、面积约6000平方千米的近代三角洲范围内发生过9次较大的改道变迁。其中,1976年5月第9次改道清水沟是有计划、有目的、有准备的人工截流改道。

一、清水沟河道演变

清水沟河道是在潮间带滩地上淤积出来的。河道演变既受来水来沙条件的影响,也受人工干预影响。

(一)河势变化

1986年以前,西河口以下河道发生向北或向南的自然摆动以清4断面为顶点,入海口门最大摆动幅度23千米。经历淤滩成槽的过程后,上段河势开始稳定,口门附近经常发生小范围的摆动。历年河势变化位置详见清水沟流路河势变迁图。1986年底,胜利油田在清7断面以下500米处开挖北汊河,使得尾闾河道分为两股。北汊河过流较少,沿东北方向入海,主流沿原河道向东偏南方向入海。

1988年2月27日,实测北汊河过流占大河流量的94%,主流改走北汊河。4月,开始进行河口疏浚治理工程试验,6月24日完成北汊河截堵,水流回归原河道入海。同时在南岸清8断面以下截堵潮沟2条,在北岸垦东16油区以下截堵潮沟3条。汛期发生8次洪峰,最大流量5600立方米每秒,清10断面以上河道单一顺直,水流集中,尾闾河段在清10断面以下1.2千米处漫流入海。

1989年汛前,黄河口疏浚工程指挥部继续在南北两岸整修导流堤。7月,河道在清10断面以下6千米出汊,主流向东南摆动4千米入海。

1990~1991年,清10断面以上河势稳定,入海口门基本稳定在东经119°18.1′、北纬37°41.5′附近。

1992年2~8月,河口断流142天,径流作用消失,潮流作用相对加强,清10断面以下河道被冲刷为6股汊道,入海口门呈鸡爪形。8月20日第一次洪峰到达时,尾闾河道在清10断面以下6.5千米处急剧转向东南,主流由正南方向入海。因南部海域较浅,河长延伸迅速,汛后便又摆回到东偏北方向入海。

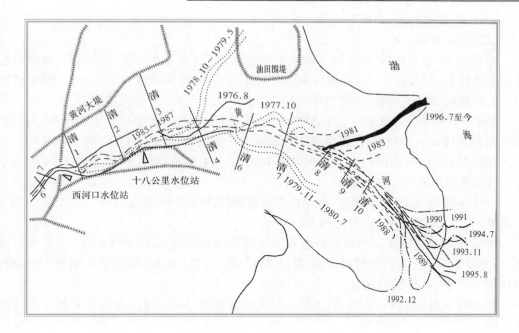

清水沟流路河势变迁图

1993年8月11日发生第一次洪峰,利津站最大流量3200立方米每秒。洪峰过后,水流在1992年陡弯处取直走向东南,在距清10断面11千米处又折向东偏北方向入海。

1994年汛前河势变化不大。汛期过后,河道在清10断面以下9千米处向右摆动,入海方向由汛前的东偏北改为东偏南。

1995年8月,清10断面以下9~13千米河段向右摆动,入海口门为东南方向。

1996年汛前实施清8出汊工程,人工调整入海口门向西北位移21.4千米。出汊点以下河道经过"96·8"洪水塑造,汛后成为单股入海的稳定河势。至11月,河长延伸5.83千米。

1997年,利津站断流226天,河口水沙特别少,清8汊河在潮流作用下,蚀退缩短2.25千米。

1998年,汛期来沙量较大,河长延伸2.27千米。

1999~2001年,河口沙嘴稳定延伸,清8汊河保持良好过水状态,河长延伸仅0.15千米。

2002年,进入河口的水沙量分别为41.89亿立方米和0.543亿吨。其中,7月4~15日进行的第一次调水调沙试验期间,通过丁字路口的水量为22.8亿立方米,沙量为0.534亿吨。尾闾河道稳定,口门一带出现蚀退。

2003年,进入河口的水沙量分别为192.6亿立方米和3.69亿吨,但却集中在9~11月,口门一带先蚀退后淤进。

2004年,第三次调水调沙试验的最后阶段,尾闾河段突然在汊3断面下游5千米右岸、距离口门10千米处向东出汊,口门摆动距离10千米,改变了从东北方向单一顺直延伸的格局。

2005年,基本保持2004年出溜方向。

(二)河床冲淤

20世纪90年代以后,中小洪水和枯水期泥沙淤积主要发生在河道主槽内,嫩滩附近淤积厚度较大,而远离主槽的滩地因水沙交换作用不强,淤积厚度较小,大堤根部淤积更少,形成"槽高、滩低、堤根洼"的造床格局,加快了"二级悬河"的抬升速度。

1986～1992年,河口地区大于2000立方米每秒流量的洪水平均每年不足40天。除1988年汛期洪水条件较好外,其他各年汛期和非汛期河道都发生淤积。利津—西河口平均淤积厚度1.43米,西河口以下淤积厚度1.28米。主槽萎缩后,河道演变成2000立方米每秒就能漫滩的"枯水型河槽"。

1991年汛前至1996年汛前,利津以下河道淤积泥沙5584万立方米,其中CS7—清7断面淤积3273万立方米,占总量的58.6%。

1996年5～9月,尾闾河段改行清8出汊河道,由于流程缩短和"96·8"洪水条件较好,利津以下河道一度发生溯源冲刷,总量2252万立方米,其中CS7—清7断面之间冲刷1441万立方米,占总量的64%。

1996年9月至1998年10月,利津—CS7河道淤积1341万立方米;CS7—清7河道仍未冲刷,总量1120万立方米。

1998年10月至2000年10月,利津以下冲刷总量404万立方米,其中利津—CS7占41%,CS7—清7占59%。

(三)纵向延伸

表4-1是清水沟流路河长变化情况。改道清水沟初期,河长延伸较快。1980年以后,河口沙嘴延伸到水深较大的海域,河长延伸速度减缓。1995年底,西河口以下河长由改道初期的27千米延长到65千米,平均每年延长1.95千米。

1996年汛前实施清8出汊工程后,西河口以下河道长度由65千米缩短到49千米。由于当年水沙较丰,加之新口门附近海域较浅,河口新沙嘴堆积较快,汛末河长延伸到54.8千米。

1997年,利津站断流226天,入海沙量仅0.16亿吨,尾闾河道蚀退缩短2.25千米。

1998年,利津站来沙3.65亿吨,河道延长2.28千米,恢复到1996年的长度。

1999～2002年,利津站来沙较少,河长仅延伸0.15千米,速率不大。

2003～2005年,受调水调沙影响,河长淤、退交替,抵消后净延伸1.17千米。

(四)纵比降调整

随着河长的延伸,河道纵比降不断发生调整。与清水沟行河期间河段纵剖面比较,1981～1984年水沙条件较好,河床连续发生冲刷,利津到一号坝河道比降由0.85‰增加到0.98‰。1986～1992年,缓慢减小到0.95‰。

一号坝以下河道纵比降减缓幅度较大。其中,一号坝—西河口从1.02‰减小到0.95‰;西河口以下从2.3‰减小到1.47‰,并有较长时间保持在1.4‰左右。到1996年5月清8出汊工程实施前,CS7—清7河床比降已减小到1.25‰,清7断面以下到口门比降不足1‰。

1996年汛前实施人工调整入海口门位置后,利津以下河床比降均有较大变化。利津—清7断面河道纵比降由0.97‰增大到1.03‰,其后一直保持在1‰左右。清7—汉3断面开始行河时引河比降设计为2‰,过流后汉河以上刷深,河床自动调整,比降变为1.07‰。

表4-1　西河口以下河长统计表

时段(年·月)		历时(年)	河长（km）		延伸长度（km）	延伸速率（km/a）	备注
起	止		始	终			
1976.6	1979.10	3.3	27.0	45.0	18.0	5.40	老河
1979.10	1987.9	8.0	45.0	56.8	11.8	1.48	
1987.9	1992.9	5.0	56.8	62.2	5.4	1.08	
1992.9	1996.6	3.8	62.2	65.0	2.8	0.74	
1996.6	1996.10	0.4	49.0	54.83	5.83	13.99	汉河
1996.10	1997.7	0.8	54.83	53.15	-1.68	2.24	
1997.7	1997.11	0.3	53.15	52.58	-0.57	-1.71	
1997.11	1998.10	0.9	52.85	54.85	2.0	1.83	
1998.10	1999.10	1.0	54.85	55.00	0.15	0.15	
1999.10	2002.10	3.0	55.0	56.0	1.0	0.33	
2002.10	2005.10	3.0	56	58	2.0	0.67	

说明:此表1996年6月至1999年10月数据录自《九十年代黄河口河道水沙特性与河道冲淤演变分析》,其他年份录自《河口治理送审稿》。其中2005年河道长度以CS7断面计算为59千米,按西河口计算为58千米。

（五）横向摆动

河口河道主槽是在平地上淤积出来的,主流不断摆动的同时,汊道从上到下归并,加上人工干预影响,形成上段单股稳定、下段仍在摆动的格局,但摆动点随着河长的延伸不断下移。

清2断面以上修建控导(护滩)工程较早,控制弯道发展,曲折系数1.36。其下河道曲率半径在30千米以上,对水流的控制作用较弱,洪枯水主流线不重合,河道稳定性较差。清3断面一带为过渡性河段,清4—口门河道摆动频繁。

1988年4月开始河口疏浚整治试验工程,清10断面以上河道保持单一稳定,清10以下仍处于自由摆动状态。其中,1992年汛期发生的一次较大摆动,曾使入海口门在1991年东偏南的河道改向正南方向,摆动幅度10.9千米。因南部海域较浅,河长延伸很快,汛后便又摆回到东偏北方向,摆动幅度7.8千米。其后,清10以下摆动幅度保持在5千米左右。1996年实施清8出汊工程后,人工调整入海口门向西北移动21.4千米。

（六）横断面形态

黄河尾闾河段属于年轻的冲积性河槽,在河道纵剖面进行自动调整的同时,横断面形态也发生相应调整。

1990年以后连续枯水枯沙,由于洪峰流量不大,次数少,加上河长延伸产生溯源淤积,汛期和非汛期主槽都发生淤积。某些断面在横向展宽的同时,出现多处嫩滩,过水面积减小,平滩流量降至3000立方米每秒以下。1992年8月,利津站出现3080立方米每秒高含沙洪水,最大含沙量138千克每立方米,西河口以下嫩滩普遍漫水,形成新的滩唇,河道主槽在洪水期一度发生下切,但洪水过后随即回淤,槽深减小,宽深比变化不大。11月中旬,利津站流量700立方米每秒,清2以下普遍漫滩,清4出现串沟,造成局部漫滩,清6断面的宽深比由13.1增加到25.8。1993年5月至1995年施测河道大断面时,西河口以下河道主槽宽度为370～710米,深度为1.39～2.20米,过水面积为630～1320平方米,宽深比为9.5～16.7。

1996年尾闾河段行走汊河后,来水来沙虽少,但因流程缩短、纵比降增大产生的河床自动调整作用,使西河口以下各断面宽深比都有不同程度的改善。

二、备用流路

在河口治理研究逐步深化过程中,各方面取得的统一认识是:清水沟流路行河寿命是有限度的。清水沟流路充分使用后,西河口防洪水位上升到与堤防防御水位12米齐平时,必须寻找新的替代流路。

1992年国家计委批复的《黄河入海流路规划报告》对预备流路的安排原则是:首先在充分延长清水沟流路行河年限的前提下,根据海域的容沙能力、海洋动力条件、已探明的油田分布情况,选择对三角洲开发建设影响最小、经济合理且有行河潜力的入海新道作为黄河口的未来流路。根据上述条件衡量,黄河三角洲北部海域是选择预备流路的主要区域。可资选择的流路有马新河、草桥沟、挑河、刁口河等。

中国水科院认为:从几条备用流路综合条件来看,刁口河故道的条件最好,通过流路整治和几次小改道可行河40～50年。在刁口河流路使用结束后,将改道点适当上提,再改道马新河流路。据估算,使用这两条流路可再行河100年左右而不必加高河口大堤。

黄委勘测规划设计研究院在《黄河河口治理规划报告》中综合分析比较了刁口河流路和马新河流路,认为:刁口河是1964～1976年的行河故道,目前仍保留原河道形态,改道行河后对油田和三角洲开发干扰相对较少,河口海域动力条件也比较有利,但河口泥沙淤积是否影响东营海港有待研究。马新河流路由利津县王庄附近改道向北入海,可将王庄附近的窄河段裁弯取直,对防凌有利,但人口迁安比较困难,新河建设投资较大,行河初期防守任务也比较艰巨。刁口河流路比马新河流路更易实施,更为理想。因此,《黄河河口治理规划报告》将刁口河流路作为备用流路,并对流路运用的防洪工程进行了规划。

此外,20世纪80年代期间,山东河务局曾提出将十八户流路作为预备流路进行过专题研究。该流路位于清水沟以南,但因海域条件较差,行水时间不过10年左右,在以后的选择中不再予以考虑。

三、刁口河状况

刁口河流路自1976年5月停止行水后,胜利油田在故道200平方千米范围内进行大规模开采,建设了许多油气生产设施。济南军区生产基地(原军马场)及地方政府也在河道内外进行大规模农田及林业开发。由于人为破坏及自然老化,加之管理不善,故道地形地貌发生较大变化。

刁口河故道

（一）河道过洪能力

1977～1982年,胜利油田为满足孤岛及以北各油田的采油供水需要,经山东河务局批准先后在罗家屋子截流坝上兴建虹吸工程及西河口扬水船工程,并在罗6断面附近利用原河道修建长3千米的水库,利用故道输水、沉沙、蓄水。1993年拆除虹吸管,又建罗家屋子引黄闸引水。多年引水挟带的大量泥沙淤积在原河道中。其中:西河口至罗家屋子的S形弯道作为输水渠道和沉沙池运用,主槽宽度已由500米缩窄到30～50米,河床基本被淤平,部分河床淤得比滩地还高。

罗家屋子以下河道总长近50千米,纵比降约1‰。其中,罗家屋子至罗(镇)孤(岛)公路交叉处长5.4千米河段,人为破坏少,淤积较轻,河宽150～820米,平均深度0.5～2.5米。根据不同河段断面计算,罗家屋子以下河道主槽过洪能力不足1500立方米每秒,详见表4-2。

表4-2　罗家屋子以下主槽过洪能力一览表

河　段	长度 （m）	过水流量 （m³/s）	平均宽度 （m）	平均深度 （m）	纵比降 （‰）	糙率
罗家屋子—罗孤公路	5.4	1328	539	2.44	1.52	0.022
罗孤公路—西崔拦河坝	3	82	743	0.5	1.52	0.035
西崔拦河坝—河孤公路	9	657	417	2.25	1.52	0.030
河孤公路以下8.1km	8.1	343	355	1.84	1.52	0.035
桩埕公路以上10.5km	10.5	818	316	2.52	1.52	0.022
桩埕公路以下11km	10.5	671	522	1.65	1.52	0.022
桩埕公路以下11km—口门	2.5	490	875	1.0以内	1.52	0.022

说明:此表录自《刁口河流路情况调查及过洪能力分析》。

(二)堤防工程

刁口河流路行水期间,两岸均有堤防存在,堤距8.6~14.2千米。

左岸堤防为民坝,全长20436米,顶宽5米,高2~2.5米,堤顶高程超过防洪水位1.0米。右岸堤防为东大堤,全长21.95千米;西与刁口河相距600~1600米。

1976年改道清水沟后,刁口河两岸堤防因不御水而成预备堤防。其后由于失管失修,受人为破坏和风剥雨蚀影响,残破不堪,不再具有抗御洪水能力。

(三)河道内滩地开发

刁口河滩地比较平坦,滩面横比降1.2‰左右,纵比降1‰左右;桩埕公路以上滩面高程4.18~8.65米,以下高程3.5米左右。

1976年改道清水沟之后,胜利油田先后在刁口河流路发现石油地质储量6000万吨,投入大量资金开发罗家、垦西、渤南、埕东、义东、义北、老河口、飞雁滩、桩西等10个油田和区块,相继建成油气生产、电力、公路、通信及生活后勤保障设施。截至2005年已建成油井1218口,注水井583口,天然气井56口,其他井89口。与之相配套的埕东、桩西、垦西大型联合站,有各种生产集输油、水、气站79座,集输管线总长518.75千米,供水管线59千米,大型变电站4座,变电所3座,高压线路3条,输供电线路285.62千米,通信线路55千米;与河道交叉的主干线交通道路4条,总长度61千米;与河道交叉220千伏安高压线路2条,110千伏安高压线路4条,低压输电线路若干条;重要输油、输气管线6条。

在以上油田开发的同时,又探明新的含油区块50平方千米,地质储量4000万~5000万吨。为确保油田开发用水,经山东河务局批准,胜利油田从20世纪80年代开始,在滩地中先后建成孤北、孤岛1号、孤岛2号、孤岛5号、孤河、傅家窝等7座水库及与之配套的扬水站3座、引水闸7座、渠道161.2千米。

由于河道内土地肥沃,盐碱化程度低,济南军区生产基地(原军马场)和利津县有关乡(镇)在河道内建立农场、林场多处,进行土地和林业开发。加上附近乡(镇)、村自行开垦的土地,流路范围内已垦殖耕地5300公顷,林地3300公顷,畜牧种植用地6600公顷,主要分布在河道中上部地区。盐业及养殖业用地2600公顷,主要分布在挑河河口两岸。东营市为适应黄河三角洲开发建设需要,打通东北经济区与黄河流域经济带的通道,于1994年建设了穿越刁口河河道的东营—海港一级专用公路。

(四)居住人口

河道内集中居住的主要是农业人口,总量12794人。其中,居住在河道上首北大堤附近(民坝以内)的是利津县所辖的四段村、薄家村、肖神庙村、联合村、爱国一村、爱国二村、灶户刘村、新建村,共计1206户、3608人。居住在左岸民坝附近的是河口区六合乡所辖的六合村、东崔村、毕家嘴村、大夹河村、小夹河村、薄家村、老爷庙一村、老爷庙二村,共计1414户、4928人。居住在河道左岸滩地的是原渤海农场四个分场的714人,济南军区生产基地四个分场的800人,河口区六合乡两个村的295户、1078人。居住在河道下游的是利津县刁口乡政府驻地和一个渔民村,共有人口1657人。此外,还有周边各县(区)在刁口河河道内从业的零星居住人口约1100人。

第二节　黄河三角洲

黄河三角洲位于东经 117°31′ ~ 119°18′、北纬 36°55′ ~ 38°16′。由于黄河巨量泥沙填海造陆,成为世界上新生土地增长面积最多、增长速度最快的地区。

一、三角洲范围界定

黄河三角洲是由古代、近代和现代三角洲组成的复合体。狭义上的古代黄河三角洲主要是指以今东营市利津县城为顶点,汉王景治河以后在黄河"千年安流"时期形成的三角洲。当时(三角洲)海岸线大约在今沾化西封(今秦口河东岸,即古马颊河新河河口)、利国及利津县洋江、垦利县宁海、东营区辛庄、小清河口(古时水、淄水汇合以后的入海处)一带(《山东区域文化通览·东营卷》,山东人民出版社 2012 年版,第 50 ~ 55 页)。

近代三角洲是黄河 1855 年在河南兰阳铜瓦厢决口夺大清河河道形成的以垦利县宁海为顶点的扇面,北起徒骇河口,南至支脉沟口,面积约 6000 平方千米,海岸线长度 370 千米,其中东营市 350 千米,滨州市 20 千米,滩涂面积 1154 平方千米。

现代黄河三角洲是 1934 年至今仍在继续形成的以垦利县渔洼为顶点的扇面,西起挑河河口,南至宋春荣沟口,面积约 2800 平方千米,海岸线长度约 80 千米。

二、河口淤积造陆

河口流路变迁过程中,将水流挟带泥沙分布到陆地、滨海和外海。滞留在陆地上的泥沙造成河道与三角洲洲面不断升高;沉积在滨海区的泥沙则不断填海造陆,促使海岸线外延,三角洲面积扩大;输送到外海(水深 10 米以外)的泥沙,造成海底逐步升高。

(一)淤积量

20 世纪 80 年代以来,对河口淤积延伸造陆速率的计算成果颇多。虽然计算方法不同,但所得结果近乎一致。

1855 ~ 1954 年,黄河在近代三角洲上实际行水 64 年,决口摆动频繁,填海造陆净面积 1510 平方千米,平均每年造陆 23.6 平方千米。

1954 ~ 1976 年,神仙沟流路和刁口河流路行水的 22 年间,三角洲淤进面积 651 平方千米,年均造陆 29.6 平方千米。其间,由于远离河口的海岸蚀退面积共 102 平方千米,三角洲实际造陆面积 549 平方千米,净造陆速率为 24.9 平方千米每年。

1976 ~ 1980 年,清水沟流路处于淤滩造床阶段。由于入海流路散乱,容沙海域较浅,淤积造陆速度 42.1 平方千米每年。原刁口河流路附近出现剧烈蚀退,2 米等深线蚀退面积 69 平方千米,三角洲实际造陆面积 110 平方千米,净造陆速率为 25.9 平方千米每年。

1980 ~ 1992 年,清水沟入海流路基本保持单一稳定,河口淤积造陆 358 平方千米,年均造陆速率减缓为 29.6 平方千米。神仙沟和刁口河附近海域蚀退面积为 175 平方千米,三角洲净造陆面积 183 平方千米,年均造陆速率减缓为 15.1 平方千米。

20 世纪 90 年代,进入河口的水沙量大幅度减少,三角洲造陆速度进一步变缓。1990 ~ 1995 年三角洲淤积造陆 81.1 平方千米,平均每年造陆 16.2 平方千米,离河口较远海岸年均蚀退4.2平方千米,三角洲净淤积造陆速率为12平方千米每年。

1996年汛期清水沟改走清8汊河,至2000年,新河口附近淤积41平方千米,年均造陆9.6平方千米;清水沟老河口蚀退37平方千米,年均蚀退速率近9平方千米;扣除蚀退面积,实际造陆仅4平方千米。特别是1999～2000年,利津站2年来沙仅2.14亿吨,新河口除局部发生淤积外,总体上出现轻微蚀退。清水沟流路淤积造陆状况如表4-3所示。

表4-3　清水沟流路时期黄河三角洲淤积造陆一览表

时段(年·月)	行水时间(年)	利津来沙(亿t)	造陆面积(km²)	蚀退面积(km²)	净造陆面积(km²)	净造陆速率(km²/a)
1976.5～1980.8	4.25	36.79	179	69	110	25.9
1980.9～1992.10	12.1	74.40	358	175	183	15.1
1992.11～2000.10	8.0	27.40	90	14	76	9.5
合计	24.35	138.59	627	258	369	15.15

说明:此表摘自《黄河三角洲胜利滩海油区海岸蚀退与防护研究》P142。

(二)淤积部位

黄河进入河口的泥沙中,一部分淤积在河口附近河道及潮间带,一部分淤积在滨海区,还有一部分被海洋动力输送到三角洲滨海区较远海域。表4-4是建国后三条入海流路泥沙淤积分布状况,反映出三条入海流路口门外海洋动力条件强弱不同。

清水沟流路各时段泥沙淤积分布状况是:1976～1980年,清水沟流路处于淤滩造床阶段,尾闾河道游荡散乱,泥沙在河道及潮间带淤积较多,占同期来沙的31%;滨海区淤积量占同期来沙量的44%。1980～1992年,入海流路趋向稳定,河道及潮间带淤积量减少为16.1%,滨海区淤积量占同期来沙量的65.3%。1992～2000年,河道及潮间带淤积量减少为13%,滨海区淤积量进一步增大,占同期来沙量的66.4%。

表4-4　三条流路泥沙淤积分布情况表

流路名称	时段(年·月)	利津来沙(亿t)	陆地部分		滨海区		总淤积量占来沙量(%)	外海输沙量占来沙量(%)
			淤积量(亿t)	占来沙量(%)	淤积量(亿t)	占来沙量(%)		
神仙沟	1950～1960	134.3	35.0	26.0	47.0	36.0	62.0	38.0
刁口河	1965.6～1976.5	109.18	14.44	13.2	61.10	56.0	69.2	30.8
清水沟	1976.5～2000.10	137.99	26.87	19.5	82.6	59.9	79.3	20.7

说明:此表摘自《黄河三角洲胜利滩海油区海岸蚀退与防护研究》P147。

(三)水下三角洲冲淤变化

1980～1990年河口来水来沙量较大,清水沟口外水下三角洲淤积范围较大,最大淤积厚度14米;河口南侧或冲或淤,幅度1～2米。

1990～1994年,口门地区淤积幅度有所减少,最大淤积厚度9米左右,最大侵蚀深度2米左右。

1996 年黄河从清 8 汊河入海,新口门外水下三角洲最大淤积厚度 9 米左右,原口门外水下三角洲开始发生侵蚀。1996～1999 年的冲淤变化与 1994～1996 年相比,新口门淤积量变小,最大淤积厚度不足 5.5 米,其他部位大部分发生侵蚀,最大侵蚀厚度 3 米多。

三角洲北部刁口河海域水下三角洲自 1976 年失去泥沙补给后,一直处于侵蚀状态,但随时间的延续,侵蚀量逐渐减少,至 2005 年还未达到平衡稳定状态。

(四)沉积物

三角洲前沿是三角洲体系中沉积速度最快、沉积沙最纯、含重矿物最多的浅水环境,沉积物主要是粒径 0.025～0.125 毫米的细沙至粗粉沙,黏土和有机质以淤泥形式沉积在河口沙嘴外缘回流区、河间浅海湾和潮间带上部。

自三角洲前沿向海方向过渡到水深 17～20 米的海域,沉积物主要是粒径小于 0.015 毫米的厚层灰色、深灰色、棕灰色淤泥或粉沙质黏土层夹薄层细粉沙透镜体。

(五)河口沙嘴

河口沙嘴的发育是在口门不断摆动中进行的。近期三条流路的河口沙嘴中,神仙沟沙嘴最为狭长窄小,沙嘴根部宽度只有 9 千米,两岸的滩地平均宽度只有 4 千米。清水沟沙嘴的长度和宽度为最大。1976 年 5 月至 1979 年 10 月是清水沟流路行河初期,河口附近水深较浅,入海沙量较多,沙嘴延伸较快,2 米等深线向前推进 7.8 千米,平均每年推进 2.3 千米。1979 年 10 月至 1992 年 10 月,2 米等深线向前推进 18.0 千米,平均每年推进 1.4 千米。1993～1994 年推进 0.95 千米,1995 年基本没有延伸。

1996 年改走清 8 汊河后,原口门沙嘴失去泥沙补给,不同程度地受到海洋动力侵蚀而后退,海底冲刷最大厚度 4.39 米。新口门外则随着泥沙堆积,至 2004 年 9 月沙嘴向海淤进约 10 千米。其中,1996 年 5 月至 2000 年 5 月,清 8 汊河沙嘴向海延伸 5.3 千米,造陆面积约 19.2 平方千米;2000 年 9 月至 2004 年 9 月清 8 汊河沙嘴向海中淤进了大约 5 千米。

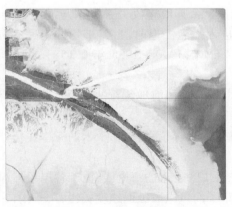

2004 年 9 月河口沙嘴(卫星遥感图片)

三、海岸线

黄河自 1855 年夺大清河注入渤海的 150 多年间,河口流路发生较大的改道有 9 次。每次流路改道,都在行水路线留下一个大沙嘴,相邻两沙嘴之间形成一个小海湾。是故,黄河三角洲岸线便成为由太平镇、车子沟、刁口河、神仙沟、清水沟、甜水沟六大沙嘴相互连接的曲折岸线。

（一）推进

1855年海岸线（高潮线）为北起徒骇河口，经耿家屋子、老鸹嘴、大洋堡、北混水旺、老爷庙、罗家屋子和幼林村附近，南至南旺河口，全长128千米，为近代黄河三角洲的初始岸线。

1855~1954年，黄河在近代三角洲上实际行水64年，三角洲岸线自西部的洼拉沟口至南部的小清河口整体向海推进，长度增为230多千米，每年推进速率为0.2~0.46千米（已扣除蚀退部分）。

1954年7月至1963年12月神仙沟流路行河期间，河口海岸推进27千米，推进速率为2.59千米每年。

1964年1月至1976年5月刁口河流路行河时期，河口海岸推进33千米，推进速率为2.68千米每年。岸线长度增为280多千米。

1976年以后，由于部分岸段修建防潮工程，入海水流被约束在狭窄的范围，海岸线基本是在清水沟河口两侧各20千米范围内向海推进。1992年和2000年实测三角洲岸线（洼拉沟口—小清河口）长度近400千米。其中，东营市海岸线北起潮河口，南至小清河口，呈弧形曲线状，自然曲折长度350.34千米，约占山东省海岸线的1/9。

（二）蚀退

黄河三角洲成陆时间较短，受河流、海洋、气象及人类活动等多种因素影响，表现出行河岸段淤进、非行河岸段侵蚀后退的演变规律。当黄河入海沙量很少或无沙入海时，河口沙嘴和突出的岸线在海洋动力作用下，会发生较大蚀退。

1855~1995年，废黄河口海岸后退近20千米，黄河三角洲约1400平方千米土地被吞噬。

1976年清水沟流路行水后，其他岸段失去淡水与泥沙补给，均处于被侵蚀状态。其中，刁口河附近海岸开始进入强烈蚀退阶段，年平均蚀退速率分别为1976~1980年0.9千米，1980~1990年0.24千米，1990~1995年0.15千米；19年平均蚀退速率为每年0.43千米。

清水沟河道使用时间延长后，滨海地区石油工业不断发展，沿岸地带修建多处防潮堤坝，延缓了海岸的侵蚀速率。

截至2005年，四号桩东—宋春荣沟长50千米的海岸线仍处于强劲淤积状态，平均每年向海推进1千米左右。

徒骇河口—四号桩东长128千米的海岸线，由于各岸段停河时间不同，蚀退速度也有差异。其中，徒骇河口—车子沟口岸段蚀退速度较慢；车子沟口—四号桩东岸段蚀退历时不足30年，岸线后退较快，每年300米。

宋春荣沟—支脉沟口海岸线长30千米，蚀退速率减到每年几米到几十米，某些岸段停止蚀退。

大河口—徒骇河口海岸线长35千米，是早期黄河形成的三角洲，已经进入蚀退末期，平均每年后退仅1米。

四、防潮工程

东营市拥有500多万亩滩涂,均为黄河冲积平原,坡降小,盐碱重,不时遭受风暴海潮侵袭,是全国海潮、土壤次生盐碱化等自然灾害频发和受灾较重地区之一。

为扩大沿海滩涂地区的开发领域,有利石油勘探开采及城镇工农业生产建设,胜利油田及地方政府在三角洲沿海地段修建了不同规模的防潮堤坝。其分布为刁口至黄河口北岸段、黄河农场岸段、南大堤至永丰河口岸段、永丰河口至支脉沟岸段,支脉沟至小清河岸段。至2005年,除清水沟河口附近岸线仍处于自然侵蚀外,其余岸段都已成为人工型海岸。

防潮海堤的建成,促进了浅海养殖及滨海小城镇建设。与海堤同时建设的滨海公路,成为一条靓丽的交通风景线。

(一)黄河口以北防潮工程

20世纪70年代前多为土质堤坝,80年代开始采用石质结构。由于侵蚀作用的影响,高潮线不断后退,多处堤坝已处在潮间带或低潮线以下,经常遭到潮流、风浪破坏。

1985年以后,胜利油田对黄河口以北海堤进行大规模加固,至2001年底共建成各类海堤总长160多千米。其中,临海长度为118千米,除河口飞雁滩海堤长19千米为土堤外,其余99千米堤段均有护坡及防浪墙。多数堤段设计防潮标准为50年一遇。表4-5是胜利油田所建的部分海堤情况。

表4-5　沿海油田部分海堤情况表

工程名称	建设年份	海堤长度(km)	临海长度(km)	堤顶高程(m)	防浪墙顶高程(m)
孤东	1985~1987	40	17	4.5	5.6
桩303—桩3	1989	6	2.5	3.7	5.5
桩3—桩203	1987	3.3	3.3	4.3	
桩203—桩12	1983、1985	8.9	5.1	4.3	
桩12—五号桩	1982、1987	10.5	5.2	4.4	
海港防潮堤	1984		99		
海港引堤	1985		2.5		
桩古46	1983~1987	10	7.5	5.01	5.7
桩古18	1985	4.7	1.8	4.05	4.3
桩104		2.9	3.45	4.65	
桩101	1984	8.2	2.5	3.88	
桩106		4.6	4.51	5	
大37区块	1991~1995	10			
大35区块	1991~1995	12			
大古60区块	1991~1995	23			

说明:此表录自《黄河三角洲胜利滩海油区海岸蚀退与防护研究》P304。

进入 21 世纪,胜利油田开始试验用水力插板桩工艺修建海岸防护工程。此法具有插入深度大、整体性强、施工速度快、投资少、维护工程量小等优点。

(二)黄河口以南防潮工程

1. 中心城防潮体系工程

为保护东营陆地和城区安全,保障区域经济的发展,中共东营市委、市政府批准兴建的"中心城防潮体系工程"被列入 2002 年为民兴办的 10 件实事之一。该项目位于黄河三角洲莱州湾西岸,由地方和油田共同投资兴建。工程体系包括防潮大堤 25.3 千米,回水堤 16.1 千米,中型进水闸 4 座,小型进水闸 10 座,生产桥 7 座,总投资 3.06 亿元。防潮大堤具备抵御 50 年一遇大海潮的能力,为东营市中心城建设和胜利油田生产、地方经济发展提供了安全屏障;同时能促进沿海 30 万亩滩涂开发,促进黄河三角洲高效生态经济发展。

2. 黄河南海堤工程

为东营市 2004 年为民承办的"双十"工程之一。起点在永丰河口北岸,止点在南防洪堤末端,工程轴线全长 35.6 千米,其中主堤段长 28 千米,永丰河回水堤 4.1 千米,南防洪堤与海堤衔接段长 3.5 千米。设计防潮标准为 50 年一遇,堤顶高程 4.6 米(黄海基面,下同),挡浪墙顶高程 5.7 米。2004~2005 年,市政府投资完成了工程施工。

3. 垦东防潮大堤

由东营市和胜利油田共同建设,南起永丰河,北至黄河南大堤末端,全长 40 公里,防潮标准 50 年一遇,工程等级为Ⅱ级,设计潮水位 3.63 米,海堤高程 4.6 米,防浪墙顶高程 5.7 米,堤顶宽 9.0 米。铺设 7 米宽二级公路,建设配套建筑物 15 座,其中挡潮闸、引排水闸 9 座,交通桥 6 座,管理平台 2 处,2 处万亩咸、淡水水源生态旅游观光保护区。自 2004 年 4 月 2 日开工,2005 年 9 月 29 日全线竣工。该工程完成后,形成东营市"南控广利,北挽黄河,东锁莱州湾,西抱中心城"的东部防潮体系。

五、自然保护区

黄河三角洲自然保护区是黄河水沙造陆运动形成的新生湿地生态系统,较完整地保存了大面积天然林木、草场和湿地,1992 年被国务院批准为国家级自然保护区。保护区总面积约 15.3 万公顷,分为南北两个区域:南区位于清水沟入海口附近的大汶流草场,面积 10.45 万公顷;北区位于黄河口(孤岛)林场和一千二林场,面积 4.85 万公顷。

保护区内存有各种生物 1917 种,其中水生动物 641 种,属国家一、二级保护的 9 种;鸟类 269 种,属国家一、二级保护的 41 种;植物 393 种,属国家重点保护的野生大豆 8000 公顷,天然草场 51000 公顷,天然柽柳林 8100 公顷,人工刺槐林 12000 公顷。

2003 年的黄河口自然保护区(丁字路口附近)

黄河口芦荻

在黄河三角洲国家级自然保护区越冬的丹顶鹤

第三节　社会经济开发

　　历史上,黄河三角洲由于尾闾河道摆动频繁,人烟稀少,经济不发达。20 世纪 50 年代以后,国家重视黄河口治理及黄河三角洲开发建设。60 年代胜利油田崛起后,黄河三角洲社会经济状况发生巨大变化。

一、开发范围

1983 年东营市建立后,对黄河三角洲开发范围界定为:以垦利县宁海为顶点、北起徒骇河口、南至支脉沟口的一块冲积扇,总面积 5400 平方千米,海岸线长度 180 千米。

20 世纪 90 年代,山东省政府为适应社会经济发展需要,开始启动"建设海上山东"和"开发黄河三角洲"两大跨世纪工程,把近代黄河三角洲界定为东营市和滨州市两个行政区域的全部,含东营市的三县两区及滨州市的六县一市,共 12 个县(市)区,总面积 17687 平方千米。

二、环境

(一)气候

东营市地处中纬度暖温带半湿润地区,属暖温带大陆性季风气候,雨热同季,四季分明。多年平均气温 12.5 摄氏度,无霜期 206 天。年平均降水量 555.9 毫米,年际变化大。

(二)地形地貌

黄河三角洲地势总体平坦,西高东低,南高北低。西南部最高高程 28 米(黄海基面,下同),东北部最低高程不足 1 米;自然比降 1/8000~1/12000。

由于黄河决口改道频繁,三角洲新老堆积体互相套叠,形成岗、坡、洼地相间的复杂微地貌形态。主要地貌类型有缓冈、河滩(包括故道)及决口扇高地、泛滥淤积微斜平地、河间及背河洼地、滨海低地与湿地、蚀余冲积岛及贝壳岛等。其中,河滩高地是黄河摆动泛滥堆积而成的,以粉质沙土为主,地势相对高于周边 2~3 米;滨海低地与湿地泛指沼泽化的积水洼地,分布范围包括黄河故道河间洼地及滨海区新生湿地,总面积约 3500 平方千米。

(三)河流水系

流经黄河三角洲的客水除黄河外,还有小清河、支脉河、淄河等。小清河源于济南诸泉,过境长度 34 千米,年平均水量 7.7 亿立方米。支脉河源于淄博市高青县前池沟,过境长度 48.2 千米,可利用水量约 5.21 亿立方米。

黄河三角洲境内控制排涝面积在 100 平方千米以上的人工及自然河道有 12 条。其中,位于黄河以北的有马新河、沾利河、草桥沟、挑河、草桥沟东干流、神仙沟、褚官河、太平河,前 6 条独流入海,后 2 条汇入潮河;位于黄河以南的有小岛河、永丰河、溢洪河、广利河,皆为独流入海。

(四)海域

神仙沟以西海域(渤海湾)水深 0~20 米;神仙沟以南至小清河海区(莱州湾)水深 0~16 米;神仙沟岬角处向东北方向海水较深,最大水深超过 27 米。

1.潮汐性质

黄河三角洲大部分岸段为不正规半日潮,仅神仙沟口附近岸段表现为不正规全日潮。五号桩、东营港以西海区为不正规半日潮,五号桩、东营港附近海区为全日潮,五号桩、东营港以南海区又逐步变为不正规半日潮。

2. 无潮点

潮波进入渤海以后,受南部海底地形形态和水深较浅的影响以及海岸的阻挡而产生反射波。神仙沟老黄河口处于渤海湾的湾口,入射波和反射波在神仙沟口外形成驻波节点,附近出现一个 M2 分潮无潮点,地理坐标为北纬 119°03′57″,东经 38°08′41″。无潮点的位置变化趋势是向东偏南移动。

3. 潮时、潮差

无潮点两侧潮时变化很大。当无潮点以西处于高潮时,无潮点以南处于低潮;当无潮点以西处于低潮时,无潮点以南处于高潮。

三角洲沿岸潮差呈马鞍形分布,高潮发生的时间顺序是自西向东依次出现。神仙沟以北潮波节点附近潮差 0.4 米,有些日期不足 0.2 米。毗邻海区两侧潮差逐渐增大,距离越远,潮差越大,平均潮差 0.73~1.77 米。

4. 潮流及余流

三角洲海区分布南、北两个独特的大流速区潮流场,一个位于神仙沟口至刁口河口之间,由此向北、向西逐步递减,高流速区中心实测最大流速为 1.20 米每秒。另一个位于清水沟河口附近,由此向南逐步递减,高流速区中心实测最大流速 1.40~1.80 米每秒。

黄河三角洲沿岸海流除去周期性运动的潮流外,还有因风力作用、咸淡水混合造成的密度不均等因素,导致海水流动的余流。其特点是量值不大,但相对比较稳定,是一个不可忽视的输送泥沙动力因素。

三、资源

（一）土地

东营市土地总面积 1188.49 万亩,人均占有土地 6.85 亩,是山东省人均占有土地的 2.6 倍。其中耕地、园地、林地、牧草地及水域共 820.97 万亩,占总面积的 69.08%;居民点、工矿及交通用地 106.49 万亩,占总面积的 8.96%;未利用土地 261.02 万亩,占总面积的 21.96%。1855~1985 年,黄河平均每年淤地造陆 3 万~4 万亩;1985 年后,因黄河来水量减少,造陆速度趋缓。

（二）矿产

矿产主要有石油、天然气、卤水、煤、地热、黏土等。测算石油远景储量 80 亿吨,至 2005 年底,胜利油田累计探明石油地质储量 46.1 亿吨、天然气地质储量 2137.43 亿立方米,其中气层气 382.39 亿立方米。已投入开发 68 个油气田,累计生产原油 8.53 亿吨,累计生产天然气 407.6 亿立方米。

渤海沿岸储有大量的高浓度卤水,浅层储量 2 亿多立方米,深层盐矿、卤水主要分布在东营凹陷地带,推算储量 1000 多亿吨,具有发展盐化工的巨大潜力。

煤的发育面积约 630 平方千米,主要分布于广饶县东北部、河口区西部,因埋藏较深,尚未开发利用。

地热资源主要分布在渤海湾南新户、太平、义和、孤岛、五号桩地区及广饶、利津部分地区,地热异常区 1150 平方千米,热能储量折合标准煤 1.3 亿吨。

(三)生物

生物资源门类广泛,其中农作物品种数百个;木本植物44科79属179种(含变种),其中用材树种主要有刺槐、毛白杨、旱柳、国槐、白榆等,经济树种主要有苹果、梨、枣等;草场类植物有35科84属93种;中草药类植物300余种,其中有采集价值的近70种;浮游植物116种,其中蕨类植物4种。畜禽类约11科20余种40多个品种,主要有猪、牛、羊、鸡、家兔等;鸟类48科270种,其中国家一级保护鸟类7种,二级保护鸟类33种;水生动物有641种,其中有淡水鱼类108种、海洋鱼类85种;主要经济鱼品种有草鱼、鲫鱼、鲤鱼、鲈鱼、刀鱼等。

四、东营市社会经济简况

东营市位于北纬36°55′～38°10′,东经118°07′～119°10′,南北最大纵距123千米,东西最大横距74千米,总面积7923平方千米,占据黄河三角洲主体地位。

经过多次行政辖区调整,2005年底东营市辖东营、河口2个区,广饶、利津、垦利3个县,共计20个镇、16个乡、9个街道办事处,1762个村民委员会。

2005年末,全市总人口180.5万人,其中农业人口76.75万人,非农业人口103.75万人。生产总值1166.14亿元,其中地方生产总值583亿元。

五、自然灾害

主要气象灾害有霜冻、干热风、大风、冰雹、干旱、涝灾、风暴潮灾等。其中,近百年来发生的潮位高于3.5米(黄海基面)的风暴潮灾有7次。1990年7月6～19日、1992年8月1日、1997年8月19日发生的风暴潮,直接经济损失都在亿元以上。

1991年6月26日,黄河口地区发生大面积蝗灾,达到国家规定防治指标的52万亩,其中每平方丈(1平方丈≈11.11平方米)5000只以上的重灾区4万多亩。

1999年8月8～14日,东营市境内连续降雨,最大降雨量282毫米,黄河防洪工程雨毁严重。

六、开发状况

东营市建制后,研究制定的黄河三角洲综合发展战略是:从油气勘探开发起步,多层次、全方位开发国土资源,大力发展石油化工和盐化工,加强农业、基础设施和科技教育,不断优化产业结构,建设以石油和石油化学工业为主导的工业生产基地和以粮棉牧渔为主的农业生产基地,把东营市建设成为现代化开放型的新兴工业城市。

为开发决策科学化,在国家有关部门的关心和山东省委、省政府支持下,东营市于1988年6月组织召开黄河三角洲经济开发与河口治理考察研讨会、黄河三角洲经济技术社会发展战略研讨会。在这两次会议上,众多高层领导、专家和学者提出许多重要见解和建议,使黄河三角洲开发进入理论研究与实际工作双轨驱动的新阶段。

1989年,黄河三角洲被列为全国八大农业开发区之一。

1990年12月21日,东营市委、市政府批准建立黄河三角洲市级自然保护区,借以改善生态环境,保护、拯救珍贵野生动物。

1989 年,黄河三角洲被列为全国八大农业开发区之一

1992 年,山东省把黄河三角洲开发列为两大跨世纪工程之一。10 月 27 日,国务院正式批准建立山东省黄河三角洲国家级自然保护区。

1993 年 3 月,国务院正式批准将东营市区列入沿海经济开放区,使黄河三角洲有了直接对外的窗口。

1994 年,国家计委、科委把黄河三角洲开发作为优先项目之一列入《中国 21 世纪议程》,成为联合国开发计划署支持的第一个援助项目。

1995 年,中央农村工作会议确定把黄河三角洲建设成千万亩以上的粮棉生产基地。

1999 年 5 月,中国工程院、中国农学会、中国林学会等 7 家单位的 40 多名专家联名向国务院呈送《关于建立黄河三角洲国家高效生态经济区的建议》。8 月,山东省政府正式将开发计划上报国务院。

2001 年 3 月,九届全国人大四次会议把发展黄河三角洲高效生态经济正式列入国家"十五"计划纲要。3 月 31 日,东营市编制的《黄河三角洲绿色产业示范区总体规划》,在北京通过 UNIDO 绿色产业专家委员会组织的专家论证。规划确定,第一阶段 2001 ~ 2005 年为绿色产业启动建设阶段,建成绿色产业面积 100 万亩;第二阶段 2006 ~ 2010 年为绿色产业经济体系全面构建阶段,绿色产业领域要扩展到工业和第三产业,使黄河三角洲成为国际知名的独具特色和优势的绿色产业示范区。4 月 1 日,UNIDO 中国投资促进处正式确认东营市为山东省东营国际绿色产业示范区。

东营市黄河三角洲国家生态经济示范区严格按照总体规划确定的各项目标任务,致力于生态脱贫和生态致富,努力改善区域生态环境质量,提高资源利用率,促进人与自然和谐相处。2005 年 10 月 17 日顺利通过山东省环保总局组织的专家审查验收。

第二章　河口治理

为解决经济社会开发建设与黄河尾闾流路变迁不定的突出矛盾,东营市和胜利油田在1984年底提出"稳定清水沟流路40~50年"的要求。

1987年,清水沟流路达到设计的10~12年行水年限后,水利部、石油部和黄委联合下达黄河改道北股的决定。胜利油田为保护建成不久的孤东油田,请求主管部门收回成命,采纳延长清水沟流路行水年限的建议,开展人工治理河口活动。征得黄河部门同意后,1988年4月6日召开的东营市、胜利油田及东营黄河修防处主要负责人参加的黄河入海流路整治工作会议决定:成立胜利油田河口疏浚领导小组,下设胜利油田黄河口疏浚工程指挥部,立即进行河口疏竣试验工程。其后,在西河口以下采取综合技术措施对清水沟流路进行人工整治取得明显效果,受到各级领导和专家的肯定。

第一节　研　讨

建国以来,对黄河口治理的研究探讨工作从未中断。但以往的研究重点大多是围绕油田的生产需要,对防洪工程建设和入海流路安排进行研究。东营市和胜利油田提出稳定清水沟入海流路40~50年的要求后,引起强烈的社会反响,也引起党和国家领导人的重视。黄河口治理研究成为新的热点。

一、河口治理研究开展状况

由于稳定黄河口几十年是前无先例的新课题,涉及思想观念、治黄方略、资源投入等深层次问题,意见分歧较大。

为了促成认识的升华和统一,胜利油田委托中国水利水电科学研究院和山东河务局开展咨询和研究,两家得出的初步结论是:稳定清水沟流路30年以上是可能的。在此基础上,东营市和胜利油田又多次组织有关方面的专家、学者及新闻媒体到河口进行实地考察调研,召开学术交流会议,对河口治理技术措施进行探讨,认真听取各方面的观点和意见。1985年前后,以稳定黄河入海流路为主的各种理论观点应运而生,先后提出的主张和见解包括:挖沙降河,疏浚拖淤,分洪放淤减沙,加高堤防及整治河道,大小水分流,计划改道轮流走河,三角洲顶点下移等。通过多次研讨,在政界和学术界达成一种共识:充分利用现代科学技术优势和社会经济发展条件,保持清水沟流路相对长期稳定不仅是必要的,而且是可能的。

1988~1993年开展河口疏浚整治试验取得初步成效后,党和国家领导人先后发出加强河口治理研究的指示,国家科委亦把黄河河口治理研究课题纳入"八五"和"九五"科技攻关项目。许多科研单位、大专院校纷纷制订立项计划和研究目标,使黄河口治理研究工作形成多学科交叉和多专业配合的强大阵容。

1991 年 10 月 17～21 日,国家能源部、水利部和黄委联合在东营召开黄河入海流路规划查勘研讨会。与会专家一致认为:尾闾河道摆动顶点应由宁海下延到清 7 断面,清水沟入海流路继续行河 30～50 年的方案是可行的。

1992 年 1 月 23～24 日,黄河三角洲经济社会发展研究会在北京成立。全国人大常委会副委员长费孝通、全国政协副主席钱伟长、国务院发展研究中心主任马洪与山东省省长赵志浩一同当选为名誉会长;山东省副省长王建功被选为研究会会长。

1992～1993 年,为适应黄河口治理研究需要,黄委水文局成立黄河口海岸科学研究所,黄河河口管理局成立黄河口治理研究所,东营市政府成立黄河口泥沙研究所,成为专门从事河口治理研究的组织机构。

1993 年 10 月 20～25 日,第九届中日河工坝工会议在济南召开。会议主要议题是河口治理、堤防技术、城市河道管理和大坝安全管理技术等。

1994 年 10 月 31 日至 11 月 2 日,东营市、胜利石油管理局和黄河河口管理局共同组织召开黄河河口治理总结暨学术研讨会。与会人员实地考察尾闾河道状况后,进行了学术论文交流。

1995 年 7 月 27 日,东营市主持召开黄河口演变与治理学术讨论会,应邀到会的中外专家、学者畅所欲言。中共东营市委书记李殿魁作题为“稳定黄河现行入海流路的实践与理论思考”的学术报告。

1997 年 5 月 21 日,联合国开发计划署资助的“支持黄河三角洲可持续发展”(简称UNDP 项目)国际研讨会在北京中国科技会堂举行。该项目是东营市政府在 1994 年 4 月组织申报的。中国水科院、黄河口泥沙研究所、黄河口治理研究所等单位相继完成了分担的研究课题。

1999 年 7 月 23～25 日,黄委主持的黄河口治理专家研讨会在河口管理局召开。与会专家学者就河口流路的安排、河口地区防洪标准、工程布置、挖沙降河及如何利用海洋动力消除拦门沙等问题进行交流探讨。

1993 年,东营市委书记李殿魁在河口治理研讨会上

1994年,清水沟流路十八年座谈会在东营修防处召开

1994年黄河河口管理局局长袁崇仁在河口治理年会上

1996年6月15日举行纪念清水沟行河二十周年座谈会

2000年12月27日,山东土木工程学会主持召开黄河口治理学术研讨会,收集学术论文175篇。

2003年3月23日，由中国水利学会和黄河研究会主办，东营市政府、胜利石油管理局、山东黄河河务局协办的黄河河口问题及治理对策研讨会在东营市开幕。有关部委、科研院校的专家学者，新华社、《人民日报》等中央及省市媒体的新闻记者共200多人参加会议。与会人员从防洪安全、生态环境、社会经济发展等不同角度，探讨黄河河口整治对策与开发模式，通过了《关于加强黄河河口研究及加快治理步伐的建议》。

2004年7月6日，黄委国际合作与科技局主持的中荷黄河三角洲生态环境研讨会在东营市召开。中荷双方对黄河三角洲现状及存在问题进行了交流。会议确定的5个合作项目中，"黄河河口生态需水量研究"列于首位。

二、主要课题研究状况

（一）海洋动力研究

河口的淤积延伸速率除取决于径流的来水来沙条件外，还取决于海域条件。在某一入海流路方位确定后，随着河口的淤积延伸，部分地改变了海洋动力边界条件，造成局部地区海水流动特性的变化，这种变化反过来又影响河口的淤积延伸。

20世纪80年代初，中国水科院就利用数学模型计算研究了这种变化，分析结果是：河口的淤积延伸对其附近的潮流流速起影响作用；河口无潮点延伸，附近的潮流速将逐渐增大；黄河三角洲北部岸边的形状对无潮点位置及三角洲东北角的潮流速影响较大，东部岸边的形状对无潮点及东北角的潮流速影响较小。如果人工干预，适当引导河口淤积方位，可以减小河口淤积延伸速率。

清水沟自1976年黄河入海流路行水后，新老黄河口海岸及海底地形发生的剧烈变化，引起海洋动力状况的变化。黄委水科院进行的数值模拟计算结果表明，河口延伸对河口附近潮流速的大小和方向有明显影响。岸线的延伸使河口沙嘴北部和南部近岸区潮流速有所减小，南部旋流范围增大。

中国科学院海洋科学研究所对1976年以后海洋动力条件的计算结果显示：M2分潮的无潮点位置自1976年至1994年由北纬38°06′、东经119°02′转移到了北纬38°04′、东经119°04′，向东南移动5千米左右。大部海区的最高天文潮位增大约20厘米。最大可能潮流速也逐渐增大，老黄河口区由120厘米每秒增大到170厘米每秒，新黄河口区由60厘米每秒增大到120厘米每秒左右。在河口沙嘴头部的东偏南侧，无论最大可能潮流或风暴潮流都出现一个强流区，其流速已从1976年的50厘米每秒增大到120厘米每秒以上，1988年后随着沙嘴南移强度有所减弱。这些变化有利于入海泥沙向外海扩散，对减缓河口沙嘴淤积延伸将产生重要作用。

《黄河口演变规律及整治研究》对以上计算结果进行分析后认为：1976年以来，随着河口的淤积延伸，老黄河口出现的蚀退，使局部海岸边界发生了很大变化，海洋动力也相应地发生了变化，总的趋势是河口海区海洋动力增强了，有利于泥沙向外海扩散。但这个趋势能否继续下去，还不能断言。要想确切预测，需要用更精确的数学模型或物理模型做深入分析和研究。

（二）清水沟行河年限研究

为弄清清水沟流路行河潜力到底有多大，中国水科院和山东黄河河务局分别进行了计算。两者选取统一计算标准,都是采用西河口10000立方米每秒洪水位12.00米(大沽基面,下同),以不加高大堤为条件。

中国水科院的计算结果是:从1985年算起,清水沟流路还可以再使用50年而不必加高西河口大堤。如果再加上调节小水、改造河口河道等措施,流路寿命尚可延长20年,共计70年。

山东河务局计算结果是:从1987年算起,按现行流路→北汊1→北股先后行河次序,清水沟行河时间共计35年;若再计入十八户流路(即清水沟流路以南地区)及各汊股间未用海域行河容沙历时,清水沟行河时间可达50年左右。

黄委1989年8月完成的《黄河入海流路规划报告》中得出了相似结论。

黄河水利科学研究院根据神仙沟及刁口河流路末期演变特征值和清水沟流路改道标准,进行计算后得出结论:从2002年开始,以河口年均来沙量5亿吨考虑,在西河口10000立方米每秒控制水位12米的情况下,清水沟流路使用年限最短为11年,最长为23年;在控制水位13米的情况下,使用年限最短为20年,最长为43年。

黄委水文局以清8出汊流路达到极限河长时的位置计算清8汊河使用年限为15~38年,清8断面附近为出汊顶点,清水沟流路还有69年的行水期限。

黄委勘测规划设计研究院在2000年9月完成的《黄河河口治理规划报告》中,预测清水沟流路可继续行河50年左右。

2001年完成的《延长黄河口清水沟流路行水年限的研究》,对清水沟流路行河年限进行了预测:自1993年算起,在工程治理和新的水沙条件下,清水沟流路还可以行河40~50年;若在刁口河分洪的条件下,清水沟流路还可以行河70~80年;在此基础上再辅以常年疏浚措施,抑制河道萎缩,清水沟流路还可以行河100年以上。

(三)河口防洪工程建设可行性研究

山东河务局在2001年编制的《黄河河口2001~2005年防洪工程建设可行性研究报告》(以下简称《可研报告》)中确定的工程建设内容除加高帮宽堤防及堤顶硬化、加高加固险工、新建及续建河道整治工程、防汛道路建设、挖河疏浚工程外,还安排了工程管理设施、提出了对河口防洪工程实行统一管理的框架、开展河口基础工作和科学试验研究的范畴。

2002年12月25日,黄委在郑州召开会议,对《可研报告》进行初步审查,原则同意《可研报告》内容。

(四)生态环境研究

2003年4月,黄委立项开展河口淡水湿地生态环境需水量研究。中国、荷兰共同考察黄河口湿地保护和水资源利用情况后,在共同起草的项目建议书中指出:尽快开展黄河口生态生态保护的需水研究,提出满足河口湿地生态演替基本用水需求和黄河水量的补给要求,对促进河口生态湿地的修复,优化黄河水资源的合理配置具有重大意义。

2004~2005年,河口管理局在"河口生态最小需水量研究"中得出初步结论:在不考虑输沙入海需水量情况下,为了维持黄河水生物生存,修复河口地区湿地生态系统及近海水生物,利津站全年的最低流量应保持在230立方米每秒以上。另外,每年4~6月为保证河口近海鱼类产卵季节需水,应保持流量在300立方米每秒以上。全年生态环境最小

冬天的黄河口湿地

需水量 73 亿～93 亿立方米。

（五）高位分洪工程研究

《延长清水沟流路行河年限的研究》对黄河口高水位分洪的必要性和可行性进行了研究。基本立意是在北大堤罗家屋子处修建一座过水能力 3000 立方米每秒左右的分洪闸，当黄河发生 10000 立方米每秒洪水、西河口水位有可能超过 12.00 米（大沽基面）时，利用分洪闸分泄洪水并沿刁口河流路向北部海域入海，以便降低河口地区洪水水位，为清水沟流路设置一座"安全阀"。分洪工程体系包括分洪道二级河槽宽 630 米，按黄河下游堤防等同标准修建两岸堤防各长 45 千米，堤距 5200 米。

分洪工程既可作为延长清水沟流路行河年限的辅助措施，同时利用分洪携带的泥沙，向北部海域输送，以起到造陆淤滩、减少海岸侵蚀危害，为埕岛油田变海油陆采提供条件，降低采油成本的作用，还可为近海鱼类繁殖提供丰富饵料，改善生态环境。

三、主要研究成果

继 1986 年 9 月中国水科院完成《稳定黄河口在清水沟及其以南四十到五十年的研究（论证报告）》，山东河务局完成《关于延长黄河河口现行流路使用年限的技术咨询报告》之后，国家科委于 1993 年将黄河口研究列入"八五"国家重点科技攻关项目。1995 年 12 月，中国水科院组织相关单位完成《黄河口演变规律及整治研究》报告。该成果先后获得 1997 年水利部科技进步一等奖、1998 年国家科技进步二等奖。

1994 年 9 月，东营市黄河口泥沙研究所、黄河口治理研究所与国家科委社会发展司、水利部科技教育司联合签署"八五"国家重点科技攻关计划增项专项合同（专项编号 85 - 925 - 23）。2002 年 3 月完成的《延长黄河口清水沟流路行水年限的研究》报告，获 2002 年山东省科技进步二等奖。鉴定专家组认为：该项研究成果总体上达到国际领先水平。

除以上几项集体研究成果外，许多专家学者还以个人名义独立或合作撰写专著、课题报告、学术论文等研究成果多项。

1989～2005年，河口管理局组织全体职工，开展河口治理研究工作，在国家和地方科技刊物上登载、学术会议上交流的论文350余篇，先后出版个人专著1部，主持或参加完成专著4部，研究报告36项，独立或合作撰写论文75篇。

研究成果专著

四、存在的问题与争议

黄河口治理研究工作存在的主要问题是：参与研究的科研单位条块分割，制约有关学科的紧密结合和信息情报资料的交流共享，导致在河口治理措施上存在不同争议，如对黄河口演变规律的争议、挖沙降河争议、加高大堤争议、河口改道争议等，影响主管部门提出可供国家决策的正确方案。

第二节　规　划

一、黄河入海流路规划报告

20世纪80年代中期，胜利油田处于高速度勘探、大规模开发时期，建立不久的东营市亦在制定综合开发和建设黄河三角洲的全面规划和布局。东营市和胜利油田的领导在进行决策过程中认为：黄河口地区社会经济的发展既离不开黄河的水资源保障，又受到河口洪水位不断抬高的威胁。如何解决经济开发建设与黄河尾闾流路变迁不定的突出矛盾，成为需要解决的现实问题。因此，积极要求把黄河河口治理纳入到治黄总体规划中。1985年9月24日，国家计委副主任徐青在东营市主持召开的河口治理会议上确定，黄河河口治理规划的任务以水电部为主、石油部配合，先提出一个最近两三年的治理意见，再提一个较长期的全面规划。根据这一要求，经各方面协作与配合，黄委勘测规划设计研究院在1989年8月完成《黄河入海流路规划报告》的编制。该规划把稳定清水沟流路的运用方案拟订为：按现行河道→北汊1→北汊2顺序有计划地安排尾闾流路位置，控制西河口水位12米（大沽基面，下同）时，清水沟行河时间可保持30年左右；控制西河口水位13

米时,可保持 50 年左右。对于近期需要修做的防洪和河道整治工程亦作了相应规划,计需土方工程 2368 万立方米,石方工程 67 万立方米,混凝土工程 0.4 万立方米,总投资 3.26 亿元。对于黄河口远景入海流路亦作了轮廓安排,推荐刁口河和马新河作为清水沟之后的备用流路。

1991 年 12 月 18 ~ 20 日,水利部受国家计委委托,在北京组织相关部门领导和专家审查并通过《黄河入海流路规划报告》。

1992 年 10 月,国家计委在下达给水利部的计农经〔1992〕1842 号文《关于黄河入海流路规划的复函》中原则同意并批准实施。

二、其他规划

在《黄河入海流路规划报告》编制和审批期间,有关部门还就河口治理问题编制过一些专题性规划。其中包括山东河务局在 1990 年 3 月完成的《黄河河口治理开发意见的报告》、山东省农委编制的《黄河三角洲地区开发建设一千万亩商品粮基地总体规划报告》、河口管理局编制的"九五""十五"河口防洪工程建设规划等。

1995 年以后的河口治理规划中,由单纯对防洪和流路安排,逐渐转变到三角洲的综合治理规划。特别是针对黄河口突出存在的洪水、风暴潮威胁、黄河断流干河频繁等问题,政界和学术界一致认为,必须结合小浪底水库建成运用后黄河水沙变化的新情况,对黄河口治理进行全面规划。为此,黄委勘测规划设计研究院按照水利部指示,1997 年再度开展黄河河口治理规划工作,2000 年 9 月完成《黄河河口治理规划报告》的编制,对河口地区防洪、防潮减灾、水资源利用、滩涂资源开发进行了全面规划,提出了近期(2010年)和远期(2020 年)的治理目标,建设项目静态总投资估算为 546411 万元。2002 年 11月,水利部组织相关部门的领导、专家和院士,对上述规划进行审查,原则同意。

2004 年 12 月,东营市林业局、国土资源局等七局委联合编写的《东营市湿地保护工程规划》得到市政府批复。位于黄河入海口的垦利县也编制了《黄河入海口湿地生态系统保护 2004 ~ 2010 年规划方案》,被列入全市国民经济和社会发展计划。

三、黄河入海流路治理一期工程项目建议书

(一)项目审批

根据 1992 年 10 月国家计委下达给水利部的《关于黄河入海流路规划的复函》意见,山东河务局于 1993 年 4 月 13 日向黄委报送《黄河入海流路治理一期工程项目建议书》(以下简称《项目建议书》),建议在 1994 ~ 1998 年内安排的河口治理工程项目包括:北大堤顺六号路延长及孤东南围堤加高加固、南防洪堤加高加固及延长、十八户以下河道整治、清 7 以下堵串及疏导、北大堤淤临、北汊 1 改道引河开挖、管理设施及通信系统建设等。6 月 28 日至 7 月 5 日,水利部派技术专家组到河口进行实地查勘,对《项目建议书》进行讨论修改。专家组认为:为保证河口地区防洪安全和稳定清水沟流路三十年,尽快实施《黄河入海流路规划报告》中拟订的近期治理措施是十分必要的。

1993 年 12 月 11 日,水利部和山东省人民政府联合向国家计委报送《关于报送黄河

入海流路治理一期工程项目建议书的函》,指出:根据国家计委对《黄河入海流路规划报告》的批复,水利部会同山东省政府、胜利石油管理局、黄委等单位及专家对建议书进行了初步审查,就一期工程安排取得一致意见。初步核定总投资为36984万元,建议由中国石油天然气总公司、水利部、山东省按照5:2:1比例分担。

1995年1月12日,水利部、山东省政府、中国石油天然气总公司联合向国家计委报送《关于黄河入海流路一期治理工程补充意见的函》,指出:1994年12月对河口治理有关问题再次进行协商后,提出三条补充意见:一是关于建设分工问题;二是关于建设资金问题;三是关于运行管理费问题。

1996年2月6日,国家计委以计农经〔1996〕238号文正式批复:同意实施《项目建议书》中所列的一期工程建设内容,并明确投资总额为36416万元,分别由水利部承担10437万元,山东省政府承担5000万元,中国石油天然气总公司承担20979万元。对工程建设和管理的意见是:石油部门负责崔家护滩及其以下黄河北岸治理工程的建设与管理,主要项目包括北大堤顺六号路延长及孤东油田南围堤加固和险工修建,崔家—清7之间的河道整治工程,北大堤淤临防护工程,北汉1改道引河开挖工程等;水利部和山东省政府负责崔家护滩以下南岸及其以上的河道治理工程,黄河两岸的管理、通信设施的建设与管理,主要项目包括南防洪堤加高加固及延长工程,中古店及十八户—清6的河道整治工程,河口河务局及4个河务段、1个机动抢险队的办公与生活基地建设、管理设施配置等,通信干线、支线建设及设备配置。所有建设项目按5年工期进行安排。

根据国家计委的批复,各方开始进行施工安排。截至2005年,一期工程安排的南岸工程项目全部完成,北岸工程项目基本完成。

(二)水利部和山东省承担项目实施情况

水利部和山东省承担的10个建设项目(详见表4-6)分别为南防洪堤加高加固工程、十八户控导工程、中古店控导工程、清4控导工程、十八户闸除险加固工程、护林控导改建工程、东营区河务局机关通信设备搬迁工程、河口区河务局—丁字路口800兆集群移动通信系统扩容工程、河口地区微波电路改造工程、管理设施建设工程,总投资15437万元。实施期间,又利用节余资金安排5个建设项目,分别为河口管理局—东营区河务局数字微波通信工程、河口区河务局微波站至新建防汛调度楼通信工程、河口区河务局住宅楼工程、河口区河务局房屋工程、2003年河口治理控导加固工程。黄委和山东河务局分别对上述15个建设项目的初步设计和施工详图设计进行批复,主要工程量为土方454.87万立方米,石方9.63万立方米,总投资13320.12万元。截至2005年,水利部和山东省下达建设计划资金共14000万元,其中,水利部9000万元资金全部到位,山东省5000万元资金实际到位3000万元。

根据资金到位情况,河口管理局作为建设单位,先后安排有关项目的施工。共计完成土方工程486.14万立方米、石方工程11.55万立方米、混凝土0.14万立方米、模袋混凝土2.93万平方米,累计完成投资13111.92万元。

表4-6　黄河入海流路治理一期工程南岸项目实施情况一览表

项目名称	投资(万元)			完成工程量(万 m³)		
	初设批复	详设批复	实际完成	土方	石方	混凝土
1. 南防洪堤加高加固	8230.8	7303.03	6658.43	395.98		
2. 十八户控导	1497.32	1497.32	1497.32	44.62	3.52	
3. 东营区局机关通信搬迁	38.90	38.90	38.90			
4. 中古店控导	931.28	870.10	870.10	14.66	3.11	
5. 垦利十八户闸	618.64	632.80	632.80	14.79	0.58	0.14
6. 清4控导	1242.54	1114.01	1114.01	14.02	2.57	
7. 河口治理管护设施	215.90	215.90	215.90			
8. 护林控导改建	126.45	105.35	105.35	0.23	0.38	
9. 800兆集群移动系统扩容	135.11	135.11	135.11			
10. 河口地区微波电路改造	160.04	160.04	160.04			
以下为节余资金又安排项目						
11. 管理局数字微波工程	28.57	28.57	28.57			
12. 河口区局微波工程	38.86	38.86	38.86			
13. 河口区局住宅楼	362.60	362.60	226.74			
14. 河口区局房屋工程	501.89	501.89	429.55			
15. 2003年河口控导加固	320.42	315.64	315.64	1.84	1.39	
合计	14449.32	13320.12	13111.92	486.14	11.55	0.14

说明:混凝土工程量中未计入十八户控导混凝土模袋沉排12991m²、清4控导混凝土模袋沉排16305m²。

（三）中国石油天然气总公司承担项目实施情况

石油部门承担的黄河入海流路治理一期工程建设项目投资20979万元,胜利石油管理局作为项目法人,代表原中国石油天然气总公司实施崔家护滩以下(含崔家护滩)北岸治理工程的建设与管理。1988～2005年,共计完成投资21181.87万元,工程量为土方516.22万立方米、石方7.80万立方米、混凝土及钢筋混凝土6736立方米。工程建设完成情况为:

（1）北大堤顺六号路延长及孤东南围堤加高加固工程,完成六号路堤段加高长14.4千米。孤东南围堤加高加固工程,由于南岸对应计划实施段(南防洪堤)存在的技术问题尚在研究中,黄河管理部门同意暂缓修建。

（2）险工建设工程中,三十公里险工全部建成。三十八公里和四十二公里险工规划修建 13 段坝,由于处在淤临工程中,已经完成 7 段,剩余 6 段坝暂缓实施。

(3)河道整治工程中,崔家护滩规划修建 24 段坝(垛),已经建成 17 段;八连护滩规划修建 4 段坝(垛),实际建成 5 段;清 3 控导工程规划修建 24 段坝(垛)全部建成。

(4)北大堤滚河防护和淤临工程,自神仙沟闸至六号路尾长 36 千米全部完成。

(5)清 7 以下堵串及临时疏导工程全部完成。

(6)北汊 1 改道引河开挖工程因 1996 年清 8 改汊,延缓了北汊启用时间,暂缓实施。

各单项工程实施情况见表 4-7。历次修工情况已在第二篇有关章节中记述。

表 4-7   胜利油田完成入海流路治理一期工程情况表

工程名称	实施年份	完成投资(万元)	备注
北大堤顺六号路加高加固	1990~1992 2001~2003	4328	
三十八公里及四十二公里险工	1992~1994	1014	规划 13 段,完成 7 段
崔家护滩	1994~1999	2416	规划 24 段,完成 17 段
八连护滩	1994、 1996~1999	689	规划 4 段,完成 5 段
清 3 控导	1993、2000	1420	规划 24 段,全部完成
北大堤防护淤临工程	1993~1998、 2000~2001	8498	长 36 千米全部完成
北汊 1 改道引河开挖	1995	40	未实施
清 7 以下堵串、疏浚、管护		2432	
黄河口治理研究		344	
合 计		21181	

说明:此表录自胜利油田编写的《黄河入海流路治理一期工程项目建设管理工作报告(北岸)》。

四、黄河河口治理规划报告

由于河口防洪、防潮工程体系不完善,洪水及风暴潮灾害的威胁依然存在;断流和水质污染越来越严重,水资源供需矛盾突出。根据河口地区出现的新情况和小浪底水库建成后黄河下游的水沙变化情况,黄委勘测规划设计研究院于 1997 年开展了河口治理规划编制工作。在充分征求各方面意见之后,2000 年完成《黄河河口治理规划报告》的编制,对河口地区的防洪、防潮、水资源利用、滩涂资源开发进行全面规划,提出近期(2010 年)和远期(2020 年)工程建设目标,对规划方案进行环境影响评价和社会经济综合评价。

2002 年 11 月 6~8 日,水利部水利水电规划设计总院(简称水利部水规总院)在北京召开会议,对《黄河河口治理规划报告》进行审查,原则同意该规划报告,并将审查意见报送水利部。

水利部考虑到黄委即将启动《黄河河口综合治理规划》的编制,暂停《黄河河口治理规划报告》的审批。

五、黄河河口综合治理规划

2003 年 3 月 21～25 日,黄河河口问题及治理对策研讨会在东营召开。会议由中国水利学会、黄河研究会主办,东营市政府、胜利石油管理局、山东河务局协办。来自全国水利、海洋、环境等行业的近二百名院士、专家、代表参加会议。与会人员从防洪、生态环境、社会经济发展等不同角度,对黄河口治理与开发进行研讨,提出《关于加强黄河河口研究及加快治理步伐的建议》。

2003 年黄河河口问题及治理对策研讨会

根据会议上专家们的建议和水利部领导指示精神,黄委编制了《黄河河口综合治理规划任务书》,拟定规划内容包括水利、生态环境、经济社会发展、海洋、科研、管理等方面。

2003 年 11 月 21 日,水利部水规总院在北京召开会议,对黄委上报的《黄河河口综合治理规划任务书》进行审查。国家发改委、财政部、水利部、国家防办、清华大学、水科院、水规总院、黄委、山东河务局、东营市人民政府、胜利石油管理局等单位的专家和代表参加会议。

会后,组织有关单位和人员着手进行规划编制。2005 年底,完成规划送审稿。

六、黄河河口近期治理防洪工程建设可行性研究报告

2003 年,山东河务局和河口管理局根据水利部和黄委批示,结合河口防洪实际,完成《黄河河口近期治理防洪工程建设可行性研究报告》的编制,上报黄委审定后转报水利部审批。

2004 年 6 月 30 日,水利部水规总院组织专家在东营市对上述报告进行审查,基本同意该报告。8 月,河口管理局根据审查意见完成对可研报告中包括的堤防加高、河道整治、挖河疏浚等建设内容进行补充完善,估算总投资 4 亿多元,再度上报水利部。由于水利部相关部门对资金筹措持有不同意见,规划计划司认为工程投资全部由国家承担不妥,

要求参照一期治理工程投资方案作出补充说明。山东河务局和河口管理局经过分析论证，又上报书面材料阐明河口治理投资应由国家承担的理由。水利部有关部门仍未达成一致意见，可研报告审批被搁置。

第三节　观　测

为掌握水沙运动对河口演变影响的基本规律，为科学研究积累资料，黄河水文系统及有关科研单位开展了下列方面的河口观测。

一、河流水文测验

1988年以前，主要依靠利津水文站提供河口水文观测资料。1988～1993年进行河口疏浚工程试验时，东营市胜利油田黄河口疏浚试验工程指挥部(以下简称疏浚指挥部)曾在丁字路口设立临时水文站进行汛期(7～10月)河流水文测验。2004年4月改建为正式水文站。观测情况已在第一篇第一章第二节记述。

二、河道演变观测

(一)河道大断面测量

清水沟流路行河以来，东营市境内共布设26个河道大断面。其中西河口以上布设14个，分别为麻湾、宫家、曹店、张滩、利津、王庄、东张、章丘屋子、一号坝、前左、朱家屋子、渔洼、COST、CS7；西河口以下，1996年前为清1、清2、清3、清4、清6、清7、清8、清9、清10等9个大断面，控制河道长度50千米左右；1996年尾闾河段改走清8汊河后，清8、清9、清10已不在行河路线上，另设汊1、汊2、汊3断面。

上述河道大断面测量的时间、内容、方法由黄委水文局(处)按全河统测要求定期实施，一般每年汛前、汛后各一次，特殊水沙情况下加测，每个断面测量范围包括两岸大堤之间的主槽和滩地，测量成果均由黄委水文部门统一整理汇编。

(二)河势观测

主要观测内容包括河势溜向变化、滩岸坍塌测量、岸高及生产堤测量、险工、护滩着溜情况等。此项工作除由水文部门进行外，主要由各县(区)河务局组织工程技术人员实施，一般在汛前、汛末统一进行普查后，分别编制图表逐级上报。

(三)险情观测

各处险工、护滩工程由河务段驻防修守。除汛前、汛末实施例行普查维修外，每届汛期都安排专人进行工程巡查和根石探摸，绘制断面图，判断根石稳定情况和坝身破坏情况。发现险情后，或及时采取抢险措施，或列入岁修计划。

三、滨海区测验

1989年以后，除黄河口水文水资源勘测局实施观测外，其他科研单位、大专院校亦根据课题研究需要，在北起套儿河口、南至小清河口的广大范围开展观测。

（一）滨海区固定断面测验

为掌握海岸线进退及滨海区冲淤变化动态,黄委水文局在北起沾化县海防乡湾湾沟口、南至寿光市羊口镇小清河口的滨海区共布置 36 个垂直于岸线方向的固定大断面,每年至少进行一次测验,一般安排在汛期以后。根据研究需要和资金情况,有的年份还对局部或全部断面进行加测。

（二）潮汐、海流观测

20 世纪 50 年代至 70 年代,黄河部门为进行滨海区水下地形测量,在黄河三角洲海区沿岸设立过一些临时潮水位观测站,进行临时或短期潮位观测,主要目的是进行水深改正,大部分只有 3~7 天观测时间的连续资料。80 年代开始在湾湾沟、五号桩、河口南烂泥等处设立过短期潮位观测站,一般在秋季进行一个月的连续观测。90 年代以后,胜利油田加快了海洋石油开发进程,开始在采油平台进行不间断的潮位观测。

1991 年 5~6 月,地质矿产部青岛海洋地质研究所进行《黄河口沉积动力学调查》课题研究时,曾在清水沟河口两侧及尾闾河道内布设潮汐观测站 4 个和综合观测站 28 个,通过历时 1 个月的河海动力作用同步观测,发现了河口流场切变带的存在。

1995 年 9 月 18~19 日,青岛海洋大学海岸带研究所与黄河口水文水资源局联合进行汛期河口多船同步观测,发现汛期入海口处存在着高度发育的、突变性很强的泥沙最大混浊带,导致黄河口拦门沙的形成和发育。

还有许多观测资料发现,整个渤海分为强潮流区和弱潮流区,位于黄河口沙嘴前沿的海域是第二强流区,位于东营海港北部的 M2 无潮区和渤海湾口北侧是第四强流区。这两个强流区形成的强流带直接承担着黄河口泥沙外输的任务。清水沟流路行河以来,沙嘴前沿出现强流带,莱州湾流场明显增强,输沙能力亦随之增强。强流速场的位置大约在 10 米等深线以外,宽 10 千米左右。

（三）水下地形测量

1988~1993 年,为研究河口泥沙输移规律,掌握河口延伸及水下坡体地貌变化动态,黄河口疏浚工程指挥部及胜利油田治河办公室安排专门资金,委托黄委黄河口水文水资源勘测局在每年汛前和汛末进行一次清水沟口外的滨海区地形测量,范围为河口两侧各 10 千米,面积 500 平方千米左右。围绕地形测量还进行潮位及海流观测、海底质取样、水温及含氯度测验、浮泥幺重测验等工作。

为了解河口冲淤规律及对下游河道的影响,取得小浪底水库修建前河口对水库运营方式影响的本底资料,为入海流路规划提供依据,黄委山东水文水资源局于 1992 年 5~10 月组织完成一次规模较大的黄河三角洲滨海区水下地形测量,测验范围北起沾化县洼拉沟口,南至广饶县小清河口,总面积 14000 平方千米,共布设 130 条测线,总长度 9226 千米,1993 年完成资料整编,1994 年由中国地图出版社正式出版 1:10 万水深图。

小浪底水库投入运用初期,为研究新的水沙条件对下游河道及河口演变产生的影响,黄委山东水文水资源局又于 2000 年 6~10 月进行了一次范围较大的黄河三角洲滨海区水下地形测绘。此次测量范围西起洼拉沟、南至小清河口的弧形海域,内侧岸线长 320 千米,测区面积约 14000 平方千米,测区内布设断面 130 个。

(四)河口拦门沙演变观测

受环境条件限制,黄河口拦门沙一直是滨海区测验的空白地区。1984年5～7月,在山东省组织进行海岸带调查时,黄委济南水文总站先后两次打破拦门沙是测量"禁区"的神话,在口门内外近20千米范围布设8个观测站,对拦门沙区河海动力及输沙情况实施同步观测。此后,又在1987年和1989年各进行一次。

河口拦门沙演变观测

1988～1993年进行河口疏浚工程试验期间,把打通拦门沙作为重点技术措施之一,每年都实施一次拦门沙演变观测。

1995年8月31日,黄委东营水文水资源勘测局开展的大流量、高流速拦门沙测验,在流量1500立方米每秒、流速高达4米每秒的情况下,获得圆满成功。

第四节 疏浚工程试验

1988年4月开始的黄河口疏浚工程试验是经山东河务局和黄委同意,由胜利油田投资的人工治理措施。至1993年基本结束时,共计完成土方工程1349.13万立方米,石方工程5.39万立方米,投资5851.87万元(含油田防护工程投资)。工程试验主要措施包括塞支强干、束水导流、河道清障、机船拖淤等。

一、塞支强干

黄河尾闾流路淤积严重、频繁改道的一个重要因素是近口河段支汊众多、水流分散、总体输沙能力降低。口门地区支汊分流分沙有利于黄河来沙向沙嘴两侧分布,对阻止沙嘴的快速淤积有一定的积极作用。但支汊又分散主河槽泄洪能力及水流挟沙能力,形成"分流必淤"局面,导致尾闾河段水位抬高,极易酿成河口地区的洪灾。因此,1988年开始河口疏浚工程试验时,决定对沟汊进行治理。

(一)河口沟汊

卫星图片显示,1985年以前河口沙嘴以上只存在一些规模不大的潮水沟。此后,潮间带的潮水沟数目增多,支汊出现。1987 年以后,口门沟汊发育加快。1988 年和 1992 年,大小沟汊都曾达到数十条,其中较大分水汊道 6 条。

(二)截堵情况

1988 年 2 月 27 日,实测北汊河过流已占大河流量的94%,主流改走北汊。4 月,开始进行河口疏浚治理工程试验,首先在 6 月 24 日完成北汊河截堵,使水流回归原河道入海。继之又在清 8 断面以下南岸截堵潮水沟 2 条,在北岸垦东 16 油区以下截堵潮水沟 3 条。截至 1992 年底,先后截堵自然潮水沟 80 余条。截堵沟汊中,宽度在 20 米以上、深度在 2 米以上的较大潮水沟、支汊 32 条。其中 1988 年截堵 6 条,1990 年截堵 7 条,1991 年截堵 14 条,1992 年截堵 5 条,累计完成土方填筑及捆抛苇(土)枕 185 万立方米。

捆枕进占截堵河口沟汊

(三)截堵方法

截堵河口沟汊,以木(钢)桩、苇(秸)、草袋、尼龙袋等堵口材料为主,采取立堵与平堵、软堵与硬堵、人工与机械相结合方式进行截堵。堵口过程中主要采用泥浆泵淤填加固坝体,加快闭气。在多次近海截流堵口的实践中,取得的作业经验是:软堵方法为主,避开大潮合龙,备足土料闭气,人机互为配合,临背加固并重。

二、束水导流

西河口以下滩面宽阔,河势宽浅散乱,感潮段长 30 千米左右。河水到达潮间带受海潮顶托后形成漫流,低水漫滩机遇较多,泥沙在河道主槽沉积较快。河口疏浚试验工程设计中,根据黄河大水(3000 立方米每秒以上流量)冲刷、小水(1500 立方米每秒以下流量)淤积的特点,按照"溢而不垮"的要求修筑一定高程的导流堤。目的在于约束水流,控制河势,促成小水冲刷主槽、大水淤滩保槽,提高尾闾河道挟沙能力,促使水流向海洋动力条件较好的方向入海。

(一)导流堤修筑

1988～1992 年,按当地流量 4000 立方米每秒水面为标准,先后新修和改修导流堤总

机械推土闭气

长 60 余千米,其中清 7 断面以下长 44 千米。导流堤结构分别用土工布包泥、苇土袋枕、苇石护坡、黏土护坡和混凝土块护坡等 5 种方法做了试验,累计完成土方填筑 103 万立方米,石方及混凝土块砌筑 0.3 万立方米。

导流堤包边盖顶

经观察比较,采用苇土袋枕修筑导流堤较为适宜。其优点是就地取材、工艺简便、质地柔软、造价低廉,具备防冲、抗冲和缓溜落淤的功能。缺点是耐腐性差、易霉烂。修工方法是:先在堤身两侧捆扎苇土袋枕,中间再以机械填土或用泥浆泵充填泥沙,到达设计高程后另用黏土封顶。

(二)导流堤利弊影响

河道两岸导流堤(包括上段顺河路)堤顶高程一般比滩唇高 10 厘米。过水流量 3000 立方米每秒左右。在没有导流堤前,束缚洪水的滩唇自然宽度 100 米左右,修筑导流堤后宽度增加到 500 米左右,而且普遍淤高,增加了河道的稳定性。此外,导流堤截堵了两岸滩地上的串沟、潮沟,控制了高潮线以上汊沟的发育和分流夺河的可能性。

导流堤带来的不利影响是加快"二级悬河"的形成,造成临背高差逐年增加,大水冲

苇袋枕修筑导流堤内胎

决导流堤后出汊摆动的潜在危险越来越大。

三、河道清障

河道清障是与导流工程配套的措施,目的在于清理河道阻水障碍(鸡心滩、边滩、高坎等),调整规顺水流方向,减轻壅水滞沙程度,促使尾闾河道形成较为通畅的过水流道,以便水沙顺利入海。

1988 年 5~6 月,趁大河断流之际,采用铲运机、推土机施工,在清 6 断面附近将主槽拓宽 200~600 米,挖深 1.4~2.0 米。在清 7 断面附近将 1987 年北汊河分流后被淤死的老河道进行疏通,长 1000 米,挖宽 200~300 米,挖深 2 米左右,上层土方采用铲运机揭盖,底部松软淤泥采用泥浆泵开挖。垦东 32 井(清 8 断面附近)原有鸡心滩堵塞河道,采用泥浆泵切割鸡心滩长 800 米,使流道拓宽 300 米,加深 1~2 米。同时采用定向爆破、机械开挖等方法削掉红泥嘴 1250 米,鸡心滩 3 处,面积 3.4 平方千米。累计完成清障土方 165 万立方米。

1990 年,在八连控导工程以下用 3 只绞吸式挖泥船,将 950 米长的河道拓宽 50~200 米。

四、机船拖淤

黄河口拦门沙是河流与海洋动力相互作用后径流势能锐减、咸淡水混合泥沙絮凝沉淀而成的堆积体,是造成河口不稳定的重要因素之一,也是河口治理中难度较大的问题之一。因此,在河口疏浚试验方案中被列为主攻目标之一。

(一)**试验情况**

为使拦门沙泄流畅通,1988 年春趁黄河断流季节,对难以实施机械开挖的潮间带阻水沙滩,采用泥浆泵在清 10 断面以下 5 千米处塑造出一条长 300 米、宽 50 米、深 2 米的过水通道。采用绞吸式挖泥船,自拦门沙外沿向河道内进行疏浚,塑造出一条长 2500 米、宽 50 米、深 2 米的过水通道。

汛期来水后,又组织 13 只机船,试验历史上用过的混江龙、铁扫帚、铁龙爪等拖淤耙具。实践证明,在素有"铁板沙"之称的黄河口拦门沙进行拖淤效果甚微。

清除拦门沙作业船

1988~1993 年,每年都组织 7~10 只机船进行拖淤,先后采用耙拖、射流冲沙、推进器搅动等方法在清 7 断面以下河道及口门往返拖淤 5000 余台班。

（二）拖淤机具改进

1988~1992 年进行的疏浚工程主要采用机船拖淤方法。为了提高拖淤效果,1989 年开始进行拖淤机具改进。1990 年研究改制第五代射流拖淤船 2 只。历次改进情况如下。

改制后的射流拖淤驳船

1. 第一代

采用船只推进器推动水流的反作用力冲起河底泥沙,借水流挟至深海。试验船采取随冲随进的方式。实践表明,由于推进器的安装是按行船考虑的,基本为水平方向,向下冲刺深度只有 0.5 米左右,仅对河道中的局部地区有较大扰动功效。因此,此种办法只能适应小范围的浅水区。

2. 第二代

拖淤机具采用历史上用过的混江龙、铁扫帚、铁龙爪等。1988 年汛后,利用这些耙具在河口进行拖淤试验时,由于尾闾河段的淤积物已经形成密实的"铁板沙",在顺水流方向拖淤时,耙具所到之处仅能在拦门沙上划出痕迹,拖淤前后的含沙量并无明显变化。而逆水方向拖淤时,耙具一旦着底,如同下锚,行船困难。

3. 第三代

在每具耙齿中间安设一只喷水嘴,并在船上安装柴油机带动水泵提供高压水。试验中发现,改制后的新型拖淤耙悬挂装置、供水管道及提升装置比较复杂,耙具距船尾推进器 8.2 米,推进器的反作用力使得拖在船后的耙具处于时沉时浮状态,耙具上浮时起不到拖淤作用,耙具着底时船拖不动,再加上动力及管路设计问题,喷水拖淤耙仍不能满足拖淤需要。

4. 第四代

进行高压水枪射流试验。方法是在拖船两侧各布设 5 台 17 千瓦电动高压水泵,柴油发电机组提供动力。每台泵供 2 只口径 25 毫米的水枪,由人工操作伸向河底,水枪出口流速为 17 米每秒,射程为 20 米。该装置的优点是出水压力大,扰沙效果好,不增加拖船的行进负担;缺点是水枪不固定,人工操作吃力,占用劳动力较多。又在船后安装喷枪架,并设置悬挂升降装置,虽然克服一些缺点,但也暴露出能量损耗、水泵出水量不足等问题,使得水枪压力难以发挥正常的射流冲沙作用。

5. 第五代

在第四代拖淤船的基础上,1990 年又研制成功第五代新型射流拖淤船。该船共安装 4 组口径 30 毫米的高压水枪 38 支,其中船体两侧及船头分别安装各 10 支,船尾安装 8 支,由船载高压水泵向输送干管提供高压水流至各水枪组,每组水枪都悬挂手动提升装置,设计每支水枪出水量为 8 千克每秒,流速为 11.8 米每秒,工作宽度为 5 米。

(三)射流冲沙效果观测

为检验射流拖淤效果,疏浚指挥部于 1991 年 5 月在丁字路口进行了同步观测试验。方式分别为定船射流、动船顺水射流和动船逆水射流。射流水枪出口距离河底分别为 0 米和 0.5 米。测验期间河道流量为 300 立方米每秒,平均流速为 0.47 米每秒,平均含沙量为 10.1 ~ 13.8 千克每立方米。

根据实测资料绘制的沿程含沙量图表明,射流时的纵向含沙量由小到大,达到最高值后又逐步减小;各种射流方式造成的最大含沙量位置距离船体约 100 米,恢复到大河自然含沙量的位置距离最高含沙量位置为 250 ~ 300 米,动船顺水射流情况下的恢复距离略长一些。

中国水科院分析认为:在试验径流(流量、流速)条件下,高压射流掀起的泥沙运动距离仅 250 ~ 300 米,在流量及流速加大的情况下,泥沙运动距离可能更长一些。因此,在流量过小、水流挟沙能力不大的情况下,不适宜进行拖淤。为了提高射流船拖淤效果,将起动泥沙输送到更远地方,不造成泥沙短距离搬家,必须选择适当的工作条件:一是要连续不断地进行拖淤;二是多船配合作业,船位间隔一定距离,使泥沙运动形成接力式输送格局;三是要把握时机。以往研究资料分析,在流量大于 2000 ~ 3000 立方米每秒时,水流自浚能力强,河道多发生冲刷,流量小于 500 立方米每秒时,流速小,泥沙搬运距离短,拖淤效果不佳,河道多发生淤积。为减轻河道淤积,应选择流量 1000 ~ 2500 立方米每秒时拖淤较为适宜。在此情况下虽然径流较小,但在潮周期过程中纳潮总量可使径流增大 500

拖淤船搅动的高含沙水流

立方米每秒,使水流具有一定的挟沙和自浚能力。

五、用沙减沙

目的是减少入海泥沙数量,缓解河口淤积延伸速率;淤地压减,改良土地植被条件;为海油陆采、降低成本创造条件。

1991年在丁字路进行自流放淤试验。淤区位于丁字路至清7断面之间,面积7.06平方千米。方法是在顺河路上修建穿路涵管4处埋设直径900毫米的无缝钢管16条,当大河流量达到500立方米每秒时,开管自流引水。至1994年,淤积土方140万立方米。

1992年在垦东6油田顺河路上修建放淤涵管1处,埋设直径900毫米的无缝钢管4条。至1994年,已将修筑围堤时开挖的取土场基本淤平。

1993年在清7至清10断面之间的两岸导流堤上修建放淤涵管6处,放淤总面积约80平方千米。

至1993年,累计完成围堤填筑土方8万立方米,放淤面积扩大到约110平方千米,放淤土方约500万立方米。

六、试验效果

疏浚指挥部在1988～1994年委托利津水文站和黄委东营水文水资源勘测总队开展的观测试验和分析研究工作认为:除来水来沙较少,对河道演变产生一定影响外,人工干预也收到一定成效。主要表现在五个方面:

一是尾闾河道状况得到改善。西河口以下50千米河段基本保持单一顺直型河道,河长延伸速率由1976～1987年平均2.64千米每年降低到1.14千米每年。利津—清8长88.5千米河床比降由0.89‰增大到0.95‰。河道断面形态趋于窄深,主槽宽深比和平均深度已接近利津至西河口有工程控制的河段。

二是拦门沙危害程度有所削弱。拦门沙发育虽然仍为有进有退,以进为主,但顺河长度由7千米减小到2.1～6.0千米,最高坎顶高程降低0.1～0.7米。1989年10月6日,济南黄河航运局自天津港启航的 800 吨货运轮船装载着 375 吨重的锅炉大件,顺利通过黄河口拦门沙逆流而上,安全抵达河南中原油田。

三是输入深海区域泥沙数量有所增加,来沙量的 40% 左右被输送到较深海区。

四是河口地区防洪压力有所减轻。疏浚整治后的河道,洪水、冰凌能够顺利入海。1988 年汛期黄河 8 次洪峰接踵而来,第七次洪峰流量达 5660 立方米每秒,比第一次洪峰流量 2780 立方米每秒增大一倍多,但尾闾河段水位涨幅大大低于以往涨幅(西河口站 0.48 米,十八公里站 0.35 米),清 7 断面不仅未涨,反而降低 0.13 米。12 月 26 日,西河口以上封河,以下 50 千米河道却是水面敞露;开河时虽然冰水齐下,仍能顺利下泄安全入海。1989 年汛期 4500 立方米每秒洪峰亦未漫滩,凌汛封河期间,十八公里以下河道仍是水面敞露,开河时亦未成灾。

第五节　清 8 出汊工程

一、兴工缘由

为缓解河口地区防洪压力,延长清水沟流路使用年限,结合胜利油田造陆采油的需要,在不影响黄河入海流路规划精神的前提下,河口管理局与胜利油田黄河口治理办公室在 1996 年初共同组织人员查勘策划,确定在清 8 断面附近采用人工出汊措施,调整入海口门位置,将向南偏转的行河方向改变到东北方向入海,充分发挥海洋动力作用和泥沙资源优势填海造陆,在优化尾闾河势的同时达到变海上油田为陆上开采的目的,取得治河与采油互利的双重效益。

1996 年 3 月 23 日,山东河务局、东营市政府、胜利油田、河口管理局的领导和专家在仙河镇进行会议商讨,统一认识,把清 8 出汊工程的指导思想确定为:坚持《黄河入海流路规划报告》的既定原则,采取"因势利导"措施,在清 7(北汊河)以下有控制地拓宽黄河排沙出路,有节奏地调整河口防洪水位,有计划地加快淤滩造陆,使河口治理与油田开发及三角洲经济建设紧密结合。

二、工程布置

根据《黄河入海流路规划报告》,结合尾闾河段河势,出汊位置选在清 8 断面以上 950 米处,汊河流向为东偏北,与原河道呈 29.5° 夹角。工程布局及设计标准为:引河长度 5 千米,纵比降 2‰,底宽 150 米。两岸修筑与引河轴线平行、相距 1.5 千米的导流堤,左岸长度 5.5 千米,右岸长度 1 千米,堤顶宽度 7 米,纵比降 1‰,堤顶高出地面 1.5~2.5 米;在原河道出汊点下游 1.5 千米处修筑截流坝一条,长度 4.1 千米,方向与引河平行,堤顶宽度 8 米,高度超出原导流堤 0.4 米。上端与原河道右岸导流堤以弧线平顺连接,下端与引河右岸新修导流堤连接。考虑到引河过水后主流将偏向右岸,为保护截流坝和导流堤不被冲刷,按照迎流、导流和送流需要确定治导线,在引河与原河道衔接转折处布置导流坝 7 段,总长度 700 米。导流坝采用人字垛型式,垛间距 100 米,其中空当长 30 米。坝身迎水面与治导线呈 30° 夹角,结构为柳土袋枕铺底,编织袋装土护坡。

上述工程预算投资831万元,由胜利石油管理局安排。

三、施工概况

设计方案报经黄委批准同意后,河口管理局和胜利油田治河办公室共同组建工程施工指挥部,分别组织施工队伍、机械进场。1996年5月11日开工,7月18日基本完成引河、导流坝、截流坝、导流堤等主体工程施工。

(一)引河开挖

实际开挖长度5.88千米,底宽150米,平均挖深1.0～1.3米。其中,桩号3+500以上开挖土方由利津、垦利、东营、河口等4个县(区)河务局工程处采用铲运机和推土机配合完成;3+500以下低洼段落开挖土方由胜利油田组织施工队伍,采用挖塘机完成。

(二)导流坝

基槽开挖与坝身填筑作业以铲运机和挖掘机施工为主,辅以人工整修配合完成。全部枕袋作业由人工完成。

(三)截流坝

实际修筑长度3.94千米,两端与原导流堤相接,将主槽和滩地进行封闭。水下和水上填筑、碾压作业全部采用机械化施工方法。

(四)导流堤

实际修筑左岸导流堤长5.5千米,上端与原导流堤相接,起点堤顶高3.7米(黄海基面,下同),填筑、碾压作业全部采用机械化施工。右岸长1.5千米未在当年修筑。

(五)原导流堤破口

在引河两岸原导流堤上破口4处,总长600米。破口处地面高程低于滩面0.5米。

(六)观测设施

为掌握河口演变新动态,在引河两侧设置三个河道观测大断面(汊1、汊2、汊3),用于替代原河道清9、清10大断面。

以上施工项目共计完成土方挖填147万立方米,捆抛柳土袋枕及土袋护坡0.9万立方米,结算投资848万元。

四、汊河过流及后续工程

改汊工程接近尾声时,黄河从7月18日开始涨水,沿引河下泄入海,但导流坝前壅水严重。19日,丁字路口流量不足400立方米每秒,水位高达3.20米。24日,丁字路口流量1600立方米每秒,导流坝前水位4.0米,超过设计高程0.3米,6号坝漫溢冲垮,部分洪水沿老河道下泄,形成7:3分流局面。8月8日,利津站流量达到2800立方米每秒,冲毁截流坝和右岸老导流堤,汊河水位有所下降。利津站洪峰流量4100立方米每秒到达丁字路口时,最大流量为3860立方米每秒,引河冲刷加快。出汊点以下水流分别沿引河、老河、导流堤决口处下泄入海,主流仍在引河内。28日,引河形成单一集中水流。

为巩固出汊工程效果,防止再度出现新老河道分流局面,1997年先行恢复截流坝工程。1998年又在引河上端修建简易防护工程。1996～1998年,胜利油田对清8出汊工程共计投资1260万元。

1996 年清 8 改汊后的原清水沟入海处,成为渔船停泊避风的好去处

清 8 改汊后的黄河入海形势

五、工程效果

(一)河势调整

出汊点以下尾闾河道走向由 113°N 改变为 83°N。汊河滩区比降约 2.85‰。西河口以下流路长度由 65 千米缩短为 49 千米,河床比降由 0.9‰调整到 1.2‰。

(二)河道演变

1996 年 2 月 14 日河口开始断流,直到 7 月 18 日方见来水。此后,在流量增加的同时,含沙量却大幅度降低。特别是"96·8"洪峰到达前,利津站 3000 立方米每秒以上流量持续 10 多天,含沙量只有 20 千克每立方米。水沙条件有利引河拓宽下切,过水断面和分流比迅速加大,老河道分水口门开始淤塞。至 10 月底,清 8 汊河已塑造成单一、窄深、顺直、稳定的河槽。

1997～1999 年出现的最大洪峰流量分别为 1330 立方米每秒、3020 立方米每秒、2090 立方米每秒,加之来沙总量不大,汊河河道淤进和蚀退相抵后,至 1999 年 10 月,河道延长仅 0. 17 千米。

(三)溯源冲刷

由于入海流程缩短 16 千米,河口侵蚀基面相对降低,由此引起的溯源冲刷范围达 50 余千米。根据 1996 年 5 月中旬和 9 月中旬的河道大断面实测资料计算,利津至汊 3 断面 (位于汊河导流堤末端)长 95 千米河道主槽普遍发生冲刷,冲刷总量为 2764 万立方米。

河床高程普遍降低,降幅为 0. 19 ~ 0. 99 米。西河口以下降幅明显大于西河口以上。汊河床面降幅显著偏大,平均下切深度达 1. 18 米。根据 19 个大断面河床下切幅度判断,口门调整当年引起溯源冲刷上界在清 3 断面,距出汊点 23 千米。

(四)当年淤积造陆及泥沙扩散

1996 年汛期,西河口以下河长由 49 千米延伸到 55. 6 千米,新口门外堆积一个根部长 6 千米、突出原岸线 6 千米的小沙嘴,形成与老口门互相对应的羊角形沙嘴格局。

新口门距五号桩 M2 无潮点只有 30 千米,海洋动力有利于泥沙向河口两侧输移,在一个较宽的范围内填海造陆。1996 年 10 月实测的海域地形与 1992 年实测的同区海域地形计算比较,新口门外淤高 8 米以上的面积 5. 6 平方千米,淤高 5 ~ 8 米的面积 5. 2 平方千米,淤高 2 ~ 5 米的面积 48. 8 平方千米,淤高不足 2 米的面积 317 平方千米。以黄海高程 0 米线为陆海分界,新口门处造陆面积 26. 4 平方千米。

(五)后续淤积

1996 年 5 月至 2002 年 8 月,淤进和侵蚀相抵后,0 米等深线向海推进面积 26. 25 平方千米,造陆速率为 5. 25 平方千米每年;2 米等深线向海推进面积 15. 942 平方千米,淤积速率为 3. 188 平方千米每年;4 米等深线向海推进面积 29. 554 平方千米,淤积速率为 5. 91 平方千米每年;6 米等深线向海推进面积 42. 77 平方千米,淤积速率为 8. 555 平方千米每年;8 米等深线向海推进面积 46. 128 平方千米,淤积速率为 9. 226 平方千米每年;10 米等深线在 1997 ~ 1998 年几乎是平行向海淤进,2 年淤进距离 1. 554 千米,面积 49. 768 平方千米,淤积速率为每年 9. 534 平方千米,1999 ~ 2002 年没有发生大的变化。

(六)防洪减灾

河道纵比降经过自然调整后,利津、一号坝、西河口、丁字路口 2000 立方米每秒流量的相应水位分别降低 0. 33 米、0. 47 米、0. 61 米、0. 97 米。"96·8"洪水期间,丁字路口站最大流量 3860 立方米每秒,相应水位 5. 86 米,比 1994 年洪峰流量 3100 立方米每秒的相应水位低 0. 40 米。西河口以上有 20 处滩地进水,22 千米大堤偎水,直接经济损失 6360 万元。西河口以下由于汊河流路泄洪顺利,并未溢槽漫滩。

(七)海油陆采

清水沟口外海区石油预测储量 2. 5 亿吨,近期可供开采的垦东 12 油田储量为 3760 万吨。按采储比 20%,海陆采油成本每吨差价 516 元计算,这些海油变为陆采后,成本降低总额为 258 亿元。

第六节　挖河固堤工程

根据国家领导人对挖河固堤的批示精神,黄委确定把黄河下游挖河固堤作为黄河防洪减淤综合治理的一项重要措施,1997 年开始挖河固堤试验。为有利于溯源冲刷态势的形成,山东河务局决定把山东挖沙河段安排在靠近河口的地区。

一、挖河固堤启动工程

1997 年 11 月 23 日,黄委、山东河务局、东营市、胜利油田及河口管理局在利津县崔家控导举行黄河下游挖河固堤试验启动工程开工仪式,正式拉开挖河固堤工程序幕。

1997 年 11 月首次挖河固堤工程启动

（一）工程设计

工程位于垦利县朱家屋子—清 2 断面,全长 24.4 千米。其中,朱家屋子—CS6 断面长 11 千米为挖沙段,设计开挖主槽底宽 200 米,深度 2.5 米左右;CS6 断面—清 2 断面长 13.4 千米为疏通段,主槽开挖底宽 20 米。挖河土方用于大堤加固,长度 10 千米,宽度 100 米。土方总量 623.71 万立方米,其中挖河固堤土方 547.95 万立方米,堆沙区包边盖顶土方 75.76 万立方米。

（二）工程施工

分为两期进行。一期工程在开挖断面无水流的情况下,采用挖掘机与自卸汽车组合施工。其中,1997 年 11 月 23 日至 1998 年 3 月 10 日开挖长度 1.4 千米,完成土方 90.73 万立方米;从 1998 年 4 月 10 日至 1998 年 6 月 2 日开挖长度 3.53 千米,完成土方 155 万立方米。

二期工程以水下开挖为主,采用旱地机械与泥浆泵相结合的施工方法。1998 年 4 月 10 日至 6 月 2 日,完成开挖长度 6.07 千米,疏通段长度 13.4 千米,土方 298.87 万立方米。施工高峰期投入的施工人员达 3615 名,机械设备 478 台(套)。其中船载座机 19 套,组合泥浆泵 191 组,输沙管道 2 万余米,发电机组 66 台,清水泵 158 套,运输机械 51 台。

两期工程累计完成开挖及填筑土方 652.96 万立方米,其中旱挖土方 294 万立方米,水挖土方 254 万立方米,其他土方(包边盖顶、截渗沟、道路等)104.96 万立方米。利用开挖土方加固两岸大堤长 10 千米。工程总投资 9925 万元,其中,中央承担 5105 万元,山东省政府承担 732.5 万元,东营市政府承担 713.5 万元,胜利石油管理局承担 3374 万元。

动用挖掘机进行旱挖

1998年6月6日，通过黄委组织的竣工验收后，遂将拦河围堰爆破，河道正式通水。

（三）观测试验结论

挖河固堤施工期间和投入运用后，由河口管理局、黄河口治理研究所与东营水文水资源勘测局共同组织人员，对挖沙减淤效果、施工技术方法、地质环境影响及河道演变情况进行跟踪观测、后续观测和系统的分析研究。观测范围自利津水文站至丁字路口，河段长77.5千米。山东河务局组织有关部门和人员于1999年2月完成《山东黄河挖河固堤启动工程原形观测试验研究报告》的编写，结论如下：

（1）经过1998年汛期不利水沙条件的塑造和回淤，汛后河底高程仍低于开挖前河底高程，观测河段内各水文、水位站洪峰流量水位和同流量水位均有不同程度的下降。

（2）挖河河段1998年汛期河道冲淤变化与水沙条件相近年份比较有明显的减淤作用。1986年水量接近1998年，而沙量为1998年的1/2左右，1998年观测河段的淤积量仅为1986年同河段的1/5。1993年利津站汛期的水沙条件与1998年基本相当，1998年利津至清6断面的淤积量约为1993年同期淤积量的1/4。

（3）挖河固堤启动工程加固了堤防，提高了工程强度。10千米黄河大堤加固段堆沙宽度100米，高度3～5米，不仅有利于大堤防洪安全，包边盖顶后的堆沙区还能成为可供开发利用的淤背区土地资源。

（4）挖河对河势有一定影响，但仅靠挖河调整河势的目的是难以达到的。河势的调整、改善应以河道整治措施为主，挖河可作为辅助手段。

（5）挖河对环境没有大的不利影响，施工中的局部污染可以通过采取措施尽量减少。

（6）组合泥浆泵施工是挖河施工的一种好方法。这种方法不仅适合于挖河固堤，在淤背固堤和河道疏浚中亦可广泛推广应用。

二、第二次挖河固堤试验

为贯彻水利部提出的"堤防不决口，河床不抬高，河道不断流，污染不超标"（以下简称"四不"要求）的指示，黄委确定在2001年实施第二次挖河固堤试验工程。

第二次挖河固堤试验中的绞吸式挖泥船

（一）工程设计

挖沙河段在义和险工至清 3 断面之间,涉及河道长度 41 千米,设计开挖土方 318.67 万立方米。其中,义和险工至朱家屋子断面 9.7 千米为挖沙河段,底宽 150 米,挖沙深度 1.6～1.9 米,纵比降 1‰,底部高程为上端 5.48 米(黄海基面,下同),下端 4.51 米。

朱家屋子—清 3 断面之间 20.4 千米河段为间断疏通河段,共 5 段,累计长度 9.16 千米,底宽 60～80 米,挖沙深度 0.6～1.9 米,纵比降 1‰,底部高程为上端 3.74 米,下端 2.02 米;挖沙加固堤防 3 段,分别为左岸北大堤、右岸临黄堤、南防洪堤,合计长度 7968 米。

原计划挖沙吹填区顶部高程与 2000 年设防水位齐平,后因挖河段工程量调整,临黄堤 240+760～246+330 的加固段高程普遍降低 0.23 米。淤沙段完成后另行包边盖顶,同时在吹填区顶部修筑纵向围堤及横向格堤。

设计工程量为:清基长度 6972 米,围堰土方 32.02 万立方米,淤沙土方 324.45 万立方米,包边盖顶土方 36.86 万立方米,浆砌排水沟 8447 米,植树 12.46 万株。工程总投资 6152.29 万元,资金来源为中央财政预算内专项资金。

（二）工程施工

全部工程划分 4 个标段,其中 1、2、4 合同段采用公开招标方式选择施工和监理单位,第 3 合同段以邀标方式确定。工程监理单位是黄委勘测规划设计研究院;质量监督单位是山东黄河水利工程质量监督站;观测研究单位是黄河口治理研究所。

工程于 10 月 1 日正式开工。根据黄河来水情况,河道开挖和疏通分别采用绞吸式挖泥船和汇流泥浆泵机组施工作业方法。12 月,气温大幅度下降,机械、管道时常冻结,遂于 25 日停止施工。此阶段完成开挖土方 208.23 万立方米。

2002 年 3 月 10 日,开始第二期施工作业。由于来水量小,船挖不能进行,全部改为泵挖。至 4 月 30 日基本竣工,累计完成开挖土方 349.56 万立方米,用于两岸堤背加固 8 千米。

工程共计完成清基长度 8008 米,围堰土方 32.02 万立方米,淤沙土方 349.56 万立方米,包边盖顶土方 39.52 万立方米,浆砌排水沟 9606 米,植树 12.46 万株。同时完成土地征购 957.78 亩,管道临时占地补偿 625.19 亩,退水渠压地补偿 101.0 亩。竣工决算投资

5953.68 万元。2002 年 10 月 24 日，山东河务局主持进行竣工验收，认定工程质量为合格等级。

（三）效果评价

2003 年 1 月，黄河口治理研究所和黄委山东水文水资源局通过实测资料综合分析，结论如下：

（1）挖河工程向上游引起溯源冲刷范围大致到东张断面以上，距离挖河段上界 11 千米。向下游引起沿程冲刷的范围大致到清 1 断面，距离挖河段下界 12 千米。

（2）监测河段的冲刷强度下游大于上游，挖河段则呈淤积的态势。

（3）上下游河段一定范围内的同流量水位在挖河后有不同程度的降低，1000 立方米每秒流量下的水位降幅在 0.2～0.5 米。

（4）监测河段河道主槽向窄、深方向发展。宽深比减小幅度在 1.0～3.0；滩槽差增大幅度在 0.25～0.4 米。

（5）监测河段平滩流量比挖河前相应增大 300 立方米每秒左右。

（6）从挖河开始到 2002 年 11 月，监测河段挖沙减淤比为 0.47，说明不仅在挖河实施期间引起监测河段的冲刷，在挖河后一定时期内，对其上下游河道冲刷仍有一定影响。

三、第三次挖河固堤工程

（一）工程设计与变更

第三次挖河固堤工程由挖河固堤和口门疏浚试验两部分组成。根据黄委对《2003 年黄河河口挖河固堤及口门疏浚试验工程实施方案》的审查意见，山东黄河勘测设计研究院在 2004 年 4 月完成施工详图设计，预算投资 4412 万元。

工程设计主要内容及标准：挖河固堤段在纪冯险工至义和险工的河道内，河道长 12.5 千米，其中开挖河段长 9.80 千米。开挖河槽底宽平均 100 米，深 1.25～1.45 米，纵比降为 1‰，底部上端高程 5.25 米（黄海基面，下同），下端高程 4.11 米。作业方法是在动水情况下，采用绞吸式挖泥船施工。计划挖沙土方 157.19 万立方米（含回淤土方 2‰）。固堤工程共 7 段，淤区总长度 6830 米，宽度 80 米。其中位于左岸临黄堤 1 段，长 900 米；右岸临黄堤 6 段，合计长度 5930 米。淤区高程与相应挖沙河段工程量相适应，部分淤区低于"十五"可研标准 2～3 米，部分淤区与 2000 年设防水位相平。全部淤区堆沙土方 157.19 万立方米，包边盖顶土方 28.57 万立方米，基础围堰土方 16.14 万立方米，截渗沟开挖土方 6.05 万立方米，浆砌排水沟 8100 米，适生林植树 83700 株，柳荫地植树 14800 株。

口门疏浚试验工程位于河口高潮线至低潮线之间的拦门沙河段，主要试验海狸 1600 型绞吸式挖泥船在黄河入海口门附近复杂海域的适应性、施工方法和疏浚效果。疏浚长度 5～6 千米，宽度 20～38 米，平均挖深 1.7 米，疏浚工程量 33 万立方米。泥沙堆积在河道右岸滩沿 500 米以外，堆沙区长约 2 千米，宽约 500 米。因弃土围埝处于低洼滩涂，采用两条长管带并排方法修筑围堰长 3200 米，高 0.5 米，宽 2.0 米。

2004 年上半年受黄河上游来水和调水调沙影响，挖河固堤工程被迫停工，下半年河道断面发生变化，不能按原设计施工。10 月，经过现场查勘，又对施工详图设计进行调整。调整后的剩余开挖河段集中为两段,总长5575米,对两岸淤区长度、高程亦进行相应变更。

受调水调沙影响,口门疏浚试验河段河势演变剧烈,9月中旬,入海主流位置由原来的东北方向摆动到东南方向,主流线末端向南偏移4千米左右,原疏浚工程轴线位置变为左岸新滩地,致使挖泥船无法按原设计施工。根据GPS卫星定位系统实测的主流线新位置及高、低潮线位置,重新调整疏浚轴线。

设计变更后,开挖(堆沙)工程量由157.19万立方米增加到159.42万立方米(含汛前完成工程量),总投资仍为4412万元。

(二)工程施工

1.挖河固堤

采用邀请投标方式,中标单位是山东黄河工程局和山东乾元工程集团有限公司。工程监理单位是山东龙信达监理有限公司,山东黄河水利工程质量监督站滨州项目站负责工程建设质量监督。

挖河工程是在动水情况下,采用绞吸式挖泥船施工方式。施工过程分为三个阶段。第一阶段自2004年4月17日起,两个施工单位的13只挖泥船、69台挖掘机和推土机陆续投产。5月12日,作业现场流量、流速都超过设计指标,5只船停产,剩余船只产量大幅降低。5月28日,施工单位停止挖沙作业。本阶段完成淤区围堰土方16.14万立方米,清基长度6800米,截渗沟土方2.1万立方米,挖沙土方88.73万立方米。

10月15日,来水条件好转,开始第二阶段施工,11只挖泥船投产。12月24日,主体工程施工结束。

第三阶段自2005年3月12日开工,先后完成植树、植草、排水沟等附属工程施工。

第三次挖河工程实际完成挖沙、固堤土方159.42万立方米,包边盖顶土方28.57万立方米,基础围堰土方16.14万立方米,截渗沟开挖土方5.76万立方米,浆砌排水沟8100米,适生林植树8.37万株,柳荫地植树1.48万株。施工结算投资4235.62万元(含口门疏浚费用)。工程迁占完成征地669.64亩,挖地622.56亩,占压地259.38亩,以及房屋拆迁、移坟、树株伐除等事宜。

2.口门疏浚试验工程

施工过程分为两个阶段。第一阶段自5月16日开工,疏浚方法是沿河流出口方向由上向下顺流开挖。鉴于6月16日开始的调水调沙来水较大,18日开始停工。本期疏浚河长2500米,挖泥船运转450台时,疏浚泥沙12万立方米。

第二阶段自10月8日复工,至11月5日结束。疏浚方法是沿河流出口方向由海向河逆流开挖,进尺1100米,挖泥船运转318台时,疏浚泥沙6.87万立方米。

两期施工期间,海狸1600型挖泥船累计运行768台时,550千瓦拖轮运行230台时,疏浚河长3600米,疏浚泥沙18.78万立方米,修筑长管袋施工围堰2688米,结算施工费用530.52万元。

(三)竣工验收

2005年11月18日,河口管理局主持进行初步验收。12月12日,山东河务局主持进行竣工验收,认定工程质量为合格等级。核定竣工决算投资4235.62万元。

（四）观测研究

挖河固堤水文原型观测研究工作由黄河河口研究院与黄河口水文水资源局合作进行。监测断面上界为利津，下界为渔洼，河段总长度41.98千米，共布设13个河道冲淤监测断面。4月8日开始，对利津和丁字路水文站进行水沙因子测验，对麻湾、利津、东张、一号坝、西河口、丁字路等站进行水位观测。截至2005年11月，先后进行7次河道大断面测量。

为了解海狸1600型挖泥船适应性，从2004年5月1日开始进行潮位、气象观测，每日巡查、记录船体、浮筒、管道运行情况，生产效率、消耗情况，在出水口提取含沙量水样。为了解水下地形变化，在疏浚河段布设11个监测横断面，分别在开工前和竣工后进行地形测量。同时按照测点距离100米在开工前对整个疏浚河段进行了纵断面测量，开工后每7天进行一次已挖河段的纵断面测量。

海狸1600型挖泥船在口门进行疏浚

第七节 河口物理模型基地建设

中共黄委党组在2001年提出的建设"三条黄河"（原型黄河、数字黄河、模型黄河）规划中，把黄河河口物理模型列为模型黄河建设的重要组成部分。主要功能是：探索河口演变和尾闾河段冲淤规律；研究河口流路变化并论证流路安排方案；探讨把握河口演变与黄河下游冲淤变化关系；论证河口地区防洪工程建设方案；研究黄河口拦门沙形成机制及治理措施；研究河口海岸侵蚀及其防护工程方案；为黄河口数字模型及"数字黄河"提供基础数据，为黄河下游及黄河口综合治理、胜利油田开发、黄河三角洲经济社会发展提供科学的依据和技术支持。

一、批准过程

2002年3月，水利部专家组在审查黄委编制的《黄河下游2001～2005年防洪工程建设可行性研究报告》时，听取了河口管理局关于建设黄河口物理模型试验基地的汇报，并做现场查勘。5月，水利部原总工程师朱尔明又专程考察河口模型地址，指出"河口模型建在河口是正确的",要求做好考察论证工作。

2002年12月11日,河口管理局向黄委报送《黄河河口物理模型试验基地建设规划意见》,并向东营市人民政府报送无偿划拨土地的请示。12月26日,东营市政府向黄委发文,呈请将河口模型试验基地设在东营市,并做出承诺:一是无偿划拨1000亩模型建设用地;二是作为招商引资项目对待,享受有关优惠政策;三是对模型运行管理给予资金扶持。

2003年9月27日,山东河务局向黄委报送《关于请求批准黄河河口物理模型试验基地建设用地的请示》。12月22日,黄委批复:同意将河口模型基地建设在东营市广利河南岸,工程用地面积暂按1000亩控制。

2004年4月,黄委组织有关单位完成《黄河河口实体模型试验基地建设项目建议书》(以下简称《模型项目建议书》)的编制,并上报水利部。

2004年5月13日,东营市人民政府下达批复通知:同意在胜利大街以西、南二路以北、广利河以南、东二路以东范围内划出1000亩土地用于黄河河口物理模型试验基地建设。试验基地的功能定位以试验为主,同时作为旅游观光基地。

6月12~15日,水利部水规总院在东营市主持召开《模型项目建议书》审查会。根据审查会及水利部规划司所提意见,将建议书定名为《黄河口模型试验基地工程规划》(以下简称《模型规划》)上报水利部,工程内容包括河口模型试验厅、基础试验厅、综合试验厅、露天试验场、配套及辅助设施等,静态投资1.67亿元。

9月27日,水利部对《模型规划》进行批复:原则同意规划报告提出的试验基地总体布局、分期建设安排意见和保障措施。

12月,山东河务局向山东省发展与改革委员会(以下简称山东省发改委)报送《黄河口模型试验基地工程一期工程可行性研究报告》(以下简称《模型可研报告》),工程内容以模型试验厅为主,有少部分其他配套工程,工程投资为5300万元。

2005年1月27日,山东省发改委在对《模型可研报告》进行的批复中指出:黄河河口规划与治理关系到黄河下游河道演变和防洪安全,关系到黄河三角洲地区经济可持续发展和社会稳定。但黄河口演变过程非常特殊和复杂,目前对其变化规律的认知程度和治理程度,远远不能满足黄河治理开发和河口地区社会经济发展的需要。为进一步研究和探索河口演变规律,搞好河口治理规划和工程布局,根据水利部批复的黄河口模型试验基地工程规划,同意在东营市建设黄河口模型试验基地一期工程。主要建设内容包括:模型试验厅45000平方米,黄河口模型制作,供水加沙系统和仪器设备购置,露天试验场52480平方米及其他配套设施等;项目所需建设用地由东营市划拨,工程总投资5300万元。其中,中国石化胜利油田有限公司出资5000万元,山东河务局筹集300万元。

2月,黄委将修改定稿的《模型项目建议书》上报水利部。

4月26日,水利部水利水电设计总院在北京主持召开《模型项目建议书》审查会议,基本同意修改后的《模型项目建议书》,并上报水利部审批。

9月25日,水利部向黄委下达《关于黄河口模型建设项目建议书的批复》,指出:为深入探索和研究黄河口演变规律,为黄河下游以及河口规划和工程布局提供技术依据和技术支撑,建设黄河模型,为开展进一步深入研究创造条件是十分必要的。要结合黄河河口和三角洲开发的实际需要,以黄河口模型试验为基础,重点对黄河口演变和尾闾河段冲淤问题、黄河入海流路方案、河口地区防洪工程建设方案和合理布局等进行研究。按照2004年第四季度水平,核定模型建设估算静态总投资2998万元。

10月20日,黄委在郑州召开《黄河口模型试验厅初步设计报告》审查会,基本同意该设计。

二、建设资金

为解决模型工程建设资金问题,根据上级领导的有关批示精神,山东河务局与东营市政府、胜利石油管理局及时进行了沟通和磋商。2003年7月18日,胜利石油管理局与中石化胜利油田有限公司共同行文,向中国石油化工集团公司申请出资5000万元,资助建设黄河河口物理模型基地,其后获得同意。

三、建设情况

河口模型模拟范围为东西长约135千米,南北宽约150千米;陆上区域包括利津以下现有河道及三角洲上规划的马新河流路和刁口河流路;滨海区域岸线范围包括北起套儿河口、南至小清河口,岸线长约200千米;海区范围在离岸50～60千米。

工程分两期实施。一期建设内容包括清水沟流路模型试验厅、基础试验厅、科技楼、综合楼、必备的附属设施及专家公寓楼、模型制作及验证试验、量测系统等相关技术研究。二期工程主要包括河口模型试验厅续建、综合工程试验厅、黄河河口展览馆及其他相关附属设施。一期工程计划用2.5年时间完成,估算总投资22522.46万元。

2004年初,为加快河口模型基地建设步伐,山东河务局将河口模型建设列入2004年重点工程之一。

2月28日,河口管理局成立黄河河口物理模型试验基地筹建领导小组,具体负责筹建事宜。

3月2日,东营市政府将河口模型基地建设列为东营市十大重点工程之一,明确责任领导和责任单位。

5月26日,山东河务局与东营市政府及胜利石油管理局共同研究决定,成立由23人组成的黄河河口模型建设管理领导小组,全面负责模型建设的领导、协调与调度工作。

6月11日,黄委对河口模型建设事项进行明确分工:业主单位为山东河务局,负责整个项目的土地征用、资金筹措、基建安排和招投标工作,并负责河口模型基地的日常管理;黄河水利科学研究院负责河口模型的前期研究、规划、设计等工作,并具体负责河口各类实体模型的制作、量测系统的研制、采购和安装,负责河口模型试验和河口科研项目的申报、立项和实施计划的安排。

10月12日,举行黄河口模型试验基地奠基暨黄委河口研究院揭牌仪式。

2005年1月13日,黄河口模型试验厅设计方案汇报会在东营举行。黄河勘测规划设计有限公司汇报模型大厅设计比选方案,向与会领导和专家征求意见。

3月25日,山东省政府确定将黄河河口模型建设工程列入省级重点建设项目之一。

6月29日至7月31日,黄河河口研究院委托山东鲁北地质工程勘察院完成黄河口模型基地地质勘探。

第五篇　兴　利

　　黄河水质优良,泥沙肥沃,是工农业生产不可或缺的资源。东营市建立后,引黄兴利事业长足发展,促进了工农业生产发展和人民生活水平的提高。

第一章 水沙资源

东营市淡水资源总量不足,地区分布不均匀,年际变化剧烈,水体污染严重,供需矛盾突出。

黄河是东营市主要客水水源。其他客水中,小清河多年平均入境径流量为7.7亿立方米,支脉河、淄河等河流入境可利用水量约5.21亿立方米。

第一节 概 况

随着上中游水库的建设和沿黄引水量的增加,到达河口地区的水、沙大幅度减少,年际间丰枯悬殊可达几倍到几十倍。年内来水量中,夏秋季节较为丰沛,冬春季节大部偏枯。

一、来水量

20世纪50年代,黄河上中游工农业引水量不多,径流量接近自然状态,利津站年平均来水量480.48亿立方米。

20世纪60年代,三门峡等大中型水利工程建成运用,黄河下游径流开始受水库调节,引黄灌溉经历了停灌到复灌的转折,引黄水量比50年代大幅度增加。但因黄河上游雨量偏丰,径流较大,利津站年平均来水量501.16亿立方米。

20世纪70年代,刘家峡水库投入运用,改善了上中游河段引水条件,加之流域降水偏少,黄河径流减小,利津站年平均来水量为311.22亿立方米。

20世纪80年代,黄河流域引黄供水水量达到历史最高水平,利津站年平均来水量286.27亿立方米。

20世纪90年代,引黄水量虽有降低,但黄河径流量明显偏小,利津站年平均来水量锐减到140.75亿立方米,比多年平均值小56%。

2000~2005年,黄河仍处于枯水状态。利津站年平均来水量122.54亿立方米,比多年平均值小61.6%。

二、输沙量

20世纪50年代年均输沙量13.20亿吨,60年代年均输沙量10.89亿吨,70年代年均输沙量8.98亿吨,80年代年均输沙量6.39亿吨,90年代年均输沙量3.899亿吨,比多年平均值少50.8%。2000~2005年,利津站年平均输沙量1.52亿吨。

第二节　黄河断流

一、概况

历史上,除上游决口改道造成大河旁去、河口地区干涸外,没有出现过河道断流现象。建国后,因 1960 年三门峡水利枢纽建成下闸蓄水和花园口枢纽截流施工等引起河道干涸外,1961~1971 年河口地区没有出现断流。

黄河断流期间的自然保护区

随着流域经济的迅速发展,沿黄工农业用水大量增加,1972~1999 年有 22 个年份发生断流 89 次,其中全日断流累计时间 939 天,间歇断流 153 天(见表 5-1)。

表 5-1　利津水文站历年断流天数统计表

年份	断流时间(月·日)		断流次数	断流天数(天)			断流长度(km)
	最早	最迟		全日	间歇性	总计	
1972	4. 23	6. 29	3	15	4	19	310
1974	5. 14	7. 11	2	18	2	20	316
1975	5. 31	6. 27	2	11	2	13	278
1976	5. 18	5. 25	1	6	2	8	166
1978	6. 3	6. 27	4	0	5	5	104
1979	5. 27	7. 9	2	19	2	21	278
1980	5. 14	8. 24	3	4	4	8	104
1981	5. 17	6. 29	5	26	10	36	662
1982	6. 8	6. 17	1	8	2	10	278
1983	6. 26	6. 30	1	3	2	5	104

续表 5-1

年份	断流时间(月·日)		断流次数	断流天数(天)			断流长度(km)
	最早	最迟		全日	间歇性	总计	
1987	10.1	10.17	2	14	3	17	216
1988	6.27	7.1	2	3	2	5	150
1989	4.4	7.14	3	19	5	24	277
1991	5.15	6.1	2	13	3	16	131
1992	3.16	8.1	5	73	10	83	303
1993	2.13	10.12	5	49	11	60	278
1994	4.3	10.16	4	66	8	74	380
1995	3.4	7.23	3	117	5	122	683
1996	2.14	12.18	6	124	12	136	579
1997	2.7	12.31	13	202	24	226	683
1998	1.1	12.8	16	113	29	142	467
1999	2.6	8.11	4	36	6	42	294
合计			89	939	153	1092	

说明:本表录自山东黄河志资料长编第五篇表5-1-1。

　　断流年份中,年平均断流49.6天(含间歇性断流)。其中:1970～1979年,6个年份发生断流14次,累计97天,年均断流16天。1980～1989年,7个年份发生断流15次,累计97天,年均断流14天。1990～1999年,9个年份发生断流60次,累计901天,年均断流100天。1997年,利津站断流13次,累计时间226天,300多天无水入海。断流上界抵达河南省陈桥附近。伏秋大汛期间利津站过流时间仅16天,皆为历史罕见。

利津站历年断流天数统计柱状图

二、原因

1997 年 4 月 10～12 日,国家计委、国家科委、水利部在东营市召开黄河断流及其对策专家座谈会,分析黄河断流原因、趋势及其影响,探讨解决黄河断流的方略和对策。与会专家认为:造成黄河断流的原因是多方面的。

一是黄河流域经济快速增长,用水量大幅度增加,是黄河下游断流时间提前、断流次数频繁、断流河段延长的重要原因。进入 20 世纪 90 年代,下游各地先后采取"冬蓄春灌"等提前引水蓄水措施,有水就引、见水就抢,使非灌溉期的用水也日益紧张。

二是黄河水资源尚未建立健全统一调度、分级管理的体制和运行机制。一遇枯水季节,沿黄各地各类引黄工程争着引水,加剧了黄河下游断流局面的形成。

三是水费标准太低,用水浪费严重。20 世纪末,农业灌溉占全河用水量 90% 左右,而农业水费远远低于供水成本,严重背离价值法则,大水漫灌现象普遍存在。

四是中游干流调蓄能力不足。黄河年径流 60% 以上集中在 7～9 月,而 4～6 月用水高峰的来水不到年径流的 20% 。

三、影响

黄河来水量减少,导致水资源供需矛盾加剧,引发诸多社会、经济和生态问题。东营市位居黄河最下游,受断流影响巨大。

(一)农业生产

1992 年断流 83 天,全市 230 万亩耕地不能播种,45 万亩水稻田仅种植 7 万亩。

1995 年黄河断流,水稻、水果、养鱼、蔬菜等损失 1 亿多元。

1996 年黄河断流,受旱面积 175 万亩,因水源不足,当年减产粮食 5 万吨。

(二)工业生产

胜利油田原油生产每天需要注水量 70 万立方米。1992 年因断流,绝大部分耗水工业停产,不少油井因无水可注或注水不足而造成原油减产。有的油井曾采取改注海水等非常措施,导致设备腐蚀损坏严重。1995 年断流期间,水库无水可补,胜利油田减少地下注水 260 万立方米,减产原油 30 万吨,损失 3 亿多元。东营市工业供水短缺 3200 万立方米,大部分企业停产、减产。1997 年黄河断流影响范围更广,耗水工业停产,胜利油田有200 口油井被迫关闭。

(三)对城镇居民生活的影响

黄河断流造成储备水源减少或用尽,城市供水点被迫采取定量、定时、定点供水。

1992 年,东营市 1289 个村庄 89 万人、12 万头牲畜缺水。

1995 年,东营市和胜利油田不少水库干涸,居民生活用水十分紧张,河口油田区每天供水仅 6 小时。

(四)生态环境

黄河挟带大量的营养盐和有机物入海,形成渤海中浮游动、植物最丰富的水域。黄河口及其附近水域素有"百鱼之乡"美称,盛产的东方对虾,产量约占整个渤海的 79% 。20世纪五六十年代,东营市境内鱼类有 149 种,80 年代已减少为 86 种;黄河刀鱼产量达 100

万公斤,90年代几乎绝迹。

黄河三角洲自然保护区面积15.3万公顷,有水生生物800多种,野生植物上百种,鸟类367种。黄河水、沙资源是其生长发育的自然条件。黄河一旦干涸,湿地缩小乃至消失,将造成生态系统、生物种群和遗传基因多样性的遗失等。

海水失去淡水顶托,入侵内地,造成大面积土壤盐渍化,引起三角洲草地生态逆向变化。

黄河断流后,河槽干涸,床面沙土飞扬,加剧滩地沙化进程。

黄河下游两岸多为黄灌和井灌相间的农作物耕作区,河水下渗是地下水的重要补给来源。黄河断流导致地下水位下降,形成地下漏斗。

（五）对下游河道淤积和防洪的影响

1986年以后,主槽淤积量占全断面淤积量的80%~90%,致使河槽变浅,过水断面萎缩,加剧槽高、滩低、堤根洼的局面,极易造成"横河""斜河"与顺堤行洪。3000立方米每秒流量的水位,2000年比1986年抬高1.4~1.6米,形成中常洪水漫滩、防洪形势更加严峻的不利局面。

四、缓解对策与措施

在由国家计委、国家科委、水利部联合主持召开的黄河断流及其对策专家座谈会上,专家们提出的当前和长远对策是:加强黄河水资源的统一规划、调度和管理,根据黄河流域省际分水方案,制订不同来水情况下的调度方案;充分发挥市场调节作用,促进节约用水,推进水价改革;提倡地下水和地表水联合运用;加强科学研究,建设黄河干流控制性水利枢纽工程,提高水沙调节能力。

1997年9月29日,国务院副总理姜春云邀请有关方面专家,商讨黄河断流对策。姜春云提出六点要求:一是加强管理和科学调度,要从黄河实际来水量出发,重新修订完善黄河水资源分配方案,加强全流域水资源管理。二是增强全社会水忧患意识,把黄河断流、缺水情况告诉沿黄人民,使群众逐步增强节水意识。三是积极开辟水源,增加供水量。四是广泛深入开展节水活动。五是大搞农田基本建设。六是深化水利体制改革,充分发挥市场机制在水资源配置中的基础作用,合理确定水价。

1998年1月,中国科学院和中国工程院163位院士联合签署呼吁书:"行动起来,拯救黄河"。

1998年7月,中国科学院组织两院院士、专家对黄河中下游的山东、河南、陕西、宁夏四省区20余个市县进行实地考察。在广泛听取政府和专家意见的基础上,向国务院报送《关于缓解黄河断流的对策与建议》,指出"黄河断流有自然因素,也有人为因素,而以人为因素为主"。建议在"国家统管、依法治理""重点实行引黄灌区节水""加快西线调水前期工作与增加黄河干流水量调需能力"几方面采取措施。

1999年4月19~20日,黄委在北京召开黄河水资源问题专家座谈会。黄委主任李国英提出在黄河水量调度中确立"维持黄河生命基本水量"的原则,实行生态用水优先。保护母亲河正常生命力的基本水量要考虑三个方面的要求:一是通过人工塑造协调的水沙关系,使得黄河下游主河槽泥沙达到冲淤平衡的基本水量;二是满足水质功能所要求的基本水量;三是满足河口地区主体生物繁殖率和生物种群新陈代谢对淡水补给要求的基本水量。

2000年开始,黄河部门专门成立水量调度机构,通过采取行政、法律、工程、科技、经济等措施,建设水量调度管理系统,增强水文水质监测预报能力,提高信息采集、传输和处理水平,提高防止断流能力。同时,推行"订单供水、退单收费"及工农业用水分开计量、分开收费等制度,确保黄河不断流。地处黄河最下游的利津水文站最小流量保持在30立方米每秒左右。

第三节　水资源管理

一、管理机构

1990年,山东黄河省、市、县(市、区)三级河务局全部建立水政监察机构。3月1日,河口管理局建立水政监察处,4个县(区)河务局分别建立水政监察所,配备专职人员。主要管理职责包括:统一管理水资源调度和保护工作,组织实施取水许可制度,参与制订黄河水资源开发利用规划,做好水量分配、调度、用水统计和计划用水、节约用水管理,协同有关部门做好水费计收及管理。

1998年12月14日,经国务院同意,国家计委、水利部授权黄委负责黄河水量统一调度和管理。

根据水利部批准的黄河水资源管理办法,黄委自1999年3月1日开始实行全河水量统一调度管理。3月11日利津站恢复过流,截至12月15日,黄河最下游的利津站仅断流2次,共41天。2000年,黄委通过"精心预测、精心调度、精心监督、精心协调",实现自1991年以来黄河首次不断流。

2002年机构改革后,水资源管理职责由黄河防汛办公室履行。

二、取水许可制度

1993年6月11日,国务院第五次常务会议审议通过的《取水许可制度实施办法》规定:对利用水工程或机械提水设施,直接从江河、湖泊或地下取水的单位和个人实施取水许可制度。

1994年,河口管理局首次开展水资源调查,掌握需要登记发证的范围、对象、分布地点以及取水工程类型、取水方式和数量等基本情况。

1995年5月,河口管理局按照黄委部署完成管辖范围内的取水许可登记工作。黄委、山东河务局分别审批发放了取水许可证,取水许可有效期限截止日期统一为1997年12月31日。东营市发证24套,许可水量指标7.80亿立方米。

1996年8月,水利部要求:流域机构不得再委托或授权其下属机构审批、发证,许可证的发证机关栏中必须加盖流域机构的印章。根据水利部要求,黄河取水许可发证权收归黄委所有,并在1997年2月山东河务局发放的取水许可证上,全部加盖"黄河水利委员会取水许可专用章"。取水许可证有效期一律从1997年12月31日延长到1999年12月

31日。

2000年,根据国务院批准的黄河可供水量分配方案,黄委在6月审批山东省213处引黄取水口的取水许可水量指标,换发取水许可证。其中东营市发证32套、许可水量9.50亿立方米(见表5-2)。

2000年、2004年分别组织换发了取水许可证,并组织开展取水许可监督管理工作。

2005年,黄委换发取水许可证,有效期自2005年1月1日至2009年12月31日。原颁发的取水许可证同时作废。

表5-2　东营黄河取水许可情况一览表

序号	证书编号	取水单位名称	取水工程名称	取水地点	批准取水量(万m³)	监督管理机关
1	68001	北宋镇政府	丁家扬水站	利津县北宋镇丁家村临黄堤293+000	70	利津河务局
2	68002	北宋镇政府	四图扬水站	利津县北宋镇四图村临黄堤296+500	80	利津河务局
3	68003	利津河务局	宫家引黄闸	利津县北宋镇刘城村临黄堤300+137	8120	河口管理局
4	68004	利津镇政府	东关扬水站	利津县利津镇崔家庄村临黄堤309+400	105	利津河务局
5	68005	利津镇政府	綦家嘴扬水站	利津县利津镇綦家夹河村临黄堤315+800	90	利津河务局
6	68006	利津镇政府	刘家河扬水站	利津县利津镇刘家夹河村临黄堤318+250	200	利津河务局
7	68007	利津镇政府	小李扬水站	利津县利津镇大李村临黄堤321+400	70	利津河务局
8	68008	利津镇政府	王庄扬水站	利津县利津镇买河村临黄堤327+400	150	利津河务局
9	68009	利津河务局	王庄引黄闸	利津县利津镇张窝村临黄堤328+192	13685	河口管理局
10	68010	北岭乡政府	北岭扬水站	利津县北岭乡七一村临黄堤337+950	50	利津河务局
11	68011	陈庄镇政府	集贤一号扬水站	利津县陈庄镇中古店村临黄堤344+850	120	利津河务局
12	68012	陈庄镇政府	中古店扬水站	利津县陈庄镇二选村临黄堤351+250	55	利津河务局
13	68013	陈庄镇政府	中古店扬水站	利津县陈庄镇二选村临黄堤351+350	150	利津河务局
14	68014	陈庄镇政府	罗家屋子扬水站	利津县陈庄镇爱国一村北大堤9+650(南)	120	利津河务局
15	68015	油田供水公司	崔家护滩取水工程取水口	利津县陈庄镇爱国一村北大堤9+650(北)	4000	利津河务局
16	68016	油田供水公司	西河口护滩临时水工程	河口区西河口护滩工程	6000	河口河务局
17	68017	油田供水公司	丁字路取水工程	河口区丁字路路口	7000	河口河务局
18	68018	东营河务局	麻湾引黄闸	东营区龙居镇麻湾村临黄堤193+357	14300	河口管理局
19	68019	东营河务局	曹店引黄闸	东营区龙居镇吕家村临黄堤200+770	19200	河口管理局
20	68020	垦利河务局	胜利引黄闸	垦利县胜坨镇许王村临黄堤210+385	9045	河口管理局

续表 5-2

序号	证书编号	取水单位名称	取水工程名称	取水地点	批准取水量（万 m³）	监督管理机关
21	68021	垦利河务局	路庄引黄闸	垦利县胜坨镇路庄村临黄堤 216＋181	1630	河口管理局
22	68022	胜坨镇政府	宋庄扬水站	垦利县胜坨镇宋庄村临黄堤 218＋350	50	垦利河务局
23	68023	胜坨镇政府	海东扬水站	垦利县胜坨镇海东村临黄堤 222＋550	55	垦利河务局
24	68024	胜坨镇政府	纪冯扬水站	垦利县胜坨镇宁家村临黄堤 224＋450	30	垦利河务局
25	68025	垦利镇政府	一号扬水西站	垦利县垦利镇义合村临黄堤 237＋400	1192	垦利河务局
26	68026	油田供水公司	民丰水源一级泵房	垦利县垦利镇义合村临黄堤 237＋470	1100	垦利河务局
27	68027	垦利镇政府	一号扬水东站	垦利县垦利镇义合村临黄堤 237＋540	1100	垦利河务局
28	68028	垦利河务局	一号坝引黄闸	垦利县垦利镇复兴村临黄堤 238＋870	4939	河口管理局
29	68029	垦利镇政府	滩区扬水站	垦利县垦利镇复兴村临黄堤 239＋170	40	垦利河务局
30	68030	垦利河务局	十八户引黄闸	垦利县西宋乡朱家屋子村临黄堤 246＋500	1359	河口管理局
31	68031	垦利河务局	五七引黄闸	垦利县西宋乡木杨村南防洪堤 3＋000	845	河口管理局
32	68032	黄河口镇政府	垦东扬水站	垦利县黄河口镇保林村南防洪堤 13＋950	50	垦利河务局

说明：取水证书编号全号应为取水（国黄）字 2005 第×××号。

三、供水制度改革

根据国家、山东省及黄河主管部门对水资源做出的管理规定,1993 年 7 月 1 日起,废止 1981 年开始执行的用水签票制度,实行签订供水协议书制度。

2001 年 11 月,开始执行订单供水制度。黄委将以往的年计划月调整改为月计划旬调整。

四、水量调度

1999 年,黄委对全河水量实施统一调度,年度水量分配时段为当年 7 月至次年 6 月。水量调度原则是:优先满足城乡居民生活和重点工业用水,合理安排农业用水,统筹兼顾上下游、左右岸、地区之间和部门之间用水,同时留有必要的河道输沙用水和生态环境用水。

山东黄河水量调度在黄委和山东省人民政府领导下,由山东河务局统一组织实施。水量分配实行丰增枯减:正常年份,将国家分配给山东省的 70 亿立方米引水指标分配到各市（地）；丰、枯水年份,根据黄委分配给山东省的引水量对各市引水指标按相同比例增、减。

五、数字水调

2002年，启动首批"数字水调"建设项目。根据黄委统一安排，河口管理局将胜利、宫家、麻湾引黄闸纳入远程监控系统建设。9月12日，远程监控系统建设项目开工，10月20日完成，正式接入黄委总调度中心。

2003年10月10日，曹店闸和王庄闸被纳入远程监控系统建设项目，12月底完成。

2004年11月21日，又完成一号坝、路庄引黄涵闸远程监控系统建设。至此，东营市境内共有7座引黄涵闸实现黄河水量总调中心、山东河务局分调中心、河口管理局、县（区）河务局和闸管所现场五级监控。

六、两水分供

随着油田、地方开发建设和城市规模发展，一些新增用水项目快速增加，非农业用水总量明显增长，工农争水、抢水现象时有发生。

为落实国家支持"三农"的有关政策，有效配置、合理界定和准确计量油田及地方非农用水（包括工业、城市生活和景观生态用水），河口管理局提出在兼顾生态用水的前提下，实行工农业用水"两水分供"方案：对农业、非农业用水分时段单独签订供水协议，按用水性质分时段单独供水。非农业用水的供水错开春灌、秋种等农业用水高峰期，农业用水期间原则上不安排工业（生活）供水。

2005年7月1日，"两水分供"试点分别在东营河务局和利津河务局进行。引黄渠首为曹店、宫家引黄闸，引黄灌区为市属五干灌区和利津县宫家引黄灌区，试点时间为1年。

两水分供试点闸之一宫家引黄闸

第二章　工程建设

1989年以后,据黄委和山东河务局制定的黄河治理规划,结合东营市和胜利油田用水需要,先后新建、改建了大批引黄涵闸、提(扬)水工程。

第一节　引黄涵闸

1989~2005年,新建麻湾、罗家屋子、路庄、三十公里4座引黄闸;大孙、胜干2座灌溉闸及1座排灌闸(宁海排灌闸)。改(扩)建引黄闸3座,分别为五七、东关、十八户引黄闸。

截至2005年,东营市共有各类涵闸29座。其中引黄闸18座,设计引水能力505立方米每秒;分洪(凌)闸1座,设计分洪流量2350立方米每秒,分凌流量1640立方米每秒;退水闸1座,设计流量1530立方米每秒;灌、排闸10座,设计灌溉流量105立方米每秒,排水流量180立方米每秒。各闸技术指标详见表5-3、表5-4。

一、麻湾引黄闸

该闸为Ⅰ级水工建筑物,为东营市1989年重点水利工程,目的是解决东营区所辖的龙居、史口、东营市农业高新技术产业示范区、牛庄、六户等五乡(镇、区)、广饶县三乡镇共57.6万亩土地灌溉用水,补灌小清河以南三个贫水乡28万亩土地,对灌区东部70万亩荒碱地进行土地改良和开发。建设单位为东营市水利局,运用管理单位为东营区修防段(现东营河务局)。

麻湾引黄闸

表5-3 东营市引黄涵闸工程统计表

| 涵闸名称 | 所在位置 | | | | 修(改)建时间(年·月) | 结构形式 | 孔数 | 单孔尺寸(m) | | 引水能力(m³/s) | | 设计水位(m) | | 底板高程(m) | 启闭能力(t) | 堤顶高程(m) |
	县(区)	岸别	堤防或险工	桩号或坝号				宽	高	设计	加大	防洪	引水			
麻湾	东营区	右		193+357	1990.10		6	3	3	60	80	20.32	11.58	8.12	1×80	19.82
曹家店				200+700	1984.10		4	3	3	30	80	19.74	12.30	7.91	1×80	19.13
胜利			临黄堤	210+385	1988.10	涵洞式	3	2.8	3	40	60	18.55	10.27	7.41	1×80	18.60
路庄				216+181	1996.11		3	2.6	2.8	30		16.71	9.01	6.41	1×77	17.61
纪冯			义和险工	224+450	1983.10		1	2	3.6	4		17.11	13.66	12.46	2×10	16.84
一号坝	利津县			11#~13#	1986.7		12	3	3.6	100	200	15.31	6.76	4.21	1×63	14.61
西双河			临黄堤	239+054	1986.7	开敞式	5	6	8.5	100	200	15.31	6.76	4.11	2×40	15.61
十八户				246+500	2000.7		2	3	3	20		13.38	6.66	4.42	1×63	14.74
五七			防洪堤	3+000	1990.7	涵洞式	2	2.6	2.8	15		13.12	5.02	3.32	1×63	13.00
垦东			退修防洪堤	16+637	1985.9		2	2	2	10		10.07	4.77	3.02	2×10	10.17
一号穿涵			临黄堤	236+450	1982.3		1	2	2	10		16.85	12.31	10.60	2×10	17.60
格堤穿涵			义和险工	3#	1983.3		1	2	2	10		16.85	12.91	10.80	2×10	17.60
宫家		左	临黄堤	300+137	1988.9	涵洞式	3	2.6	2.8	30	45	20.19		7.90	1×80	19.80
东关				309+334	1993.10		1	2	2	1	5	19.96		7.96	1×63	18.86
王庄				328+192	1988.10	开敞式	4	6	3	80	100	17.38		6.68	2×40	17.38
罗家屋子				9+900	1993.10		3	2.6	2.8	30	35	13.52		5.46	1×40	13.97
神仙沟	河口区		北大堤	18+110	1988.11	涵洞式	3	2.6	2.8	25	30	12.52		3.94	1×63	12.12
三十公里				30+112.5	1996.11		2	2.6	2.8	20		9.84		2.00	2×40	11.94
全市合计(18座)										505	859					

说明:1. 此表根据《2005年东营市黄河防洪预案》及《山东黄河治理统计资料(1986—2000)》所列数据编制。高程系统:黄海。

2. 一号坝闸为两联,其他均为一联。

表 5-4　东营市黄河其他涵闸工程统计表

涵闸名称	所在位置 县(区)	岸别	堤防类别	桩号	修(改)建时间(年·月)	结构形式	孔数	单孔尺寸(m) 宽	高	设计水位(m) 作用	流量(m³/s)	设计防洪水位(m)	底板高程(m)	启闭能力(t)	堤顶高程(m)
麻湾分凌(洪)闸	东营区	右	临黄堤	191+270	1974.10	桩基开敞式	6	30	5.5	分洪	2350	15.62	11.62	2×125	20.82
大孙灌溉闸			南展堤	4+434	1990.10	涵洞式	6	3	3	灌溉	60	20.22	7.77	1×80	19.72
大孙排水闸				5+150	1973.5	涵洞式	1	2	2	排水	10	15.30	7.52		17.40
清户灌排闸	利津县			11+635	1984.12	涵洞式	5	3	3	灌溉/排水	30	19.42	灌7.12 排6.62	2×25	19.39
胜干排水闸				21+318	1974.9	涵洞式	3	3	2	排水	21	15.41	5.61	2×10	16.01
胜干灌排闸				21+500	1971.10	涵洞式	3	2	2	灌溉/排涝/排积	15/12/30	14.37	6.11	2×10	15.47
胜干灌溉闸			南展堤	21+397	1990.10	涵洞式	3	2.8	3	灌溉	35	18.38	6.91	1×80	18.04
王营排水闸(新)				26+508	1976.4	涵洞式	2	2.5	2.5	排水	20	15.61	4.41	2×10	14.85
王营排水闸(老)				26+540	1973.5	涵洞式	1	2	2	排涝/排积	10/20	13.75	4.91	2×10	14.85
宁海排灌闸				30+800	2002.9	涵洞式	2	2.6	2.8	灌排	20	13.25	4.80	2×10	14.20
路干排水闸				36+950	1971.10	涵洞式	3	2	2	排涝/排积	1225	11.48	5.13	2×10	13.58
章丘屋子泄水闸			临黄堤	232+647	1977.7	桩基开敞式	16	8	6.5	泄水	1530	14.63	7.63	2×80	17.13

说明：此表根据《2005年东营市黄河防洪预案》及《山东黄河治理统计资料（1986—2000）》所列数据编制。高程系统待查。

1989 年 2 月 1 日成立东营市麻湾灌区渠首工程指挥部。由山东河务局建筑安装公司承担混凝土工程、观测止水工程、设备安装工程;东营修防段土方机械队、利津修防段土方机械队承担基坑水上部分开挖及部分壤土回填工程;广饶民工团承担水下土方开挖、部分土方回填、混凝土生熟料运输工程;沂水、利津、东营、赵家石方队分别承担各部位石方砌筑工程。施工高峰期,参加施工的人员共达 1196 名,投入各类施工机械 129 台(套)。

土方开挖采用铲运机、挖塘机和人工作业方法,完成堤身基坑开挖 164533 立方米;回填工程采用手推胶轮车、铲运机、12HP 小拖拉机等作业机具,完成黏土回填 10015 立方米,壤土回填 44496 立方米。石方共计完成 9049 立方米。完成混凝土及钢筋混凝土共计 5057 立方米。

该闸工程结算总投资 831.40 万元。山东河务局主持竣工验收,认定主体工程验收质量优良。

一号坝引黄闸

胜利引黄闸

二、大孙灌溉闸

　　该闸为Ⅰ级水工建筑物,是麻湾引黄闸的配套工程,位于东营区龙居镇大孙家村附近。主要工程量为土方148592立方米,石方7244立方米,混凝土4813立方米。预算投资653.57万元,全部由地方政府筹集。施工由东营市麻湾灌区渠首工程指挥部下设的大孙闸工区负责组织施工。施工队伍由山东河务局建筑安装公司、利津修防段土方机械队及沂水、利津、桓台、垦利等石方队组成。施工高峰期,参加施工的人员达450名,投入铲运机、挖塘机等各类施工机械72台(套)。

　　1990年10月由山东河务局主持竣工验收,主体工程质量优良。

大孙灌溉闸

三、胜干灌溉闸

　　该闸为Ⅰ级水工建筑物,位于垦利县胜坨镇胜利村附近。胜利油田为满足工业及生活用水和22.5万亩耕地灌溉的需要而投资修建。运用管理单位为垦利修防段(现垦利河务局)。

胜干灌溉闸

1990年2月,东营市人民政府公布成立由东营修防处、垦利县政府、垦利修防段、胜利乡政府共同组成的东营市胜干闸工程建设指挥部。惠民黄河建筑安装队承担建筑安装工程，垦利修防段土方机械队承担土方开挖工程，沂水、桓台、垦利等4个施工队承担石方工程，沾化、垦利、沂水等地组成的民工队承担混凝土生熟料运输。工程实际完成土方开挖30468立方米，土方回填62779立方米；干砌石2628立方米，浆砌石1432立方米，抛石502立方米；混凝土及钢筋混凝土2151立方米，旋喷桩430米。结算投资408万元。

施工执行分部工程验收签证制度，山东河务局主持竣工验收，认定工程质量优良。

四、五七引黄闸

该闸位于垦利县西宋乡牧场村与建林乡生产村交界处，相应南防洪堤桩号3+000。建设单位为东营修防处，运用管理单位为现垦利河务局。

原闸始建于1968年6月，已达不到新的防洪标准要求；同时为解决西宋、建林、新安三个乡及军马场、黄河农场、畜禽良种繁殖场以及防洪堤与南大堤之间的农业灌溉和不断增加的人畜生活用水，垦利县政府于1989年向山东河务局报送《关于改建五七闸的申请报告》。山东河务局转报黄委批复后，同意在原闸下游600米处改建新闸。

该闸为I级水工建筑物。1990年2月23日东营市政府公布成立东营市五七闸工程建设指挥部。惠民黄河建筑安装队承担建筑安装工程，胜利油田特车队承担大型构件吊装工程，利津修防段土方机械队、建林乡辛庄场土方机械队及利津盐窝、刘家夹河、垦利西宋、桓台侯庄等4个民工队承担土方工程施工，利津盐窝、刘家夹河、桓台侯庄等3个石工队承担石方工程施工，垦利西宋民工队承担闸前清淤和拆除工程，利津修防段土方机械队承担圈堤修筑工程。

3月10日开工，9月底工程告竣。实际完成土方开挖16072立方米，回填36288立方米；干砌石395立方米，浆砌石及混凝土块764立方米，抛石117立方米；混凝土及钢筋混凝土361立方米，清挖淤泥3234立方米，拆除449立方米，围堤土方27507立方米。工程结算投资202.23万元。山东河务局主持竣工验收，认定工程质量合格。

五、东关引黄闸

该闸位于利津县城南关，为I级水工建筑物。建设单位为河口管理局，运用管理单位为利津县修防段（现利津河务局）。

1971年始建的东关引黄闸设计过水流量1立方米每秒，已不适应利津县城日益增长的生活用水和工农业发展的需要。加之黄河河床逐年淤积抬高，按1983年设防标准，设防水位偏低2.33米，闸门关闭不严，成为病险涵闸，1987年被黄委列入在编险点。

为确保黄河防洪安全，利津县人民政府、河务局相继请示改建该闸。经黄委、山东河务局研究同意，决定由山东河务局投资进行改建。

该闸于1993年3月5日破堤开工，利津县政府公布成立利津县东关引黄闸改建工程指挥部。施工任务由山东黄河工程技术开发总公司梁山工程处承担混凝土及钢筋混凝土、观测、止水等工程的加工、制作与安装；利津县河务局土方施工机械队承担土方开挖及回填工程。9月7日施工告竣，共计完成土方工程6.50万立方米，石方工程830立方米，混凝土工程674立方米，总投资214.44万元。

东关引黄闸

1993 年 10 月 30 日山东河务局主持竣工验收,认定工程质量合格。

六、罗家屋子引黄闸

该闸位于利津县陈庄镇境内,建设单位为胜利石油管理局河口采油厂,运用管理单位为利津河务局。

罗家屋子引黄闸

该闸前身为 20 世纪 70 年代修建的虹吸工程,多年引水沉沙后导致刁口河故道淤积严重,虹吸管不能正常使用。为解决河口区日益增长的工农业生产、生活用水和刁口河两侧油田开发需要,胜利石油管理局向河务部门提出废除虹吸管、改建引黄闸的要求,并将其列入罗家屋子水源(沉沙池)工程建设范围。

1993 年 3 月 13 日,河口管理局函告胜利石油管理局:"经报请黄委同意,罗家屋子引黄闸竣工验收后,由你局投资拆除罗家屋子虹吸管,恢复大堤标准,以保证防洪安全。"

1993 年 3 月,东营市政府公布成立罗家屋子引黄闸工程建设指挥部。3 月 20 日开工,9 月 30 日告竣。共计完成土方工程 6.22 万立方米,石方工程 1227 立方米,混凝土工程 1123 立方米,总投资 423.27 万元。该闸可为油田及地方工业日供水 30 万立方米,同时解决 12 万亩水田、20 万亩旱田灌溉及 1 万亩鱼塘用水需要。12 月 1 日,山东河务局主持竣工验收,认定工程质量优良。

七、路庄引黄闸

该闸位于垦利县胜坨镇路庄村附近。为 Ⅰ 级水工建筑物。建设单位为垦利县政府,运用管理单位为垦利河务局。

路庄引黄闸

垦利县规划扩建的路庄灌区控制灌溉面积 60 万亩,原有虹吸工程不能满足供水需要。1995 年 10 月,垦利县政府向河务部门报送路庄引黄闸和路庄泄水闸改建工程可行性研究报告,要求新建引黄涵闸提高引水量,以便满足路庄灌区用水和担负东张水库充水的双重需要。黄委批复:同意拆除路庄虹吸管,在 6#～10# 坝间新建一座引水能力为 30 立方米每秒的引黄闸,设计灌溉面积 60 万亩。

东营市政府公布成立东营市路庄引黄闸工程建设指挥部。山东河务局济南建筑安装工程处承担混凝土、观测止水、设备制作及安装工程;胜利油田特车队承担闸门吊装工程;垦利县河务局土方机械队、路庄河务段土方机械队、胜利乡常庄和路庄民工队、宁海乡周家民工队承担基坑开挖及土方回填工程;沂水石工队、宁海乡周家石工队、胥家石工队分别承担各部位石方砌筑工程;胜利、路庄河务段承担虹吸管拆除工程;垦利镇建筑公司承担机房、管理房工程。施工高峰期间,进场施工人员最多达 735 名,投入各类施工机械 60 多台(套)。

1996 年 11 月工程告竣。共计完成土方 149535 立方米,石方 5081 立方米,混凝土及钢筋混凝土 2020 立方米;拆除虹吸管 4 条,拆除浆砌石及混凝土 2030 立方米。工程决算投资 720 万元。

1996 年 12 月 15 日,山东河务局主持竣工验收,认定工程质量优良。

八、三十公里引黄闸

该闸位于河口北大堤三十公里险工 5#～6# 坝。建设单位为胜利石油管理局,运用管理单位为河口河务局。

三十公里引黄闸

北大堤堤脚地面低洼,滩面横比降大,又有两条汊河直冲大堤。为避免洪水漫滩形成顺堤行洪或滚河时威胁北大堤安全,需要采取淤临工程措施,并在三十公里险工修建退水闸一座。为充分利用淤临退水,解决黄河以北油田生产与生活用水,拟在三十公里险工新建引黄闸送水至孤东干渠,向孤东油田供水。为此,胜利油田黄河口治理办公室向河口管理局送交《关于修建北大堤三十公里引黄闸的报告》,经黄委批复,同意修建三十公里引黄闸,工程投资由胜利油田安排解决。引黄闸过水能力由30立方米每秒改为20立方米每秒。

该闸为Ⅰ级水工建筑物。1996年3月市政府公布成立东营市三十公里引黄闸建设工程指挥部。由滨洲黄河建筑安装工程处承担混凝土、观测止水、设备制作及安装工程;胜利油田特车队承担闸门吊装工程;河口区河务局工程处承担基坑开挖及土方回填工程;西河口、孤岛河务段承担石方砌筑及部分土方工程。进场施工人员最多达253名,投入各类施工机械60多台(套)。共计完成土方75342立方米,石方4587立方米,混凝土及钢筋混凝土809立方米,管理房建设315平方米。工程决算投资392.71万元。

1996年12月16日,山东河务局主持竣工验收,认定工程质量优良。

九、十八户引黄闸

该闸位于垦利县西宋乡境内。建设单位为黄河河口管理局,运用管理单位为垦利河务局。

1969年9月建成的十八户放淤闸,自1970～1979年经过5次放淤试验后,未再开闸运用。由于河床逐年淤积抬高,该闸于1989年被列为黄委在编险点。

1997年10月,《山东黄河治理"九五"规划》提出:国那里、十八户、邢家渡三座涵闸设防水位低于2000年设防标准,需要进行改建。1999年3～5月,山东河务局向黄委报送十八户闸除险加固工程项目建议书及其补充报告。9月20日,黄委批复:同意对该工程进行改建加固。山东河务局在财政预算资金(河口治理)内安排工程投资。

改建后的十八户引黄闸主要承担放淤区内12万亩耕地灌溉、4.3万人口生活用水和

十八户引黄闸

十八户闸除险加固工程开工典礼

胜利油田部分工业用水,并为下镇乡实施的 56 万亩荒碱地综合开发项目提供淡水资源。

除险加固工程设计水平年为 2030 年,工程等级为Ⅰ级水工建筑物,地震设防烈度为 8 度。改建工程是在原闸上游重新填筑黄河大堤,并在原水渠位置重建引水涵闸。在新闸闸尾与旧闸闸首(混凝土挡墙)连接处,将旧闸的部分建筑物拆除。

按照"三制"改革要求,建设单位成立项目办公室。工程监理由黄委面向社会公开招标,河南黄河勘察设计工程科技开发总公司中标;施工队伍邀标选择山东黄河工程局。

2000 年 3 月 21 日正式开工,至 8 月 20 日,累计完成土方 14.79 万立方米,石方 5800 立方米,混凝土 1364 立方米,钢筋制作 118 吨,安装闸门 4 扇,启闭机 3 台,变压器 2 台。竣工决算投资 632.80 万元。2001 年 9 月 24 日,山东河务局主持竣工验收,认定工程质量优良。

十、宁海排灌闸

该闸为Ⅰ级水工建筑物。为解决垦利县宁海乡辖区内 4.2 万亩耕地、2 万人口的排水、灌溉(路庄引黄闸引水)防涝改碱而建。

2002年,河口管理局与垦利县水利局共同组建项目办公室。招标选择山东黄河工程局承担施工,黄委勘测规划设计研究院工程监理公司为监理单位,山东黄河水利工程质量监督站为质量监督单位。

2002年9月1日开工,2003年5月13日告竣。累计完成土方59326立方米,石方1077立方米,混凝土999立方米,压力灌浆154眼,启闭机房52平方米。垦利县政府及有关部门按照设计完成了建设征地补偿工作。竣工决算投资325.27万元。2003年11月28日,河口管理局主持竣工验收,认定工程质量合格。

第二节 提(扬)水工程

泵站提(扬)水工程建在河道滩岸或引黄渠首大堤后及引水渠道内,便于处理泥沙和扩大引黄用水。截至2005年底,东营黄河滩区尚有固定引水口22处,设计提水能力72.16立方米每秒,设计灌溉面积1.55万公顷,有效灌溉面积0.98万公顷。各站情况见表5-5。

泵站提(扬)水工程主要由地方政府或群众筹资兴建、管理,对改变滩区生产条件发挥了较好效益,但对黄河水量统一调度带来不利影响。

一、宫家渠首扬水站

1988年宫家引黄闸改建后,老闸后的扬水站被废除,南宋乡背河一万多亩土地失去灌溉水源。因此,利津县水利局要求在新建的引黄闸后增建简易扬水站。东营修防处于1989年3月13日在批复文件中建议:将扬水站下移至新老渠道衔接处,引水渠道跨越老渠,在老渠左侧与原有向南水渠连接;新修渠道靠大堤侧上口距后戗坡脚最近点不小于7米。根据批复意见,利津县水利局完成工程施工。新建扬水站位于引黄闸后左岸30~38米,安装300S-12A型水泵4台,合计出水量0.8立方米每秒。

二、五七扬水船及船坞改造工程

五七扬水船位于苇改闸护滩10#~11#坝档。1986年始建。1989年趸船由3只增至5只,装配28英寸轴流泵和80千瓦电机6套,20英寸轴流泵和55千瓦电机4套。所有船只运行时,提水能力达8立方米每秒,可承担8万亩农田灌溉和灌区人畜饮水任务。由于原有船坞不能同时容纳5条船,经东营修防处批复同意就地改建船坞,所须投资由垦利县水利局负责,施工质量由垦利修防段掌握。1989年4月18日开工,6月底告竣。改建后的船坞宽25米,底高程2.5米(大沽基面,下同),顶高程10.0米。

三、西宋乡扬水船扩建和虹吸管改建工程

1976年始建的西宋乡虹吸管位于右岸临黄堤桩号251+300处。1982年进行改建,以临河扬水站作为虹吸水源。1985年,河道主槽变动,扬水站淤积报废,虹吸停用。1987年采用市、县投资和乡、村集资办法,安装扬水船2只,利用原虹吸管引水过堤。由于原虹

表5-5　东营黄河滩区引水工程基本情况统计表

滩区名称	渠首名称	建成时间（年·月）	初灌时间（年·月）	设计流量（m³/s）	设计灌溉面积（hm²）	有效灌溉面积（hm²）	干渠			节制闸	引水口	备注
							条数	长度（km）	衬砌（km）			
全市合计	22处			72.16	15497.5	9755.2	21	108.89	2.09	9	23	
纪冯滩	海东扬水站	2000	2000	0.6	201	174.2	1	2				
纪冯滩	宋庄扬水站	1989	1990	0.88	368.5	335	1	4		2	2	
纪冯滩	纪冯扬水站	1973	1973	4	402	268	1	4				
东关滩	东关扬水站	1993	1993	0.66	335	201	1	0.35		1	1	
南宋滩	五庄灌区扬水站	2002.10	2002.10	0.7	389	335	1	3		1	1	改建
南宋滩	四图扬水站	1992	1992	0.4	335	335	1	1.5			1	
前左滩	垦利镇滩区扬水站	1989	1989	0.9	670	335	1	7				
寿合滩	垦利镇一号扬水站	1971	1971	4.5	2680	1675	1	10		2	5	垦利镇东、西两站使用同一渠道
寿合滩	一号扬水站东站	1979	1980	4	2680	1675	1	10		2	5	
寿合滩	民丰水源一级泵房	1968	1968	2.5			1	13				
建林滩	垦东扬水船	1988	1988	10			1	0.01				
渔洼滩	西宋扬水船	1987	1987	2	1340	335	1	4				
蒋庄滩	刘家村扬水站	1994	1994	1.6	804	804	1	2.4			1	
王庄滩	小李扬水站	1977	1977	0.88	536	536	1	0.12	0.09		1	
付窝滩	北岭乡扬水站	1980	1980	0.44	469	469	1	0.5			1	
付窝滩	集贤乡一号扬水站	1997	1997	1	670	670	1	1			1	
付窝滩	集贤乡中古店扬水站	1988	1988	0.7	603	603	1	1			1	
付窝滩	付窝乡中古店扬水站	1979	1979	1.4	1005	1005	1	0.01			1	
付窝滩	崔家护滩水工程			12	2010							已拆除一组
付窝滩	崔家扬水站			3.5								在建
河口北滩	西河口临时取水工程	1995.7		12			1	10	1	1	1	
河口北滩	丁字路取水工程	1997.9		7.5			2	35	1	2	1	

说明：本表录自《山东黄河志资料长编》第五篇水资源利用 P64,统计时间为2002年底。

吸管长期停用,控制设施损坏,须进行改建后方可使用。1989 年 3 月,垦利县政府向东营修防处送达《关于西宋乡扬水船扩建和虹吸管改建工程的报告》。改建的虹吸管为 2 条,设计引水能力 2.6 立方米每秒。5 月 6 日,山东河务局下达批复意见,明确工程投资由垦利县自筹。垦利县水利局于 6 月 30 日完成工程改建施工。

至 1997 年,由于临河进水口不断淤积,加之多年断流缺水、工程失修,虹吸管不能继续使用,西宋乡大堤以南数村重新出现用水困难、土地碱化、生产生活条件恶化的局面。西宋乡政府决定集资 15 万元,将虹吸管吸水改为提升站抽水。是年,西宋乡政府向垦利县河务局提出《关于西宋乡倒虹吸改建工程的请示报告》,9 月 3 日,河口管理局批复:同意在不破坏黄河堤防设施的前提下,在原虹吸管基础上改建提升站,并责成垦利县河务局负责施工质量监督、检查、验收及运用期间的监督管理工作,按标准征收水费。西宋乡政府根据批复意见,当年完成改建施工。

四、路庄虹吸管改建

路庄虹吸管建于 1956 年,承担垦利县中部和东部农田灌溉及人畜饮水。1984 年改建为 4 条虹吸管,但仍未能较好地改善引水条件,宁海、胜利两乡干部群众强烈要求重新改建虹吸工程。

1989 年 9 月 1 日,垦利县政府向东营修防处送达《关于改建路庄虹吸管工程的请示》,提出改建方案:保留 2 条虹吸管,将另外 2 条虹吸管改造为临河扬水站。9 月 26 日,山东河务局批复:原则同意改建方案,工程投资由垦利县自筹。垦利县政府组织有关单位于 1990 年完成改建工程施工。

五、小李险工扬水站扩建

1978 年始建的小李险工扬水站位于临黄堤桩号 321 + 450 处,2 台水泵提水能力 0.4 立方米每秒,主要承担王庄乡南部部分村庄的灌溉供水。由于用水地区种植养殖经济发展较快,原有水泵不能适应供水要求。为提高供水能力,1994 年王庄乡政府向利津修防段提出自筹资金扩建扬水站的书面申请,要求增设 2 套水泵,将提水能力扩大到 1.0 立方米每秒,灌溉面积由 0.4 万亩扩大到 1 万亩。扩建方法是:原蓄水池浆砌石结构及深度不变,长 × 宽尺寸由 7 米 × 3.5 米改为 7 米 × 7 米;泵台(根石顶)加高 1.0 米,长度 10.0 米;输水管顶高程由 17.28 米抬高到与坝基相平的 18.18 米;其他工程设施不变。一旦黄河修工需要或影响防洪时,由王庄乡负责拆除。7 月 26 日,山东河务局下达批复意见并对设计指标做了具体规定。扩建施工当年完成。

六、罗家屋子虹吸管拆除

1977 年,胜利油田在罗家屋子建成 5 条临时虹吸管,利用刁口河故道向河口采油厂供水。其后经过几次扩建,至 1988 年在北大堤桩号 10 + 015 ~ 10 + 980 的 75 米堤段内,分布内径 720 毫米管道 30 条,内径 150 毫米管道 2 条,引水能力 25 ~ 30 立方米每秒。

1993年,黄委批准胜利油田提出"废管建闸"要求时,明确要求引黄闸建成后,将罗家屋子虹吸管全部拆除,恢复大堤防洪标准,确保度汛安全。

由于种种原因,虹吸拆除工程被拖延至1995年实施。根据市政府召开的施工会议要求,"罗家屋子虹吸管拆除工程指挥部"于5月12日确定拆除施工方案:胜利油田河口治理办公室组织人员、机械完成明露管道拆除及运输任务;利津县河务局组织人员、机械完成石方拆除及土方开挖、回填任务。

全部拆除工程于6月底告竣。共计完成管道拆运32条,石方拆运2318立方米,机房拆运6间,土方开挖1.04万立方米,回填2.25万立方米,投资53.10万元。

七、集贤乡一号扬水站

该扬水站被列入东营市1996年度黄河滩区水利建设计划。经山东河务局批准,原计划在一号渡口左岸滩地建站后安装3套机组,设计提水能力为0.75立方米每秒,解决集贤乡滩区7500亩耕地灌溉。

1997年4月,利津县河务局会同集贤乡政府进行查勘后提出:将3套机组扩大为5套机组,设计提水能力为1.25立方米每秒,灌溉面积增加到1万亩。扩建方案总投资62.22万元。山东河务局下达批复意见,同意扩大扬水站建设规模,超出计划投资部分由该乡自筹解决。集贤乡政府根据批复意见组织人力、物力,当年完成工程施工。

八、海东扬水站

垦利县宁海乡西滩区海东、海西、苏刘等村由于缺乏供水设施,近3000亩土地灌溉困难,粮食产量低而不稳。2000年3月宁海乡政府向垦利县河务局提出在宁海坝头新4#护滩上建设扬水站的申请,设计提水能力为0.6立方米每秒,控制灌溉面积2600亩。扬水站为临时性建筑物,影响黄河防汛抢险或工程修工时,即在规定时间内拆除。

经垦利县河务局查勘上报请示,11月山东河务局下达批复文件,同意在宁海控导工程新3#、新4#坝挡处建设临时扬水站一座。为保持河势稳定,应对新3#、新4#坝抛石加固。扬水站投入运用后由垦利县河务局负责取水许可监督、计量、水费征收等管理工作。

九、刘家村扬水站

该扬水站位于东营区龙居乡。该村500余人主要依靠南展宽区内土地作为生活来源。由于农田水利设施不配套,群众生产生活困难。

2000年8月,中共东营市委扶贫工作组为帮助该村摆脱困境,计划在麻湾险工1#坝上修建简易扬水站一座,设计提水流量0.3立方米每秒,通过直径0.5米的穿堤混凝土管道向展区内农田送水灌溉。龙居乡政府向东营区河务局提出建站申请。9月15日,河口管理局下达批复意见:原则同意修建该工程,但不得破坏1#坝工程现状;输水管道采取爬越方式过堤,堤顶管道以上覆土厚度应满足交通和扬水站运用需要;管道入水池底必须在险工坝面设计高程以上,出水口位置应在背河护堤地以外。根据以上批复意见,刘家村当年完成工程建设。

十、集贤乡扬水站扩建改造

1988 年始建的集贤乡扬水站位于中古店护滩原 9#(现 13#)坝上,安装机组 3 台,设计提水能力 0.6~0.8 立方米每秒,担负 5 个行政村近 8000 亩耕地灌溉任务。由于黄河水量减少、护滩工程改建及原有设备陈旧老化,原站不能发挥应有效益。

2000 年 10 月初,集贤乡政府向利津县河务局送交《关于集贤乡中古店扬水站扩建改造工程请示的函》,要求对老站进行改(扩)建,设计提水能力 1.6 立方米每秒,投资 41.97 万元。10 月 23 日河口管理局下达批复文件,除同意该工程改扩建规模外,同时要求:所需投资由集贤乡政府筹集;工程投入运用后,由利津县河务局按照有关规定监督管理取水许可和水费计收工作;工程运用期间,有碍黄河工程建设和防汛抢险时,由集贤乡政府负责拆除、改建或加固,并承担相应费用。根据批复意见,集贤乡政府完成工程建设。

第三节　平原水库

20 世纪 90 年代,黄河下游断流时间越来越早,天数越来越长。为做到黄河水"丰蓄枯用""冬蓄春用",东营市和胜利油田继续加大平原水库建设力度。截至 2005 年,地方政府和胜利油田先后建成大、中、小型平原水库 658 座,总蓄水量 8.36 亿立方米。其中油田建成水库 120 座,蓄水能力 4.4 亿立方米。单库库容在 500 万立方米以上的 29 座,基本情况见表 5-6。

高店水库

平原水库的建成,有效缓解了水资源供需矛盾。主要问题是占地面积大,围坝长,蒸发量及渗漏量较大,水质难以保证,维护费用高等。特别是水库地处黄河最下游,受来水时机和水量影响较大,能够进行适时调蓄的能力较弱。

表5-6 东营市较大平原水库基本情况表

序号	水库名称	建成时间（年·月）	主要用途	渠首名称	设计库容（万 m³）	死库容（万 m³）	输水距离（km）	最小输水流量（m³/s）	输水时间（天）	最大输水能力（m³/s）
1	高店水库	1996	旅游	麻湾	1100	200	37	5	0.5	30
2	西范水库	1998	农业	麻湾	500	60	10	5	0.5	30
3	神堂水库	1999	农业	麻湾	500	60	1	5	0.2	30
4	王岗水库	1997	农业	麻湾	700	100	40	5	1	30
5	★广南水库	1986.3	工业、生活	曹店	11540	650	50	5	1	30
6	★耿井水库	1990.1	工业、生活	曹店	2082	301	28	5	1	30
7	南郊水库	1995.6	生活	曹店	640	60	50	5	1	30
8	★利津水库	1991	工农业、生活	宫家	2000	340	15	2.2	10	5
9	哨头水库	2002	农业	胜利	550	75	12	2	2	40
10	★辛安水库	1979	工业、农业	胜利	2056	600	38.4	5	4	40
11	胜利水库	1996	农业、生活	路庄闸	2000	500	10	2	2	15
12	王集水库	1995.6	农业	王庄	650	160	60	3	16	10
13	栏河水库	1997.12	农业	王庄	500	150	24	5	15	15
14	李坨水库	1998	农业	王庄	1000	150	55	5	16	16
15	中和堂水库	1995.6	农业、生活	王庄	650	70	15	5	2.5	8
16	马家水库	1998	农业	王庄	500	150	42	5	10	10
17	汀罗水库	1997.12	农业	王庄	1000	200	24	4	14	7
18	驾屋河水库	1995.6	农业	王庄	500	60	0.21	5.5	1	10
19	★孤河水库	1987.12	工业	王庄	2780	300	30	2	3	15
20	一村水库	1994	农业	一号坝	1500	375	10	3	1	30
21	永镇水库	1998	农业	一号坝	3000	450	18.2	3	2	30
22	★民丰水库	1969	工业、农业	一号坝	543	160	0.05	0.3	0.5	30
23	★广北水库	1988	工业、农业	一号坝	3200	600	30	3	4	30
24	★孤东水库	1986	工业	丁字路	1786	85	30	2	3	15
25	★孤北水库	1994.12	工业	丁字路	5000	583	39	3	5	15
26	★孤岛水库1	1993.10	工业	西河口	850	40	30	2	3	15
27	★孤岛水库2	1994.10	工业	西河口	1120	125	30	2	3	15
28	纯化水库	2000	工业、农业	麻湾	3341	398				
29	河口五号水库	1976	工业、生活、	西河口	780	58				
30	其他629座		工农业、生活		31232	4772				
	合　计				83600	11832				

说明：此表录自《山东黄河志资料长编》第五篇水资源管理。其他629座水库设计库容均在500万立方米以下。带★者为油田管理。

第四节　滩区水利建设

为改善滩区生产条件,自1988年起,先后三期完成滩区水利建设工程,累计完成投资273.36万元,其中国家补助投资129.60万元,地方配套资金140.76万元,群众自筹3.00万元(见表5-7)。

表 5-7　东营黄河滩区水利建设投资及工程量完成统计表

期数	完成投资(万元)				完成工程量			用工
	合计	国家补助	地方配套	群众筹集	土方(万 m³)	石方(万 m³)	混凝土(m³)	(万工日)
累计	273.36	129.60	140.76	3.00	42.61	0.52	342	8.50
一期	111.36	52.60	58.76		13.27	0.29	229	3.32
二期	112.00	56.00	56.00		24.59	0.16	88	4.38
三期	50.00	21.00	26.00	3.00	4.75	0.07	25	0.80

说明:本表录自《山东黄河志资料长编》第五篇山东黄河滩区水利建设工程投资及工程量完成情况表。

一、一期工程

1988年8月,黄委与山东河务局签订的《1988~1990年山东黄河滩区水利建设一期工程建设协议》中指出:黄河滩区水利建设主要内容为灌溉、排水、引洪淤滩及生产道路桥涵工程。其间,黄委利用国家土地开发基金1463万元投入山东黄河滩区水利建设,山东河务局负责落实地方配套资金(不包括群众投劳)。国家对引洪改土和灌溉工程的投资为有偿使用,有偿比例为30%,三年内收回,继续用于黄河滩区水利建设。具体项目实施由各县(市、区)河务局或黄河滩区建设办公室负责。

中共山东省委、山东省政府将黄河滩区列为"八五"期间扶贫重点,由山东省财政厅安排400万元作为一期工程配套资金。黄河业务部门把滩区水利建设作为治黄工作的重要组成部分。省、市、县黄河业务部门分别安排一位负责人分工负责项目建设的规划、设计、施工、质量检查、资金管理、竣工验收等项工作。沿黄各级地方政府将其列入重要议事日程,分别组建领导班子,设置办事机构,筹措配套资金。滩区群众踊跃集资集料、义务投劳。

1991年11月1日,东营市黄河滩区水利建设一期工程通过山东河务局组织的竣工验收。1992年3月通过国家农业综合开发办公室和水利部的项目验收。验收合格的工程移交地方管理。跨管区的项目,由所在乡镇派人管理;跨村的工程,由所在管区派人管理;一村受益的工程,由所在村委会派人管理;几家农户受益的小型提水机械,由受益户选派专人管理。

二、二期工程

1992年3月,黄委与山东河务局签订《1991~1993年山东黄河滩区水利建设二期工程建设协议》。协议投资 3379.20 万元,其中利用国家土地开发基金 1689.60 万元,地方配套 1689.60 万元。

1992 年 7 月,山东河务局颁发《山东黄河滩区水利建设项目管理办法》,在二期工程建设中,注重集中连片开发、综合治理。

东营黄河滩区水利建设二期工程累计完成投资 112 万元。其中,垦利县宋庄灌区在实施过程中,严格管理措施,依据"谁受益、谁负担"的原则,按时收交水费,组织义务劳动对工程进行维修。

三、三期工程

根据国家农业综合开发办公室及水利部的要求,1994～1996 年山东黄河滩区水利建设三期工程以改善滩区农业生产条件、增加滩区粮棉油等主要农产品产量、增强滩区农业发展后劲为主要目标。规划设计坚持洪、涝、旱、碱、沙综合治理,以灌溉工程为主,结合兴建排水、引洪放淤和生产道路等工程(见表 5-8)。

三期工程建设中,地方配套资金和群众自筹资金是滩区水利建设投资的重要组成部分。在项目安排上,优先利用当地建筑材料,以降低工程造价。为确保有偿资金按时如数收回,在投放有偿资金时,逐级签订还款协议,明确专人负责。

东营黄河滩区水利建设三期工程于 1997 年 6 月底完成。1997 年 7 月通过国家农业综合开发办公室与水利部的验收。

表 5-8　东营市一、二、三期滩区水利建设工程完成情况统计表

单位	工程项目	完成情况				备注
		土方(万 m³)	石方(万 m³)	混凝土(m³)	投资(万元)	
东营市	合计	42.61	0.5209	341.87	273.36	
一期	1988～1990	13.27	0.29	229.07	111.36	
利津县		0.51	0.07	107.00	44.31	
	大田扬水站	0.12	0.02	27.00	9.38	
	清河扬水站	0.04	0.01	27.00	8.36	
	东坝扬水站				5.28	
	罗家屋子扬水站	0.35	0.04	53.00	19.89	
	其他				1.40	
垦利县		12.11	0.20	119.07	44.65	
	宋庄扬水站	9.02	0.05	59.00	21.00	
	义和扬水站	0.01	0.01	4.77	9.45	
	十八户扬水站	0.38	0.13	40.00	6.61	
	梅家扬水船	2.70	0.01	15.30	6.20	
	其他				1.39	

续表 5-8

单位	工程项目	完成情况				备注
		土方（万 m³）	石方（万 m³）	混凝土（m³）	投资（万元）	
东营区		0.65	0.02	6.00	22.40	
	老于泵站	0.15	0.01	3.00	10.78	
	赵家泵站	0.50	0.01	3.00	10.78	
	其他				0.84	
二期	1991～1993	24.59	0.161	87.8	112.00	
利津县		6.26	0.064	60.00	57.30	
	綦家嘴扬水站	1.13	0.016		16.06	
	四图扬水站	0.03	0.01		7.00	
	中古店扬水站	1.12	0.003		8.08	
	罗家屋子扬水站	0.4	0.005		6.06	
	东坝扬水站	1.1	0.005		6.06	
	大田扬水站	0.59	0.005		4.04	
	滩区生产路	1.89	0.02	60.00	10.00	
垦利县		18.06	0.05	1.80	44.60	
	宋庄扬水站	5.34	0.05	1.80	19.00	
	小街扬水站	1.84			8.70	
	淤堤河	10.88			16.90	
东营区		0.27	0.047	26.00	10.10	
	赵家扬水站	0.27	0.047	26.00	10.10	
三期	1994～1996	4.75	0.0699	25.00	50.00	
利津县	集贤一号扬水站	4.75	0.0699	25.00	50.00	

第三章 效 益

1989~2005年,全市累计引用黄河水162.09亿立方米,年均引水9.53亿立方米。引黄用水挟带泥沙1.76亿吨(见表5-9)。

表5-9 东营黄河历年引水引沙情况统计表

年份	引水量(亿 m³)					引沙量(亿 t)
	总量	其中				
		农业用水	工业用水	生活用水	其他用水	
1989	8.30	2.94	4.90	0.31	0.15	0.150
1990	8.22	1.97	5.74	0.28	0.23	0.070
1991	9.92	3.16	6.20	0.35	0.21	0.115
1992	12.01	5.84	5.60	0.39	0.18	0.177
1993	10.17	3.52	5.98	0.37	0.30	0.093
1994	9.12	3.72	4.95	0.26	0.19	0.153
1995	9.61	3.28	5.70	0.38	0.25	0.116
1996	9.27	1.79	7.08	0.29	0.11	0.152
1997	7.50	0.76	6.40	0.26	0.08	0.072
1998	9.56	1.29	7.81	0.32	0.14	0.072
1999	13.11	4.68	7.79	0.42	0.22	0.146
2000	14.24	5.80	7.63	0.48	0.33	0.106
2001	9.94	4.21	5.10	0.37	0.26	0.055
2002	12.74	7.59	4.52	0.45	0.18	0.066
2003	5.81	1.69	3.81	0.22	0.09	0.033
2004	6.46	2.01	4.06	0.28	0.11	0.031
2005	6.11	1.76	3.89	0.33	0.13	0.031
合计	162.09	56.01	97.16	5.76	3.16	1.760

说明:此表参照《山东黄河志资料长编评议稿(四)》表5-2-11和油田供水志有关资料编列。

第一节 城乡供水

东营市地处滨海盐碱地区,除广饶县小清河以南地区地下水质较好外,其余地区95%的地下水不能饮用,黄河水成为唯一的淡水资源。

1990 年 5 月 1 日,王庄引黄灌区二干渠全线通水后,除改善和扩大灌区面积 60 万亩外,还解决 5 万人的饮水困难。

2000～2005 年,投资 2.9 亿元,新建水源工程 306 个,铺设供水管线 2850 千米,实现了村村通自来水,全市百万农民告别饮用苦水、咸水、涮街水的历史。在此基础上又投资 9081 万元,配套完善城乡供水体系,提高水资源保障能力,42 万以上农民用上符合国家卫生标准的自来水。同时推行城市分质供水、中水回用和一水多用。

第二节　农业灌溉

1989～2005 年干旱少雨,由于引黄工程较多,在基本完成大中型引黄灌区节水改(扩)建工程的基础上,集中力量搞好支渠和田间渠的节水改造,引黄灌溉地区粮棉产量增长幅度高于非引黄地区。其间,2000～2005 年投资 6.3 亿元,在全国率先完成大中型灌区节水改造,全市 395 千米干渠实现高标准衬砌,所有农田基本具备水浇条件。

截至 2005 年,全市有效灌溉面积 171.4 万亩,比 1986 年增加 20.3 万亩(见表 5-10)。东营黄河供水灌区分布图如图 5-1 所示。

表 5-10　东营市万亩以上引黄灌区基本情况表

灌区名称	供水渠首名称	设计引水能力（m³/s）	灌溉面积(万亩)		干渠总长度（km）
			设计	有效	
胜利灌区	胜利引黄闸	40	22.5	15.9	38.39
路庄灌区	路庄引黄闸	30	60	4.5	25
双河灌区	双河引黄闸	100	76	10.2	52.69
五七灌区	五七引黄闸	15	15	5.4	19.8
十八户灌区	十八户引黄闸	20	12	6	13
宫家灌区	宫家引黄闸	30	25	28	74.16
王庄灌区	王庄引黄闸	80	30	59	97.76
曹店灌区	曹店引黄闸	30	37	18	49.52
麻湾灌区	麻湾引黄闸	60	74	50	132.32
全市合计		405	351.5	197.0	502.64

说明:包括胜利油田取水灌溉。

一、灌区管理

1991 年 3 月 12 日,成立东营市引黄灌溉管理局。为充分发挥灌溉效益,按照分级管理原则,各引黄灌区设立相应的管理机构。其中,受益或影响范围涉及两个县(区)以上的灌区,成立引黄灌溉管理局(处),隶属市水利局管辖;各县(区)分别设立引黄灌溉管理处、所、站,主管本辖区引黄工程建设、管理和水量调度等。受益或影响范围在一个县(区)的灌区,成立引黄灌溉管理处(所),隶属县(区)水利局管辖。

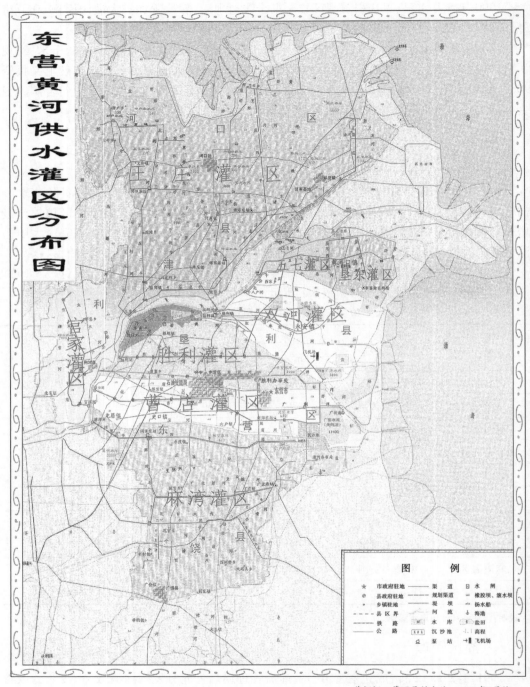

图5-1　东营黄河供水灌区分布图

黄河河口管理局供水处　2005年5月编

高标准节水灌渠

二、引黄泥沙处理

引黄泥沙造成渠道输沙能力低,灌区清淤负担沉重。为减少泥沙危害,采取的主要措施如下:一是修建湖泊式或条渠式沉沙池,减少泥沙淤积入渠。二是扬水沉沙,胜利油田曾在罗家屋子扬水船(站)采用。三是修建闸前防沙闸,防止底沙和停引期间泥沙入渠。四是及时整治引水河道,减少引水沙量。五是提高渠道坡降,增大水流速度和挟沙能力。

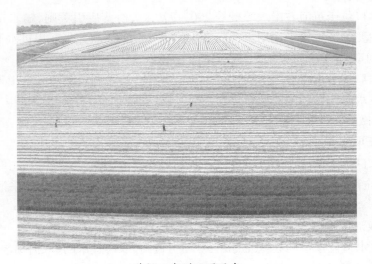

黄河三角洲田园风光

第三节　油田供水

胜利油田的主产区位于黄河口两侧,开发建设中对淡水需求量很大。黄河成为唯一的淡水资源。20世纪60~70年代,胜利油田水利设施建设与管理主要由生产办公室负责。1983年9月13日成立供水公司后,从资金、人员、技术等各方面向引黄供水倾斜,先后投资20多亿元用于引水、蓄水、调水工程的新建、改建和扩建。担负整个油区及东营市、滨州市部分地区工业、民用水和部分农业用水的供应任务,以及油田基地和东城部分地区的污水处理任务。

1986~2002年,胜利油田引黄总量99.71亿立方米,胜利油田供水体系包括取水口工程、输水工程、蓄水工程、沉沙工程等。

一、引黄取水口

截至2005年,胜利油田在东营境内使用的引黄取水口有11处,设计引水能力461立方米每秒。其中引黄闸7座,分别为宫家、麻湾、曹店、胜利、路庄、王庄、西双河;提水泵船3处(5艘),布设在崔家护滩、西河口护滩和丁字路口;提水泵站1处,布设在垦利县民丰。

(一)宫家取水口

宫家取水口位于黄河左岸大堤桩号300+137处,主要为宫家灌区灌溉用水和利津水库提供水源。

(二)麻湾取水口

麻湾取水口位于黄河右岸大堤桩号193+357处,由麻湾引黄闸、输水渠道和大孙闸组成。主要为四干渠沿途用水和牛庄水库、广南水库提供水源。

(三)曹店取水口

曹店取水口位于黄河右岸大堤桩号200+770处,由曹店引黄闸、输水渠道和清户过水闸组成。主要为五干渠沿途用水和广南水库、南郊水库、耿井水库提供水源。

(四)胜利取水口

胜利取水口位于黄河右岸大堤桩号210+385处,由胜利引黄闸为六干渠沿途用水和辛安水库提供水源。胜利闸前原有提水泵船2艘,安装水泵48台,提水能力33.1立方米每秒,1994年撤除。

(五)王庄取水口

王庄取水口位于黄河左岸大堤桩号328+192处(王庄险工55#坝),主要为利津县大部分、河口区全部、渤海农场、济南军区生产基地、河口、桩西、孤东、孤岛采油厂用水提供水源。

(六)西双河取水口

西双河取水口位于垦利县城北,由一号坝引黄闸、双河过水闸、双河提水泵站组成,为七干渠沿途用水和广北水库提供水源。

(七)民丰取水口

民丰取水口位于垦利县城西北,利用一级泵站从黄河取水后,分别送入1#~6#水库调蓄并沉沙,再由二级泵站加压送往东营净化站和附近用户。设计提水能力2.5立方米每秒。

(八)路庄取水口

路庄取水口位于黄河右岸大堤桩号216+181处,直接从黄河提水送入路庄水库沉沙,设计提水能力2.5立方米每秒。路庄引黄闸建成后,1999年停用。

（九）崔家取水口

崔家取水口1995年因河道主槽摆动,原西河口取水口废除,将其中2艘泵船上移约4千米,建成崔家取水口。泵船提水能力30立方米每秒,主要为孤河、孤岛水库蓄水提供水源。

（十）西河口取水口

西河口取水口位于原西河口取水口下游1.8千米处。2艘泵船装机容量与崔家取水口相同。

（十一）丁字路取水口

丁字路取水口采取泵船提水与自流闸引水相结合的方式取水。主要为孤东、孤北水库蓄水提供水源。泵船装提水能力20立方米每秒,自流闸设计流量15立方米每秒,在黄河水位较高的情况下开启运用。

油田丁字路取水口

二、输水工程

胜利油田使用的11条输水干渠中,除刁口河故道、东崔干渠、净化站水库引水渠、孤东干渠、孤北干渠由胜利油田供水公司管理外,其余由地方水利部门管理。

（一）麻湾干渠

麻湾干渠又称四干渠,全长27.5千米,比降1/13000。渠首设计输水流量52立方米每秒,相应水位9.8米;底宽31米,高程7.5米。渠尾设计流量15立方米每秒,相应水位8.36米;渠底宽10米,高程6.26米。

1998年,胜利油田对四干渠进行扩建,将庞家进水闸至广南二号沉沙池之间长32.285千米渠道进行拓宽改造。

（二）曹店干渠

曹店干渠又名五干渠,始建于1958年。1985～1987年扩建后,渠道始于南展堤大清户过水闸,止于广南水库,全长49.38千米。渠首设计输水流量30立方米每秒,相应水位8.97米;渠道底宽由渠首16.5米缩窄到11米,比降1/6548。1997年7～11月,胜利油田又投资342.39万元,对上游段4246米护坡进行衬砌。

(三)胜利干渠

胜利干渠又称六干渠,渠首位于胜干过水闸,渠尾止于东营河,全长35千米。渠首设计输水流量30立方米每秒,渠首高程5.49米,宽度自上而下由6米渐变为4.5米,比降分别为1/7000、1/7500、1/8000。

2001年3～10月,东营市、胜利油田、垦利县和东营区共同实施六干渠改造扩建工程,渠首至八干闸设计流量45立方米每秒,底宽12.5米;八干闸至渠尾设计流量20立方米每秒,底宽7米。

(四)双河干渠

双河干渠又称七干渠。渠首始于双河泵站,渠尾止于广北水库一号沉沙池(原辛北沉沙池),全长28.65千米,比降1/6000。渠首设计流量30立方米每秒。

(五)王庄干渠

王庄干渠位于利津县和沾化县境内,始建于1969年。盐窝节制闸后修建一、二、三干渠。

王庄干渠

1990年1～12月,进行渠首治理及二干渠开挖工程,长41.9千米。

1999年10月至2000年12月,对灌区实施节水改造工程,完成渠道建设98.1千米,建筑物122座,总干渠和二干渠进行衬砌。改造后的王庄总干渠全长42.02千米,输水能力40～100立方米每秒,可经黄河故道送水到孤岛、孤北水库;一干渠长15.4千米,输水能力10～40立方米每秒;二干渠长25.44千米,输水能力20～45立方米每秒;三干渠长14.9千米,输水能力10～20立方米每秒,可送水到孤河水库。

(六)宫家干渠

宫家干渠始于宫家引黄闸,止于利津县明集乡马镇广村以西,全长19千米,设计输水流量20立方米每秒。

(七)黄河故道输水渠

黄河故道输水渠起点在罗家屋子,止点在三号半水库末端,长18千米。1997年10

宫家干渠

月至 1998 年 5 月,经过疏浚整修后,罗家屋子引黄闸至拦河坝之间 8.27 千米河段设计过水能力 40 立方米每秒,拦河坝至孤河公路之间 9.8 千米河段设计过水能力 25 立方米每秒。

(八)东崔干渠

东崔干渠又称孤河水库引水渠,起点在黄河故道,全长 10 千米,渠底宽 17 米,设计输水流量 15 立方米每秒。

(九)净化站水库引水渠

净化站水库引水渠起点在黄河故道三号半水库,全长 11.5 千米,渠底宽 5～8 米,设计输水流量 5～10 立方米每秒。

(十)孤东干渠

孤东干渠始于西河口水库分水闸,止于孤东水库,全长 17.5 千米,渠底宽 14 米,设计输水流量 25 立方米每秒。2000 年 3～5 月,对三十公里引黄闸至孤东水库分水闸之间 3.7 千米渠道进行扩建。

(十一)孤北干渠

孤北干渠即孤北水库引水渠。渠首在孤东水库与干渠连接处(新卫东河倒虹吸),止于孤北水库,全长 12.5 千米。神仙沟以上渠底宽 12 米,设计输水能力 20 立方米每秒;神仙沟以下渠底宽 7.5 米,设计输水能力 15 立方米每秒。1999 年 11 月至 2000 年 5 月实施扩建工程,输水能力提高到 30 立方米每秒。

三、蓄水工程

1983 年,胜利油田仅有民丰、路家庄、辛安等 3 处小型水库,总库容 2563 万立方米。2005 年,拥有平原水库 120 座,蓄水能力 4.4 亿立方米。其中大型水库 1 座,设计库容 1.14 亿立方米;中型水库 9 座,设计库容 2.32 亿立方米;小型水库 110 座,设计库容 0.94 亿立方米。另有一些微型水库,绝大部分为农业专用水库。

按照供水区域划分,东营供水区分布水库 8 座,分别为广南、耿井、辛安、广北、纯化、民丰、牛庄、路庄水库,设计总库容 2.27 亿立方米;滨河供水区 8 座,分别为孤东、孤北、孤岛一号、孤岛二号、孤河、西河口、净化站、五号水库,设计总库容 1.29 亿立方米;滨南供水区 1 座,为利津水库,设计库容 0.2 亿立方米。

(一)广南水库

广南水库位于五干渠末端,1983～1986 年建成,占地面积 39 平方千米,设计库容 1.14 亿立方米。主要承担黄河枯水季节油田工业、农业、生活用水任务,也是调节油田和东营市工农业、生活用水的主要调蓄设施。

水库设有沉沙池 2 处。一号沉沙池东靠水库围坝,占地面积 12.3 平方千米,设计容积 615 万立方米,1996 年已淤积 740 万立方米。1997 年 5～8 月进行改造增容,将坝身加高 1 米,可使寿命延长 10～15 年。二号沉沙池位于四干渠末端,占地面积 11.95 平方千米,设计容积 5500 万立方米,使用期限 47 年。

水库配套泵站 6 座,提水能力 75 立方米每秒。另行配套水闸 16 座,用于进水、沉沙、入库、反输供水等。

(二)广北水库

广北水库位于莱州湾退海滩涂荒碱地带。1986 年 10 月至 1988 年 12 月建成,占地面积 9.08 平方千米,设计库容 3000 万立方米。主要承担东营、永安、广利、王岗等油区工业、生活用水及莱州湾地区农副渔业用水任务,还可向辛安水库输水供蓄。

配套沉沙池一期工程与水库同步完成,设计容沙 710 万立方米,已经用完。1997 年 3～7 月建成二期工程,设计容沙 600 万立方米,运用年限 13 年。

水库配套泵站 1 座,调控涵闸 7 座,用于蓄水及供水。

(三)耿井水库

耿井水库位于东营区耿家村附近。1989 年 10 月至 1991 年 9 月建成,占地面积 3.98 平方千米,设计库容 2082 万立方米,有效库容 1683 万立方米。

耿井水库配套沉沙池工程包括一号、二号两个沉沙池。一号沉沙池位于水库以南,设计容沙 222.1 万立方米,1996 年已淤至设计高程。1997 年将围坝加高 1 米。

二号沉沙池于 1997 年开工建设,1999 年建成,设计容沙 400 万立方米。四周淤积严重后,将淤积土方加高围坝,池内不需清淤。

水库设有两级泵站。一级泵站提升能力 10 立方米每秒。二级泵站任务是将沉沙池水提升到库中。广蒲沟渡槽是连接沉沙池与二级泵站的构筑物。

(四)辛安水库

辛安水库位于胜利镇(油田八分场)以东。1979 年 5 月至 1980 年 6 月建成,占地面积 13.2 平方千米,设计库容 2000 万立方米,是黄河以南地区油田的水利枢纽。

沉沙池位于水库以北,设计容积 250 万立方米,使用年限 7.5 年。1995 年进行加高改建。

1995 年以前的沉沙池简易泵站提水能力 10 立方米每秒。1995 年建成新泵站后,提水能力增大到 20 立方米每秒。1998 年建成 4 号库浮筒泵站和 10 号库输水泵站后,实现了广南、广北、辛安、耿井、民丰等五水库联网。

(五)民丰水源

1968～1982 年陆续建成,由 6 座小型水库组成,设计总库容 543 万立方米。各水库堤坝设有挡土墙和砌石护坡。

水源提水设有一级泵站、加压泵站、二级泵站、东张泵站、七干(双河)泵站。

1996年起,每年从东张水库引水700万~1000万立方米。

(六)路庄水库

1965~1967年建成,占地面积0.19平方千米,设计库容20万立方米。由于取水口无沉沙条件,水库淤积严重,1999年9月停用。

(七)牛庄水库

牛庄水库又称杜北水库,位于东辛公路以东,1984年11月至1985年11月建成,占地面积3平方千米,设计库容200万立方米。主要解决物探公司、现牛庄镇委的生产生活用水。由于库容小,供水流程调整后,1998年5月停止运用。

(八)利津水库

利津水库位于利津县前刘乡西北,是滨南供水区的唯一调蓄水源。1988年10月至1991年11月建成,占地面积7.5平方千米,设计库容2000万立方米。

水库蓄水由宫家引黄闸提供,经宫家干渠输送至提升泵站后扬水入库存蓄。出水涵闸将库水送入利津净化站处理后,供滨南油区和利津县部分地区使用,同时向水库附近提供农业用水。

沉沙池总面积1.34平方千米,设计容积140万立方米,使用年限8年。南坝和东坝修筑清水回水渠5000米,设计流量12立方米每秒。1998年开工,1999年10月建成。由于没有同期建成沉沙池工程,库区已经淤积泥沙120多万立方米。

(九)孤北水库

孤北水库位于河口区仙河镇北侧。原设计分为南、北两库,总库容8000万立方米。南库已经建成,北库未建。

南库占地面积13.6平方千米,设计库容5000万立方米,有效库容4100万立方米。一期工程于1989年12月开工,1992年12月开始低水位运用,蓄水能力达到2400万立方米。二期工程于1994年12月完成。

水库从西河口和丁字路取水口提取黄河水,经孤东干渠和孤北干渠提水进库。主要供给桩西地区工业生产及居民生活用水,并与孤东水库相互调蓄,也可通过反输涵洞供给农业灌溉用水。

(十)孤东水库

孤东水库位于河口区仙河镇南,占地面积4.2平方千米,设计库容1785.7万立方米,主要向孤东、河滩、长堤、红柳等油区及仙河镇提供生产及生活用水。

水库建设分为两期。1985年5月至1986年12月完成初建工程,1987年2月投入运用,蓄水能力1146.1万立方米。1997年6月至12月,又实施增容加固工程。

(十一)孤河水库

孤河水库位于河口办事处以南、六合乡以北的挑河与羊栏河之间。1986年5月至1987年12月建成,占地面积8.5平方千米,设计库容2780万立方米。

原规划水库蓄水1亿立方米,地址在利津县付窝乡以北、利埕路以东。后因征地原因而易址。由于仓促易址,未经地质勘探,水库建成运用后出现较多问题。1990年对整个坝体挡土墙进行砌石加固;1997年对10.48千米坝体进行了垂直铺塑截渗和坝顶、坝坡排水改造。

（十二）五号水库

五号水库位于河口采油厂东南,与孤河水库相距1.4千米。1975年11月至1976年12月完成的一期工程占地面积1.67平方千米,设计库容180万立方米。1982年建成净化站水库后,还可为水库补充水源。

1998年4月至1999年6月完成的二期工程,设计库容扩大为780万立方米。直接向河口净化站提供水源并保证河口地区15万亩农田用水。

（十三）净化站水库

净化站水库位于河口采油厂东北。1981年11月至1982年11月建成,占地面积1.05平方千米,设计库容170万立方米。

水库建成运行后,由三号半水库泵站提供水源。后因三号半水库淤积严重,供水困难,遂将孤河水库、五号水库与净化站水库相互连通,联合调度。

（十四）孤岛一号水库

孤岛一号水库位于河口区孤岛镇北,由4座小型库池组成,设计总库容850万立方米。1970年9月至1971年10月完成初建工程。1990年9月至1991年6月进行了第一次扩建,1992年4月至1993年10月进行了第二次扩建。

（十五）孤岛二号水库

孤岛二号水库位于河口区孤岛镇西北。1993年4月至1994年12月建成,占地面积2.73平方千米,设计库容1120万立方米。

水库建成后与孤岛一号水库联合运用,为孤岛地区提供工业及生活用水,为4000亩稻田和10000亩旱田提供灌溉用水。

（十六）西河口水库

西河口水库位于河口区孤岛镇西南。1976年至1985年12月建成,占地面积1.3平方千米,设计库容420万立方米。

水库从神仙沟内提水入库,主要向垦西油田和孤岛地区送水。

四、沉沙池

除民丰等少数水库没有沉沙池外,多数水库修建了沉沙池。其中,黄河以南的耿井、辛安、广南、广北、民丰、路庄、纯化、牛庄等水库主要采用湖泊式沉沙,未建沉沙池的水库自身具有沉沙功能。黄河以北的水库多是采用条渠式沉沙,结合进行黄河大堤淤临加固,已经建成的有罗家屋子一号、二号沉沙池,西河口一号沉沙池,丁字路口至三十公里险工沉沙池,利津水库沉沙池。

（一）罗家屋子一号沉沙池

罗家屋子一号沉沙池位于罗家屋子引黄闸以西,采用扬水沉沙与北大堤淤临加固相结合的泥沙处理方式,沿黄河北大堤修建。一期工程建成的沉沙池东西长3.7千米,宽350米。1995年开始运用,2002年基本淤平。

1997年11月至1998年6月建成的二期工程位于一号沉沙池西侧,占地1.92平方千米,容积700万立方米,使用年限5年,2002年淤积量达10%。

（二）西河口一号沉沙池

西河口一号沉沙池位于神仙沟引黄闸以东,采用扬水沉沙与北大堤淤临加固相结合的泥沙处理方式,沿北大堤修建。沉沙池东西长6千米,宽480米。提升泵站位于沉沙池东南侧,自1994年建成运用后,至2002年已基本淤平。

2001年建成的二号沉沙池,占地4.61平方千米,设计容积400万立方米。

（三）三十公里险工沉沙池

三十公里险工沉沙池又称六号路沉沙池,位于丁字路口以西至三十公里险工之间,采用扬水沉沙与北大堤淤临加固相结合的泥沙处理方式,沿黄河北大堤顺六号路延长堤段修建。占地面积2.96平方千米,设计容积845万立方米,使用年限8年,2002年淤积量达设计容积的80%。

第六篇 两个文明建设

　　1989~2005 年,河口管理局坚持"两手抓,两手都要硬"的指导思想,在搞好治黄工作的同时,开展物质文明建设和精神文明建设,为治黄改革与发展、构建和谐单位提供经济保障和精神动力。

第一章　物质文明建设

　　1989 年以后,河口管理局把发展黄河产业经济、调整经济目标作为工作重点,使土地开发、工程咨询、设计、施工、引黄供水等领域的经营项目发展为集约化经营企业,逐步形成一、二、三类产业。

第一节　黄河产业经济

一、开发过程

　　1989～1992 年,在巩固土方机械化施工经营规模的同时,投资兴建了玻璃厂、饮料厂、服装厂等加工制造和社会服务企业。

　　1993～1995 年,实施"治黄、致富、育人"三项工程,开展淤背区综合开发、庭院经济、种植养殖、加工服务等经营性项目。主要有纸袋厂、玻璃厂、水泥预制厂、土方机械队、养鸡厂、棉毯厂、建筑安装、机修厂、养牛、养鹿等。1995 年完成经营产值 2901 万元。新增固定资产 431.84 万元。

　　1996 年,着重在黄河淤背区开发粮食、水果、蔬菜等绿色产业。发展猪、牛、羊、鱼、蟹等养殖项目 7 个。加工、服务业新增百货门市部、综合服务楼、饭店等 7 个项目。综合经营产值 4272 万元。新增固定资产 1103 万元。

淤背区整平沟渠配套,进行综合开发

　　1997 年,施工经营创产值 3864 万元,实现利润 1139 万元。在巩固种植养殖业的同时,启动"千亩银杏"开发项目,种植银杏采叶圃 26.67 公顷。新增配件加工、铝合金门窗、医院等加工、服务项目。综合经营产值达到4893万元。新增固定资产942万元。

1998年,承揽水利工程16项,在淤背区发展高效农业,对种植结构进行调整,发展花卉和冬枣等名、优、特产品。服务业改由职工承包经营,营销规模扩大。全年综合经营总产值7099.94万元。

1999年,东营市黄河工程局,利津、垦利工程处分别办理水利水电施工企业资质证书,统一进行系统内、外工程投标。新增梅花鹿、珍珠兔养殖和172柳苗、冬枣苗种植。利津县河务局开发的利河牌银杏茶,成为黄河河口管理局第一个工商注册品牌。该年经济总收入9000万元,新增经营性固定资产226万元,各单位职工人均收入比1998年增长20%左右。

第一个工商注册品牌——利河牌银杏茶

2000~2001年,在省内外江河治理项目中签订合同价款7769.8万元。其中社会工程11项,黄河内部工程13项。黄河防汛技术培训中心二号楼主体工程竣工。

2002年,施工经营单位在豫、鲁、苏三省积极参与工程投标,合同总价款1.0437亿元。在种植养殖方面,进行育苗基地和示范园建设,加大水利设施投入,引进优良品种,搞好产品深加工。利津九龙公司生产的银杏酒、银杏茶顺利取得全国白酒生产许可证和国家无公害产品证书。河口管理局、东营区河务局、河口区河务局楼房分别进行招商承租,利津县河务局开始利用泥沙资源为城乡建设提供经营性服务。管理局年度经济创收总值1.5907亿元,职工人均收入比2001年提高16%。

2003年,改制后的施工企业集团和子公司,在省内外签订合同额9484万元。淤背区新增土地开发面积2800余亩,发展花卉、美化苗木、速生林等经济作物种植,总面积超过1万亩。10月,全局启动万亩速生林建设工程。河口区河务局精品服装市场一期工程建成开业。利津县河务局兴建滩区扬水站2座,实行供水有偿服务,投资150万元建成果品保鲜气调库,投资400多万元购置公路工程设备。宫家河务段林禽间养试验取得初步成效。垦利县河务局FPP膜生产规摸扩大到5台机组。全年经济总收入1.7825亿元。其中,第一产业实现收入1101万元,第二产业1.5219亿元,第三产业1402万元,工程管护收入 102.8 万元。引黄供水计收水费 946.05 万元。

2004 年，施工经营企业通过资质升级，在山东、河南、湖北、天津、新疆等省(区、市)承揽黄河治理、市政建设、水利开发等工程项目。利津九龙绿色食品有限公司被利津县工商局确定为免检企业。垦利黄河实业公司的 FPP 膜产品，完成销售收入 400 万元。河口区河务局的二期商品房和综合服务楼建成招商。东营区河务局劳动服务公司通过整合重组，实现餐饮、住宿、租赁、印刷、汽车美容、纯净水加工等多元化生产服务线。7 处浮桥公司实现了两岸统一管理。种植以杨树为主的速生林 5000 多亩。同时在花卉、食用菌大棚、家禽(畜)养殖等项目中培养承包大户。全年度实现收入 1.85 亿元(不含水费)，其中第一产业 905 万元，第二产业 16136 万元(系统内工程收入 5376 万元，系统外工程收入 10760 万元)，第三产业 1450 万元，经费自给率达到 78%。

2005 年，在第一产业中全面推行林权制度改革。第二产业承揽工程合同额 1.6785 亿元。乾元集团公司与安徽中国科技大学联合出资，在东营市工商局注册成立东营市德邦高分子科技有限公司，主营水性木器漆高科技环保型产品。乾元工程集团与天津市汉沽区大田镇联合经营的房地产开发项目正式启动。

2001~2005 年是黄河产业经济发展较快的时期。"九五"末(2000 年)经营收入 1.2511 亿元，"十五"末(2005 年)经营收入 1.9620 亿元，每年经济总收入递增速度在 9% 以上，经营性资产总额达到 1.1 亿元。

二、经济结构

1989 年以后，河口管理局对经济结构进行多次调整，逐步形成以工程施工、供水和三产服务等优势行业为主体，种、养、加工多业并举的发展格局。土地、供水、技术、人才等资源优势进一步得到开发和利用。

2005 年，产业经济结构进一步巩固和完善，在 1.9620 亿元经济总收入中，第一产业占 5.4%，第二产业占 80.5%，第三产业占 14.1%。土地总面积 14990 亩，具备开发利用条件的 13400 亩，已经开发 8663 亩，其中水利配套田 4065 亩。拥有各类工程机械近 500 台套，总资产价值 1.1 亿元，在经营项目中占有较大比重。

三、管理体制改革

1989 年以后，黄河河口管理局根据治黄体制改革需要，切实加强对经济工作的领导，建立健全经济管理机构，配备专职或兼职管理人员，明确管理职责，把经济指标考核纳入年度目标管理。

(一)管理机构

河口管理局及各县(区)河务局建立的经济管理机构，主要履行综合经营发展规划、项目考察论证和组织协调等管理职责。

1989 年 1 月至 1990 年 12 月，东营修防处财务科设专门管理机构，综合经营由财务科分管。

1991 年 2 月，东营市黄河河务局设置综合经营办公室。

1992 年 12 月 22 日，经东营市体改委批准，成立东营黄河水利实业开发总公司。该公司与行政脱钩,为独立核算、自主经营、自负盈亏的全民所有制性质的企业,主要从事工程施工承包业务。

1995年6月,河口管理局设置综合开发处。

1999年9月,河口管理局综合开发处并入财务经营管理处,下设综合开发科,后又改称经营管理科。

2002年11月,河口管理局设置经济发展管理局(正科级),为经营开发类事业单位;各县(区)河务局设置经济发展管理办公室(正科级)。

截至2005年,河口管理局经济管理工作共计配备13名专职或兼职管理人员,拥有各类企业(经济实体)9个。

(二)体制改革

1989~2005年,根据市场经济要求,围绕经济体制和水管体制改革,在企业单位中贯彻现代经济管理模式,在事业单位中强化经营创收意识。按照事企分开的原则,先后对施工企业进行组织结构调整和企业股份制改造,逐步健全和完善新的经济管理体制。

1995年前后,各单位采用内部承包方式,对经营管理、生产工艺、经济活动、效益分配进行改革。

1998年开始,所有服务业改由职工承包经营。

利津河务局宫家河务段召开职工会议,对淤背区林权及林地使用权进行竞拍

2001年,结合开展管理效益年活动,推出"加强财务管理和企业经营管理实施计划"等一系列经济改革措施和管理办法。河口管理局对机关各部门的办公费实行总量包干,对机关职工实行考评浮动工资制,对6个局直单位实行合同化经济管理办法。

2003年,以明晰产权为突破口,将东营市黄河工程局等5个由事业法人持股的施工企业组建为事业法人和职工个人共同持股的山东乾元工程集团有限公司。淤背区开发推广公司加农户的集约化经营模式,采取招商引资、合作经营、合同承包等多种形式。在促进面向社会承包的同时,制定优惠政策,鼓励职工参与开发,共有17名职工承包土地1750亩。

宫家河务段职工记下竞拍有关事项

2004年3月,利津河务局将1020.8亩片林生长周期内林权及林地使用权一次性拍卖给职工。4月,河口管理局颁布重新修订的《经济目标考核及奖惩办法(试行)》,规定各县(区)局领导班子成员均要向管理局交纳风险抵押金。6月,制定《机关经营创收奖惩暂行办法》。12月,改变过去直接进行生产经营管理的方式,对企业实行目标管理和资产监管,放手让企业自主经营,自我发展。每年与企业签订目标责任书,年底进行考核,兑现奖惩。其中,除国有资产监管、人才招聘、公司人员晋升技术职称事项由管理局干预外,一切生产经营活动由公司自主管理。

2005年,河口管理局重新修订《经济考核暨奖惩办法》,进一步规范对事业单位的经济管理与考核。在第一产业中全面推行林权制度改革。利津河务局职工买断淤背区林权2632亩;东营河务局将南展堤3.34万棵树株承包到人;垦利河务局800亩苗圃实行公司化运作。同时,对局直单位经济工作实行合同化管理,对各县(区)河务局经济工作实行目标管理;对所属单位领导班子成员实行经济工作交纳风险抵押金制度。按照"多劳多得"分配原则,完善内部分配机制,实现事企分离、人员分流的基本目标,将河务系统构建为治黄和经营两支队伍。

四、经济工作成效

2004年10月,根据黄委、山东河务局工会《关于对黄河系统职工生活状况进行调查的通知》要求,河口管理局完成的调查结果显示:2000年以后,在黄河事业经费和内部工程投资逐年减少的情况下,各单位根据自身优势,扩大综合经营和种植养殖规模,狠抓系统外工程承包,取得较好的经营效益,为弥补事业经费不足、稳定治黄队伍发挥了重要作用。

(一)创收弥补率

1. 经济收入

2000～2003年,河口管理局收入总额21983.6万元,年均5495.9万元,其中财政拨款

2253.2万元,占四年总收入的11%。其余19710.4万元为经营收入,年均4927.6万元。

2. 支出情况

2000~2003年支出23042.8万元,年均5768.7万元。其中,在职人员支出大体持平,离退休人员费用支出逐年增加,年平均增长率18.5%。

3. 弥补率

2000~2003年,财政拨款占总支出的比例分别为9%、6%、8.96%、16.26%,年平均为10%。四年财政拨款收入2253.20万元,仅离退休人员费用支出就达2487.91万元。在职职工工资支出和单位日常公用经费支出全部依靠经营创收和水费收入维持。单位创收弥补各项经费支出的比例2000年为91%、2001年为94%、2002年为83.28%、2003年为74.41%,年平均创收弥补率为85.68%。2005年上级补助1569万元,实际支出5409万元。

（二）职工生活状况

随着经济的不断发展,职工收入逐步增长,生活质量和消费水平初步实现由温饱向小康跨越。

1. 职工收入

2000年人均收入10740元(含离退休职工,下同),2001年人均收入15343元,2002年人均收入19245元,2003年人均收入20034元,年均增幅20%以上。

2. 职工住房

1997年,河口管理局机关人均住房面积23平方米,2003年增加到30平方米。基层单位人均住房面积最低4平方米,2003年人均最低增加到15平方米。

为进一步缓解职工住房困难,东营市及其所辖各县在完成福利分房向货币分房的政策过渡之后,加快经济房建设步伐,提高住房标准。根据市政府出台的"允许职工拥有两套住宅"的政策规定,河口管理局机关职工报名选购120套经济适用房,其中150型40套、130型30套、110型50套。各县(区)河务局职工亦在县城选购不同类型的经济适用房或商品房。

第二节　施工经营

建筑施工业是经济创收的支柱行业,每年产值占全局经营总收入的比例多年稳定在80%左右。1989年以后,通过改革体制、整合资源、提升资质,从各自为战发展为集约化经营,有效地壮大了企业整体实力。2005年,施工企业资产总价值1.1亿元。

一、施工队伍和管理

1989年,东营黄河系统利津、垦利修防段各有一支土方工程机械施工队。1993年,东营区河务局及河口区河务局也各自组建1支土方工程机械施工队。4支机械施工队皆为全民所有制施工企业。

1995年,山东黄河工程局建立并设4个工程分局,河口管理局为其所辖的第一工程分局。各县(区)河务局所辖施工机械队亦更名为工程处,施工经营业务归属第一分局统一管理。

1999 年初,为适应建筑市场"三制改革"需要,河口管理局在山东黄河工程局第一分局基础上,采取调整班子、充实人员、增设机构、划分资产等措施,筹建"东营市黄河工程局"。6 月,在东营市工商局办理施工企业注册登记手续,注册资本金 1500 万元,正式取得企业法人资格和营业执照。

2003 年 4 月,根据黄委制定的"政企、事企分开"机构改革要求,河口管理局采取体制创新、资产重组、队伍整合等企业改制措施,将东营市黄河工程局等 5 个由事业法人持股的施工企业组建为事业法人和职工个人共同持股的集团企业,重新注册为山东乾元工程集团有限公司,所有制性质由国有独资改变为国有控股的股份制企业,注册资本金增加到7700 万元,资产总额达 1.1062 亿元。

至 2005 年底,山东乾元工程集团有限公司共有从业人员 680 人,其中正式员工 300余人,其余为临时雇用员工。正式员工中,具有工程技术和经济管理等专业技术职称的管理人员 198 人。

二、施工机械

1990 年以前,主要施工机械为铲运机和推土机。1991～1995 年,各县(区)河务局相继购进挖掘机、自卸汽车等装运机械。

主要机械设备

1996 年,各工程处总计投资 797 万元,新增铲运机、挖掘机等大型设备 56 台(套)。

1997 年,投资 591 万元更新施工机械 59 台(套),共计拥有铲运机 178 台(套)、挖掘机 5 部、装载机 2 部、大型运输车 13 部,年生产能力达到 500 多万立方米。

1998 年,投资 1337 万元,购置翻斗运输车、铲运机、压路机等施工机械 35 台(套),施工机械增至 230 台(套)。

1999 年开始涉足公路工程施工之后,各工程处相继购进大型推土机、压路机、摊铺机、灰土机等施工机械。

截至 2005 年,黄河施工企业拥有大中型机械设备 235 台(套),可满足水利水电、工民建、公路、桥梁、港口、滩涂开发等领域大、中、小型工程的工程建设需要。各类机械情况见表 6-1。

1999年后各工程处相继购进公路施工设备,图为利津工程公司摊铺机在施工

表6-1　东营黄河施工机械设备统计表

设备名称	规格型号	单位	数量	功率(kW)
推土机	TSY160L,东方红70Q,802,TY160,	台	23	1961
铲运机	CTY3JA,东方红70T,CT31TW,HC-2.5A	套	61	6911
挖掘机	FX200-5,RH67C,PC220-6	台	6	234
装载机	ST50D	台	2	324
翻斗自卸汽车	ND3320S,T815,TN1171	台	9	1800
托盘车	STEYR91	台	1	206
东风随车吊	ZQ1092F1	台	1	99
油罐车	IQ1108Q6D	台	1	118
洒水车	WX5101CSSE	台	2	210
压路机	SD100D	台	5	416
摊铺机		套	1	280
802机车		台	31	1860
震动压路机(碾)	CA30,CA25	台	1	80
联合收割机	LG-150	套	1	25
发电机组	185	台	1	5
沙泵组	250M/M	套	1	20
汇流泥浆泵	10EPN-30	套	1	25
柴油机	495	台	1	28
挖塘机	NL100-16,LD600,LD250	组	14	436
抽水机	F17616	组	1	15
离心泵	150mm	台	1	2.2

续表 6-1

设备名称	规格型号	单位	数量	功率（kW）
潜水泵		台	1	2.5
吸泥船	6160A	只	4	540
电焊机	AXCT – 400 – 1	台	1	10
电夯	3VkW	台	1	3
合计			235	15610.7

说明：此表根据《山东黄河治理统计资料（1986—2005）》编列。原表时间截至 2000 年底，2001～2005 年变动情况参考有关资料予以补充。

三、企业资信

（一）企业资质

1995 年开始在承揽社会工程项目时，利用山东黄河工程局具备的水利水电工程施工一级资质。

1999 年，东营市黄河工程局取得主营水利水电及辅助生产设施企业的建筑、安装和基础工程施工、公路工程施工资格二级资质。

为加快与国际质量标准接轨步伐，东营市黄河工程局自 2000 年 8 月开始，实行全员质量管理。2001 年 4 月，通过摩迪国际认证有限公司审核，正式获准注册登记。

山东乾元工程集团有限公司成立后，为适应 ISO9000：2000 质量体系新版本标准，2003 年 3 月更新质量管理体系，修改质量手册和程序文件，树立"以顾客为中心"、持续改进质量管理新理念。11 月 6 日，通过北京中水源禹质量体系认证中心（CWQCC）审核，确认公司质量管理符合 ISO9001：2000 国际质量管理体系标准。

2004 年 10 月，经建设部批准，乾元集团公司由水利水电施工总承包二级资质升格为水利水电一级施工资质和工民建、市政建设两个增项资质，下属 5 个子公司分别取得水利水电施工二级资质及园林工程、市政建设和公路施工三级资质。

2005 年 5 月，取得港口与船道工程施工二级资质，具备了承揽船坞、码头、海岸围堤、沿海航道及船闸等工程施工的能力和水平。

（二）企业信誉

施工企业坚持"质量第一、信誉至上、科学管理、讲求效益"的经营宗旨，先后取得一系列信誉称号。其中，东营市黄河工程局在 2000 年 12 月取得山东省建设银行颁发的 AAA 级信用证书；2001 年 2 月被山东省工商行政管理局、山东省企业管理协会命名为"省级重合同、守信用企业"；2002 年 6 月取得中国银行山东省分行颁发的 A 级信用证书；2003 年 2 月取得中国农业银行山东省分行颁发的 A 级信用证书。

2004 年 8 月，山东乾元工程集团有限公司获"全国守合同、重信用企业"称号。

2005 年 4 月，山东河务局授予山东乾元工程集团有限公司"优秀企业"称号。

（三）管理人员资质

为适应"三制改革"运作需要，东营市黄河工程局从 1999 年开始参加各级建设部门组织的施工管理业务培训。山东乾元工程集团有限公司成立后,加强管理人员资质培训,通过水利部和山东省建管局申报项目经理资质和建造师资质。截至2005年底,公司管理人员中已有20人具备一级项目经理资质,29人具备二级项目经理资质;13人具备一级建造师资质,10人具备二级建造师资质。

四、经营成果

1989~1995年,施工经营以黄河内部工程为主,承揽外部工程为辅。各土方施工机械队每年施工经营总产值在2000万元左右。

1996年承包系统内外工程33项,完成土方561.6万立方米,产值2279万元。

1997年承包系统内外工程30多项,完成土方578万立方米,石方3万立方米,产值3864万元。

1998年,承揽工程16项,签订合同土方量689.49万立方米。

1999年,经营创收重点转向社会建筑市场,先后承揽系统内外工程49项,产值7600多万元。

2000年,采取独立投标或合作投标,在省内外承揽江河治理、油田开发、平原水库等社会工程,在系统内承揽历城、滨州机淤等黄河工程,签订施工合同24个,价款7769.8万元。

2001年,承接内部工程合同价款13449万元,外部工程合同价款10556万元。

2002年,先后在豫、鲁、苏三省承揽水利、交通、井台、海堤等多项土石方工程,合同总额10437万元。

2003年,中标33个,签订工程合同价款14510万元。其中,在天津、新疆、黑龙江、山西中标14项(次),合同价款9484万元。

2004年,施工经营合同及产值均创历史最高水平。各施工企业共计承揽系统外工程合同总额2.83亿元,其中一包工程合同额2.46亿元。各施工企业承揽的外部工程合同额分别为:乾元集团公司1.6亿元,垦利河务局5327万元,利津河务局3259万元、东营河务局2060万元、河口河务局1628万元。当年实现施工总产值16136万元,其中系统内工程5376万元,系统外工程10760万元。

2005年,乾元集团公司、利津黄河工程公司、垦利鑫浩水利水电工程公司、河口鹏远工程公司、东营龙力工程公司等五个施工企业,共承揽工程合同额16785万元。

第三节 种植、养殖、加工

1989年以后,随着淤背固堤段落的不断增加,土地资源优势日益显著,种植养殖规模得到较大发展。

一、土地资源

黄河两岸河务部门所属土地总面积14999亩。土地类型及所属单位见表6-2。

表 6-2　河务部门所属土地面积一览表　　　　　　　（单位：亩）

单位	淤背区		坝裆	庭院	南展堤	合计
	顶面	背坡				
东营河务局	381	112	29	18	628	1168
垦利河务局	4131	600	327	33	1857	6948
利津河务局	5365	1385	38	95		6883
总计	9877	2097	394	146	2485	14999

　　淤背区土壤采用机械抽取河床泥沙沉积而成，土质属于细沙和粉细沙，淤背区尾部为轻质沙壤土，1～2 米深度内含水量只有 5%～16%。为防止土壤流失，包边盖顶用土采用机械抽淤或人工搬运黏土，厚度 0.5 米左右。

二、开发利用状况

（一）开发面积

　　至 2005 年，已开发土地面积 1.3784 万亩。其中，东营河务局 1168 亩，利津河务局 6742 亩，垦利河务局 5874 亩。按类型分：淤背区顶部 8663 亩，淤背区边坡 2097 亩，庭院 146 亩，坝裆 394 亩，南展堤 2485 亩。按管理模式分：林权拍卖 3328 亩，集体管理 1799 亩，承包管理 6144 亩，承包经营 179 亩，联合开发 1950 亩。

（二）水利配套情况

　　开发土地中可灌溉面积 4065 亩，硬化渠道 30640 米，简易扬水站 10 座。

（三）种植业

　　2005 年共有适生林 9944 亩（淤背区顶面 6116 亩，背坡 946 亩，南展堤 2485 亩，坝裆 364 亩，庭院 33 亩），经济林 587 亩（淤区 492 亩，庭院 95 亩），苗木花卉 1214 亩（淤背区 1167 亩，坝裆、庭院 47 亩），大棚 4 个（12 亩），经济作物 876 亩，草皮 1151 亩。

林棉间作

毛白杨生态林开发

小李园林场银杏园

(四)养殖业

2000年以前,各县(区)河务局以自给为主开展的家畜、家禽养殖,规模不一,时断时续。

2001年开始规模化以后,利津县河务局綦家嘴养鸡、王庄养猪产值6.5万元。河口区河务局除保持牛、羊、鱼等养殖项目外,养鹿101头。

2003年,利津县河务局养猪300头,宫家河务段在15亩银杏园里实行林禽间养。东营区河务局开发了中华药鸡养殖项目。

2004～2005年,利津河务局林禽间养规模扩大到3100只。

2005年,生猪出栏56头;鸡蛋产量5.8万公斤,梅花鹿存栏103头。

东营区河务局利用空置房屋养鸡

河口河务局养鹿

林禽间养

三、资金筹措及回收

1995 年以前，种植、养殖、淤背区建设等资金主要由国家和单位筹措。1996 年以后，国家投资占 20%，单位自筹占 30%，职工个人承包占 10%，吸引社会资金 40%。

资金回收的主要措施：落实经济合同，由项目法人经营管理，自负盈亏，实现资金保全；控制借（贷）款规模，减少投资风险；制定相关政策，为经济运行提供制度保证。

四、开发政策

2000 年后，种植养殖业逐步形成种、养、加工及销售多业并举的发展格局。为加强土地开发管理，河口管理局特制定以下相关政策。

一是因防洪工程建设及维护需要占用已开发土地时，必须无条件服从，对已开发的作物按规定进行赔偿；黄河土地使用权一律不准对外转让，对外合作经营不得以土地作价入股；工程用地或工程管护用地原则上不承包给社会上的单位和个人；除防汛、工程管理有特殊规定和要求之外各类可开发土地，只要权属明确，均可实行职工买断或承包经营，但不得转包他人。

二是职工从事土地承包期间享受单位经营人员同等待遇，其职业技术等级考核、职称评定、晋级升职等事项，依照社会同行业规定执行，并保证档案工资与在职职工同职、同级、同薪的待遇。职工退休后，允许继续承包或继承。在土地开发前 3 年内，采取适当的保障、扶持政策，激励职工从事土地开发，提高抵御市场风险的能力。当出现人力不可抗拒的自然灾害后，可给予适当补助。

三是在土地开发中，对具有相当规模且经济效益显著的单位以及积极参与土地开发、钻研技术、善于经营、敢于创新、能带领职工共同致富并为单位创造显著经济效益的个人，给予奖励。对管理混乱、经济效益低的单位或公司，除通报批评外，给予一定的经济处罚。

四是各单位可通过与科研单位联系，聘请有关农林专家作为技术顾问。有关部门可采取不同形式举办各类培训班，以提高经营职工的技术技能。采取优惠政策，引进管理人才，由主管部门制订计划，人劳部门协调，有关部门办理。

五、推行承包责任制

2002 年以后，东营区河务局实行"大户承包，以堤养堤"的新举措，将南展堤种植的树株承包给 3 名职工，分别与之签订林木承包管护合同，明确双方责任，规定奖罚措施。淤背区树株承包给沿黄附近群众，承包期 5 年，承包费每亩 100 元，农户负责管理，收入按国六户四比例分成，树龄 1～2 年内可间种作物，收入归农户。同时实行河务段段长负责制，明确每处片林的责任人。

利津县河务局与沿黄农户联合开发临河防浪林土地，农户负责种、苗栽植和管理，收益按"六四"或"五五"分成。2005 年底已开发 1300 亩。

六、"十五"期间开发成果

"十五"期间，河口管理局按照"以林为主，大力发展适生林，适度发展经济林，重点发展苗木花卉"的思路,土地开发收入近4000万元。2005年开发利用土地比2000年增长3.5倍。

2000年初,淤背区土地开发面积3817亩,其中农作物种植面积2377亩,经济林620亩,果园232亩,育苗588亩。种植结构以粮为主,年收入不到80万元。2005年,开发面积8663亩,其中经济作物和粮食作物793亩,适生林6116亩,经济林587亩,花卉苗木1167亩。非林木种植由62.3%降低到10.2%,林业种植由22%提高到70.6%。

为探讨新的管理模式,2005年河口区河务局将三十公里以下黄河北大堤堤坡及部分柳荫地约800亩进行租赁承包;垦利县河务局淤背区水利配套和新淤背区的开发种植及后续管理,继续推行了公司加农户的开发模式,以减轻单位投资负担和管理压力。利津县河务局职工以竞价承包的形式,买断淤背区片林、林果示范园、育苗园共计2632亩,价款173.3万元。东营区河务局南展堤树株林权制度改革,将3.34万棵树株全部承包到人,获承包费16.2万元。

七、淤背区开发

1989～2000年,淤背区土地资源开发利用,主要以农作物和林木种植为重点,经济效益不大。

2000年以后,结合生态景观线建设,优先发展适生林、经济林和高档苗木花卉,对淤背区种植养殖结构进行调整,至2005年,东营黄河两岸堤防淤背区开发利用总长度106.49千米,总面积9618.13亩。种植情况详见表6-3。

2001年开始,利津县河务局加大淤背区开发投入,进行大规模基础设施建设,建成4处名优特水果示范园,发展造纸林。为解决淤背区浇水难和土地贫瘠等问题,先后投资300万余元,建设扬水站8处,砌渠35000米,平整土地3000余亩,使水利配套土地面积由1200亩提高到3200亩。在经营方式上突出管理创新,以优惠政策鼓励职工承包种植,17个种植大户承包种植造纸林1370亩,1个养殖大户养猪300头。在优惠政策激励下,18个承包大户管理的造纸林、林果示范园、苗木成活率达到90%以上。

八、品牌产业

各经营管理单位在种植、养殖、加工、生产、储运、营销过程中,强调质量意识、竞争意识,明确责、权、利,促进了一些品牌产业的形成。

(一)银杏品牌

利津河务局的股份制企业东营九龙绿色食品有限公司,依托黄河淤背区243亩银杏园从事酿酒和制茶,2004年公司生产的银杏仁酒、银杏叶酒等8个系列11个品种的白酒和银杏茶、银杏果被认定为无公害产品。中华寿桃、冬枣达到AA级绿色食品标准。

(二)十佳苗圃

2003年,垦利县河务局成立鑫翰农业开发有限责任公司,投资80万元与中国林科院合作,建成200亩优质苗木和300亩经济实用型苗木示范园,培植品种有白蜡、多头椿、千头椿、家槐、香花槐、合欢、107杨等。苗圃实行公司化运作,采用"苗木种植+销售+绿化工程"一体化经营模式。2005年,公司注册办理园林绿化三级资质,获"东营市十佳苗圃"称号。

表 6-3 东营黄河大堤淤背区种植情况统计表

单位	起止桩号	岸别	长度(m)	宽度(m)	总面积(亩)	宜开发面积(亩)	用材林合计	未成材林种类	未成材林数量	经济林合计	经济林幼林	经济林初果期	经济林盛果期	银杏采叶园面积(亩)	银杏采叶园数量	农作物(亩)	其他类	机井(眼)	备注
东营河务局	189+121~200+480	右	9194	65~140	1380.12	880										30			
利津河务局	291+033~341+950	左	61566	35~105	4488.5	4274.27	0.18/74	毛白杨	0.18/74	59.526/227	59.3/170	0.15/25	0.076/32	283	73	3135.5	516	13	育苗215亩
垦利河务局	201+550~253+800	右	35732	50~195	3749.51	1692.7	3/408	毛白杨	3/408	0.259/47	0.259/47			90	33.35	1064			
全市合计			106492		9618.13	6846.97								373	106.35	4229.5	516	13	

说明:本表录自山东河务局"数字黄河工程·山东黄河水情·防洪基础资料·涵闸、社经、绿化等"《山东黄河淤背区开发利用情况统计表》。

九龙系列白酒

荣获奖牌

第四节　其他经营

根据"谁投资，谁受益"的原则，1989年以后，大力发展加工制造、跨河交通、餐饮、租赁、仓储、房地产、修理、商务服务、科技咨询等经营性服务项目。

一、加工制造

1989～1992年，除保持原有的机械、电器维修项目外，投资兴建了玻璃厂、饮料厂、服装厂等加工制造企业。其中，河口玻璃厂兴建于1989年，拥有职工110人，固定资产110万元，最高年产量达32.7万平方米，利税41万元。1998年停产关闭。

二、跨河浮桥

2000～2005年，东营河段建成并运行的跨河浮桥共7座，分别位于南宋、宫家、刘家夹河、盐窝、一号坝、建林、清8断面。各浮桥建成后，分别按照独资、控股、参股的方式投入运营。

利津河务局参股兴建的盐窝浮桥

三、房地产开发

河口管理局自 1994 年开始将胶州路临街房对外出租。此后,陆续将房屋出租范围扩大到办公楼、清风小区宿舍楼。1999~2002 年,防汛技术培训中心 1#楼和 2#楼相继建成,东营市黄河工程局在商贸城购买楼房 1 幢,3 幢楼房全部对外出租。

2005 年,房屋租赁税后收入 100 万元。乾元集团公司在天津市汉沽区大田镇征得土地 60 亩,被河口管理局确立为房地产开发经营基地。

四、医疗服务

1997 年 6 月 27 日,山东河务局批复成立山东黄河医院垦利分院。10 月,被垦利县卫生局批准为非营利性医疗机构,发给执业许可证。2000 年 1 月,又被核定为一级甲等综合医院。2005 年底,该院有专职医护人员 8 名,床位 6 张。除解决黄河职工就医难的问题外,还为垦利镇周边地区的群众提供医疗服务。

山东黄河医院垦利分院

五、仓储服务

2003年,利津县河务局根据市场情况,投资260万元启动容量150吨气调库果品保鲜储存项目。10月20日完成建库工程并投入运营,除本单位使用外,还为社会提供水产、果品冷储业务。

六、有偿供土

2002年,利津县河务局张滩河务段根据利津镇城区开发建设需要,开始采用远距离输沙机械,淤填一些常年积水的深洼坑塘,对城区建设单位进行有偿供土服务。

2003年,垦利县河务局开始向当地城建和黄河高速公路大桥建设提供有偿供土服务。

利用长距离输沙机械进行有偿供土

七、机械租赁

2000年开始,东营区黄河工程处向外租赁大型推土机、压路机。2005年,山东利津黄河工程有限公司开展洒水车、压路机、摊铺机等机械租赁业务,业务范围扩展到泰安、沾化、安徽等地。

第五节　水费征收

1989年以来,水费征收成为黄河产业经济的重要支柱之一。2005年,征收水费960万元,为1988年征收数额的22倍。

一、水费价格演变

建国后,随着计划经济体制向市场经济体制的转变,引黄供水价格经历了四个阶段。

(一)公益供水阶段

1980年以前,黄河下游引黄渠首及引黄灌区实行无偿供水。水管单位运行费用完全依靠国家拨款维持。

（二）低价供水阶段

1980年，国务院提出：所有水利工程的管理单位，凡有条件的要逐步实行企业管理，按制度收取水费，做到独立核算，自负盈亏。根据这一精神，1982年6月26日开始施行水电部颁发的《黄河下游引黄渠首工程水费收缴和管理暂行办法》，其中规定：4～6月枯水季节，农业灌溉用水按每立方米1厘向黄河管理部门交纳水费，工业及城市用水按每立方米4厘向黄河管理部门交纳水费；其余时间农业灌溉用水按每立方米0.3厘交纳水费，工业及城市用水按每立方米2.5厘交纳水费；用水单位自建自管的引黄渠首工程按上述标准减半计收。此后，水利工程供水从无偿进入到有偿、按量计费的起步阶段。由于计量工作较难，引黄渠首收费标准有时按引黄灌区管理单位所收水费总额的5%计算。

（三）成本水价阶段

1985年7月22日，国务院颁布《水利工程水费核定、计收和管理办法》，将水费作为行政事业性收费进行管理。其中规定：水费标准应在核算供水成本的基础上，根据国家经济政策和当地水资源状况，对各类用水分别核定。

1989年2月14日，水利部颁发《黄河下游引黄渠首工程水费收缴和管理办法（试行）》，规定农业用水收费"以粮计价，货币结算"。山东河务局报经山东省人民政府同意，自1989年1月1日开始执行。黄河下游引黄供水渠首工程收费标准是：按当年国家中等小麦合同订购价格折算后以货币支付，标准为4～6月枯水季节，直接或由黄河主管部门管理的引黄渠首工程供水的，每万立方米收小麦44.44千克，按山东省小麦合同收购价格折合人民币22.93元；其他月份收小麦33.34千克，折合人民币17.20元；今后随小麦合同订购价格做相应调整。

工业及城市人民生活用水仍以人民币计收水费。其中，由引黄渠首直接供水的，4～6月枯水季节每立方米收费4.5厘，其余月份收费2.5厘；通过灌区供水的，由地方水利部门核算加收水费，加收部分由灌区留用。在水源紧张、需要确保工业和城市用水而限制或停止农业用水时，工业及城市用水加倍收费。

办法还规定：对超出批准用水计划的引水量实行加价收费，超计划20%以内的加价50%，超计划20%以上的加价100%。

1992年3月24日，山东河务局、山东省物价局共同发出《关于调整引黄渠首农业用水价格的通知》：自5月1日起，4～6月枯水季节农业用水每1万立方米收中等小麦44.44千克，折合人民币28.34元；其他月份用水每万立方米收中等小麦33.44千克，折合人民币21.34元。工业及城市用水价格不变。

1995年，水利部颁发《水利工程供水成本费用核算管理规定》，使引黄供水价格推进到成本水价阶段。山东省政府将农业供水价格调整为：4～6月每立方米4.8厘，其他月份每立方米3.6厘。工业及城市用水价格未变。

1997年国家计委颁布《水利产业政策》，规定新建水利工程供水价格要按照满足运行成本和费用、缴纳税金、归还贷款和获得合理利润的原则制定，使水价收费步入有章可循的正轨阶段。

1998 年 8 月 11 日,山东河务局转发山东省物价局《关于调整引黄渠首工程供水价格的通知》,其中规定:根据水利部颁发的《黄河下游引黄渠首工程水费收缴和管理办法(试行)》中规定的引黄渠首工程供水价格作价原则,按照 1998 年山东省中等小麦的合同订购价格水平折算,报经省政府批准,将引黄渠首供水价格调整为:农业用水 4 ~ 6 月每立方米由 4.8 厘调整为 6.49 厘,其他月份由 3.6 厘调整为 4.87 厘;工业及城市用水供水价格下一步再作调整。以上价格自 1998 年 6 月 1 日起执行。

(四)最新标准

2000 年 10 月,国家发展和改革委员会颁发《关于调整黄河下游引黄渠首工程供水价格的通知》,决定从 12 月 1 日起提高水费征收标准。根据计算,供水价格为成本水价格的 43% 左右,取消了以粮折价的定价方式。具体收费标准规定:4 ~ 6 月农业用水价格为每立方米 0.012 元,其他月份按每立方米 0.01 元计收;4 ~ 6 月工业及城市生活用水价格为每立方米 0.046 元,其他月份按每立方米 0.039 元计收。

2003 年 7 月 3 日,国家发展和改革委员会与有关部门联合下发《水利工程供水价格管理办法》,彻底改变长期以来将水利工程收费作为行政事业性收费管理的模式,从法规层面将水利工程供水价格纳入商品价格范畴进行管理。该办法自 2004 年 1 月 1 日开始执行。

2005 年 4 月 8 日,国家发展和改革委员会下达通知,决定调整引黄渠首对工业和城镇生活用水的供水价格。调整幅度为:2005 年 7 月 1 日至 2006 年 6 月 30 日,4 ~ 6 月每立方米由 0.046 元调整为 0.069 元,其他月份每立方米由 0.039 元调整为 0.062 元。2006 年 7 月 1 日以后,每年 4 ~ 6 月每立方米 0.092 元,其他月份每立方米 0.085 元。农业用水价格暂不调整。

二、东营市水费征收标准

1992 年 10 月 1 日起,执行东价工字〔1992〕115 号文规定:居民生活(包括党政机关、社会团体及事业单位)用水,每立方米 0.3 元;工商企业(包括建筑、饮食服务行业)用水,每立方米 0.6 元;供应城乡用水不分计划内外,实行统一价格,不再加收其他费用;油田内部用水自行安排。

1995 年 9 月 1 日起,执行东价工字〔1995〕67 号文规定:居民生活(包括党政机关、社会团体及事业单位)用水,每立方米由 0.3 元调整为 0.45 元;工业用水价格及其他事项仍执行东价工字〔1992〕115 号文件规定。

1999 年 10 月 1 日起,执行东政发〔1999〕40 号文规定:城市自来水价格调整,按照山东省物价局鲁价工发〔1999〕205 号文件执行,即:居民生活用水由每立方米 0.45 元调整到每立方米 0.70 元(含税价);工业用水由每立方米 0.60 元调整到每立方米 1.00 元(含税价);经营用水(饮食、商业及建筑用水)由每立方米 0.60 元调整到每立方米 1.20 元(含税价)。

2002 年 4 月 1 日起,执行东价管发〔2002〕16 号文规定,调整后水价为:居民生活及绿化用水每立方米 1.40 元;办公、工业用水每立方米 1.70 元;经营及建筑用水每立方米 2.80 元;特种行业用水(桑拿、洗浴、洗车、游泳池、纯净水)每立方米 4.00 元。

第二章　精神文明建设

　　1983 年以后,河务机构组建的精神文明建设委员会(以下简称文明委),全面负责东营黄河系统精神文明建设活动的规划、组织、检查、指导以及理论研讨工作,并对所属单位(部门)申报精神文明称号进行审查、评选和推荐。历届文明委主任由第一把手担任,副主任由副局长或工会主席担任,委员保持在 10 人左右。文明委在人劳部门设办公室,负责精神文明建设的日常管理工作。

第一节　开展情况

　　1989~1995 年,在干部职工中先后开展了文明单位、文明段所、文明家庭、文明职工等创建活动。其间开展的"学先进、比贡献、树新风"和职业道德教育活动,以鼓励职工学理论、学知识、学技术为宗旨,提高广大干部职工的政治理论素质和业务技术水平。以"治黄、致富、育人"为目标,通过各项活动凝聚职工群众的智慧和力量,促进治黄事业的发展。

　　1996 年,以纪念人民治黄 50 周年为契机,大力宣传人民治黄的丰功伟绩,弘扬黄河精神。组织举办职工书画展、纪念展板、召开东营市人民治黄 50 周年纪念大会、清水沟流路行河 20 周年纪念座谈会等。根据中共东营市委、市政府部署,开展机关"四整顿"活动。

东营市召开人民治黄50周年纪念大会

　　1997,加强领导班子建设和党风廉政建设,注重发挥党员的模范带头作用。召开思想政治工作研究会,下派 4 名干部挂职锻炼,3 名干部下乡扶贫。举办迎香港回归知识竞赛、金秋职工运动会。

　　1998 年,开展"理论学习年"活动;强化安全教育和防范措施,开展"交通安全百日

庆祝河口管理局成立10周年利津局宣传展板

赛"和"安澜杯"劳动竞赛活动。

1999年,积极开展政务公开、经济技术创新、"安康杯"安全生产竞赛和"管理效益年"等活动,获东营市"厂务政务公开先进单位"称号。

2000年,河口管理局制定《文明单位管理暂行办法》,落实考核奖惩措施;创办"文明专刊",及时推广典型经验,倡树文明新风;开展文明家庭、职业道德标兵、先进集体和劳动模范评选活动。

2002年,开展学习宣传《公民道德建设实施纲要》和"作风建设年""管理效益年"活动,宣传落实"爱国守法、明礼诚信、团结友善、勤俭自强、敬业奉献"20字基本道德规范,加强干部职工的职业道德教育。参加山东河务局开展的职业道德建设先进集体、先进个人"双十佳"评选表彰活动和市文明委开展的公民道德知识竞赛。4月,河口管理局出台《精神文明建设责任制实施办法》,贯彻"以人为本"的教育方针,全面提高治黄员工的整体素质。认真学习"三个代表"重要思想,强化全面建设小康社会的目标和信念。在职工中开展学习汪洋湖等先进事迹活动。开展了创建"文明建设示范窗口""文明河务段""文明科(处)室""文明班组"和评选"文明职工""文明家庭"等活动。

2003年,开展了"创新思想大讨论"、建设"廉洁、勤政、务实、高效文明机关"、"新世纪强素质读书计划"等活动。开展创建"星级职代会"活动,推行政务公开,深化民主管理。开展"献爱心、送温暖"和扶贫济困等活动,举办了"黄河情"专场演出,参与了黄河系统和地方政府开展的安全竞赛。

2004年,开展了"争做文明市民,创建文明城市"、"文明河务段"、"星级职代会"、科技创新、建设"平安东营黄河"等活动。在东营市委、市政府组织的考核评选活动中,河口管理局在精神文明建设目标考核、安全生产目标管理、防汛抗旱、"双十"工程建设、支持地方经济社会发展、招商引资等方面均被授予"先进单位"称号。

2005年,以保持共产党员先进性教育为主导,深入开展科学发展观、正确政绩观、群众观教育。在加强人才队伍建设工作中,开展技能竞赛等活动。进一步完善以政务公开、职代会建设为主体的民主政治建设。开展各种劳动竞赛、合理化建议和经济技术创新等活动。垦利河务局获"全省优秀星级职代会"称号,河口研究院被命名为全省"创争"活动先进单位。以创建文明城市为契机,在职工中开展创建文明单位、争做文明市民活动,举办广场文艺晚会、职工运动会等文体活动,开展"慈心一日捐"等爱心捐助活动。

1998年春节期间,宫家河务段职工在黄河冰水中救出一家三口,在当地传为佳话

第二节 创建成果

结合各个时期黄河治理开发的中心工作,河口管理局组织全体职工参加地方政府和水利系统开展的文明单位创建活动。

一、地方文明创建活动

1989年,《山东省文明单位建设管理条例》颁布,河口管理局精神文明建设工作纳入规范管理。

1991年5月,东营市精神文明建设协调委员会命名东营市黄河河务局系统为"1990年度市级文明单位"。

1992年4月,河口管理局被山东省文明委授予"省级精神文明单位"称号并保持到1998年。

1994年,河口管理局所辖4个县(区)河务局先后被命名为"市级文明单位"。此后,各县(区)河务局开展文明单位升级活动。1995年,河口管理局机关和河口区河务局被命名为"省级文明机关",垦利县河务局、利津县河务局、东营区河务局被命名为"市级文明单位",河口管理局还被市委、市政府评为"十佳文明单位"。

1996年,涌现抗洪抢险先进集体3个,先进个人11名,文明职工38名,五好家庭30户。

1997年,河口管理局机关被东营市评为"十佳文明单位",利津县河务局、垦利县河务局、东营区河务局均保持"市级文明单位"称号。

1998年,利津、垦利、东营3个县(区)河务局继续保持"市级文明单位"称号。

1999年,河口管理局被东营市评选为"文明行业"。

2000年5月,垦利县河务局被命名为"省级文明单位"。

2002年7月,河口管理局连续三年保持"文明行业"称号之后,又被山东省文明委命名为"省级文明单位"。开展的机关作风建设年、政务公开、"安康杯"安全生产竞赛活动分别被山东河务局及山东省评为先进单位。4个县(区)河务局被东营市文明委授予"文明行业"称号。

2004年4月,利津县河务局获省级文明单位称号,河口区河务局获"省级文明机关"称号。

截至2005年底,东营黄河河务系统文明单位创建率已达100%。其中,保持省级文明单位称号的是河口管理局机关、垦利河务局、利津河务局、河口河务局,保持市级文明单位称号的是东营河务局、山东乾元工程集团有限公司。

二、行业文明创建活动

1998年,水利部组织开展"创建全国水利行业系统文明单位活动"后,河口管理局把建设文明示范窗口的重点放在基层单位或其所属单位,并将精神文明建设任务纳入到年度目标管理考核之中。各级领导按照"两手抓、两手硬"的工作方针,落实机构、经费,量化考核指标,开展"文明处(科)室""文明窗口""文明家庭"等群众性创建活动。

1999～2000年,对系统文明创建活动中涌现的4个文明单位(利津局集贤河务段、利津黄河工程有限公司、垦利局义和河务段、河口区工程处)、2个文明科室(利津局财经科、垦利局人劳科)、10名文明职工和5个文明家庭进行表彰。

2001年2月,垦利县河务局被黄委授予首批"文明建设示范窗口"称号,利津县河务局、张滩河务段被山东河务局命名为"文明建设示范窗口"。3月,对10名文明职工、5个文明家庭予以表彰。

2002年1月,河口管理局人劳处被山东河务局命名为首批"文明处(科)室",王庄河务段、路庄河务段、麻湾河务段被命名为首批"文明河务段"。

2003年,河口管理局审计室被黄委评为"审计先进集体"。

2003年4月,宫家河务段、义和河务段被山东河务局命名为第二批"文明河务段"。12月,河口区河务局被黄委命名为第二批"文明建设示范窗口单位"。

2003年,垦利、利津、河口等3个县(区)河务局分别被黄委和山东河务局命名为"精神文明建设示范窗口"。

2004年3月,河口区河务局获黄委"文明建设示范窗口"称号;宫家、义和河务段被山东河务局命名为"文明河务段"。

截至2005年底,东营黄河创建行业文明单位共5个,其中垦利河务局、河口河务局机关被黄委命名为"文明建设示范窗口",张滩河务段被山东河务局命名为"文明建设示范窗口",宫家、义和河务段被山东河务局命名为"文明河务段"。

三、群众性文明创建活动

河口管理局结合行业特点和中心工作,继1986年开展"五讲四美三热爱"活动和

1987年开展职工职业道德教育之后,又开展了多种形式的群众性文明创建活动。

1989年,开展了以"忆十年、话改革"为主题和"治理经济环境、整顿经济秩序、全面深化改革"为中心的政治形势教育,增强职工坚持改革开放的信念。

1990~1991年,开展以学雷锋、王进喜、焦裕禄、赖宁、周景文为典型的"学先进、讲奉献、树新风"活动,引导职工争做好党员、好干部、好工人,树立热爱黄河、扎根黄河、献身黄河的崇高风尚,涌现出一批先进单位和个人。结合中国共产党创建七十周年,开展"党在我心中""我为党旗添光辉"等活动。

1994年,在职工中开展英雄人物徐洪刚和"岗位学雷锋、行业树新风"活动。5月,在黄委组织的评选活动中,东营区职工王荫芝(女)获得黄委"首届十大杰出青年"称号。

1997年,根据山东河务局重新修订的《黄河职工职业道德规范(试行)》,进一步完善了领导干部、工程技术人员、计划财务人员、人事劳动干部、教育工作者、执法执纪人员、经营管理人员、党群工作人员、水文水资源工作人员、通信管理人员、医务工作者、技术工人、后勤服务等13类具体职业(工种)的道德规范。

2001年10月,中共中央颁发《公民道德建设实施纲要》后,河口管理局将学习纲要列为重要政治任务,纳入精神文明建设和思想政治工作范畴,按照"爱国守法、明礼诚信、团结友善、勤俭自强、敬业奉献"的基本道德规范,大力弘扬黄河精神,先后开展了"建设黄河、奉献社会""科学管理、文明施工""爱岗敬业、争当标兵""美在家庭、巾帼建功""全民健身、爱国卫生""青春创业"等多种形式的职业道德教育和实践活动。

2002年,开展学习水利系统优秀党员干部汪洋湖和人民满意的公务员高安泽活动,在党员干部中开展了向黄委劳模刘长新等先进人物的学习活动。

2003年,组织各单位积极参加争创黄委、省局"文明建设示范窗口""文明河务段"活动,继续开展争创"系统文明单位"活动,在管理局及县(区)河务局机关开展争创"文明处(科)室"活动,在广大干部职工中继续开展争创"文明职工""文明家庭"活动。

2002年7月,利津县河务局职工在黄河中抢救出一名落水村民,同年被东营市评为"十佳文明新事"之一

第三节　获誉简录

通过广大干部、职工的努力,河口管理局在精神文明建设中先后有多个单位、多名个人获得市级以上表彰嘉奖。

一、集体荣誉称号

详见表6-4。

表6-4　集体荣誉称号

年度	荣誉称号	获奖单位	授奖单位
1989	会计基础工作率先达标单位	垦利修防段	黄委、黄河总工会
	民主管理达标单位	垦利修防段	黄委、黄河总工会
	民主管理达标单位	利津修防段	黄委、黄河总工会
	山东省先进班组	利津修防段土方机械队四班	山东省政府
1990	黄河系统先进集体	垦利修防段	黄委
1991	1990年度市级文明单位	东营市黄河河务局	东营市精神文明建设协调委员会
1992	省级文明单位	黄河河口管理局	山东省精神文明建设委员会
	省级文明单位	东营区黄河河务局	山东省精神文明建设委员会
1994	财务工作先进单位	河口管理局	黄河工会山东区工会
1995	工作先进单位	河口管理局	水利部
	全国水利系统先进集体	垦利县河务局	水利部、人事部
1996	先进集体	利津县河务局	黄委
	先进集体	垦利县河务局	黄委
1997	爱心献夕阳服务敬老院先进单位	河口管理局	东营市妇联、民政局、市直机关党工委
	工会工作和工会财务工作先进单位	河口管理局	黄河工会山东区工会
	五一劳动奖状	垦利黄河工程处	全国总工会
	人口与计划生育目标管理先进单位	河口管理局	东营市人口与计划生育工作领导小组
1998	工会工作和工会财务工作先进单位	河口管理局	黄河工会山东区工会

续表 6-4

年度	荣誉称号	获奖单位	授奖单位
2001	富民兴鲁劳动奖状	东营区河务局	山东省政府、山东省总工会
	作风建设年先进单位	河口管理局	山东河务局
	管理效益年先进单位	河口管理局	山东河务局
	管理效益年先进单位	垦利县河务局	山东河务局
	工会工作先进单位	河口管理局	黄河工会山东区工会
	机关庭院管理先进单位	河口管理局	黄河工会山东区工会
	文明建设示范窗口	张滩河务段	山东河务局
	全省群众性经济技术创新工程先进单位	张滩河务段	山东省劳动竞赛委员会、山东省总工会
	治黄工作先进单位	河口管理局	黄委
	治黄先进集体	垦利县河务局	黄委
2002	经济技术创新活动先进单位	河口管理局	山东河务局、山东黄河工会
	文明处(科)室	河口管理局人劳处	山东河务局
	文明河务段	王庄河务段	山东河务局
	文明河务段	路庄河务段	山东河务局
	文明河务段	麻湾河务段	山东河务局
	水政水资源工作先进集体	河口管理局	黄委
2003	管理效益年先进单位	河口管理局	山东河务局山东黄河工会
2003	全市群众性经济技术创新工程先进单位	河口管理局	东营市劳动竞赛委员会、东营市总工会
2004	创新工作先进单位	河口管理局	山东河务局山东黄河工会
	山东省职工职业道德建设先进单位	张滩河务段	山东省第九届职工职业道德十佳单位、十佳标兵和先进单位、先进个人命名表彰暨新闻发布会
2005	优秀企业	山东乾元工程集团有限公司	山东河务局

二、个人荣誉称号

1989 年,刘本柱获水利部"全国水利系统优秀财务会计工作者"称号。

1992 年,王锡栋获"山东省科技兴鲁先进工作者"称号。

1994 年,东营区河务局工人王荫芝被评为黄委"首届十大杰出青年"。

2004年,李建成被黄委评为"文明创建工作先进个人",同年,赵安平荣获山东省总工会颁发的"富民兴鲁"劳动奖章。

2005年,山东河务局授予薛永华"优秀企业家"称号。同年,刘同波被黄委评为"审计先进个人"。

1989~2005年,东营黄河河务部门干部、职工先后有17人次获得黄委劳动模范称号。

表6-5　1989~2005年获黄委劳模人员名录

姓名	性别	获劳模时所在单位	荣誉称号	授予时间	授予单位
宋桂先	男	垦利修防段义和分段 垦利县河务局义和河务段	劳动模范 劳动模范	1990年3月 1996年10月	黄委 黄委
杨建亭	男	利津修防段土方机械队	劳动模范	1990年3月	黄委
王元林	男	惠民县河务局工程处	劳动模范	1994年1月	黄委
吴光宗	男	垦利县河务局义和河务段	劳动模范	1994年1月	黄委
裴建军	男	利津县河务局张滩河务段	劳动模范	1994年1月	黄委
张秀全	男	东营区河务局曹店河务段	劳动模范	1994年1月	黄委
王全信	男	河口区河务局孤岛河务段	劳动模范	1994年1月	黄委
李安民	男	利津县河务局	劳动模范	1996年10月	黄委
李维志	男	东营区河务局工程处	劳动模范	1996年10月	黄委
韩宝信	男	河口区河务局西河口河务段	劳动模范	1996年10月	黄委
陈希云	男	利津县河务局宫家河务段	劳动模范	2000年12月	黄委
王恭利	男	黄河河口管理局	劳动模范	2000年12月	黄委
赵河东	男	东营区河务局	劳动模范	2000年12月	黄委
杨德胜	男	东营河务局	劳动模范	2005年4月	黄委
刘航东	男	利津黄河工程公司	劳动模范	2005年4月	黄委
胡振荣	男	河口河务局	劳动模范	2005年4月	黄委

说明:此表根据《山东黄河志资料长编》中所列资料编辑。

河口管理局劳模参观河口区河务局时合影

省局区工会为河口管理局获富民兴鲁劳动奖状的单位颁奖

第七篇　河　政

　　黄委、山东河务局在东营设立的河务机构,负责辖区内的水行政执法,监督实施黄河河口综合规划和有关专业规划,组织辖区内涉及黄河水资源建设项目的水资源论证,编制东营市黄河防洪(凌)预案并监督实施;负责授权范围内黄河河道(含河口故道)、水域、滩涂、岸线和堤防(含南展宽堤、河口堤)、险工、控导、涵闸等水利工程的管理、保护;负责辖区内黄河水利国有资产监管和运营,承担有关科技成果的推广应用、对外合作与交流;制定黄河河口经济发展规划、黄河河口职工队伍建设和精神文明建设规划,并组织实施。

第一章　河务机构

1989~2005年,为适应从传统治黄向现代治黄的转变,按照黄委的统一部署和沿黄区划的变更,东营河务机构通过2002年机构改革、2005年事业单位聘用制改革和2005年利津河务局水管单位管理体制改革试点,理顺和调整行政职能,逐步实现政、事、企分开。

第一节　行政机构

东营河务机构分为三级。市级河务机构先后冠名山东黄河河务局东营修防处、东营市黄河河务局、黄河水利委员会黄河河口管理局、山东黄河河务局黄河河口管理局,是东营河段的水行政主管部门。县(区)级河务机构先后称为修防(管理)段、河务局。乡(镇)级河务机构先后称为分段、河务段、管理段。

一、河务机构变革

1989年9月,设立山东黄河河务局东营修防处监察科。

1989年10月,设立东营修防处劳动服务公司。

1989年12月,设立山东黄河河务局东营修防段大孙闸管所。

1990年2月,设立东营修防处安全保卫科。

1990年6月,设立东营修防处水政监察处。

1990年8月,山东黄河河务局东营修防处更名为东营市黄河河务局。原东营修防处所辖的4个县(区)级修防段(管理段)分别更名为利津县黄河河务局、垦利县黄河河务局、东营区黄河河务局、河口区黄河河务局。

1990年9月,各县(区)河务局设立水政监察所,下设水政监察股。

1990年12月8日,东营市黄河河务局挂牌。机关设置办公室、政工科、工务科、工管科、财务科、审计科、监察科、老干部科、水政科、安保科、综合经营办公室等11个职能部门,皆为正科级单位。

1991年1月1日,各县(区)河务局升格为副县(处)级单位,所辖分段更名为河务段,为副科级单位。垦利县河务局机关设职能部门6个,河务段6个,土方机械队1个。东营区河务局机关设职能部门3个,河务段1个,土方机械队1个。利津县河务局机关设职能部门6个,河务段5个,土方机械队1个。河口区河务局机关设职能部门2个。

1991年2月4日,黄委通知:为实现黄河口地区的统一治理,开发黄河口水土资源,报经水利部批准,成立黄河河口管理局(副厅级单位,设在东营市),委托山东河务局代管。并确定:河口管理局的计划、财务、人事及各项业务管理等同地(市)河务局,均由山东河务局负责。河口管理局局长为副厅级干部,由黄委任命、管理;副局长为正处级干部,由山东河务局任命、管理,报黄委备案。东营市黄河河务局原辖垦利、利津、东营、河口四县(区)黄河河务局隶属黄河河口管理局领导。黄河河口管理局机关设办公室、工务处、工程管理处、综合开发处、财务物资处、政治处、水政处、审计处等8个处(室),均为副处级职能部门。其中,办公室下设秘书科、行政科;政治处下设政工科、安保科、老干部科;其他处(室)不再设科。党群机构按有关规定设立。

1991年3月29日,河口管理局及其所属单位水政机构的名称统一明确为:黄河水利委员会黄河河口管理局水政监察处、黄河河口管理局利津水政监察所、黄河河口管理局垦利水政监察所、黄河河口管理局东营水政监察所、黄河河口管理局河口水政监察所。

1991年7月,河口管理局及各县(区)河务局电话站更名为通信站,原隶属关系不变。前者升格为正科级职能部门,后者为股级单位。

1991年12月,大孙闸管所并入麻湾河务段。

1992年3月,麻湾闸管所更名为南坝头河务段,曹店闸管所更名为曹店河务段。两闸管所更名后升格为副科级单位。

1992年3月,一号坝闸管所升格为副科级单位。

1992年8月,河口管理局工程管理处下设防汛办公室,为正科级单位。利津、垦利、东营、河口四县(区)河务局增设综合开发科,皆为副科级机构。

1992年5月,各县(区)河务局所辖土方机械施工队更名为工程处,级别和原隶属关系不变。

1992年12月,成立东营黄河水利实业开发总公司。

1993年2月,东营修防处劳动服务公司更名为黄河河口管理局劳动服务公司。

1993年4月,河口区河务局撤销业务科,改设工务科和财务科;设立西河口河务段和孤岛河务段,皆为副科级机构。

1993年6月,成立黄河口治理研究所。

1995年5月,河口管理局成立山东黄河工程局第一工程分局。1995年6月,黄委批准河口管理局机构改革实施方案及职能配置、人员编制(详见本节第二目)。

1997年6月,成立山东黄河医院垦利分院,原隶属关系不变,业务受山东黄河医院指导。

1998年12月,设立黄河河口管理局黄河故道管理处。

1998年10月,成立黄河水利委员会山东东营水政监察支队。11月,河口管理局分别在4个县(区)河务局成立水政监察大队。

1999年2月,成立黄河河口管理局黄河防汛技术培训中心,隶属河口管理局领导,为正科级单位。

1999年11月,根据黄委和山东河务局批准的《黄河河口管理局机构改革方案和实施意见》,进行机构改革试点,河口管理局机关内设处室升格为正处级机构(详见本节第三目)。

2002年11月,实施新一轮机构改革(详见本节第四目)。

2004年6月,成立黄河河口研究院。

2004年9月,黄河水利委员会黄河河口管理局更名为山东黄河河务局黄河河口管理局。

2004年10月,河口管理局所辖县(区)、乡(镇)河务机构名称变更,详见表7-1。

表7-1　河口管理局所辖县(区)、乡(镇)河务机构名称变更方案

序号	更名前名称	更名后名称
一	东营市东营区黄河河务局	黄河河口管理局东营黄河河务局
1	东营市东营区黄河河务局南坝头河务段	东营黄河河务局南坝头河务段
2	东营市东营区黄河河务局麻湾河务段	东营黄河河务局麻湾河务段
3	东营市东营区黄河河务局曹店河务段	东营黄河河务局曹店河务段
二	利津县黄河河务局	黄河河口管理局利津黄河河务局
1	利津县黄河河务局宫家河务段	利津黄河河务局宫家河务段
2	利津县黄河河务局张滩河务段	利津黄河河务局张滩河务段
3	利津县黄河河务局王庄河务段	利津黄河河务局王庄河务段
4	利津县黄河河务局集贤河务段	利津黄河河务局集贤河务段
5	利津县黄河河务局一千二河务段	利津黄河河务局一千二河务段
三	垦利县黄河河务局	黄河河口管理局垦利黄河河务局
1	垦利县黄河河务局胜利河务段	垦利黄河河务局胜利河务段
2	垦利县黄河河务局路庄河务段	垦利黄河河务局路庄河务段
3	垦利县黄河河务局义和河务段	垦利黄河河务局义和河务段
4	垦利县黄河河务局王营河务段	垦利黄河河务局王营河务段
5	垦利县黄河河务局十八户河务段	垦利黄河河务局十八户河务段
6	垦利县黄河河务局护林河务段	垦利黄河河务局护林河务段
四	东营市河口区黄河河务局	黄河河口管理局河口黄河河务局
1	东营市河口区黄河河务局西河口河务段	河口黄河河务局西河口河务段
2	东营市河口区黄河河务局孤岛河务段	河口黄河河务局孤岛河务段

注:此表由人事劳动教育处提供。

　　2005年2月,根据山东河务局要求,市、县河务局机关成立科技科,与工务科合署办公。2005年河口管理局机构设置框图如图7-1所示。

二、1995年机构改革

　　1995年6月30日,黄委批准东营市河务机构改革"三定"(定机构、定职能、定人员)方案,人员编制总额790人,其中管理局机关100人。机构设置如下:

　　河口管理局机关设置5个正处级职能部门,其下分设12个科级单位。其中,办公室下设秘书科、行政科、通信科;河务处下设工务科、工程管理科、防汛科;财务经营管理处下设财务物资科、综合开发科、审计科(单列);人事劳动处下设人事教育科、劳资安全科、离退休职工管理科;水政水资源处不设科室。保留纪检组(监察处)和工会。

　　河口管理局设置5个事业单位,分别为:利津县河务局(副县级),下辖宫家河务段、

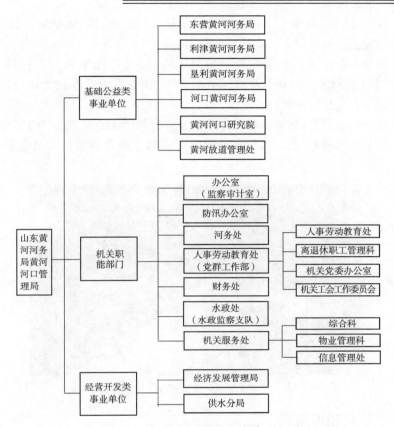

图 7-1　2005 年河口管理局机构设置框图

张滩河务段、王庄河务段、集贤河务段,为正科级单位。一千二河务段为副科级单位;垦利县河务局(副县级),下辖胜利河务段、路庄河务段、义和河务段,为正科级单位。王营河务段、十八户河务段、护林河务段、一号闸管理所为副科级单位;东营区河务局(副县级),下辖麻湾河务段、南坝头河务段、曹店河务段,为副科级单位;河口区河务局(副县级),下辖西河口河务段、孤岛河务段,为副科级单位;黄河口治理研究所(正县级)下设综合研究室,为正科级单位。

河口管理局设立的内部企业管理单位为山东黄河工程局第一工程分局(正县级)。

三、1999 年机构改革试点

1999 年 7 月,根据山东河务局关于机构改革的部署,制定《黄河河口管理局机构改革方案和实施意见》。经山东河务局研究并报黄委人劳局审查批准,机构改革方案如下:

河口管理局机关职能部门由 9 个减为 7 个,分别为办公室、河务处、防汛办公室、水政处、财务经营管理处、人事劳动处、监察审计处,皆为正处(县)级单位。处(室)下设科(室)由 27 个减为 22 个,皆为正科级单位。其中河务处下设工务科、工程管理科,财务经营管理处下设财务物资科、经营管理科,人事劳动处下设人事教育科、劳资安全科、离退职工管理科,监察审计处下设监察科、审计科。党群机构设置工委、机关党委。

河口管理局所属事业单位 7 个,其中利津县河务局、垦利县河务局、东营区河务局、河口区河务局为副处(县)级单位。黄河口治理研究所为正处(县)级单位。通信管理处、黄河故道管理处为正科级单位。

河口管理局下设企业单位是东营市黄河工程局(又称山东黄河工程局第一工程分局),为正处(县)级单位。内部企业管理单位2个,其中机关服务处为正处(县)级单位,防汛技术培训中心为正科级单位。

河口管理局机关及县(区)级河务局机关人员编制由257名减少为135名。其中,河口管理局机关人员编制64名。其他事业单位及内部企业管理单位人员编制按方案所列数量核定。

1999年9月,河口管理局公开竞争选处长、副处长大会

四、2002年机构改革

2002年10月,河口管理局将原有事业单位的职能和任务划分为基础公益型、社会服务型和经营开发型三个类别,事业单位机构数量和人员编制在1995年"三定"方案基础上分别精简20%和15%。山东河务局核定河口管理局事业人员编制725人,其中各级机关人员编制213人(含县、区河务局机关)。

为确保机构改革期间各项工作不松、不断、不乱,公布相关政策和规定,要求解聘的处、科级干部和机关全体职工在竞争上岗期间仍履行原岗位职责,保证工作的平稳过渡。

(一)管理局机关

编制65人,职能部门分别为办公室(正处级),下设监察室、审计室,为正科级;防汛办公室(正处级);河务处(正处级);水政处(水政监察支队,正处级);财务处(正处级);人事劳动教育处(党群工作部,正处级),下设人事劳动教育科、离退休职工管理科、机关党委办公室、工会工作委员会,皆为正科级。

(二)基础公益类事业单位

1. 东营区黄河河务局(副处级)

编制108人,其中区局机关38人。机关职能部门为办公室、工务科(防汛办公室)、水政科(水政监察大队、黄河公安派出所)、财务科、人事劳动教育科、工会;基础公益类事业单位为麻湾河务段、曹店河务段、南坝头河务段;社会服务类事业单位为服务部;经营开发类事业单位为经济发展管理办公室。以上部门、单位皆为正科级。

2. 利津县黄河河务局(副处级)

编制210人,其中县局机关编制45人。机关职能部门为办公室、防汛办公室、工务科、水政科(水政监察大队、黄河公安派出所)、财务科、人事劳动教育科、工会;基础公益类事业单位为宫家河务段、张滩河务段、王庄河务段、集贤河务段、一千二河务段;社会服务类事业单位为服务部;经营开发类事业单位为经济发展管理办公室。以上部门、单位皆为正科级。

3. 垦利县黄河河务局(副处级)

编制210人,其中县局机关编制45人。机关职能部门为办公室、防汛办公室、工务科、水政科(水政监察大队、黄河公安派出所)、财务科、人事劳动教育科、工会;基础公益类事业单位为胜利河务段、路庄河务段、义和河务段(将一号坝引黄闸管理所并入)、王营河务段、十八户河务段、护林河务段;社会服务类事业单位为服务部、山东黄河医院垦利分院;经营开发类事业单位为经济发展管理办公室。以上部门、单位皆为正科级。

4. 河口区黄河河务局(副处级)

编制60人,其中局机关编制20人。机关职能部门为人秘科、工务科(防汛办公室)、水政科(水政监察大队、黄河公安派出所)、财务科、工会;基础公益类事业单位为西河口河务段、孤岛河务段;社会服务类事业单位为服务部;经营开发类事业单位为经济发展管理办公室。以上部门、单位皆为正科级。

5. 黄河口治理研究所(正处级)

编制22人。下设办公室、综合研究室、实验室,均为正科级单位。

6. 黄河河口管理局故道管理处(正科级)

编制10人,不设科室。

(三)社会服务类事业单位

服务处(正处级),编制20人;下设综合科、物业管理科,皆为正科级。

(四)经营开发类事业单位

经济发展管理局(正科级),编制5人;信息管理处(正科级),编制10人;供水处(正科级),编制5人,该处主任之职由管理局副局长兼任。

五、市级河务机构负责人

1990年8月以前,市级河务机构冠名为山东黄河河务局东营修防处,设主任1人,副主任2~3人,主任工程师1人。

1990年8月至1990年12月,市级河务机构冠名为东营市黄河河务局,设局长1人,副局长2~3人,主任工程师1人。

1991年1月,市级河务机构更名为黄河水利委员会黄河河口管理局,设局长1人,副局长3~4人。1992年2月设立副总工程师1人。2002年机构改革时,设总工程师1人。

历任行政负责人更迭情况见表7-2。技术负责人更迭情况见表7-3。

表7-2　市级河务机构行政负责人名录

姓名	机构名称	职务名称(级别)	任职时间(年·月)
杨洪献	东营修防处	主任(正处)	1983.09～1990.02
宋振华	东营修防处	副主任(副处)	1985.12～1990.12
	东营市黄河河务局	副局长(副处)	1990.12～1991.04
	黄河河口管理局	副局长(正处)	1991.04～1995.10
		局长(副厅)	1995.10～1998.11
王均明	东营修防处	副主任(副处)	1987.01～1990.12
	东营市黄河河务局	副局长(副处)	1990.12～1991.04
	黄河河口管理局	副局长(正处)	1991.04～2003.03
		党组副书记、纪检组组长(正处)	2003.03～
袁崇仁	东营修防处	副主任(副处)	1987.08～1990.02
	东营修防处	主任(正处)	1990.02～1990.12
	东营市黄河河务局	局长(正处)	1990.12～1991.03
	黄河河口管理局	副局长(正处)	1991.03～1992.09
		局长(副厅)	1992.09～1995.08
王曰中	黄河河口管理局	局长(副厅)	1991.04～1992.09
刘友文	黄河河口管理局	副局长(正处)	1993.01～2000.05
刘建国	黄河河口管理局	副局长(正处)	1995.12～
孙寿松	黄河河口管理局	副局长(正处)	1996.06～
王昌慈	黄河河口管理局	局长(副厅)	1998.11～2001.09
贾振余	黄河河口管理局	局长(副厅)	2001.09～
王银山	黄河河口管理局	副局长(正处)	2001.09～2002.05
董永全	黄河河口管理局	副局长(正处)	2002.05～2005.04
刘新社	黄河河口管理局	副局长(正处)	2003.04～
王宗文	黄河河口管理局	副局长(正处)	2005.03～

说明:1988年以前职务根据《东营市黄河志(1855～1988)》确定,1989年以后职务根据人劳处提供资料和《山东黄河志资料长编》中所列时间确定。

表7-3　市级河务机构技术负责人名录

姓名	机构名称	职务名称(级别)	任职时间(年·月)
王锡栋	东营修防处	主任工程师(党组成员,副处)	1983.09 ~ 1990.12
	东营市黄河河务局	主任工程师(党组成员,副处)	1990.12 ~ 1991.04
	黄河河口管理局	主任工程师(党组成员,副处)	1991.04 ~ 1992.02
雷林	黄河河口管理局	副总工程师(副处)	1992.02 ~ 1998.11
王宗波	黄河河口管理局	副总工程师(副处)	1999.08 ~ 2001.09
程义吉	黄河河口管理局	总工程师(党组成员,正处)	2002.11 ~ 2005.03
李士国	黄河河口管理局	总工程师(正处)	2005.03 ~

说明:1988年以前职务根据《东营市黄河志(1855~1988)》确定,1989年以后职务根据人劳处提供资料确定。

六、市级河务机关部门及直属单位负责人

1989~2005年,随着市级河务机构改革或升格需要,对机关职能部门及直属单位进行多次调整、变动。各职能部门及直属单位正、副职(不含处室以下分设的科室级单位正、副职人员)更迭情况见表7-4。

表7-4　市级河务机关部门及直属单位负责人名录

姓名	部门(单位)名称及职务(级别)	任职时间(年·月)
王长云	东营修防处办公室副主任(副科)	1988.01 ~ 1990.02
	东营修防处安全保卫科副科长(副科)	1990.02 ~ 1990.07
	东营市黄河河务局安全保卫科科长(正科)	1992.02 ~ 1993.02
	河口管理局水政监察处副处长(正科)	1993.02 ~ 2000.11
李建成	东营修防处办公室副主任(副科)	1990.02 ~ 1991.01
	东营市黄河河务局办公室主任(正科)	1991.01 ~ 1992.02
	河口管理局办公室主任(副处级)	1992.02 ~ 1999.09
	河口管理局人事劳动处处长(正处)	1999.09 ~ 2002.11
	河口管理局人事劳动教育处(党群工作部)处长(部长、正处)	2002.11 ~ 2005.08
房师勇	东营修防处监察科科长(正科)	1988.01 ~ 1989.09
	东营市黄河河务局监察科科长(正科)	1989.09 ~ 1991.01
	河口管理局纪检组副组长兼监察科科长(正科)	1991.01 ~ 1992.08
	黄河河口管理局纪检组副组长(副处)	1992.08 ~ 1995.03

续表7-4

姓名	部门(单位)名称及职务(级别)	任职时间(年·月)
张光森	东营修防处工务科副科长(副科)	1986.01～1991.01
	东营市黄河河务局水政科科长(正科)	1991.01～1992.02
	河口管理局水政处副处长(正科)	1992.02～1993.02
	东营黄河水利实业开发总公司副总兼工程开发公司经理(副处)	1993.02～1995.03
	河口管理局水政水资源处副处长(副处)	1995.03～1999.09
	河口管理局水政水资源处处长(正处)	1999.09～2002.11
	河口管理局水政处处长(正处)	2002.11～
孙志遥	东营修防处政工科副科长(副科)	1986.12～1990.12
	东营市黄河河务局政工科副科长(副科)	1990.12～1992.02
	河口管理局政治处政工科长(副科)	1992.02～1993.02
	河口管理局政治处处长(正科)	1993.02～1999.09
	河口管理局水政水资源处副处长(副处)	1999.09～2002.12
	河口管理局办公室副主任(副处)	2002.12～2005.08
	河口管理局人事劳动教育处(党群工作部)处长(部长、正处)	2005.08～
程义吉	东营修防处工程管理科副科长(副科)	1986.06～1991.01
	东营市黄河河务局工程管理科科长(正科)	1991.01～1992.02
	河口管理局工程管理处副处长(正科)	1992.02～1993.01
	河口管理局工程管理处处长(副处)	1993.01～1993.09
	黄河口治理研究所副所长(副处)	1993.09～2000.10
	黄河口治理研究所所长(正处)	2000.10～2005.03
	黄河河口研究院院长(正处)	2005.03～
刘新社	东营修防处政工科科长(正科)	1988.12～1991.01
	东营市黄河河务局政工科科长(正科)	1991.01～1992.02
	河口管理局政治处处长(副处)	1992.02～1999.10
董启祥	东营修防处工务科科长(正科)	1988.12～1991.01
	东营市黄河河务局工务科科长(正科)	1991.01～1992.02
	河口管理局工务处处长(副处)	1992.02～1995.01
	东营黄河水利实业开发总公司经理、山东黄河工程局第一分局局长(正处)	1995.01～1998.01
刘建国	东营修防处财务科科长(正科)	1988.12～1991.01
	东营市黄河河务局财务科科长(正科)	1991.01～1992.02
	河口管理局财务物资处副处长(正科)	1992.02～1993.01
	河口管理局财务物资处处长(副处)	1993.01～1994.02

续表 7-4

姓名	部门(单位)名称及职务(级别)	任职时间(年·月)
张九杰	东营修防处工管科副科长(副科)	1988.12~1991.01
	东营市黄河河务局工管科副科长(副科)	1991.01~1992.02
	河口管理局工务处副处长(正科)	1992.02~1998.10
	山东黄河工程局第一工程分局副局长、东营市黄河工程局副局长(副处)	1998.10~2003.05
吕仁忠	东营市黄河河务局办公室副主任(副科)	1989.01~1992.02
	河口管理局办公室副主任(正科)	1992.02~2003.01
聂林清	东营修防处审计科副科长(副科)	1986.12~1991.01
	东营市黄河河务局审计科副科长(副科)	1991.01~1992.02
	河口管理局审计处副处长(正科)	1992.02~1993.01
张乐学	东营修防处老干部科科长(副科)	1988.01~1991.01
	东营市黄河河务局安全保卫科副科长(副科)	1991.01~1992.02
	河口管理局政治处老干部科科长(副科)	1992.02~1993.02
	河口管理局政治处安全保卫科科长(副科)	1993.02~1995.01
张健	东营修防处综合经营办公室副主任(副科)	1989.08~1991.01
	东营市黄河河务局综合经营办公室副主任(副科)	1991.01~1992.02
	河口管理局综合开发处副处长(正科)	1992.02~1993.02
	东营黄河水利实业开发总公司副总经理兼物资供销公司经理(正科)	1993.02~1999.09
	河口管理局财务经营管理处副处长(副处)	1999.09~2002.12
	河口管理局财务处副处长(副处)	2002.12~
刘本柱	河口管理局审计处审计员(副科)	1992.02~1993.02
	河口管理局审计处副处长(正科)	1993.02~1999.09
	河口管理局办公室副主任(副处)	1999.09~2002.12
	河口管理局水政处副处长(副处)	2002.12~
李衍林	河口管理局水政处处长(副处)	1992.02~1995.03
张同会	河口管理局综合开发处处长(副处)	1993.01~2000.10
宋振华	黄河口治理研究所所长(兼、正处)	1993.09~1998.11
王均明	东营黄河水利实业开发总公司总经理(兼、正处)	1993.02~1995.01
路来武	河口管理局工程管理处副处长(正科)	1993.02~1999.08

姓名	部门(单位)名称及职务(级别)	任职时间(年·月)
李士国	河口管理局工务处副处长(正科)	1993.02～1999.09
	河口管理局防汛办公室副主任(副处)	1999.09～2002.11
	黄河河口治理研究所所长(正处)	2002.11～2005.03
马东旭	河口管理局财务物资处副处长(正科)	1994.03～1995.01
	河口管理局财务经营管理处副处长(正科)	1995.01～1999.09
	河口管理局监察审计处副处长(副处)	1999.09～2002.11
	河口管理局财务处处长(正处)	2002.11～
郭立泉	东营黄河水利实业开发总公司副总经理(正科)	1995.01～1995.08
	防汛办公室副主任(副处)	2002.12～
徐树荣	河口管理局机关服务处副处长(副处)	1999.09～2002.12
	河口管理局服务处副处长(副处)	2002.12～2005.08
	河口管理局服务处处长(正处)	2005.08～
李长芳	河口管理局通信管理处主任(正科)	1999.09～2002.12
	河口管理局信息管理处副主任(正科)	2002.12～
姜清涛	河口管理局通信管理处副主任(副科)	2000.06～2002.12
	河口管理局信息管理处主任(正科)	2002.12～
王宗文	河口管理局河务处副处长(副处)	1999.09～2002.11
	河口管理局河务处处长(正处)	2002.11～2005.03
管春城	黄河口治理研究所副所长	2001.01～2004.09
李梅宏	河口管理局机关服务处副处长(主持工作、副处)	2001.12～2002.11
	河口管理局防汛办公室主任(正处)	2002.11～
杨德胜	河口管理局防汛办公室副主任(主持工作、副处)	2001.12～2002.11
	河口管理局办公室主任(正处)	2002.11～
蒋义奎	河口管理局监察室副主任(副科)	2002.11～2002.12
	河口管理局监察室主任(正科)	2002.12～2003.07
乔富荣	河口管理局河务处副处长	2002.12～
程佩娥	河口管理局人事劳动教育处副处长(副处)	2002.12～2005.08
	河口管理局纪检组副组长(副处)	2005.08～
林永春	河口管理局服务处副处长(副处)	2002.12～
路来武	河口管理局经济发展管理局局长(正科)	2002.12～

续表 7-4

姓名	部门（单位）名称及职务（级别）	任职时间（年·月）
张乃东	河口管理局经济发展管理局副局长（副科）	2002.12 ~ 2005.10
	河口管理局经济发展管理局副局长（正科）	2005.10 ~
刘印才	河口管理局供水处副主任（副科）	2002.12 ~ 2003.05
	河口管理局供水处副主任（正科）	2003.11 ~
刘同波	河口管理局审计室主任（正科）	2002.12 ~
朱兴远	河口管理局纪检组副组长（副处）	2003.04 ~ 2005.05
孙本轩	河口管理局监察室主任	2003.07 ~ 2004.11
石怀伦	黄河口治理研究所总工程师（副处）	2003.09 ~ 2005.07
	河口管理局河务处副处长（副处）	2005.07 ~
燕雪峰	河口管理局机关党委办公室主任	2004.08 ~
李登才	河口管理局监察室主任	2004.12 ~
胡旭东	河口管理局通信站副站长（享受副处）	1994.03 ~ 1999.09
	河口管理局通信管理处副主任（享受副处）	1999.09 ~ 1999.12
付吉民	河口管理局监察处副处长（副处）	1996.01 ~ 1999.09
	中共黄河河口管理局直属机关委员会副书记（副处）	1999.09 ~ 2002.12
	中共黄河河口管理局机关党委办公室主任（副处）	2002.12 ~ 2004.08
綦湘训	东营市黄河工程局副局长（副处）	2003.05 ~
刘金友	黄河故道管理处主任（正科）	1999.01 ~ 2003.05
	河口管理局供水处副主任（正科）	2003.05 ~
纪敏	黄河故道管理处副主任（副科）	1999.11 ~ 2003.12
董新青	黄河防汛技术培训中心主任（正科）	1999.06 ~ 2002.11

说明：1. 表中未列处（室）以下分设的科（室）级单位正、副职人员。

　　　2. 1988 年以前职务根据《东营市黄河志（1855 ~ 1988）》确定，1989 年以后职务根据人劳处提供资料确定。

七、县（区）级河务机构负责人

东营市黄河两岸地区分别归东营区、垦利县、利津县、河口区所辖。根据属地关系，各县（区）设有相应的河务机构。

（一）东营区河务机构

1990 年 8 月至 2004 年 8 月，冠名为东营区黄河河务局，设局长 1 人，副局长 2 ~ 3 人。2004 年 9 月以后，更名为黄河河口管理局东营黄河河务局，设局长 1 人，副局长 2 人，局长助理 1 人。

该局自 2002 年开始设立技术负责人（主任工程师）职务。历任领导班子由行政、技术、工会、纪检等方面负责人组成。行政负责人更迭情况见表 7-5。

表7-5　东营区河务机构主要负责人名录

姓名	机构名称	职务名称(级别)	任职时间(年·月)
史庆德	东营修防段	段长(正科)	1987.07~1990.12
刘书恭	东营区黄河河务局	局长(副处)	1990.12~1995.03
薛永华	东营区黄河河务局	副局长(主持工作、正科)	1995.03~1996.01
	东营区黄河河务局	局长(副处)	1996.01~1999.08
宋振利	东营区黄河河务局	局长(副处)	2000.01~2001.12
孙本轩	东营区黄河河务局	副局长(主持工作、正科)	2001.12~2003.07
杨德胜	东营区黄河河务局	局长(兼、正处)	2003.07~2004.09
	东营黄河河务局	局长(兼、正处)	2004.09~2005.09
宋相岭	东营黄河河务局	局长(副处)	2005.09~

说明:1988年以前职务根据《东营市黄河志(1855~1988)》确定,1989年以后职务根据人劳处提供资料确定。

(二)垦利县河务机构

1990年8月至2004年8月,冠名为垦利县黄河河务局,设局长1人,副局长3~4人。2004年9月以后,更名为黄河河口管理局垦利黄河河务局,设局长1人,副局长3人。

该局自1999年开始设立技术负责人(主任工程师)职务。历任领导班子由行政、技术、工会、纪检等方面负责人组成,主要负责人更迭情况见表7-6。

表7-6　垦利县河务机构主要负责人名录

姓名	机构名称	职务名称(级别)	任职时间(年·月)
张荣安	垦利修防段	段长(正科)	1983.11~1989.07
	垦利修防段	段长(正科)	1989.07~1990.12
	垦利县黄河河务局	党组书记(副处)	1990.12~1993.01
刘友文	垦利修防段	段长(正科)	1989.07~1990.12
	垦利县黄河河务局	局长(副处)	1990.12~1993.01
李梅宏	垦利县黄河河务局	副局长(主持工作、正科)	1993.01~1994.02
		局长(副处)	1994.02~2001.12
宋振利	垦利县黄河河务局	局长(副处)	2001.12~2004.09
	垦利黄河河务局	局长(副处)	2004.09~

说明:1988年以前职务根据《东营市黄河志(1855~1988)》确定,1989年以后职务根据人劳处提供资料确定。

(三)利津县河务机构

1990年8月至2004年8月,冠名为利津县黄河河务局,设局长1人,副局长3~4人。2004年9月以后,更名为黄河河口管理局利津黄河河务局,设局长1人,副局长3人。

该局自1999年开始设立技术负责人(主任工程师)职务。历任领导班子由行政、技术、工会、纪检等方面负责人组成。主要负责人更迭情况见表7-7。

表 7-7　利津县河务机构主要负责人成员名录

姓名	机构名称	职务名称(级别)	任职时间(年·月)
宋呈德	利津修防段	段长(正科)	1982. 12 ~ 1989. 02
刘书恭	利津修防段	段长(正科)	1989. 07 ~ 1990. 12
史庆德	利津县黄河河务局	局长(副处)	1990. 12 ~ 1994. 02
刘建国	利津县黄河河务局	局长(副处)	1994. 02 ~ 1995. 12
杨德胜	利津县黄河河务局	局长(副处)	1996. 01 ~ 2001. 12
仇星文	利津县黄河河务局	局长(副处)	2002. 11 ~ 2004. 09
	利津黄河河务局	局长(副处)	2004. 09 ~

说明:1988 年以前职务根据《东营市黄河志(1855 ~ 1988)》确定,1989 年以后职务根据人劳处提供资料确定。

(四)河口区河务机构

1990 年 8 月至 2004 年 8 月,冠名为河口区黄河河务局,设局长 1 人,副局长 1 ~ 2 人。2004 年 9 月以后,更名为黄河河口管理局河口黄河河务局,设局长 1 人,副局长 1 ~ 2 人。

该局未设技术负责人职务。历任领导班子由行政、技术、工会、纪检、水政监察等方面负责人组成,主要负责人更迭情况详见表 7-8。

表 7-8　河口区河务机构主要负责人成员名录

姓名	机构名称	职务名称(级别)	任职时间(年·月)
张同会	河口管理段	段长(正科)	1988. 01 ~ 1990. 12
	河口区黄河河务局	局长(副处)	1990. 12 ~ 1993. 01
聂林清	河口区黄河河务局	局长(副处)	1993. 01 ~ 1999. 01
路来武	河口区黄河河务局	局长(副处)	1999. 08 ~ 2001. 01
陈兴圃	河口区黄河河务局	局长(副处)	2001. 01 ~ 2004. 09
	河口黄河河务局	局长(副处)	2004. 09 ~

说明:1988 年以前职务根据《东营市黄河志(1855 ~ 1988)》确定,1989 年以后职务根据人劳处提供资料确定。

第二节　工会组织

河务机构中的工会组织是黄河职工依据《中华人民共和国工会法》建立的群众组织。

一、组织建设

东营河务机构设有两级工会组织。其中,山东黄河工会黄河河口管理局工作委员会(以下简称管理局工委)是东营河务系统工会的管理机构,各县(区)河务局工会委员会是黄河系统工会组织的基层机构。所有工会会员按行政隶属单位编为工会小组。

各级工会正、副主席由行政主管机关任命,委员由工会代表大会选举产生。各级工会委员会内分别设立经费审查委员会、女工委员会。管理局工委历任专职主席见表 7-9。

表7-9　市级河务机构工会正、副主席名录

姓名	机构名称	职务名称(级别)	任职时间(年·月)
宋呈德	东营修防处	工会主席(副处)	1989.01～1990.12
	东营市黄河河务局	工会主席(副处)	1990.12～1992.02
	黄河河口管理局	工会副主席(副处)	1992.02～1995.03
刘书恭	黄河河口管理局	工会副主席(副处)	1995.03～1999.10
刘新社	黄河河口管理局	工会主席(正处)	1999.10～2003.04
李建成	黄河河口管理局	工会主席(正处)	2003.04～
赵凤利	东营修防处	工会副主席(副科)	1986.01～1990.12
	东营市黄河河务局	工会副主席(副科)	1990.12～1991.04
	黄河河口管理局	工会副主席(正科)	1991.04～2003.01
胡旭东	黄河河口管理局	工委副主席兼机关工会主席(副处)	2002.12～

说明:本表未列兼职工会主席。1988年以前职务根据《东营市黄河志(1855～1988)》确定,1989年以后职务根据人劳处提供资料确定。

二、民主管理

1988年开始,各县(区)河务局建立职工代表大会(以下简称职代会),组织开展民主管理达标活动,要求凡涉及职工利益的改革方案、劳动工资、奖金福利等,都要听取职工代表意见,发挥职工民主管理与监督作用。

1997年,管理局工委组织开展建设"职工之家"活动并制定《河口管理局建设职工之家验收标准实施细则》。

"职工之家"建设（图为张滩河务段职工食堂）

1999 年 12 月,河口管理局工委召开首届职工代表大会。此后,市、县(区)河务局的两级职代会对中层以上干部开展民主评议工作。

2000 年,河口管理局被山东河务局、省局工会评为"山东黄河民主管理先进单位"。

2003 年开始,各级工会开展"职代会星级创建"活动。12 月,垦利、利津河务局职代会被山东黄河区工会命名为"职代会合格星"。

2004 年 1 月,利津、垦利、东营、河口 4 个县(区)局的职代会被河口管理局工委评为"职代会合格星"。年底,4 个县(区)局和管理局机关的职代会先后被东营市总工会授予"职代会建设先进星"称号。

2004 年 2 月,河口管理局工委召开第二届职工代表大会。

2005 年,垦利河务局被山东省总工会评为"职代会优秀星单位",东营河务局、河口河务局被山东河务局评为"职代会先进星单位"。

三、民主监督

1999 年下半年,在利津县河务局进行政务公开工作试点,2000 年在各单位全面推行政务公开。

各基层河务段普遍开展政务公开活动

(一)组织领导

河口管理局成立由党组书记任组长的政务公开领导小组,设立专门工作机构,制定《政务公开实施意见》和《政务公开实施细则》,对政务公开的程序、时间、内容、形式和约束机制进行明确规范,在所有单位设立政务公开栏,初步形成"党组领导、行政负责、部门承办、纪检监督、工会协调、职工参与"的良性运行机制,为推行政务公开奠定基础。

(二)规范化建设

2000 年 6 月,制定《河口管理局政务厂务公开工作考核办法》。8 月,山东河务局在河口管理局召开政务厂务公开工作经验交流会。年底,在所有河务部门推行政务厂务公开工作制度,河口管理局获"全省厂务公开工作先进单位"称号。

2001年10月,山东省总工会与五部(委、厅)联合决定:授予河口管理局"全省厂务公开工作先进单位"称号。12月,东营市厂务公开工作领导小组授予河口管理局"全市厂(企、校、院)务公开工作先进单位"称号。

2003年,把政务厂务公开考核结果作为单位领导班子和工作实绩的一项重要内容,实行"一票否决"。凡是政务公开群众测评满意率达不到80%的单位,不得评为目标管理先进单位。河口管理局先后被评为"全省民主管理先进单位""厂务公开先进单位"。

2004年2月,河口管理局被山东河务局、山东黄河工会评为"政务公开工作先进单位"。

四、维护职工合法权益

主要坚持四个原则。一是坚持源头维护,由工会组织参与本单位经济发展、制度改革等重大问题研究,对涉及职工切身利益的工资、福利、住房、劳动保护、社会保障等问题,听取职工代表意见。二是坚持宏观维护,从根本上、长远上维护职工经济利益。三是坚持依法维护,建立、加强和完善劳动关系协调机制,特别是在企业单位建立平等协商的合同签约制度。四是坚持具体维护,根据不同时期的实际需要,为职工办好事,办实事,排忧解难。

根据以上原则,各级工会组织对职工劳动、居住、餐饮、医疗、子女入托、入学、就业、文体娱乐等生活环境和条件进行调查研究,向行政主管部门提出改善建议和落实措施。各级工会还为职工办理了团体意外伤害保险、互助保险。

对特困职工和遇到紧急困难职工,除发动职工开展"访、谈、帮""送温暖"活动外,还协助行政人员进行摸底调查,了解困难职工及职工遗属的生活状况,提出救助建议。

1998年5月,管理局工委就基层人事制度改革、职工下岗、转岗的承受能力及经济创收等热点问题进行综合调研。

2001年1月,河口管理局被山东河务局、山东黄河工会评为"职工生活后勤管理先进单位"。

五、劳动竞赛

1988~1989年,根据山东省总工会等五部门动员全省职工开展技术学习、技术练兵、技术比武活动的要求,黄河职工围绕提高防汛专业理论知识、操作技术水平开展学习和演练活动。在山东省总工会召开的"三技竞赛表彰大会"上,垦利修防段职工王维荣、王增华获得黄河系统家伙桩技术比武"技术能手"称号。

1996年10月,管理局工委举办通信技术比武。

1997年,分别在河务段、闸管所、工程队(班、组)、船只、机车等工种开展"查隐患,保安全""我为防汛出谋献策"竞赛活动。

1998年5月,河口管理局工委开展"合理化建议月"活动。6月,开展"查隐患,保安全"活动。10月,举办现代通信技术比武选拔赛。

防汛抢险知识竞赛时进行现场问答

1999 年 1 月,山东省总工会、山东河务局授予河口管理局"齐鲁杯"黄河防洪工程建设劳动竞赛先进单位称号。5 月,开展以"齐鲁杯"黄河防洪工程建设劳动竞赛为主题的"六比六赛"和"四争创"活动。"六比六赛"是:比施工质量,赛严格执行设计标准;比施工进度,赛严格执行合同工期;比施工安全,赛无重大人身、设备事故;比资金运用,赛节约资金降低成本;比建设管理,赛领导责任制落实、"三制"管理规范、质量体系完善、施工信息报送及时;比文明施工,赛施工环境、秩序、团结协作。"四争创"是:争创先进单位、全优工程、文明工地、先进个人。

2000 年 1 月,山东省总工会、山东河务局授予河口管理局"齐鲁杯"黄河防洪工程建设劳动竞赛文明单位称号。7 月,组织参加山东省举办的"浪潮杯"计算机知识普及应用选拔赛。

2001～2003 年,在"群众性经济技术创新""管理效益年""安康杯"等竞赛活动的开展中,各级工会发动广大职工参与"小革新、小发明、小创造"和"合理化建议",配合各级领导做好典型事迹、先进经验的宣传、推广和表彰。在 2003 年组织的评选中,《电动抛石排》等 10 项成果被评为"群众性经济技术创新优秀成果",《办理工程公司增项资质》等 7 项建议被评为"群众性经济技术创新优秀合理化建议"。

2004 年 5 月,管理局工委开展以"维持黄河健康生命,爱黄河、促发展、爱岗位、比贡献"为主题的"金点子"合理化建议月、"我为经济发展献计策"活动。张滩河务段获得"山东省职工创新示范岗""山东省职工职业道德建设先进单位"荣誉称号,河口管理局获得"山东黄河科技创新组织奖"和黄河工会"先进工会组织"称号。

六、女工工作

1993 年,河口管理局工委举办女职工闯"新三关"(文化关、技术关、智慧关)征文、演讲比赛。

1994 年 6 月,在全局女职工中开展"伸出一双手、奉献一颗爱心"活动,152 名女职工

利津河务局举办技术革新研讨会

为贫困地区少年儿童捐赠现款、图书、学习用具、玩具等。9月10日,组织160名女职工参加"迪康杯"迎"九五"世界妇女大会知识竞赛。

1995年,开展"河口管理局巾帼迎'95',携手勇闯'新三关'"活动。"迎'四大'巾帼建功成果展览"获山东河务局一等奖。

全管理局女职工开展闯三关活动

1997年9月,在东营市工会"实施再就业工程"表彰会上,利津河务局职工赵桂芝获"全市再就业职工标兵"称号。

1998年,开展"精一门、会两门、学三门"的技能学习活动。3月,在山东省女职工再就业先进事迹报告会上,赵桂芝获"全省女职工再就业标兵"称号。

1999年3月,中国水利电力工会黄河委员会授予河口管理局"女职工双文明建功立业竞赛活动先进集体"称号。在黄河工会召开的五届二次全委扩大会议上,河口管理局工会女职工委员会被评为"先进女职工委员会",赵桂芝被评为黄委"三八"红旗手。

2000年3月,山东黄河工会授予河口管理局"先进女职工委员会"称号。

2003 年,继续组织开展"女职工素质自我达标"和"姐妹献爱心"活动。

2004 年,组织女职工开展素质提升、岗位建功、权益维护等活动,被东营市总工会评为"全市先进女职工集体"。

2005 年,李美荣被东营市总工会评为"岗位建功立业标兵"。11 月,各级工会女工组织开始建立健全女职工档案。

七、文体活动

1994 年 9 月,首次举办职工自编、自导、自演的迎国庆文艺汇演,来自管理局和县(区)河务局的 5 个代表队表演文艺节目。

1996 年 9 月,举办纪念人民治黄五十周年书画摄影展览。

1999 年 4 月,举办庆五一、迎回归职工运动会。

2000 年 5 月,组织参加山东黄河第三届职工运动会,获"山东黄河第三届职工运动会精神文明奖"。

2001 年 10 月,举办秋季职工运动会。来自基层的 6 支代表队、150 名运动员,参加篮球、乒乓球、象棋、扑克等比赛。年底,山东省体育总会授予河口管理局"山东省体育社团工作先进集体"称号。

2002 年 6 月,举办职工体育骨干培训班。

2003 年 1 月,举办迎新春联欢晚会。8 月,举办首期太极拳(剑)培训班。10 月,在山东河务局、山东黄河工会举办的太极拳(剑)比赛中,获得"24 式太极拳二等奖"和"32 式太极剑二等奖"。

2004 年 2 月,举办新春文艺汇演。

2000～2004 年,开展各类文化活动 102 次,体育活动 92 次,设立健身房 4 个,健身场地 26 个,文体活动室 25 个,球场 18 个,阅览室 28 个,藏书 5248 册。

文体活动组图

2005 年 9 月 30 日,举办秋季职工运动会。

八、其他活动

1996 年 9 月,管理局工委与东营区龙居乡敬老院开展结对子搞服务活动。10 月,管理局工委组织机关 106 名党员、干部、职工为新疆贫困地区捐献衣被。11 月,管理局工委组织机关 108 名干部职工,为小清河治理工程捐款。

1998 年 8 月,开展向灾区献爱心捐款捐物活动,支援灾区抗洪自救,单位捐款 85000 元,918 名职工捐款 56980.50 元。

1999 年 2 月,管理局及工委,春节期间走访慰问困难职工 26 户、管理局机关包村困难群众 10 户,到东营区龙居乡敬老院慰问孤寡老人。

2001 年 10 月,河口管理局机关 114 名干部职工向新疆贫困地区人民捐衣被 341 件。

2002 年以后,每年都发动职工参与"爱心捐赠"活动,为灾区、残疾人捐款捐物。2005 年开始,与人事劳动处共同开展了帮助子女就业活动。

第三节　直属机构

1989 年以后,根据治黄工作发展需要,市级河务机构先后设立下列直属机构,分别履行规定的业务职能。

一、东营修防处劳动服务公司

1989 年 10 月,为解决职工家属及子弟劳动就业问题,经东营市劳动局批准,成立东营修防处劳动服务公司,主要业务归属政工科办理,公司经理由政工科长兼任。1995 年机构改革时,公司被撤销。

二、水政监察支队

1990 年 6 月,挂牌成立山东黄河河务局东营水政监察处,编制 3 人,监察处主任由一名副局长兼任。9 月,各修防(管理)段建立水政监察所,由一名副段长兼任所长,下设水政监察股。

1998 年 10 月,成立黄河水利委员会山东东营水政监察支队。11 月,分别在四个县(区)河务局成立水政监察大队。主要职责包括:负责职权范围内的水行政执法、水政监察、水行政复议工作,查处黄河水事违法行为,承办山东黄河水行政诉讼事务;负责河道管理范围内建设项目的水行政许可,协调处理黄河水事纠纷。

三、东营黄河水利实业开发总公司

1992 年 12 月,报经东营市体改委批准,成立东营黄河水利实业开发总公司。公司被确定为独立核算、自主经营、自负盈亏的全民所有制企业,主要履行工程施工、物资供应的开发、经营、管理等职能。设有总经理 1 人,副总经理 2 人。

1998年10月，东营水政监察支队成立

四、黄河河口研究院

1993 年 6 月,成立黄河口治理研究所。该所为正处(县)级单位,隶属黄河河口管理局领导,内设办公室、综合研究室、模型试验室和外业队等 4 个正科级职能部门。在历次机构改革中,该所被确定为基础性公益事业单位。

2004 年 6 月,黄委通知:由山东河务局负责在黄河口治理研究所的基础上组建黄河河口研究院。

2004年10月12日,陈延明副省长和徐乘副主任为研究院揭牌

2005 年 3 月,山东河务局通知,黄河河口研究院冠名为黄河水利委员会黄河河口研究院,隶属山东黄河河务局,委托黄河河口管理局负责日常管理;在科研业务上受黄河水利科学研究领导,领导职数按 4 人(含总工 1 人)配备,领导班子成员由山东河务局任免。研究院为正处级基础公益类事业单位,内设 6 个正科级科(室),分别为办公室(党群办公

室)、河道研究室、模型试验室、河口生态与环境研究室、海洋研究室、基建科。事业人员编制总数30人,在原黄河口治理研究所人员的基础上,通过竞争上岗等方式择优聘用。

研究院除履行山东河务局规定职责外,还按照《山东省技术贸易市场管理条例》规定,从事水利水电、水资源与环境、河流与海岸工程勘测设计,各类工程技术开发、咨询、服务等项目。

五、山东乾元工程集团有限公司

1999年初,河口管理局采取调整班子、充实人员、增设机构、划分资产等措施,在第一分局基础上筹建东营市黄河工程局,在社会建筑市场中采用一套班子、两个牌子的办法参与工程投标。6月,组建工作完成,被确定为正处(县)级单位,任命局长1人,后又增设副局长、总工程师、总经济师、总会计师等职务。先后设立的正科级职能部门为办公室、财务经营处、施工管理处、信息管理处、经营开发处、质量监察处。

2003年4月,根据黄委"政企、事企分开"机构改革要求,对东营市黄河工程局采取企业改制措施后,更名并重新注册为山东乾元工程集团有限公司,实行董事会领导下的总经理负责制,下设5个子公司,分别为东营龙力工程有限公司、垦利鑫浩水利水电工程有限公司、利津黄河工程有限公司、河口鹏远工程有限公司、直属公司。集团公司设总经理1人、副总经理1人,总工程师、总经济师、总会计师各1人。

六、信息管理处

1989年初,东营修防处和垦利、利津、东营、河口修防段各设电话站1个,共有职工38人。

1991年7月,河口管理局电话站更名为通信站,为正科级职能部门。各县(区)河务局电话站不更名,为股级职能部门。

1995年机构改革时,河口管理局电话站更名为通信科,归属办公室管辖。

1999年机构改革时,通信科更名为通信管理处,被确定为正科级事业单位。

2002年机构改革时,通信管理处被确定为经营开发类正科级事业单位。

七、黄河防汛技术培训中心

1999年2月,为适应黄河防汛工作的需要,山东河务局批复成立东营黄河防汛技术培训中心为正科级单位,隶属河口管理局所辖的经营性承包企业,对内对外提供餐饮和住宿服务。2002年11月机构改革时,该机构暂不考虑使用。

八、黄河故道管理处

为依法统一管理利津县境内黄河故道,1998年9月,山东河务局同意设立利津县黄河故道管理处,隶属利津县黄河河务局。

1998年12月,山东河务局再度对黄河故道管理机构设置问题进行批复:为依法统一管理东营市境内黄河故道,保护国有资源,维护国家合法权益,并使黄河故道以备复用,同意设立黄河河口管理局黄河故道管理处,隶属于黄河河口管理局,机构规格为正科级。人员编制暂定 6 人,配备正、副主任各 1 人。同时撤销利津县黄河故道管理处。

九、服务处

1999 年 9 月,河口管理局机构改革方案中确定设立的黄河河口管理局机关服务处为正处级单位,下设综合科、物业管理科,均为正科级部门。2002 年机构改革时,服务处被界定为社会服务类事业单位(正处级),编制 20 人;下设综合科、物业管理科,皆为正科级部门。主要职能是承担机关和社会有偿服务,包括房产及公用设施管理维修,利用所管理的资产开展经营创收,围绕中心工作搞好后勤服务,在财务管理上实行独立会计核算。对管理局的有偿服务包括行政车辆调度、文件打印及复印、职工医疗、职工食堂等;对社会开展的有偿服务主要是房产租赁。

第二章 人事管理

第一节 治黄队伍

2005年底,河口管理局在职职工899人,比1988年底增加273人。新增职工来源主要是根据黄河系统和地方政府有关规定,每年适量接收的大中专毕业生和转业、退伍军人。

一、干部队伍建设

(一)思想建设

1984~1990年,根据中共中央宣传部和中共山东省委《关于干部马列主义理论教育正规化的规定》要求,组织干部参加马列主义理论学习。

1991年,组织厅(局)、处(县)级干部分别参加中央及省、市党校举办的干部培训学习(研讨)班,黄委、山东河务局举办的领导干部读书班、研讨会。

1995年,根据山东河务局制定的《关于贯彻民主集中制原则的若干规定(试行)》要求,建立民主生活会制度,定期开展批评和自我批评。

2000年,在各级领导班子及处以上领导干部中,深入开展以"讲学习、讲政治、讲正气"为主的党性党风教育。为巩固教育成果,年底开展"三讲教育回头看"活动。

2001年,突出抓好邓小平理论、"三个代表"重要思想、"五种精神"(江泽民提出的解放思想、实事求是的精神,紧跟时代、勇于创新的精神,知难而进、一往无前的精神,艰苦奋斗、务求实效的精神,淡泊名利、无私奉献的精神)教育,在领导干部中开展"官德"教育。

2002年开始,将领导干部政治理论水平任职资格考试作为干部提拔任用的基本依据之一。市局领导班子成员每年要有两个月以上的时间深入基层调研。

2004年,在各级领导干部中开展"三观"(世界观、人生观、价值观)教育,在河口治理、经营创收、科技发展、管理机制等方面制定出台激励创新工作实施细则。

2005年,在党员干部中集中开展"保持共产党员先进性教育"活动。针对群众提出的热点、难点问题,制定领导班子整改方案和个人整改措施。

(二)组织建设

1990年7月,根据中共山东河务局党组制定的《关于加强领导班子建设的意见》和两次考察,对河口管理局及县(区)河务局领导班子进行调整充实。

1992年2月,河口管理局先后提拔、聘用部分处、科级干部。

1993年以后,根据上级文件规定,先后制定有关对领导干部进行民主评议、考核的制度和办法。考核方式分为平时考核与定期考核,主要内容包括德、能、勤、绩、廉、学等情况。考核结果作为对领导班子奖惩的依据,民主测评结果作为对领导干部选拔任用、职务升降、奖惩、培训、工资调整等的重要依据。

2000年7月,开始执行中共山东河务局党组制定的《关于领导干部选拔任用工作暂行办法》,对领导干部选拔任用原则、条件、民主推荐、公开选拔、组织考察、讨论决定、任前公示、聘任、交流回避、辞职降职、纪律与监督等作出明确规定。

2003年2月开始,干部选拔任用按照民主推荐、组织考察、党组会前酝酿、党组会议讨论、任前公示、任前谈话、实行任职试用期、试用期满考核等八项程序。同年11月,对所有提拔任用的干部一律实行考察预告。

2004年12月,制定《黄河河口管理局局管领导班子及领导干部考核暂行办法》《黄河河口管理局机关依照国家公务员制度管理的工作人员年度考核暂行办法》。

(三)廉政建设

1992年开始,按照干部管理权限分级负责的方式,实行领导干部谈话制度。

1993年,先后制定干部廉洁从政规定、廉洁勤政守则、反腐败工作实施意见等约束性文件。要求各级领导干部遵纪守法,不以权谋私,禁止公款旅游,严格遵守人事制度,执行干部回避制度;不准接受下属单位以任何形式赠送的物品;领导干部下基层要轻车简从,禁止大吃大喝设宴招待;严格财经纪律,不准搞计划外工程、私设小金库;不在各种经济实体中兼职;提高工作透明度,实行政务公开;推行廉政建设责任制。

1995年开始,各单位定时召开科级以上领导干部廉洁自律专题民主生活会。

1996年5月,根据中共黄委党组要求,各单位纪检监察部门和人劳部门具体负责干部诚勉事宜。6月,山东河务局强调:凡提拔干部,按照干部管理权限,由纪检监察部门分别提出廉政鉴定意见。

1997年7月,各级纪检部门根据干部管理权限分级建立副科级以上干部廉政档案。

1999年,建立党风廉政建设责任制领导小组。

2004年,开始执行《干部选拔任用条例》,把好选人用人关,防止和纠正用人工作中的不正之风。

二、培养年轻干部

1989年3月,东营修防处按一职一备或一职两备建立科级干部后备队伍。

1990年开始,选派符合规定条件的年轻干部到基层锻炼。至2005年,先后选派30多名干部到乡(镇)政府或河务段挂职,参加东营市机关下派的工作组,到贫困地区包村包队。还选派干部到其他市(地)河务局挂职。

1997年,河口管理局研究确定人才开发总目标:建设好党政领导干部、专业技术人才、经营管理人才、技术工人等四支队伍。在人才开发措施上,按照公开、公平、公正的原则,制定相应的竞争上岗办法,择优聘任,同时做好优秀人才的引进工作。

2000年7月,河口管理局研究确定5年内培养选拔在全河有较大影响力、有较高知名度的治河专家名额及条件。

2001年,黄委启动选派优秀青年科技干部到国外学习的五年计划。经过考试和审查,邢华、张利河、王春华先后被选派到澳大利亚与荷兰学习。

2004年3月,经过层层选拔,研究院程义吉被命名为首批"山东黄河科技创新拔尖人才"。6月，河口管理局在《关于进一步加强人才工作的实施意见》中提出加强四支队伍建设的具体措施：以科技攻关和技术创新为切入点，通过上项目、压担子加强专业技术人员的实践锻炼，组织技术工人开展防汛技能演练、技术比武活动，调动干部职工学业务、比技术、上水平的积极性，形成赶、学、比、超的浓厚氛围。

2005年10月，山东河务局选派阎宝柱参加水利部举办的首次项目管理师（国家职业资格二级）培训考试。经劳动和社会保障部职业技能鉴定中心专场鉴定，阎宝柱获得水利行业项目管理师任职资格。

2005年底，河口管理局处级干部平均年龄为47岁，其中40周岁以下的占3%；科级干部平均年龄为44岁，其中35周岁以下的占10.3%。

第二节　管理办法

为加强对干部的管理和监督，河口管理局先后制定《人事劳动管理实施办法》《干部管理实施办法》《干部谈话制度》《领导干部竞争上岗实施办法》《领导班子及领导干部年度考核暂行办法》《机关工作人员守则》《机关政治学习制度》《机关考勤办法》《职工教育管理暂行规定》《专业技术人员聘任暂行办法》等制度办法。

一、干部任免权限

1988～1990年，东营修防处正副主任和各县（区）修防段段长由山东河务局任命。修防处职能部门、修防段副段长由修防处任命。

1990年12月，东营修防处、各县（区）修防段更名后，各县（区）河务局局长由山东河务局任命，各地（市）河务局协助管理。各县（区）河务局副局长由河口管理局任命管理。各县（区）河务局机关科（室）、派出所、河务段、土方机械队的正、副职以及其他股级干部，均由河口管理局任命，各县区河务局协管。各县区河务局局长、副局长实行任期制。

1991年2月以后，河口管理局局长为副厅级干部，由黄河水利委员会任命、管理。副局长为正处（县）级干部，由山东河务局任命，报黄委备案。

1992年8月，根据上级规定，下放干部管理权限、简化干部任免和退（离）休手续。正、副处（县）级干部由山东河务局管理和任免；正、副科级干部由河口管理局管理和任免，报山东河务局备案。河口管理局机关部门干部任免，征得山东河务局政治处及有关处（室）同意后，办理任免手续。新成立没有行政职能的专业性公司、经济实体，不再明确行政级别，干部享受原政治待遇，由主管部门管理。符合退（离）休条件的干部达到规定退（离）休年龄并办理免职后，审批办理退（离）休手续并报山东河务局备案。

1999年4月，山东河务局进一步下放干部管理权限。管理局局长、副局长由山东河务局直接管理，并负责考核、任免（聘任）、奖惩、培训及退休审批。各县（区）河务局及黄河口治理研究所的局（所）长由山东河务局任免，其考核、奖惩、培训及退休审批等由河口管理局负责。河口管理局机关其他处级干部，由河口管理局提出任免意见，征得山东河务局同意后自行聘任，其考核、奖惩、培训及退休的审批等由河口管理局负责。

2000年3月，山东河务局对下放干部管理权限作出新规定：河口管理局的中层干部

（含纪检组副组长、工会副主席、副总工）、县（区）河务局局长及局直副处级、科级单位副职的配备，由河口管理局党组按干部选拔任用的规定和程序研究决定，报山东河务局备案后，自行聘任或解聘。上述干部在本局范围内的交流、轮岗、上岗、下岗由河口管理局党组研究决定，报山东河务局备案，并负责考核、奖惩、培训及退休的审批等日常管理工作。按照使用与管理统一的原则，县（区）河务局中层干部以及河务段长的聘任、解聘、管理权限，下放到各县（区）河务局。

2003年2月，河口管理局机关内设部门（包括局直单位）的正处（县）级干部由山东河务局负责任免，河口管理局党组可提出任免建议，并负责日常管理。副处级干部、县（区）河务局局长和局直单位的副处级干部由河口管理局任免，并负责管理，事前报山东河务局批复备案。

二、管理制度改革

1989年以后，先后实行领导干部任期制和工作人员聘任制，干部、工人岗位竞争上岗，领导干部交流轮岗办法，使干部职工管理制度改革逐步深化。

（一）干部选拔及聘任

1989年1月开始，以群众推荐和自荐相结合的方法公开招聘科级干部，在干部任期内实行目标管理。同时在领导干部选配中引入竞争机制和任（聘）前公示制度、领导干部交流轮岗制度；打破干部、工人界限，推行岗位管理和竞争上岗。

1998年制定的《领导职务竞争上岗实施意见（试行）》规定：河口管理局所属各单位（部门）中的干部职务，除党群部门按规定应由民主选举产生的职务外，均应确定一定数量的职位实行竞争上岗。

1999年9月制定的《领导干部聘任制实施办法（暂行）》规定：在全局推行领导干部职务聘任制，机关处、科级干部及局属各单位副科级以上干部一律实行聘任制。党群部门中的领导职务，按有关规定选举或任命。企业、公司及经济实体负责人，由主管部门聘任，有条件的可按《公司法》的有关规定产生。领导干部聘任、续聘、解聘、辞聘及考核等由人劳部门按有关规定办理。县（区）河务局局长、黄河口治理研究所所长、机关服务处处长和管理局机关各处室正、副处级干部，除由山东河务局聘任的外，由管理局征得山东河务局党组同意后聘任。管理局机关及直属单位正、副科级干部经管理局党组研究同意后由管理局聘任。县（区）河务局机关中层干部及河务段、闸管所负责人，由县（区）局征得管理局党组同意后聘任。

2005年12月，山东河务局对干部任期提出具体意见：正、副厅（局）级干部任期4年，正、副处（县）级和正、副科（段、所）级干部任期3年，一般职工聘期为2年。

（二）领导干部聘任

1990年，在领导干部中签订目标责任书，把目标考核、干部考核和年度考核纳入半年初评和年终总评，根据考评结果对单位（部门）进行奖惩。

1998年开始，河口管理局及所属单位副科级以上干部一律实行聘任制。除党群部门外，所有担任实职的干部，一次性过渡为聘任制干部。各级领导干部每届聘任期皆为3年。距离退休年龄不足一个任期的，原则上不再聘任。

1999年1月,开始实行科级干部选拔制度,34名符合条件人员首次参加黄河故道管理处主任职务竞选。

1999年3月,山东河务局组织东营黄河工程局局长的竞选。

1999年9月6日,河口管理局开始进行处(县)级干部竞选。38人(次)科级以上干部竞选机关服务处、河务处、财务处、人劳处等4个部门的正、副处长。10月14日,利津、垦利、河口3个县(区)河务局同时开始竞选机关中层领导干部(正、副科级)职务。

2002年,管理局机关及各县(区)河务局在机构改革中全部实行干部竞争上岗。

2005年,根据黄委、山东河务局指示,对事业单位的人事管理进行改革,采取以编定岗、科学设岗、公开招聘、竞争上岗、择优聘用、签订合同、规范管理、严格考核、能进能出、以岗定薪的用人机制。

(三)一般干部聘任

1989年1月,开始实行工作人员聘任制,打破部门之间、干部与工人之间的界限,实行横向招聘,通过竞争,择优上岗。落聘富余人员可以停职留薪,自谋职业。落聘干部可以参加工人组合,也可申请调动。"三五干部"(20世纪50年代参加工作、年满50岁、工龄满35年者)落聘后仍享受原职级待遇。其他落聘干部可保留干部身份,按新任工作岗位参照同类人员的工资水平,重新确定工资。对组织纪律差、劳动工作态度不好的落聘人员,学习期满试用合格后,正式签订聘书。各单位实行工资总额包干,超额不补,节约留用,拉开工资档次。

1989年10月,对上述改革制度进行修改充实和完善。一般干部可适当延长聘期;中层干部落聘的,允许其应聘一般岗位;机关干部落聘的,可到基层单位应聘;有专业技术特长的可安排做技术工作;临近离退休年龄的落聘干部,允许提前办理离退休手续。工人劳动组合采取择优定向、竞争招标、双向自由协商等方式;落聘人员可通过开展多种经营、承包内部工程、兴办集体企业等方法,从事社会需要的各种工、副业生产和社会服务。

1997年11月制定的《黄河河口管理局工作人员年度考核工作暂行办法》规定:考核对象包括领导干部、一般干部、专业技术人员和工人,按照干部管理权限从德、能、勤、绩四个方面分级、分别进行;考核等次分为优秀、合格、不合格;考核结果作为工作人员奖惩、培训、辞退及调整工资的依据。对达到考核合格以上人员,按国家有关规定加发1个月的标准工资作为奖励工资。考核优秀者,由所在单位通令嘉奖。考核不合格的,实行诫勉,限期3个月改正。限期内考核仍不合格的,担任行政或技术职务的要降职使用或低聘职务。连续3年考核不合格的予以辞退。

三、技术职务(称)评聘

(一)组织领导

东营修防处职称改革领导小组和工程技术职务评审委员会,负责工程技术人员初级技术职务的评审和中级技术职务的推荐。

高级技术职务和财经、统计、档案、卫生专业人员中级技术职务由黄委评审确认任职资格;工程技术中级技术职务和财经、统计、档案、卫生专业人员初级技术职务由山东河务局评审委员会确认任职资格;工程技术初级技术职务由独立处级单位评审委员会进行评审,并确认任职资格。

1988 年 4～5 月,东营修防处完成 153 人的专业技术职务申请、评审及聘任工作,初步理顺行政职务与技术职务之间的关系,打破技术职务终身制。

1991 年,河口管理局成立思想政治工作人员专业职务评定领导小组。

(二)评聘规定

1988 年 3 月,山东河务局规定:除黄委管理的干部报黄委审批外,高级技术职务由修防处提出意见,由山东河务局公布聘任;修防处(局)聘任中级及其以下技术职务;修防段聘任助理级及其以下技术职务。高、中、初级职务任期分别为 4 年、3 年、2 年。各单位按照任免权限建立考核制度,考核结果记入本人档案,作为晋升技术职务和实行奖惩的依据之一。

1989 年 10～12 月,黄委和山东河务局对评审组织、新评聘技术职务工资发放时间、参加评审条件作出具体规定。

1991 年,水利部进一步规范各级专业技术职务申报、评聘条件。评聘高级技术职务的,一般应具备国家教委承认的大学本科以上学历。同时规定破格申报高级技术职务的必备条件。

1992 年,黄委在年度职称评审中规定:35 岁以下的专业技术人员评聘副高级技术职务不占本单位岗位数;外语测试纳入申报中、高级职称的必备条件(符合免试条件的除外)。属于工人身份的专业技术人员可根据所从事的专业工作申报相应系列的任职资格,获得任职资格后,按有关规定进行聘任,享受有关待遇。

1993 年,水利部对专业技术岗位的划分、相近专业划分、“文化大革命”期间入学的大学生评聘、专业年限或任职年限的计算、逐级晋升的原则、外语考试以及专业人员考试等19 个问题做出详细规定和说明。除正高级职务不实行评聘分开外,其他职务一律实行评聘分开。

1994 年,思想政治工作人员专业技术职务的评聘工作和其他系列一并进行。对申报中、高级技术职务人员的学历、资历、外语、计算机、专业理论、工作经历与能力、业绩成果等方面逐条赋分。

1995 年,水利部和黄委要求:实行专业技术职务聘任制,必须根据实际工作需要严格设置专业技术工作岗位,规定明确的岗位职责和任职条件;在定岗定编的基础上,由行政领导在具备相应任职资格、符合相应任职条件的专业技术人员中择优聘任;行政领导向初被聘任的专业技术人员颁发聘任书,与其签订聘约,一般聘期为 3 年;高级技术职务由独立处级单位的行政负责人聘任,中、初级技术职务由独立科级及其以上单位的行政负责人聘任。聘期届满并经考核合格者,可办理续聘手续。受聘人员调离工作岗位、晋升高一级职称或达到退(离)休年龄的,聘期自行终止。

1997 年 5 月,黄委规定:专业技术职务聘期一般为 3 年;高级职务由独立处级及以上单位的行政主要负责人聘任;中、初级职务由独立科级及以上单位的行政主要负责人聘任。

1998 年,申报技术职称人员增加计算机考试。

1999 年 4 月,山东河务局对聘任对象及指标分配、竞争上岗、择优聘任的基本程序和方法、聘约管理、有关待遇、任期考核及其他问题作出规定。

2000年4月,山东河务局在河口管理局推行专业技术职务聘任制改革试点工作。聘任办法:由单位、部门通过公开岗位、双向选择、公开招聘、竞争上岗的办法择优聘任岗位合适人员。专业技术职务聘任期限一般为1~3年。河口管理局一把手的专业技术职务由山东河务局局长聘任;管理局领导班子副职的专业技术职务由单位一把手聘任;下属单位一把手和机关职能部门主要负责人的专业技术职务由管理局分管领导聘任;下属单位和机关职能部门负责人负责本单位(部门)副职及其他专业技术人员的聘任。

2001年11月开始,在各级职称评审中实行申报人答辩和申报材料公示制度。

2002年11月,黄委对正高级职称评审办法进行改革,实行赋分标准、申报材料、述职答辩、评审结果"四公开"办法,增加外语听、说能力测试。

2003年1月,为优化人力资源配置,山东河务局规定:副高级技术职称以上人员和全日制本科以上学历人员申请调出的,需报山东河务局批准;有突出贡献的中青年科学、技术、管理专家,享受政府特殊津贴人员,具有正高级技术职称人员,由山东河务局报黄委同意。市(地)河务局之间科级及以下人员的调动,由涉及单位协商办理。黄河系统内要求调入或对调的人员,报山东河务局批准后方可办理有关手续。各级机关补充工作人员,均实行公开考试、择优录用的办法,并实行回避制度,凡夫妻、父母、兄弟姐妹及近姻亲关系中已有一人在机关工作的,不得再进入同一机关。

2004年5月,河口管理局各级机关工作人员过渡为公务员之后,其技术职务(任职资格)不再与工资挂钩,但有条件者仍可申请高一级技术任职资格。企业及事业单位继续实行技术职务聘任制。

2005年2月,山东河务局要求:申报正高级职称者,考核结果必须为优秀;年度考核为称职以上的,可申报高一级职称。申请同级职称平转的人员必须参加申报专业的理论考试并取得合格证;直接转系列申报高一级专业技术任职资格评审的人员,除必须满足正常申报人员评审条件外,还必须满足本专业岗位连续工作3年以上的资历要求。7月,山东河务局规定:聘用合同期限原则为高、中级岗位3年,初级岗位2年。也可根据课题、项目的周期进行短期聘任。

至2005年底,东营河务系统职工共有339人先后取得各类技术职务任职资格,占在职人员总数的38.2%。其中,高级职称45人,中级职称133人,初级职称161人。详见表7-10、表7-11。

四、依照公务员管理

目的是推动河务系统内部政、事在机构、职能、编制上的分离,为河务机关履行水行政职能明确法律地位和加强执法保障。按照山东河务局统一部署,河口管理局各级机关实施依照国家公务员制度管理过渡于2004年8月底完成。

(一)过渡准备

2004年2月,按照政策、条件、程序、人员公开的要求,核实机关行政编制人员和其他编制人员名额,并对每个人员的干部身份、以工代干身份、聘干身份进行界定,确定依照国家公务员制度管理过渡人员名单,对需要考试和考核过渡的人员分别进行公示。

表 7-10　1989~2005 年河口管理局享受教授、研究员待遇人员名录

姓名	性别	职称	批准时间（年·月）	首次聘任时间（年·月）	山东河务局批准文号	黄委批准文号	备注
宋振华	男	高级工程师	1998.10	1998.11	鲁黄人劳[1998]93号	黄人劳[1998]54号	
董永全	男	高级工程师	2001.5	2001.6	鲁黄人劳发[2001]54号	黄人劳[2001]19号	2002.5~2005.4在管理局任职
李士国	男	高级工程师	2005.3	公务员，未聘	鲁黄黄人劳[2005]53号	黄职办[2005]4号	

说明：此表根据《山东黄河志资料长编》附表所列统计。

表 7-11　1989~2005 年河口管理局副高级技术职务任职人员名录

姓名	性别	职称	批准时间（年·月）	首次聘任时间（年·月）	山东河务局批准文号	黄委批准文号	备注
王日中	男	高级工程师	1987.12	1988.5	黄职改字[87]11号	黄职改字[87]57号	1991.2~1992.8在管理局任职
王锡栋	男	高级工程师	1988.3	1988.5	黄职改发[1988]11号	黄职改字[88]94号	
雷林	男	高级工程师	1990.2	1990.8	黄职改发[1990]4号	黄职改[1990]2号	
宋振华	男	高级工程师	1992.8	1992.10	黄政发[1992]104号	黄人劳[1992]159号	
董启祥	男	高级工程师	1994.6	1994.7	鲁黄政发[1994]91号	黄人劳[1994]142号	
韩业深	男	高级工程师	1995.12	1996.1	鲁黄人劳发[1996]47号	黄人劳[1995]137号	
王银山	男	高级工程师	1997.12	1998.3	鲁黄人劳发[1998]41号	鲁黄人[1998]18号	2001.9~2002.5在管理局任职
谭西法	男	高级工程师	1997.12	1998.3	鲁黄人劳发[1998]41号	鲁黄人[1998]18号	
王宗波	男	高级工程师	1997.12	1998.3	鲁黄人劳发[1998]41号	鲁黄人[1998]18号	1999.8~2002.11在管理局任职
王昌慈	男	高级工程师	1999.2	1999.3	鲁黄人劳发[1999]63号	鲁黄人[1999]45号	1998.11~2001.9在管理局任职
李士国	男	高级工程师	1999.2	1999.3	鲁黄人劳发[1999]63号	鲁黄人[1999]45号	转为公务员前由黄河研究院聘任
管春城	男	高级工程师	2000.2	2000.3	鲁黄人劳发[2000]40号	黄人[2000]17号	转公务员前由黄河研究院聘任
乔富荣	男	高级工程师	2001.1	2001.2	鲁黄人劳发[2001]37号	黄人劳[2001]19号	转为公务员以前聘任

续表 7-11

姓名	性别	职称	批准时间（年·月）	首次聘任时间（年·月）	山东河务局局批准文号	黄委会批准文号	备注
王维文	男	高级工程师	2002. 1	2002. 2	鲁黄人劳发〔2002〕13 号	黄人劳〔2002〕10 号	由事业单位（黄河研究院）聘任
王春华	女	高级工程师	2003. 1	2003. 2	鲁黄人劳〔2003〕23 号	黄人劳技〔2003〕6 号	由事业单位（黄河研究院）聘任
由宝宏	男	高级工程师	2003. 1	2003. 2	鲁黄人劳〔2003〕23 号	黄人劳技〔2003〕6 号	由事业单位（黄河研究院）聘任
徐洪增	男	高级工程师	2003. 1	2003. 2	鲁黄人劳〔2003〕23 号	黄人劳技〔2003〕6 号	由企业单位（乾元公司）聘任
王宗文	男	高级工程师	2003. 1	2003. 2	鲁黄人劳〔2003〕23 号	黄人劳技〔2003〕6 号	转为公务员以前聘任
张月明	男	高级工程师	2003. 1	2003. 2	鲁黄人劳〔2003〕23 号	黄人劳技〔2003〕6 号	由事业单位（垦利河务局）聘任
刘新力	男	高级工程师	2003. 1	2003. 2	鲁黄人劳〔2003〕23 号	黄人劳技〔2003〕6 号	由事业单位（利津河务局）聘任
郭凤英	女	高级工程师	2003. 1	2003. 2	鲁黄人劳〔2003〕23 号	黄人劳技〔2003〕6 号	转为公务员以前聘任
程义吉	男	高级工程师	2003. 1	2003. 2	鲁黄人劳〔2003〕23 号	黄人劳技〔2003〕6 号	转为公务员期间未聘
赵安平	男	高级工程师	2003. 1	2003. 2	鲁黄人劳〔2003〕23 号	黄人劳技〔2003〕6 号	转为公务员以前聘任
贾振余	男	高级工程师	2003. 1	2003. 2	鲁黄人劳〔2003〕23 号	黄人劳技〔2003〕6 号	转为公务员以前聘任
郭乐军	男	高级工程师	2004. 2	公务员，未聘	鲁黄人劳〔2004〕41 号	黄人劳技〔2004〕11 号	
陈庆胜	男	高级工程师	2004. 2	公务员，未聘	鲁黄人劳〔2004〕41 号	黄人劳技〔2004〕11 号	
刘世友	男	高级工程师	2004. 2	公务员，未聘	鲁黄人劳〔2004〕41 号	黄人劳技〔2004〕11 号	
路末武	男	高级工程师	2004. 2	2004. 3	鲁黄人劳〔2004〕41 号	黄人劳技〔2004〕11 号	由事业单位（经济局）聘任
张光森	男	高级工程师	2004. 2	公务员，未聘	鲁黄人劳〔2004〕41 号	黄人劳技〔2004〕11 号	
刘建国	男	高级工程师	2004. 2	公务员，未聘	鲁黄人劳〔2004〕41 号	黄人劳技〔2004〕11 号	
李梅宏	男	高级工程师	2005. 3	公务员，未聘	鲁黄人劳〔2005〕53 号	黄职办〔2005〕4 号	
王梁山	男	高级工程师	2005. 3	公务员，未聘	鲁黄人劳〔2005〕53 号	黄职办〔2005〕4 号	
刘金友	男	高级工程师	2005. 3	2005. 4	鲁黄人劳〔2005〕53 号	黄职办〔2005〕4 号	由事业单位（供水处）聘任
董凤顺	男	高级工程师	2005. 3	2005. 4	鲁黄人劳〔2005〕53 号	黄职办〔2005〕4 号	由事业单位（垦利河务局）聘任
郭训峰	男	高级工程师	2005. 3	2005. 4	鲁黄人劳〔2005〕53 号	黄职办〔2005〕4 号	由企业单位（乾元公司）聘任

续表 7-11

姓名	性别	职称	批准时间（年·月）	首次聘任时间（年·月）	山东河务局局批准文号	黄委会批准文号	备注
陈春姐	女	高级统计师	1998.3	1998.6	鲁黄人劳发〔1998〕41 号	黄人劳人〔1998〕18 号	
燕雪峰	男	高级政工师	2000.6	2000.7	鲁黄人劳发〔2000〕80 号	黄人劳人〔2000〕45 号	转为公务员以前聘任
刘新社	男	高级政工师	2004.4	公务员，未聘	鲁黄人劳〔2004〕41 号	黄人劳〔2004〕46 号	
蒋义奎	男	高级政工师	2005.5	公务员，未聘	鲁黄人劳〔2005〕53 号	黄职办〔2005〕5 号	
王均明	男	高级政工师	2005.5	公务员，未聘	鲁黄人劳〔2005〕53 号	黄职办〔2005〕5 号	
方新兰	女	高级政工师	2005.5	公务员，未聘	鲁黄人劳〔2005〕53 号	黄职办〔2005〕5 号	
名军	女	高级政工师	2005.5	公务员，未聘	鲁黄人劳〔2005〕53 号	黄职办〔2005〕5 号	
李登才	男	高级经济师	2003.4	2003.5	鲁黄人劳〔2003〕29 号	黄人劳技〔2003〕17 号	转为公务员以前聘任
孙志遥	男	高级经济师	2003.4	2003.5	鲁黄人劳〔2003〕29 号	黄人劳技〔2003〕19 号	转为公务员以前聘任
林永春	男	高级经济师	2004.4	2004.5	鲁黄人劳〔2004〕41 号	黄人劳〔2004〕46 号	由事业单位（服务处）聘任
梁洁	女	高级政工师	2004.4	公务员，未聘	鲁黄人劳〔2004〕41 号	黄人劳〔2004〕46 号	
聂林清	男	高级经济师	2005.5	公务员，未聘	鲁黄人劳〔2005〕53 号	黄职办〔2005〕5 号	
孙本旺	男	副主任医师	2005.5	2005.6	鲁黄人劳〔2005〕53 号	黄职办〔2005〕5 号	
徐树荣	男	高级会计师	2002.1	2003.2	东人字〔2002〕73 号	东营市人事局行文批准	由事业单位（服务处）聘任
张健	男	高级会计师	2002.1	2003.2	东人字〔2002〕73 号	东营市人事局行文批准	由事业单位（服务处）聘任
李汝秀	女	高级会计师	2003.1	2003.2	东人字〔2003〕69 号	东营市人事局行文批准	转为公务员以前聘任
刘英	女	高级会计师	2003.1	2003.2	东人字〔2003〕69 号	东营市人事局行文批准	转为公务员以前聘任
李红云	女	高级会计师	2003.1	2003.2	东人字〔2003〕69 号	东营市人事局行文批准	转为公务员以前聘任
马东旭	男	高级会计师	2003.12	2004.1	东人字〔2004〕47 号	鲁人办发〔2003〕260 号	省人事厅批准,转公务员以前聘任

说明：此表根据《山东黄河志资料长编》附表所列及人事劳动处提供情况统计。

(二)实施过渡

以2002年核定的机构和编制为基础,对机关工作人员进行分类过渡。一是严格审查国家干部正式身份。二是组织原为工人身份或聘干身份的人员参加水利部、人事部统一组织的过渡考试。4月13日,河口管理局召开动员会,贯彻《河口管理局各级机关依照国家公务员制度管理实施方案》。8月,依照公务员管理的人员由原来的聘任制改为任命制,对各级机关领导职务进行重新任命。

(三)人员编制与到位情况

黄委和山东河务局下达给河口管理局公务员编制名额共155人。其中,河口管理局机关65人,利津河务局28人,垦利河务局28人,东营河务局21人,河口河务局13人。

根据黄委兰州会议精神,河口管理局以2002年机构改革"三定"方案批准的编制名额为基础,设置和配备领导职务和非领导职务,核定各县(区)局非领导职务职数。实施过渡的145人中,任处级及以上领导职务的22人,非领导职务3人;任科级领导职务的62人,非领导职务12人;任科员、办事员的46人。

至2005年底,实际到位公务员143人。其中,河口管理局机关58人,利津河务局27人,垦利河务局26人,东营河务局20人,河口河务局12人。

五、事业单位聘用制改革

目的是改革事业单位传统的人事管理模式,逐步建立政事职责分开、单位自主用人、人员自主择业、依法管理、配套政策完善的分类管理体制。按照山东河务局统一部署,河口管理局局属各事业单位实施了聘用制度改革,此次改革的单位是经济发展管理局、故道管理处、服务处、信息管理处、黄河河口研究院和东营、垦利、利津、河口4个县(区)河务局的事业单位。

2005年9月,河口管理局成立事业单位聘用制度改革领导小组,10月18日印发《黄河河口管理局事业单位人员聘用制度改革实施意见》《岗位设置办法》《人员上岗办法》《未聘人员安置办法》等配套制度办法。

10月20日,河口管理局召开由局直各单位全体职工、机关非公务员身份人员参加的事业单位人员聘用制度改革动员大会,全面启动事业单位人员聘用制度改革。

事业单位现有人员全面推行聘用制度,岗位设置按照2002年机构改革"三定"方案规定的人员编制和上级成立研究院批复的人员编制数,根据工作职能、任务和事业发展需要设置岗位。局属事业单位岗位分管理岗位、专业技术岗位和工勤岗位三类。对局直单位班子成员,根据实际需要采取党组研究聘任的方式,对局直单位部门负责人和一般工作人员采取公开竞争的方式,实现单位与职工的双向选择,择优聘用。按干部管理权限,经省局、管理局聘任的局直单位领导干部8人,通过公开竞争上岗局直单位部门科(室)长和一般岗位人员52人,办理提前离岗手续7人。

2005年10月底前,完成事业单位聘用制度改革的各项任务。

第三节　工资福利

1989～2005年,黄河职工除按照国家规定正常晋升工资档次外,还根据国家规定先后5次调整工资标准。

一、工资标准调整

(一)在职人员正常晋升工资档次

1989年,河务系统职工除根据国家规定自10月晋升一级工资外,还根据山东省工资改革领导小组规定,从1988年12月起提高一级工资。

1990年,为解决1989年工资调整中山东省与水利系统规定政策不一致出现的矛盾,又对部分符合升级条件的人员自1989年10月起增加一级工资。

1992年,对11月底在册职工增加一级工资。

1995年10月1日起,机关、事业单位工作人员晋升一个工资档次。

1996年8月,按照国家规定,对1995年9月30日在册、两年考核成绩为称职(合格)以上的正式工作人员,从1995年10月1日起,在相应工资标准内晋升一个工资档次。

1997年7月1日起,对专业技术人员、管理人员、技术工人、普通工人,在对应的工资标准基础上增加14元。工资构成中活动部分按国家规定相应调整。

1998年以后,根据国务院、水利部、黄委和山东省政府调整工作人员工资标准的有关规定,先后在1999年12月、2001年1月、2001年10月、2003年1月调整职工工资和增加离退休人员待遇。

(二)1993年工资制度改革

根据国务院颁发的工资制度改革方案和实施办法,从1993年10月1日起,对机关和事业单位工作人员从1985年开始执行的结构工资制进行改革。

新工资制度规定:专业技术人员执行专业技术职务工资制;管理人员执行职员职务工资制;技术工人执行技术等级(职务)工资制,普通工人执行工人等级工资制。

工作人员的工资结构分为固定与活动两部分。河口管理局及所属单位全部执行差额拨款单位工资标准,固定部分(职务等级)占60%,活动部分(津贴)占40%。

正常增加工资的渠道主要为四条:一是晋升职务增加工资;二是考核合格,每两年晋升一个工资档次;三是国家定期调整工资标准;四是随着工资的增加和工资标准的调整,相应增加津贴。

新工资制度还对津贴制度、奖励制度、离退休人员待遇等问题做出具体规定。基层单位继续实行浮动工资和执行基层高套的倾斜政策,使基层工作人员比机关同类工作人员月平均工资高出40元左右。

(三)依照公务员制度管理后工资套改

2003年10月22日,水利部在《流域机构各级机关依照国家公务员制度管理工资套改办法的通知》中规定:从2004年1月1日起,水利部派出的7个流域机构2003年12月31日在册的经批准列入依照国家公务员制度管理范围的各级机关正式工作人员,实行机关工作人员工资制度。

套改方法是机关工作人员实行职级工资制,其工资按不同职能分为职务工资、级别工资、基础工资和工龄工资4个部分。其中,职务工资是在连续两年考核称职及其以上的基础上晋升1个工资档次;级别工资是在连续五年考核为称职或连续三年为优秀的,在本职务对应级别内晋升1级;工龄工资逐年增加,工作年限每增加1年,工龄工资增加1元。

2004年4月,市、县(区)河务机关145人按照机关工作人员工资标准完成工资套改。

二、其他工资待遇

1989～2005年,新参加工作人员、调动工作人员、转业复员军人、工人聘任专业技术职务的工资待遇,分别执行国家、地方政府、黄委及山东河务局的有关规定。

(一)基层工作人员浮动工资

1984年,开始执行山东河务局规定:①县级单位和驻县城(包括城关公社)的单位,不实行浮动一级工资的岗位津贴。对于这些单位长期派驻在农村第一线工作的科技干部,其连续工作时间在六个月以上(不能累计计算)的,可享受浮动一级工资岗位津贴;②以工代干人员未办理转干手续的仍为工人,不实行浮动一级工资岗位津贴;③大中专毕业生分配到驻农村的科段级以下单位工作的,自报到之日起即享受定级工资待遇,一年后享受向上浮动一级工资的岗位津贴;④浮动一级工资的人员,从1983年10月起执行。

1992年2月,山东河务局对浮动工资转为固定工资问题做出规定:①对1991年8月底前调离农林水第一线的人员,其浮动工资不得再予以固定;②一直在农林水一线工作,并已享受了浮动工资,因工作需要间断后又回到农林水一线的科技人员,其间断前后在农林水第一线的时间可以累计计算;③经批准执行浮动工资后办理了离退休手续的人员,凡在农林水一线工作累计满八年的原执行浮动工资予以保留,并列入退休费基数;④农林水第一线科技人员浮动工资的浮动、固定和继续浮动,局管干部及局直单位的干部一律报山东河务局审批,其他由各地(市)局自行审批,并报山东河务局备案。

1993年10月,黄委规定:①驻地在县以下的修防、水文、地质、勘探、测量、水保、通信等单位工作的人员,享受浮动一级工资。驻地虽不在上述范围的地质队、勘探队、水文巡测队、县河务局(修防段)的人员,其工作地点在县以下基层一线的,可按其实际工作时间享受浮动工资,每在一线工作时间累计在半年以上的可按全年计发浮动工资;②关于浮动转固定问题,原则上按照水利部人劳〔1991〕20号文规定精神,即基层第一线的工作人员从执行浮动工资之月起累计满8年的,其浮动工资予以固定;③浮动工资固定后,凡遇到调整和职务晋升增加工资不予冲销;④新参加工作人员中,大中专毕业生自报到之日起即享受定级工资待遇,见习期满后继续向上浮动一级工资。

1994年4月,黄委规定:对于按规定已经固定一级工资的,其职务工资可高套一档。没有固定一级的人员,其浮动工资时间可以连续计算,满8年后予以固定。驻地在县及县以下的职工在工资套改中,职务(技术等级)工资可高套一档,在国家规定的艰苦边远地区工作的人员可高套两档。

2003年10月22日,水利部规定:享受县以下农林科技人员浮动工资、八年后转固定的,予以保留。以后不再享受浮动工资。

（二）奖励工资

1986 年 1 月 1 日起,河口管理局开始按照不超过一个月的基本工资数额为职工发放奖励工资。

1987 年 11 月,黄委规定:从 1987 年建立黄河水利委员会主任奖励基金。会管局级干部设局级一、二、三等奖,奖励金额为一等奖 500 元,二等奖 400 元,三等奖 300 元;会管处级干部设处级一、二、三等奖,奖励金额为一等奖 300 元,二等奖 200 元,三等奖 100 元。

1991 年 8 月,山东河务局规定:各单位工作人员在现行工资标准的基础上每人每月提高 10 元。

1994 年 4 月 12 日,黄委规定:年底考核合格以上的人员,在年终发给一次性奖金,奖金数额为本人当年 12 月份的职务(技术等级)工资同津贴之和。

（三）提前或越级晋升职务工资

1988 年 7 月,山东河务局规定:升级奖励是自批准之月起在原有级别基础上提升一级,有特殊贡献的可提升两个工资等级但均不得超过本人现任职务的最高工资标准。升级奖励指标按当年在职人员总数的 1‰掌握,最多不得超过 2‰;千人以下单位本年度无法计提指标的,与下年度累计使用。

1993 年工资制度改革中规定,经上级主管部门批准,可提前晋升或越级一级工资,晋升比例一般控制在单位总人数的 3% 以内,于每年年底结合考核工作进行。晋升工资档次增加的工资从考核年度的次年 1 月 1 日起执行。

1996 年 1 月 1 日开始执行水利部规定:"提前晋升"指考核满一个年度时晋升一个工资档次;"越级晋升"指在正常晋升一个工资档次的基础上再晋升一个工资档次。1993 ～ 1995 年度的 3% 指标由本单位合并使用,升级比例根据 1995 年末人数核定。此后,提前或越级晋升职务工资的评定工作一般在每年年初进行。

（四）考勤奖和目标管理奖

2001 年 2 月 21 日,山东河务局通知:自 2000 年 12 月 1 日起,为在职职工发放考勤奖和目标管理奖。

三、津贴、补贴

（一）工龄津贴

1992 年 2 月 10 日,将 1985 年开始执行的工龄津贴每年 0.5 元提高到每年 1 元。

（二）施工津贴和防汛津贴

1994 年 1 月,施工单位直接参加施工的人员,施工期间的施工津贴标准调整为每人每天 5.3 元;非施工单位和施工单位在非施工期间的施工津贴标准调整为每人每天 2 元。

1998 年 6 月,事业单位参加防汛工作的在职职工实行防汛津贴。其中一线(县区局及以下修防单位、闸管所)执行标准为 5 元;二线(各地市河务局机关及未被列入一线的其他单位人员)标准为 3 元。各类公司(经济实体)暂不执行防汛津贴。

（三）纪检、监察、审计补贴

1995 年 6 月,山东河务局规定:自 1995 年 4 月 1 日起,纪检、监察、审计人员外出执行公务期间按照实际天数计发工作补贴,标准为每人每天 1.5 元;兼职人员或临时人员外出参加办案时,也按此标准办理。1997 年 1 月 1 日起,工作补贴标准提高为每人每天 2 元。

（四）水政监察执法津贴

2001 年 1 月,水政监察执法津贴标准统一为每人每天 2 元,按实际天数计发。

（五）保卫、档案人员及保健津贴

1996 年 9 月,水利部规定:事业单位中管理档案资料数量在 800 卷以上、且每月出勤率在 90% 以上的专职档案管理人员,每人每月发放保健津贴 25 元。

设置保卫机构的单位中从事保卫工作的干部和未设保卫机构的单位中的专职干部,自 11 月起每人每天发给 3 元特殊津贴;专职从事公安、保卫工作的工人也按此规定执行。原执行公安干警值勤岗位津贴标准每人每月低于 3 元的,改按执行保卫干部特殊津贴标准,但二者不得重复。

1997 年 6 月,黄委对 39 个特殊工种的岗位作业人员津贴标准做出了明确规定。其中,专职从事职业劳动安全卫生监测、监察人员,职工保健津贴为每人每月 30～35 元;直接从事复照制版的工作人员,每人每月保健津贴 20～25 元。

（六）图书补助费、洗理费和交通补贴

1993 年,机关、事业单位工作人员的图书补助费调整为每人每月 15 元。男职工洗理费由每人每月 7 元调整为 15 元,女职工洗理费由每人每月 8 元调整为 17 元。交通补贴由每人每月 5 元调整为 10 元。1995 年 1 月起,女职工洗理费提高到 20 元。

（七）老干部工作人员补贴

2003 年 8 月 22 日,山东省人事厅、财政厅规定:事业单位内设置老干部机构的工作人员或配备的专职老干部工作人员,津贴标准为每人每月 30 元。

（八）荣誉津贴

1997 年开始,获得全国劳动模范、全国先进生产(工作)者每人每月补贴 100 元;国务院表彰的行业先进人物及综合性荣誉称号人员、各部委授予的劳动模范或先进生产(工作)者、各省表彰的劳动模范、先进生产(工作)者每人每月补贴 80 元。

2005 年 2 月 4 日,黄委、黄河工会规定:各省"五一劳动奖章"获得者、获得黄委表彰的历届劳动模范、先进生产(工作)者,按照 1998 年黄委统一核定的名额,每人每月享受荣誉津贴 80 元。

（九）住房公积金和住房补贴

1993 年 10 月以前实行福利分房政策时期,职工住房公积金由单位按职工工资额 5% 左右记存到个人账户。住房制度改革后,按照房改政策属地管理原则,职工住房公积金被纳入东营市住房基金管理处开户建账,每月进行缴存。公积金缴存率为单位 9%,个人7%。

1998 年 10 月实行货币分房政策后,开始为在职职工和离退休人员随工资发放住房补贴,标准为:在职职工为计发基数的 35%,离退休人员为计发基数的 10%。2001 年 10月 1 日起,离退休人员住房补贴比例提高到 35%。

（十）其他补贴

其他补贴包括粮油补贴、优秀技术工人津贴、油区补贴、城市开放补贴、误餐补贴、差旅补贴、电话通信补贴、职工探亲补贴、法定节假日值班补贴、职工因公负伤住院治疗的轮流陪护人员补贴、离退休人员及职工利用公休假外出学习考察补贴、职工参加学历培训补贴、丧葬抚恤、增收节支奖、精神文明奖、考勤奖等,都按国家、地方政府规定的相应标准进行补贴。

四、职工养老保险

河务部门在职职工全部参加失业保险;水管企业职工、劳动合同制职工参加社会养老保险。

(一)社会养老保险

1985年劳动用工制度改革以后,河口管理局招收的合同制职工按照规定参加地方养老保险。其中,1992~1993年每人每月30元的养老保险基金中由所在单位缴纳28元,职工本人缴纳2元。1994~1995年每人每月68元的养老保险基金中由所在单位缴纳64元,职工本人缴纳4元。

1996年,单位按工资总额的15%、个人按本人工资的1%标准移交。

1999年1月1日起,单位缴纳比例变更为16%,职工个人缴纳比例变更为5%。

2003年底,山东省劳动和社会保障厅同意将山东河务局所属8个中央水管企业(各市、地级河务局、管理局所辖的养护公司)第一批纳入省级管理的企业基本养老保险统筹。

2005年,劳动合同制职工养老保险基金缴纳比例是单位按工资总额的80%缴纳,职工个人按工资总额的2%缴纳。10月,山东省劳动和社会保障厅又接收第二批转制为企业的水利工程管理单位职工基本养老保险参加省级统筹。省级统筹养老保险费缴纳比例是:单位按职工工资总额的20%,职工个人按工资总额的8%。

截至2005年底,河口管理局共有102名水管职工参加基本养老保险省级统筹,占职工总数的11.5%。

(二)在职职工参加失业保险省级统筹

1999年,按照黄委和山东省政府要求,山东河务局全体职工自10月1日起参加省级统筹的失业保险。失业保险费按职工工资总额比例计算。经过多次调整,2005年单位缴2%,职工个人缴1%。

五、医疗卫生

(一)概况

1987年,河口管理局及4个县(区)河务局各自设立卫生室一处,共有医护人员9名,其中医士4人;配备心电图、血压计、听诊器等常用医疗器械及部分常用药品。

1995年6月开始,由山东黄河医院组织实施,每2年对职工(包括离退休职工)进行一次体检;职工家属体检按半价收取费用。

1997年,医疗卫生人员增加到13人,其中主治医师2人,主管护士1人,医师4人。6月,山东河务局批准成立山东黄河医院垦利分院(正科级)。

1999年和2002年机构改革时,除河口管理局卫生室和垦利分院保留外,其他卫生室先后被撤销。

（二）制度改革

随着国家医疗卫生体制的改革,职工医疗卫生费标准不断增加,公费医疗制度亦随之加以改革。

1998年以前,各单位配备的医护人员为本单位职工提供一般疾病的医疗服务。重大病情需要外出就医或住院的费用,在公用医疗费中解决。

1999年开始,对医疗费报销办法进行改革。除离休人员就医费用实报实销外,在职职工和退休人员的门诊和住院费用由单位与个人按比例负担。

2002年7月1日起,实行按月发放医疗包干费、全年统算办法。离休人员按个人离休金的35%发给医疗包干费,在指定医院就医费用超出35%的部分据实报销,未经指定医院批准在非指定医院就医的,由个人负担全部医疗费用。退休人员按个人退休金的25%发给医疗包干费。在职职工按职务工资、岗位工资、工资性津贴之和的20%发给医疗包干费。在指定医院就医的门诊费和住院费超过包干部分的,由单位负担80%,个人负担20%。未经指定医院批准在非指定医院就医的,由个人负担全部医疗费用。

异地安置离退休人员在定点医院就医有困难的,医疗费用凭乡(镇)及其以上医院的病历和报销凭证按有关比例报销。

（三）社会医疗保险

2004年,利津县河务局进行医疗保险制度改革试点,参加地方统筹。

（四）职工保健

1990年,开始对全体职工进行健康普查。1995年规定,每两年进行一次职工健康普查。

第四节 职工教育

1989～2005年,在加强政治理论、专业能力和岗位能力培训的同时,引导、鼓励职工参加学历教育。

一、管理制度

职工教育工作由政治处、人劳处主管。除执行上级有关规定外,河口管理局还制定相关的管理办法。

1990年3月,山东河务局要求:职工报考国家承认学历的各类成人大、中专学校(含自学考试和专业证书班),须经所在单位同意并报教育主管部门审查批准。职工为个人升学、晋升职称或自学考试等参加的辅导班,书籍、讲义、学习用具及其他学习资料,费用均由个人负担。

1992年3月,对职工教育任务、职工学习的权利和义务、学费报销、学习期满待遇等问题作出明确规定。

1993年10月,对专业技术人员教育培训情况进行登记。

1996年,山东河务局要求:跨科类双专科毕业证书由水利部人教司统一验印,取得证书者在水利系统内享受本科毕业生待遇。

1999 年,山东河务局规定:职工第一次参加学历教育,报销学费的 2/3;第二次参加学历教育,报销学费的 1/2;第三次及以后参加学历教育的费用自理。参加硕士及以上学历学位教育,报销学费的 3/4。

2000 年 12 月,河口管理局对经过批准参加学历教育、岗位培训、技术等级培训的职工应享受的学费和待遇做出具体规定。

2002 年 3 月,山东河务局通知:对在职学习通过英语四级、六级考试的职工,分别给予 1000 元、2000 元的奖励。对取得国家承认学历的本科及以上文凭,给予 3000 元奖励。

2003 年,山东河务局对参加硕士教育、博士教育取得学位人员提出奖励措施,金额分别为 6000 元和 15000 元,并将教育培训情况纳入计算机管理系统。

2002 年 10 月至 2003 年 5 月,对职工学历学位进行检查清理,重点是检查清理科级以上干部、助理工程师以上专业技术人员、1980 年以来获得大专以上学历、学士学位以及党校学历档案资料。

二、学历教育

1989～2005 年,安排职工到山东黄河职工学校、黄河水利学校脱产参加高中文化补习及有关专业进修的同时,还支持职工报考职工大学、电视大学、函授大学及其他成人高等学校,鼓励有条件的职工参加自学考试。先后有 480 名职工取得国家承认的后续正式学历,其中研究生 1 人,大学本科 121 人,大学专科 221 人,中等专业 137 人。

三、工人技能培训

1986～1990 年,组织工人参加中级工(原 4～6 级工)培训,1991 年转向以初级工、中级工、高级工岗位培训为重点。

(一)岗位培训及技术等级培训

在 1986～1990 年分批完成中级工培训的基础上,开始把职工教育重点转向适应性岗位培训、岗位资格培训和技术等级培训。按应知、应会标准,提高在岗工人专业技术知识和生产操作技能。通过各种形式的培训,技术工人队伍结构发生了变化。2005 年底,河口管理局在岗技术工人 573 名,其中高级技师 7 人,技师 80 人,高级工 377 人,中级工 78 人,初级工 27 人,无等级 4 人。高级工占技术工人总数的 65.8%,成为技术工人的主力军。

(二)技能竞赛及技能人才评选

1989 年,东营修防处组织全体工人参加山东省开展的三项技能培训活动。7 月,在全省"三技"比武竞赛中获得第二名。9 月,在东营市举办的第二届万名职工"三技"比武竞赛中被评为先进集体,6 名工人被评为"市级技术能手"。

1993 年,全面开展岗位技术练兵和技术竞赛活动,并参加黄委举办的全河首届汽车、内燃机运行与修理大比武,对前 20 名选手进行表彰,破格晋升为技师。汽车司机刘芳荣获得第七名。

1997 年开展岗位练兵活动,以修防、汽车驾驶及内燃机操作与检修、通信、电工、闸门运行、坝工钢筋为主。利津河务局职工裴建军参加黄委举行的修防工技术比武,获得"全河技术能手"称号,被破格晋升为技师。

技术比武

2004年8月,在山东黄河防汛抢险技能比赛中,河口管理局获集体项目第二名,有4人获"山东黄河技术能手"称号,6人获"优秀技术选手"称号。

(三)职业技能鉴定

职业技能鉴定包括职业资格一级(高级技师)、职业资格二级(技师)资格的考评,职业资格三级(高级工)、职业资格四级(中级工)、职业资格五级(初级工)技术等级的考核。

1. 技师(高级技师)考评

1987年9月,东营修防处建立技师考评委员会,负责对申报技师的人员进行审查、考核和推荐。

1993年开始,对不同等级的技术工人实行聘任制,其中技师聘任比例实行限额规定。

1995年3月,水利部对高级技师考评做出规定:担任本工种技术职务三年以上、符合高级技师任职条件的在岗技师,可参加高级技师任职资格的考评。

1996年,山东河务局成立特有工种职业技能鉴定站,鉴定范围包括河道修防工、水工爆破工、坝工模板工、坝工钢筋工、坝工混凝土工、开挖钻工、闸门运行工等7个工种。河道修防工开始设置高级技师。

1997年9月,黄委通知:高级技师的评审由水利部负责,技师资格评审由黄委统一组织实施。高、中、初级工的职业技能鉴定由各鉴定站负责。

1998年6月,经黄委批准同意,山东河务局确认裴建军具备河道修防工高级技师任职资格。

1999年11月,山东河务局就工人技师及高级技师考前培训、鉴定、评审、发证、聘任、收费作出具体规定。

2000年7月,山东河务局通知:对于已参加专业技术认定、评聘,且不在技术工人工种岗位上的人员和聘干人员,不得申报技师考评;通信工种暂不设高级技师和话务员技师。

2000 年 6 月,经水利部高级技师评审委员会评审,王恭利具备内燃机装试工高级技师任职资格。经黄委技师评审委员会评审通过,商东记等 6 人具备技师任职资格。

2001 年 6 月,经黄委技师评审委员会评审,确认李双泉等 21 人具备技师任职资格。10 月,河口管理局举行职业技能鉴定理论考试和技能考试。11 月,水利部高级技师评审委员会确认崔文君具备内燃机修理工高级技师任职资格。

2002 年 7 月,经黄委技师评审委员会评审通过,确认刘彤宇等 26 人具备技师任职资格。

2003 年 9 月,经黄委技师评审委员会评审通过,确认纪爱民等 15 人具备技师任职资格。

2004 年 5 月,山东河务局规定,工人中被聘为正、副科级职务,并主要从事原工种(岗位)工作人员,符合鉴定或申报技师条件的可以申报参加鉴定或技师考评,但在聘干期间不予兑现待遇,不得聘任技师职务。6 月,经黄委技师评审委员会评审通过,确认许忠河等 16 人具备技师任职资格。

2005 年 5 月,经黄委技师评审委员会评审通过,确认刘幸芹等 13 人具备技师任职资格。经水利部高级技师评审委员会评审通过,确认胡振强等 5 人具备高级技师任职资格。6 月,山东河务局要求:按照"谁聘谁设"的原则进行控制比例,技师不超过工人总数的 30%,高级技师不超过工人总数的 10%。11 月,经过鉴定考试和评审,确认胡振强等 5 人具备高级技师任职资格。

2. 技术等级考试

1988~1992 年,将技术工人的八级技术等级制度调整为初、中、高三级职业资格等级制度。

1997 年 8 月,经山东省劳动厅批准,山东河务局成立职业技能鉴定所,鉴定(考核)工种包括工程机械修理、内燃机安装调试、电工、焊工、通信工、钳工、车工、汽车修理。每年举行一次工人技术等级考试,对相应工种人员的职业资格进行确认。

四、干部培训、岗位培训与继续教育

1991 年,对 1955 年 1 月 1 日以后出生的青年职工进行"基本国情""基本路线"教育。

1993~1997 年,先后派员参加山东省政府、黄委和山东河务局举办的领导干部、中青年干部、工程技术人员、防汛抢险、文秘、水政、政工、劳动工资、经济法规、计算机、通信、医疗卫生等各类岗位培训班、电视系列讲座。

1998~2003 年,加强职工思想道德建设和艰苦奋斗传统教育,派员参加山东省委党校举办的处、科级干部培训班。在业务技能方面,加强防汛抢险、工程建设与管理、水行政与水资源管理、财会经济知识与技能培训,同时加强法律、市场经济、WTO 知识、计算机和英语的培训。

2004 年,派员参加山东黄河职工学校举办的专业技术人员英语培训班、县(区)河务局长及河务段长培训班。

2005 年,派员参加山东河务局与河海大学、武汉大学联合举办的领导干部现代管理知识与能力创新培训班、总工与高级专业技术人员培训班。

打桩演习

挂绳演习

铁锅堵漏演习

土袋堵漏演习

第五节　职工离休、退休、退职

1989 年以后,根据统一指导、分级管理、原单位具体负责、有关方面协同的原则,按照制度化、规范化要求,加强离退休职工管理工作,在河务系统营造尊老、敬老、助老的良好风尚,实现"老有所养、老有所医、老有所学、老有所为、老有所乐"的管理目标。截至 2005 年底,东营河务系统共有离退休职工 190 人,其中离休干部 50 人,退休职工 140 人。河口管理局机关共有离休干部 8 名,退休干部 16 名,退休工人 12 名。

一、离退休职工管理

1989 ～ 1994 年,由人劳处安排一名专职人员负责离退休职工管理工作。为适应离退休职工不断增加的情况,1995 年及其以后的机构改革,河口管理局在人劳处设立离退休干部管理科,各县(区)河务局由人劳科安排 1 ～ 2 名专职人员负责老干部管理工作。

二、离退休人员待遇

(一)落实政治待遇

按照"干部离休后基本政治待遇不变"的政策规定,建立老干部党支部,定期组织原为副处级以上的离退休干部阅读有关文件,邀请老干部代表参加重大庆祝会、纪念会和每年一度的治黄工作会议,在职领导不定期向老干部通报工作情况,征询意见。自 1995 年起,为年逾八十岁的长寿老人祝贺生日。

(二)落实生活待遇

干部离休后,原工资照发,继续享受原单位同级在职干部一样的非生产性福利待遇,医疗费据实报销。退休职工的退休费按一定比例计算发放,有特殊贡献的人员,退休费酌情提高 5% ～ 15%。离退休职工的住房标准享受同级在职职工待遇。居住在城镇的离退休职工,机关分配住房时予以优先照顾。离退休后回农村安置的,均按规定发给一定数额的建房补助费用。

离退休职工除按有关规定享受交通补贴外，因看病住院、学习考察、因公出差等需要车辆时，由老干部科进行协调安排。

2003年以前，重大病情由医务人员联系就医，医疗或住院费用据实报销。

2004年实行医疗制度改革后，离退休人员全部建立医疗保险基金账户，平时按照基本工资比例领取医疗包干费，重病住院按照一定比例计算报销差额，对离休干部做出优惠规定。为掌握离退休职工健康状况，除参加山东黄河医院进行的健康普查外，还参加地方政府组织的医疗体检。各级离休干部按照国家规定享受家庭护理津贴。

三、离退休人员增加离退休费

1989年1月1日起，建国前参加革命工作按规定办理退休的人员，退休补助费补贴到本人退休前标准工资的100%。建国后参加工作年满30年的，退休费补贴到本人退休前标准工资的95%；工作年满20年不满30年的，退休费补贴到本人退休前标准工资的90%；工作年满10年不满20年的，退休费补贴到本人退休前标准工资的85%。退休费低于50元的按50元发给，其中孤独单身的可增发5元。因工致残完全丧失工作能力的按60元发给。退职生活费低于45元的按45元发给。

1989年10月1日起，离退休人员在离退休前原月工资标准基础上增加一个级差，原工资级差低于8元的按8元发给。

1993年10月起，按国家有关规定办理离退休手续的人员，晋升一档职务（技术等级）工资，以升档后工资作为计发离退休费和其他有关费用的基数。

1995年2月，山东河务局规定：事业单位工作人员的退休费，工作年满10年不满20年按本人原工资（含活动部分）的70%计发，工作年满10年退职的，退职生活费按本人原工资（含活动部分）的50%计发。

1995年10月起，离休人员按同职务在职人员晋升1个工资档次，增资额底线为25元；退休人员每月增加20元退休费；退职人员每月增加15元生活费。建国前参加革命工作的工人，每月增加35元退休费。

1996年2月，凡列入1993年工资制度改革的离退休人员，增加离退休费。

1997年7月1日起，离休人员按同职务在职人员调整工资标准的档差增加离休费，退休人员增加退休费。

1999年、2001年、2003年，根据国务院、水利部、黄委和山东省政府调整的离退休人员计算标准，增加离退休费。

四、益老活动

按照"从实际出发、小型为主、就近就地为主、勤俭节约为主"的原则，组织开展有益于老年人身心健康的文体娱乐活动。

（一）建立老干部活动室

1994年，河口管理局开始建立老干部活动室。活动室配备书报杂志、健身器材、娱乐设施,实行专人管理、定时开放。

（二）文化体育娱乐活动

1994 年,河口管理局机关离退休职工组织门球队,多次邀请或受邀参加黄河系统及地方组织的门球比赛。其他文体娱乐活动主要项目包括太极拳(剑)、垂钓、棋、牌等。

1998 年以后,先后有 15 人在东营市职工老年大学学习书法、绘画及其他课程。

（三）发挥离退休职工作用

按照量力而行、自愿参与的原则,鼓励和支持离退休职工参加基建施工、运行管理、职工培训、编史修志、建言献策等活动。特别是在防凌防汛工作中,组织离退休职工到一线进行考察指导,听取他们的意见和建议。

组织离退休人员到基层参观

管理局离退休人员赴各县(区)局参观黄河工程

第六节　安全生产

1989年以后,遵循"安全第一、预防为主"的方针,建立各级安全管理机构,配备专职和兼职管理人员;落实安全生产责任制、目标管理制、一票否决制、风险抵押金、情况通报、事故举报等制度;通过现场检查、学习培训、实战演练,开展"专项整治""百日竞赛""安全生产月""齐鲁杯竞赛"等活动,增强职工防患意识。

一、管理组织

河口管理局及各县(区)河务局分别建立由主要领导、分管领导、工会主席及有关部门负责人参加的安全生产领导小组和安全生产委员会,明确安全责任及具体分工。

1990年2月,在人事管理部门设置安全保卫科。1995年机构改革后,安全保卫科与劳动工资科合并。

按照《黄委劳动安全条例》的规定,凡是编制在200人以上的单位,都配备专职安全员。

二、主要制度

根据上级提出的抓重点、抓基层、抓基础、抓防范、抓教育和责任落实、措施落实、经费落实要求,先后建立以下制度。

(一)安全生产责任制和目标管理制

各单位一把手是安全生产的第一责任人。分管安全生产工作的领导履行主要职责;其他领导按照"管生产必须管安全,谁主管谁负责"的原则具体抓好安全生产。主管部门制定安全生产规章制度和操作规程,开展安全生产知识宣传教育和培训,及时总结经验,监督、检查不安全因素整改措施。专、兼职管理人员负责生产现场安全监督管理。

各单位在年初层层签订安全生产目标责任书,并作为年底考评内容。对安全管理目标考核不合格者,取消当年的目标管理评奖资格。

(二)安全生产监察制度

1996年9月,开始执行山东河务局制定的《安全监察工作暂行办法》。

1999年3月,建立事故隐患登记簿,做好跟踪监察;安全监察人员执行持证上岗制度。

2002年10月,河口管理局和县(区)河务局的安全管理人员开始填报山东河务局制定的安全生产工作记录。

(三)安全生产一票否决制度

1990年开始,山东河务局规定:凡当年发生责任大事故的单位,不能评选为本年度目标管理先进单位。

为便于执行和操作,山东河务局又在1998年8月明确5个方面限度指标,即一次重伤人数,累计重伤人数,死亡人数(伤亡人数均指本单位人数),一次直接经济损失和累计直接经济损失。凡达到五项中的一项限度指标,取消本单位年度目标管理先进单位获奖资格和局长奖励基金。

（四）安全生产保证金制度

2003 年 7 月，山东河务局规定：各市河务（管理）局缴纳保证金数额 4 万元。当年未发生大事故的单位，年底连同利息一并返还；发生大事故的单位，保证金不予返还，同时对责任单位和责任人进行追究。安全委员会成员缴纳保证金数额为主任委员每年 600 元，副主任委员、委员及办事机构成员每年 400 元。对缴纳安全保证金的人员实行奖罚制度。

（五）安全生产情况通报制度

1989～2005 年，根据安全综合大检查、专项检查、随机抽查、飞检、年度考核、活动开展、事故处理等方法获得安全信息，对发现的问题、隐患违规等情况进行综合通报、专题通报或临时通报。对问题严重的单位下达整改通知书。对安全工作成绩优秀的单位和个人给予表扬。

三、管理措施

为防止各类事故发生，实现安全生产目标，1989 年以来在安全管理工作中采取以下措施。

（一）完善管理办法和操作规程

各单位、各部门除执行国家、地方政府、黄委及山东河务局颁发的安全管理办法和有关操作规程外，还结合工程施工建设、机械、车辆、船舶运行、仓库物资保管、机关安全保卫等实际工作需要，制定具体的防火、防盗、防事故等管理办法和技术操作规程，使得各个工种、岗位上的作业人员有章可循。

安全短语到工地

（二）安全检查

除接受黄委、山东河务局及省、市政府安全管理部门进行的检查外，河口管理局还对所属单位（部门）、施工现场的安全生产情况进行定期或随机检查。

安全检查活动采用定期或不定期方法。2003 年开始，每年定期在春、夏、冬三个季节进行安全生产综合检查，各县（区）河务局每月进行一次综合检查，节假日进行检查或抽查。同时,实行"飞检""夜检"。每次检查结束后,及时将检查情况进行通报;对查出的安全隐患,下达整改通知书,提出整改措施和要求,责成有关单位限期解决。

组织安全检查

查看安全记录

检查浮桥安全

举行消防演习

（三）开展安全竞赛

黄委从1986年4月开展"交通安全百日竞赛"活动以来，河口管理局每年组织所有车辆和驾驶人员参加竞赛。1996～2000年，各单位31名驾驶员实现连续安全行驶20万千米无事故。

同时，参加山东河务局开展的"安全年""安全生产月""安全生产周""长江杯""齐鲁杯""安澜杯""安康杯""莱钢杯"等竞赛活动；举办劳动法、安全生产法、道路交通安全法、消防法、黄委安全条例等法规知识竞赛。

2005年5月，黄委暂停连续举办的"交通安全百日竞赛"，在6～9月开展黄河车辆交通安全专项整治活动。按照专项整治要求，建立机动车辆及驾驶员管理档案。

（四）安全教育及培训

培训对象主要是分管安全生产的领导、专职和兼职安全工作的干部。培训内容包括各级政府及行业颁布实施的安全法规文件、安全管理知识、专业技术安全知识、安全检查技能等。培训形式以培训班、研讨会、专题讲座为主，同时辅以安全知识答卷、板报、专栏、广播、标语、挂图、电视等媒体进行宣传教育活动。

（五）落实劳动保护政策

根据1985年3月制定的《山东河务局职工个人劳动防护用品发放、使用、管理办法》，向不同专业和工种的职工个人定期发放劳动保护用品。1989年1月，黄委对新增工种的劳动保护用品做了补充和调整。

2005年9月，针对水管体制改革后出现的新情况，规范了此类人员劳动保护用品发放标准。

四、事故与处理

（一）事故发生情况

1989～2005年，河口管理局先后发生较大安全事故9起，其中造成人身伤害的事故7起，死亡人数10人。伤亡事故中，多为汽车、摩托车等交通事故。

2000年4月3日，河口区河务局副局长王强带领人秘科长宋连华、职工崔立民、司机宋德三到辽宁省考察选购梅花鹿。4月8日返回抵达旅顺港乘船时，恰遇风大停渡。10

日 17 时接到开船通知后,由于积压车辆多,港方只让货车先行通过。为尽快赶回,崔立民带领运鹿货车登船,其余 3 人乘坐 213 吉普车改行陆路。10 日 22 时,王强、宋连华、宋德三入住盘锦市兴隆宾馆,23 时宾馆突然停电。居住在 305 房间的旅客点燃蜡烛照明,后导致电视机外壳燃烧,继而酿成重大火灾,3 人在大火中遇难身亡。

(二)事故处理办法

每起事故发生后,按照《黄委劳动安全条例》规定的事故处理权限,由相关单位组织专人调查事故原因及性质,分清责任,按照有关规定提出处理意见,落实处理方案,对事故进行妥善处理。

事故处理过程中,坚持事故原因没查清不放过、责任者没处理不放过、领导和职工没受到教育不放过、防范措施没落实不放过。

为防止事故迟报、谎报、瞒报现象,山东河务局在 1996 年 4 月制定《关于隐瞒事故的举报办法》。

2004 年,山东河务局开始实行"安全生产事故'0'统计制度",其中规定:除按照《黄委劳动安全条例》事故等级及时上报事故呈报表外,对于当月发生或者没有发生任何安全生产事故的单位,都必须在每月 3 日以前报送安全生产事故统计月报表;发生事故的单位,必须同时提交书面情况报告。

第三章　财经管理

1989～2005 年,根据治黄体制改革需要,在对财经管理办法进行改革的同时,进一步加强财务管理、计划统计和审计监督。

第一节　财务管理

一、治黄投资

1989～2005 年,东营黄河治理投资总额7.17亿元(不含油田投资),主要为基本建设投资和水利事业投资。投资来源包括中央财政拨款和地方财政拨款。其中,中央拨款6.96亿元,地方拨款0.21亿元。历年投资情况详见表7-12。

表 7-12　东营黄河治理工程投资情况统计表　　　　　　单位:万元

| 年度 | 合计 | 中央投资 | | | | | 地方投资 |
		小计	国家预算内	专项资金	水利建设资金	其他投资	
1989	515.26	515.26	284.77			230.49	
1990	1053.98	1046.98	758.57			288.41	7.00
1991	816.13	799.13	545.30			253.83	17.00
1992	932.85	920.85	438.70			482.15	12.00
1993	1768.77	1756.77	724.80			1031.97	12.00
1994	1034.73	1034.73	414.50			620.23	
1995	909.23	909.23	228.80			680.43	
1996	3809.86	3079.86	1796.50			1283.36	730.00
1997	4383.97	3423.08	1715.50		645.00	1062.58	960.89
1998	7697.81	7457.81	85.33	5607.39	1280.79	484.30	240.00
1999	7269.68	7269.68	239.34	5736.46	945.43	348.45	
2000	7838.99	7838.99	148.21	5851.40	1492.87	346.51	
2001	11154.96	11074.96	8248.10	2467.38	10.00	349.48	80.00
2002	9198.83	9198.83	4004.12	4850.41	7.00	337.30	
2003	7273.00	7273.00	1269.60	5171.50	583.80	248.10	
2004	5606.82	5606.82	216.12	4956.51	38.00	396.19	
2005	401.87	401.87	−301.90	157.07	234.00	312.70	
总计	71666.74	69607.85	20816.36	34798.12	5236.89	8756.48	2058.89

说明:1. 1989～2000 年数据录自《山东黄河治理统计资料(1986—2000)》,2001～2005 年数字录自河务处上报给省局的统计表。

2. 其他投资中包括自筹资金、防汛岁修、特大防汛、事业基建、专项备防石、以工代赈等费用。

3. 表中不包括机构运行、人员工资等经费。

(一)基本建设投资

工程建设资金由水利部、黄委和山东河务局逐级下达,主要用于堤防、险工、河道整治、引黄涵闸等防洪工程建设。1989~2005年,共完成投资5.56亿元,占总投资的77.6%。

(二)水利事业费

水利事业费主要用于黄河防洪工程及通信设施维修养护、加固和绿化,洪水凌汛防守,抢险修工及水毁工程恢复。1989~2005年,共完成投资1.40亿元,占总投资的19.5%。

(三)地方财政拨款

地方财政拨款包括省、市政府拨给的水利事业费、基本建设资金,主要用于引黄灌区工程建设、地方水利设施配套、群众防汛队伍建设等。1989~2005年,共完成投资0.21亿元,占总投资的2.9%。

二、行政经费

河务系统职工工资、机关运行经费主要为国家拨款。为适应国家财政拨款逐步减少、经费开支持续增长、资金供需矛盾突出的局面,先后采取五个方面的缓解措施。一是组织各单位开展经营创收,解决经费支出的资金缺口。二是规范工资性支出行为,禁止随意扩大补贴、补助标准。三是严格控制部门包干经费,纳入机关年度目标管理一并考核。四是办公设备购置,不分资金来源,一律实行政府采购。五是严格控制各类会议、培训费用,压缩出差支出,公务接待从简。

三、管理体制和规定

山东黄河采用三级财务管理体制,实行分级会计核算。河口管理局为二级会计核算单位,各县(区)河务局和企业事业单位为会计核算基础(三级)单位。随着行政机构变革和工程权限的确立,财务管理权限也做相应调整。1999年机构改革前,建设项目资金由财务处管理,机关运行经费由办公室管理。机构改革后,财务管理事项全部纳入财务处。

(一)财务预算

河口管理局及所辖县(区)河务局为全民所有制事业单位,所有财务收支全部实行预算管理。财务处根据有关规定,在年初将各单位预算汇总上报山东河务局进行批复。预算下达执行过程中,财务处按照预算资金用途加强预算管理和监督,保证资金及时到位和正确使用。因特殊情况确需调整的预算项目,报上级审核同意后执行。

20世纪80年代以后,结合经济体制改革,对机构经费、基本建设工程、防汛岁修等预算管理办法进行改革,相继采用预算包干管理。包干节余或超支费用按山东河务局有关规定进行处置。

(二)财务决算

实行自下而上的编报和自上而下的审批制度。凡经山东河务局划拨的中央基建、事业费和地方基建、事业费,都在年底编列财务决算报告。未经批准的计划外工程和违反财经纪律的开支不准列入决算内容。各县(区)河务局决算报表由财务处统一汇总后,报送山东河务局进行审查汇总后再报黄委。山东河务局根据黄委作出的决算批复意见,再逐级作出核准批复。

(三)管理规定

1989年以后,从抓好财务基础工作和规范化建设入手,建立以岗位责任制为中心的资金管理制度、流动资金管理制度、专用资金管理制度、现金管理制度、结算核销管理制度、会计工作制度等。

2000年7月1日施行新《会计法》之后,进一步加强财务管理和会计基础工作,规范财务管理秩序,巩固和完善事业、基建、企业三种会计核算体系,重新核定事业、基建、供水和企业人员,使各项业务支出、经营费用达到公平负担,支出合理。制定经济管理办法,加强对局直单位的经济管理。按照上级要求,对基本建设资金实行专户管理,专款专用,杜绝挤占挪用等违法现象。开展防汛物资准备和备防石整理,为安全度汛提供物资保证。

2003年6月制定的《黄河河口管理局机关财务管理办法》,进一步规定财务管理的主要任务是编制单位预算、强化财务管理、加强经费核算、严格审批程序、控制公用经费开支、确保人员经费支出和机构正常运行,严格国有资产管理,防止国有资产流失。对经费支出的审批权限及报销手续、费用项目及开支标准、资产管理做出具体规定。

四、财务电算化

2001年7月,河口管理局机关、服务处和4个县(区)河务局向山东河务局提出手工甩账申请,开始电算化与手工核算并行。

2002年8月26日,黄委财务局对上述6个会计核算单位电算化实施情况进行验收。其余会计核算单位,2003年之后陆续通过验收。

五、资产管理

由国有资产管理领导小组统一对各单位占用、经营、使用的国有资产定期进行资产核查统计、产权登记和考核评价,按照《山东河务局事业单位国有资产处置管理办法》,在规定权限内对国有资产实施购置、调拨、转让、报损、报废、变卖。各单位(部门)所有国有资产除做好保管、养护和维修外,不得随意对外出租、出借、抵押和捐赠。

六、办公经费管理

1989年以后,办公经费支出数额逐年增加。为做到有效控制,逐步减少实报实销项目,扩大包干使用项目。2002年3月1日开始执行《河口管理局机关经费包干管理办法》。其中,办公费实行部门核定、包干使用办法,年终节余部分,一半留本部门分配,另一半转入下年度使用。业务接待费实行全年总额包干、超支不补办法,节余部分由部门留用50%。部门公务用车费实行按里程包干办法,职工外出乘坐公交车时,按票面价格的比例给予补贴。各部门办公电话实行定额包干、全年统算、超支自理办法,年终节余部分一半由部门支配;根据山东河务局规定享受住宅电话补贴的人员,按不同标准计算话费补贴,超支自理,节约归己。学习考察培训费用实行部门包干管理,超支自理,节余留部门使用。

七、财会集中管理

2002年3月,成立局直单位财务核算中心,按照"集中管理、统一开户、分户核算、统筹调度资金、提高使用效益"的原则,对机关服务处、通信管理处、黄河故道管理处、黄河口治理研究所等单位实行财务集中管理。此后,各单位撤销会计岗位和银行账户,所有开支采用"定额备用金"领用制度,定时报销、周转。现金收支、资金结算、经费调拨和使用、财务成果计算、会计报表编制、会计档案管理等工作,均由财会核算中心办理。

2002年5月,河口管理局制定《财会内部控制制度的规定》,将独立核算会计单位收入和支出统一纳入财务部门管理,不准任何单位和部门私自设立账外账、小金库,不得以任何方式向下属单位收取、摊派费用支出,所属单位有权拒绝此类支付。

第二节　物资(业)管理

物资管理主要包括国家防汛物资、工程建设材料、设备购置等。物业管理主要包括机关房地产、交通车辆、公共设施、办公家具等。

一、管理体制

基本模式为一级供应,两级管理。山东河务局根据国家确定的年度投资和基建计划,对防汛、防凌、生产维修做出物资供应计划,并负责订货及分配供应。其中,国家统配的大宗防汛防凌物资及施工用大型设备,直接供应到使用单位或物资储备地点。

河口管理局、县(区)河务局是基层使用和管理单位,负责提出物资供应计划,将进货物资运送到施工现场或储备地点,并进行三类物资及石料采购,指定人员对本单位使用和储备物资进行统计和管理。

二、管理办法

（一）防汛物资管理

主要采用定点仓库存放。基本要求是建账设卡,账卡相符。随着机电设备和新材料、新器具的增多,仓库管理全面推行"分区、分类,定位摆放"办法,按照垛、层、批、捆、个(根)建立料卡,标明数量、规格和用途。

（二）石料采购和管理

采购地点主要为济南黄台石料厂、将山石料厂、淄博四宝山石料收购站。险工、控导工程的备用石料,采用过磅拆方、标准垛方办法进行存放,按照账、坝、垛三相符要求实行账务管理。

（三）机电设备管理

设备购置计划、申请和供应由财务处统一汇总上报。设备到达后由所属单位使用和管理。在用设备的报废,按照有关规定进行申请、检验和审批。

（四）油料管理

计划供应时期,各单位先后建成规模不同的储油库,按照有关规定,实行专人管理。

备防石

油料市场开放后,除施工用油建立临时油库(罐)外,大部分用油在市场加油站购买。

(五)物业管理

主要包括机关房地产、交通车辆、公共设施、办公家具等。1998年以前,分别由财务处和办公室管理。1999年设置机关服务处,下设物业管理科,专门负责物业管理。

2002年3月,开始执行《黄河河口管理局机关财务管理暂行办法》,由各单位指定人员,负责本单位固定资产和低值易耗品管理。对已超过使用年限或无法修复的固定资产,按审批权限采取公开竞价方式报废或变价处理。

(六)政府采购

2002年8月,开始执行《黄河河口管理局政府采购办法(试行)》。其中规定:设备价值10万元以上、材料价值50万元以上及每次租赁、服务费用20万元以上的项目,实行公开招标或邀标采购。监察和审计部门对政府采购活动进行监督检查。每批(次)政府采购完成后,按照政务公开程序予以公示。

2003年,政府采购范围由货物类拓展到服务类和工程类,先后完成防汛石料、车辆、机动抢险队机械设备、办公设备、装修工程、车辆保险、油料、药品等项目。

第三节　计划、统计

治黄投资项目中,无论国家拨款、地方投资、油田投资或自筹资金,一律采用统一计划、分级管理办法。

一、计划管理

(一)计划编制与审批

防洪基建工程计划由各县(区)河务局按年度编制,河口管理局按不同投资渠道进行汇总,报送山东河务局批准后予以实施。其中,防汛岁修工程由山东河务局切块下达计划到河口管理局,逐项分解下达给各县(区)河务局,有工程计量的项目按同类基建工程定额予以承包;无法计量的项目按多年平均水平予以承包;防汛事业费以洛口水文站5000

立方米每秒流量为界限,界下的费用包干,界上的据实报销。

2002年12月,黄委进一步明确年度计划报批程序。其中要求:项目计划由黄委根据水利部下达的年度投资规模控制数,经综合平衡后,通知有关单位进行编制,并按要求逐级上报。列入建议计划的项目必须是项目建议书或初步设计已经批复的项目;河口治理项目,在编制建议计划时需要按可研确定的范围、内容,提供单项工程初步设计批复文件;列入项目计划的工程,必须具备工程的技术施工设计批复文件。

(二)计划执行与调整

项目计划由山东河务局根据黄委批复情况逐级下达。开工计划下达后,方可进行工程建设的前期准备工作。在项目计划未下达时,急需开工的建设项目需报开工计划,由山东河务局或黄委审批。

经山东河务局或黄委审批下达的基本建设投资计划是指令性计划,工程建设单位不得擅自调整。在计划执行中,不得突破批复的工程设计标准和概(预)算。在项目实施过程中,因发生重大政策性变化或由于其他不可预见因素致使计划无法执行的,由建设单位提出书面调整计划意见,逐级上报,由原计划下达部门审批,坚决杜绝计划外项目和超计划建设情况发生。

(三)计划监督

为防止计划违规行为发生,除接受上级的检查监督外,河口管理局对各单位计划执行情况采取跟踪和监督检查。发现问题,责令有关单位限期整改;对情节严重或造成重大损失的,除限期整改外,还在适当范围内予以通报批评,并按有关规定进行责任追究。

二、统计工作

治黄工程统计由河(工)务处(科)安排专职人员,履行统计工作职责。1999年12月前,按照黄委、山东河务局规定的统计报表制度,开展各项统计工作。其后,开始执行《水利统计管理办法》。

2000年3月,黄委颁发的《水利基本建设投资统计管理办法》要求:黄河水利基本建设投资统计实行分级负责、分级管理。建设单位的计划管理部门负责本单位的水利基本建设投资统计工作。统计业务接受上级统计主管部门及同级政府统计机构的指导。统计人员应当坚持实事求是,恪守职业道德,具备执行统计业务所需要的专业知识,如实提供统计资料,准确、及时、全面地完成投资统计工作任务。

第四节　审计监督

一、机构与人员

1985年8月,东营修防处成立审计科,配备副科长1人,审计员1人。

1991年2月,河口管理局成立审计处,配备副处长1人,审计员1人,兼职审计员4人。

1999年10月,设立监审处,与监察室合署办公,配备副处长1人,审计员1～2人。县

（区）河务局配备专职审计员 3 人,兼职审计员 3 人,在监审处直接领导下开展工作。

2002 年 12 月,在办公室内设立审计室,配备主任 1 人,审计员 2 人,县区局不设审计机构。

2003 年 3 月 5 日,河口管理局聘任 6 名兼职审计员,负责县(区)河务局及所属河务段、公司、企业等经济单位的审计监督工作,承担管理局指派的审计任务。

2005 年 2 月,山东河务局为解决审计人员少、任务多的问题,按照山东黄河上、中、下游的划分,在保留各单位现有审计机构的基础上,设立东平湖、济南、河口 3 个审计中心站,并按区域划分审计范围。其中,河口审计中心站负责淄博、滨州河务局和河口管理局的审计任务。

二、工作开展

1989～2005 年,共开展审计项目 531 项,审计总金额 215.93 亿元,查出并纠正违规金额 359.82 万元,实现增收节支 2092.92 万元,追缴收回资金 67.27 万元。审计结束后提出意见和建议 1314 条,被领导及有关部门采纳 1193 条。历年审计金额详见表7-13。

表 7-13　1989～2005 年审计金额统计表　　　　　　　　　（单位:万元）

年份	审计项目								合计
	财务收支	基本建设	财务决算	经济效益	经济责任	审计调查	经济合同	其他	
1989	2543	29455	3457			16		13678	49149
1990	3789		968	456	18963	1952		34691	60819
1991	4567		722	789				25789	31867
1992	4896		16750	678		3207	2765	16750	45046
1993	16750	158	23490	681	68963	345780	215	34570	490607
1994	9632	85	798	2831				35691	49037
1995	5393		65430	198		3983	367	23460	98831
1996	4328	48	32548	256		10689	869	13570	62308
1997	4829	2203	12456	2656		3554	456	23560	49714
1998	5248	23192	23020	23192		31480	335	2503	108970
1999	18495	257	35089	9896	29670	9889	7690	43210	154196
2000	16959	11902	21073					98634	148568
2001	9876	3300	43210	13108	46123	1680	789	14302	13238
2002	3680	2860	89304		58760	2860	13044	34560	205068
2003	2480	3450	68606		24860	1687	1361	67890	170334
2004		1245	163450	1632	23567	222		23478	213594
2005	8860		29900		26896	23149			88805
累计	122325	78155	630271	56373	297802	440148	27891	506336	2159301

说明:此表根据审计室提供原始表格综合统计。

（一）财务收支审计

1989~2005年,开展财务收支审计项目77项,审计金额114551.3万元,查处违规金额74.49万元,增收节支391.68万元,追缴收回资金12.71万元,提出意见和建议391条,被采纳360条,审计单位覆盖面达到100%。

（二）经济效益审计

1989~2005年,进行经济效益审计30项,审计金额56372.89万元,纠正违纪金额67.24万元,实现增收节支291.13万元,追缴收回资金42万元,形成审计报告30份,提出意见和建议107条,被采纳97条。

（三）基本建设项目审计

对基本建设项目投资计划执行情况、竣工决算情况进行跟踪审计74项,审计金额58811万元,查处违规金额47.78万元,实现增收节支122.37万元、追缴收回资金2.88万元,拟写审计报告69份,提出意见和建议117条,被采纳107条。

（四）经济责任审计

1989~2005年,通过调配相关部门审计力量开展审前调查,在监察、人劳等部门配合下,按照"离任必审,不留空白"的要求,先后对19名单位领导干部进行经济责任审计,总金额297802万元,纠正违规金额110.51万元,实现增收节支748.94万元,提出意见和建议58条,被采纳52条。

（五）经济合同审计

1989~2005年,完成合同审计项目21个,审计合同金额27891.07万元,实现增收节支113万元,追缴收回资金9.68万元,提出意见和建议65条,被采纳60条,形成审计报告和意见书16份。

（六）财务决算审签

1989~2005年,按照"监督与服务并举"的原则,对河口管理局所属会计核算单位每年度事业、企业财务决算进行审计,并签署意见和建议。先后对相关会计核算单位进行审计(审签)122项,审计金额630271.39万元,查出并纠正违规金额10.68万元,提出意见和建议90条,被采纳82条。

（七）其他项目审计

主要是上级部门安排的临时性审计任务,如"小金库"审计检查、债券债务审计检查、固定资产投资检查、相关办案检查、部门之间联合检查、各年度的工会经费检查以及经营管理等。1989~2005年,先后审计多种项目105个,总金额503256.04万元,实现增收节支161万元,纠正违规金额46.44万元,提出意见和建议197条,被采纳169条。

（八）审计调查

1989~2005年,开展内控制度调查33项,提出意见和建议107条,被采纳97条。开展各项审计调查48项,调查资金金额440147.9万元,实现增收节支264.8万元,纠正违规金额2.68万元,提出意见和建议182条,被采纳167条,形成调查报告45份。

第四章　科技工作

1989 年以后,按照"科技兴黄"的方针,组织职工围绕防汛抢险、防洪工程建设和河口治理等领域的热点、难点问题,开展科技创新活动,取得大量成果。

第一节　科技活动

一、管理体制

1989～1990 年,科技管理工作由工务科(处)兼管,各县(区)修防段(河务局)科技管理工作由指定人员兼管。

1990 年 12 月,东营修防处召开科技工作人员代表会议,选举产生首届科学技术委员会,对科技工作实行统一管理。

1994 年开始,逐步完善科技管理体制,有针对性地确定研究课题,并制定激励政策,组织干部职工开展以基础研究为先导、以应用研究为重点、以推广应用为支撑的"小发明、小革新、小创造"等群众性技术革新和学术交流活动。各单位把科技工作列入年度目标考核。

二、学术交流与考察

1989～2005 年,采取"走出去、请进来"的方法,召开学术交流会议 15 次,并荐员参加山东省水利学会、土木工程学会、水利部、黄委、山东河务局等举办的各种学术交流活动。派员参加东营市、胜利油田及黄河系统组织的出国考察活动。赴美国、加拿大、澳大利亚、荷兰、比利时、法国、日本、俄罗斯、埃及等国家和地区,对河流防洪、新材料新技术新结构的应用、防治冰凌灾害、水库调度、河口治理、防洪决策支持系统、河道整治技术和河床演变重点实验室、挖泥船制造和疏浚施工等方面进行考察。

三、撰写科研论著

1998 年以前,科技人员撰写的论文范围较小。1999 年以后,撰写科技论著的范围扩大到一般职工。截至 2005 年,先后在科技刊物、学术会议公开发表和交流的科技论文 350 余篇,出版个人专著 1 部,参加合著 5 部。

根据上级制定的有关规定和评审办法,河口管理局先后向黄委、山东河务局申报的多项科研成果中,共有 59 项获奖。表 7-14 是由黄委或山东河务局立项、河口管理局组织科技人员完成的科技成果获奖情况统计。

表 7-14　1999~2005 年完成科技成果获厅(局)级以上奖励情况统计表

序号	成果名称	获奖情况	完成单位	完成者
1	黄河下游河道整治工程机构优化研究	1999 年 5 月验收	河口管理局、山东河务局工务处	王昌慈、赵世来
2	充气水袋枕抢护风浪险情的研究	1999 年山东河务局科技进步三等奖	河口区河务局	綦湘训、赵安平、郑玉成、戴明谦
3	充气涨压式软楔堵漏技术研究	2000 年 12 月验收	山东河务局科技处、利津县河务局	戴明谦、赵安平
4	挖塘机和汇流泥浆泵组合输沙试验研究	2000 年山东河务局科技进步二等奖、黄委科技进步三等奖,2001 年山东河务局职工优秀技术创新成果特别奖,2004 年山东省职工优秀技术创新成果一等奖	利津县河务局	赵安平、冯景和、杨德胜、孟祥文、李长海、李安民、冯吉亮、丁彦君、刘建新
5	水流冲击探测器平衡板堵漏探测器	2001 年 5 月验收	利津县河务局	盖鹏程
6	纯净水净化设备进水调节压力阀	2001 年山东河务局科技火花一等奖	利津县河务局	韩建民、杨丽霞、刘秀芬
7	引进耐特笼石施工新材料新工艺	2001 年山东河务局科技火花二等奖	利津县河务局	张恐彬、杨德胜、李建国
8	简易水下清淤设备研制	2002 年山东河务局科技进步三等奖、黄委新技术、新方法、新材料认定项目	垦利县河务局	陈庆胜、商东记、郭乐军、王维荣、束金玉
9	杠杆式捆枕器	2002 年山东河务局科技进步三等奖、黄委新技术、新方法、新材料认定项目	垦利县河务局	李梅宏、王金玉、陈庆胜、何跃文、束金玉
10	耐特笼石护坝根在中古店控导工程中的推广应用	2002 年山东河务局科技进步三等奖、黄委新技术、新方法、新材料认定项目	利津县河务局	仇星文、英安成、冯吉亮、李建国、孟祥文、丁彦君、刘庆山
11	铰链毯模袋沉排在东坝控导上延工程中的应用	2002 年山东河务局科技进步三等奖、黄委新技术、新方法、新材料认定项目	利津县河务局	英安成、李安民、冯吉亮、赵安平、孟祥文、刘秀芬、刘庆山
12	"土工材料帷幕吸堵法"抢护闸门漏水险情	2002 年山东河务局科技进步三等奖、黄委新技术、新方法、新材料认定项目	利津县河务局	赵安平、刘景德、刘庆河、何跃文、丁彦君
13	铸铁暖气片组装扳手制作	2002 年山东河务局科技火花二等奖	利津县河务局	王占胜、刘新利、刘勇
14	倒虹吸现象在淤区排水中的应用	2002 年山东河务局科技火花二等奖	利津县河务局	王占胜、刘新利、刘勇

续表 7-14

序号	成果名称	获奖情况	完成单位	完成者
15	路沿石开槽机改进	2002 年山东河务局科技火花二等奖、黄委新技术、新方法、新材料认定项目	利津县河务局	李耀星、孟祥文、宋志农
16	冲吸可控式挖泥船研制	2002 年 12 月验收	山东河务局、河口管理局、船舶工程处	杜玉海、王宗波、董桂英
17	胡杨林在黄河口盐碱地适应性研究	2003 年山东河务局科技进步三等奖、黄委新技术、新方法、新材料认定项目	利津县河务局	赵安平、仇星文、英安成、冯吉亮、刘跃文
18	钻冰机设备	2003 年山东河务局科技进步三等奖、黄委新技术、新方法、新材料认定项目,2005 年山东河务局科技创新三等奖	垦利县河务局	宋振利、李士国、陈庆胜、闫宝柱、何跃文
19	HHLJG2-1 型削坡器	2003 年山东河务局科技火花二等奖	利津县河务局	石立国、刘升华、吕树田
20	多功能防汛抢险工程车	2003 年山东河务局科技火花二等奖	利津县河务局	冯景和、冯建兴、成水泉
21	推土机液压丁字管连接方式改进技术	2003 年山东河务局科技火花二等奖	利津县河务局	纪爱民、英安成、李建国
22	汇流集浆器组合输沙系统创新与推广应用	2004 年山东河务局创新成果重大奖	利津县河务局	赵安平
23	财务集中核算管理创新	2004 年山东河务局创新成果二等奖	河口管理局	马东旭
24	黄河河口管理局施工企业改制	2004 年度山东河务局创新成果二等奖	河口管理局	董永全
25	龙居黄河浮桥两岸实行统一经营	2004 年度山东河务局创新成果三等奖	东营区河务局	石建民
26	简易揣抛铅丝笼机	2004 年黄委新技术认定项目,山东河务局第二届群众性经济技术创新优秀成果奖	垦利县河务局	宋振利、陈庆胜、裴明生、闫宝柱、何跃文
27	黄河三角洲地区堤坝生物防护配套技术试验及生态经济效益评价研究	2004 年 2 月启动	山东河务局建管处、河口管理局、山东省林科院	王宗文、裴胜利、宋振利

续表 7-14

序号	成果名称	获奖情况	完成单位	完成者
28	多功能循环泵站	2005年度山东河务局创新成果一等奖	黄河河口研究院	王维文、管春城、石怀伦、杨晓阳、郭慧敏
29	水性涂料研发生产	2005年度山东河务局创新成果一等奖	乾元集团	薛永华
30	承压移动式黄河采沙平台	2005年度山东河务局创新成果二等奖	利津河务局	赵安平
31	手提式电动冰凌打孔机研制	2005年度山东河务局创新成果三等奖	利津河务局	英安成
32	便携式花草修剪机	2005年山东河务局科技火花一等奖、黄委新技术、新方法、新材料认定项目	利津河务局	杨建柱、刘歧、李双全
33	大块石抛石夹研制	2005年山东河务局科技火花一等奖、黄委新技术、新方法、新材料认定项目	利津河务局	李建国、李榕生、郭明华
34	多功能松播喷药机设备	2005年黄委新技术、新方法、新材料认定项目	垦利河务局	陈庆胜、姜利民、卢振峰、李宝业、马立静
35	冰凌开槽机设备	2005年黄委新技术、新方法、新材料认定项目	垦利河务局	宋振利、陈庆胜、闫宝柱、何跃文、卢振峰
36	KPB型开槽破冰机	2006年山东河务局科技进步二等奖、创新成果二等奖、黄委科技进步二等奖	垦利河务局	宋振利、张桂兰、胡玉林、卢振峰、闫宝柱、娄圣强、宋金玉
37	SK－1.5型真空泵连接水气分离器降水设备	2006年度山东河务局创新成果一等奖	东营河务局	李维峰
38	空压机多功能改造	2006年度山东河务局创新成果一等奖	利津河务局	韩建民
39	GPC型自行式多功能割喷裁边机	2006年度山东河务局创新成果二等奖	垦利河务局	朱京华
40	涵闸测压管水位测量尺	2006年度山东河务局创新成果二等奖	东营河务局	薛方红
41	混凝土排水沟预制机	2006年度山东河务局创新成果二等奖	东营津泰养护公司	刘兵
42	野外房门锁保护装置	2006年度山东河务局创新成果三等奖	东营河务局	薛方红
43	简易混凝土振动台	2006年度山东河务局创新成果三等奖	河口河务局	张立传

续表 7-14

序号	成果名称	获奖情况	完成单位	完成者
44	移动式抽油泵	2006 年度山东河务局创新成果三等奖	东营津泰养护公司	纪延泉
45	机动喷药机	2006 年度山东河务局创新成果三等奖	河口河务局	牛日升
46	便携式防汛抢险应急照明设备	2006 年度山东河务局创新成果三等奖	垦利河务局	郭乐军
47	水管体制改革后工程管理运行机制探索与实践	2006 年度山东河务局创新成果三等奖	利津河务局	纪爱民、徐金平、刘超博、韩发忠、安振峰
48	高杆旋转喷射打药机研制	2006 年山东河务局科技火花一等奖、创新成果三等奖	东营津泰养护公司	李长全、刘勇、崔洪光
49	连杆推拉式树株涂白刷研制	2006 年山东河务局科技火花一等奖	利津河务局	郭明华、崔洪光
50	编织料充填袋围堰施工法	2006 年山东河务局科技火花一等奖	利津河务局	赵安平、纪爱民、杨建柱
51	机械式拔桩机研制	2006 年山东河务局科技火花二等奖、创新成果三等奖	东营津泰养护公司	吕树田、刘超博、韩发忠
52	四轮草编修剪机研制	2006 年山东河务局科技火花二等奖	东营津泰养护公司	王荣海、李榕生、韩建民
53	高压输电线路防盗报警器	2006 年山东河务局科技火花二等奖	利津河务局	刘岐、李维玲、邵明周
54	框架螺旋式拔桩机	2006 年山东河务局科技火花二等奖	利津河务局	李长全、崔洪光、王胜军
55	V 型花椒采摘器研制	2006 年山东河务局科技火花二等奖	利津河务局	李树军、李竞文、尹世队
56	树株栽植定位器	2006 年山东河务局科技火花二等奖	利津河务局	郭明华、李榕生、刘勇
57	移动式水位自动检测仪	2006 年山东河务局科技火花二等奖	利津河务局	裴建军、董向利、李双全
58	仓库短路、漏电安全远距离遥控报警器	2006 年山东河务局科技火花二等奖		

说明：本表录自《山东黄河资料长编》第六篇第二章第二节表 6-2-4，省局办公网科技处信息《2006 年底前山东河务局获奖科技成果》。表中部分项目因评奖在后，故 2006 年评奖情况一并录入。

四、科技创新活动

2000~2005年,以"维持黄河健康生命"为契机,成立科技工作领导小组,围绕防汛抢险和治理开发中的热点和难点问题,申报山东河务局科研课题16项,河口管理局自定科研课题24项。

(一)推进河口治理与研究进程

围绕水利部部长汪恕诚提出的"堤防不决口、河道不断流、污染不超标、河床不抬高"和黄委主任李国英对河口治理工作的要求及山东河务局提出的黄河长治久安三大课题,组织人员进行科技攻关,先后完成"延长黄河口清水沟流路行水年限的研究""黄河口清8汊河入海流路演变及治理分析""黄河口清8汊河拦门沙观测研究"等课题,与中科院海洋研究所、青岛海洋大学、中国水科院、黄河水科院等单位联合申请(完成)"河口双导流堤工程建设研究""黄河口水沙资源处理及利用研究""调水调沙河道泥沙扰动措施研究"等。

(二)推广应用新技术、新材料、新工艺

先后有8项经济效益较大的"三新"技术成果应用于治黄建设。其中,耐特笼石枕护根技术应用于中古店控导改建工程,铰链式模袋混凝土技术应用于东坝控导上延工程,挖塘机和汇流泥浆泵组合输沙系统应用于放淤固堤工程,简易清淤设备应用于挖河固堤工程,土工材料帷幕吸堵法应用于抢护闸门漏水险情,捆枕器应用于机动抢险队防汛演练,路缘石开槽机改进作为新技术通过黄委认定,胡杨适应性研究在黄河口盐碱地试种成功。

冰凌开槽机设备

(三)科技创新竞赛

开展合理化建议和群众性经济技术创新活动,先后两次获得山东河务局"群众性经济技术创新先进单位"称号。职工提出合理化建议2953条,完成技术攻关、小改革、小发明、小创造193项,其中获山东河务局"三小"优秀项目38项。参加技术比武、技术练兵59项。

2002年,河口管理局被东营市劳动竞赛委员会、东营市总工会授予"全市群众性经济技术创新工程先进单位"称号。在山东河务局举办的防汛抢险比武中取得集体成绩第二名,有4人获得"技术能手"称号,6人获得"优秀技术选手"称号。

防汛抢险新机具演示

简易捆枕铅丝笼机

2005年1月,张滩河务段被山东省总工会授予"山东省职工创新示范岗"荣誉称号。4月,东营市黄河科技成果评审会对河口管理局职工研制的25项创新成果进行评审,评出一等奖4个、二等奖8个、三等奖8个、优秀奖5个。

五、"数字黄河"建设

2001年,根据黄委提出的建设"三条黄河"治黄新思路和河口地区防洪防凌需要,完成《"数字河口"工程建设项目建议书》的编制。

2002年6月,根据专家审查意见,对《"数字河口"立项申请书》进行修改,上报山东河务局批复后实施。

2002~2005年,完成麻湾、宫家、胜利、曹店、王庄、路庄、一号坝等7座引黄涵闸远程监控系统。期间完成的视频会议系统建设,为与山东河务局进行防汛会商、水量调度、远程教育和其他远程会商应用提供了手段。完成的计算机局域网联结,建立并开通省、市、县三级防汛信息网站,实现了防汛信息入库和工情、水情信息的网络查询。在2004年山东黄河科技与创新会议上,河口管理局获"创新组织奖",还被评为"数字黄河"工程建设工作先进单位。利津河务局被评为科技工作先进单位。李士国、赵安平、闫宝柱、王宗文、胡旭东被评为科技创新与"数字黄河"工程建设先进个人。2005年1月,黄委对"数字黄河"工程建设成绩突出的单位、集体和个人进行表彰,河口管理局被评为先进集体,刘建国、刘国凤被评为先进个人。

涵闸远程监控系统

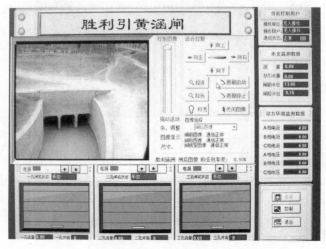

胜利引黄涵闸实时监控界面

第二节 主要成果

一、闸门升降指示表

1989年以前,引黄涵闸启闭高度一直采用"标尺测量"方法,缺少控制升降精密装置。1989年,宫家引黄闸管理员崔文军萌发研制仪表显示装置的想法后,随即开始制作模型,反复进行实地测量、调试和齿轮校正。经过三个多月的试验改进,他发明的"闸门升降指示表"获得成功。经东营修防处评估鉴定,节水效能达30%,获当年科技成果一等奖。其后,在60多座引黄涵闸中推广应用。

二、挖塘机和汇流泥浆泵组合输沙试验研究

该研究由利津河务局赵安平、冯景和、杨德胜、孟祥文、李长海等人完成。2000年3~8月在滨州市淤背固堤工程试验成功后,山东省科技厅和山东省产品质量监督检验所检测认定:该成果为国内领先水平。由于系统结构简单、操作方便、输沙效率高、距离远,在济南、东营、滨州、淄博、德州等地市局的黄河机淤固堤工程施工中得到推广应用。

挖塘机雨汇流泥浆泵组合系统简介及图片

设备采用水力挖塘机和研制的汇流泥浆泵组合,配置输沙管道,组成远距离输沙系统。

汇流泥浆泵由 10EPN－30 型泥浆泵改制,设计扬程 31.8 米,清水出水量 1100 立方米每小时,吸程 6.5 米。配套动力为 6160A－9 型柴油机。出浆口至爬越大堤顶布设 φ350 毫米输沙管道,其余布设 φ300 毫米钢管。挖塘机组为 5 台 LD600 型和 3 台 LD250型,扬程分别为 18 米和 10 米,清水出水量分别为每小时 220 立方米和 140 立方米。高压水泵为 6 台 13B－57 型,扬程 50 米,出水量 60 立方米。安设 315 千伏安变压器 1 台及其他配套设施。与简易吸泥船相比,生产效率提高 4.5 倍,每立方米单价减少 0.35 元。

该项目先后获得 2000 年山东河务局科技进步二等奖、黄委科技进步三等奖,2001 年"山东黄河'九五'科技成果特别奖",2001 年东营市科技进步二等奖,2001 年山东省总工会、山东省劳动竞赛委员会群众性经济技术创新优秀成果奖。2003 年 11 月 26~29 日,该项目在第一届国际疏浚技术发展会议上进行技术交流和经验介绍。2004 年 9 月,在"山东省职工优秀技术创新成果表彰大会"上获一等奖。

三、捆枕器

2001 年由垦利县河务局研制成功的捆枕器,轻便灵活,易于操作,在防汛抢险试验中获得成功,被东营市劳动竞赛委员会评为技术创新成果,被黄委认定为新技术、新方法、新材料及其推广应用成果。2002 年 5 月 15 日获得专利(专利号:ZL01－2－44095.7,证书号:第 494000 号)。

四、黄河淤背区灌溉缓冲装置

为推进黄河淤背区节水灌溉,利津县河务局与东营市仲和产业化新技术研究推广中心合作开展的"黄河三角洲生态治理技术与资源利用研究与示范"专项课题攻关,被列入山东省 2003 年十大可持续发展项目。2004 年 7 月 8 日,课题通过科研部门专家验收。项目的核心技术"黄河淤背区灌溉缓冲装置"获得国家专利(专利号:200420040594)。

该装置采用混凝土制件现场组装技术,利用淤背区高程与引水渠道对接后产生的水面高差,将低水引至淤背区最高顶端。由于水流顺坡而下,在相同供水条件下,该装置亩耗时仅 0.5 小时,比大水漫灌时间缩短 1 小时;用电 6 千瓦时,用水量是原有技术的 22%。

五、汇流集浆器组合系统研制及跨河穿堤取沙施工技术研究

为攻克远距离输沙及跨河穿管技术难关,利津县河务局自 2003 年开始组织技术人员开展项目攻关。2003~2004 年在利津县城建供土施工中进行试验,最远输沙距离 5000米,累计供土 318 万立方米,产值 2209 万元,省却挖掘耕地 1900 亩。获 2004 年山东河务局重大创新成果奖。

2005 年,由山东省科技厅组织专家对项目研究成果进行鉴定,认为该项技术达到国际领先水平。在菏泽、淄博、济南、滨州、东营、德州等 6 个地市的标准化堤防建设机淤固堤工程施工和地方经济建设中推广应用 63 组,占山东黄河推广范围的 75% 以上,共完成土方 11540 万立方米。

六、黄河河口南防洪堤生物植被试验工程

南防洪堤位于黄河最下游,由于修堤土质含盐量高,堤身碱化严重,生物植被难以存活,是全河堤防中有名的"秃"堤。为改变南防洪堤的工程面貌,山东河务局将其列入2004年科研试验项目,4月8日正式启动。

为期3年的项目试验工程,由河口管理局承担。实施期间,聘请山东省林业科学院的6名专家进行指导。2004年春季开始的一期工程以乔木为主,种植林带200米,面积60亩,共种植红花槐、白蜡等树木8000余株,全部成活。7～8月,又播种高羊茅草、狗牙根等5种耐碱草本植物,总面积70亩。

堤防植被试验

七、大堤绿化抗盐碱技术研究

1994年,程义吉参加的黄委技术基金开发项目《引种、选育防护工程优良草种试验研究》成果,分别获得山东河务局科技进步一等奖、黄委科技进步三等奖。

为解决绿化成活率低问题,利津河务局自2004年春开始大堤绿化抗盐碱技术研究。对适宜盐碱堤段的草种、栽植方法和管理方式进行系列试验。试验结果表明,播撒"狗牙根"草种最为成功,堤坡防护作用较好。

选用胸径3～8厘米的速生杨作为堤顶行道林栽植苗木,植树绿化成活率达到98.3%。

八、德邦高科系列水性木器漆

2005年5月,山东乾元工程集团有限公司注册成立东营市德邦高分子科技有限公司,主营水性木器漆高科技环保型生产经营项目。产品特点是:无毒无味、健康环保,不含苯系物、甲醛、游离TDI、汞、铅等有害、有毒物质,通过中国环境标志ISO9000/14001认证,山东省产品质量监督研究院检验合格。其施工简便,漆膜光滑丰满、手感细腻、硬度高、耐黄变,超高涂布面积是传统油漆的三倍以上,广泛适用于室内门窗、橱柜、家具、地板等木制品的涂饰。产品适用于室内墙壁、天花板、石膏板及木间隔装饰,可根据客户需要,任意调配颜色。

第五章 工程管理

由堤防、险工、控导及南展宽滞洪区构成的防洪工程体系和引黄涵闸、现行河道及故道,按照国家、地方政府和黄河主管部门制定的法律、法规文件进行管理。1989年以后,进行工程管理体制改革,实施"示范工程"建设活动,建设了一批精品工程、亮点工程。

2004年,黄委提出"管养分离"要求后,利津河务局于2005年6月完成水管体制改革试点任务,制定配套管理办法,构建"管养分离"运行机制。在此基础上,开展国家一、二级水管单位创建工作,提高工程管理现代化水平。

第一节 防洪工程管理

一、建设项目管理

1989~2005年,河口管理局在沿黄各级人民政府和当地群众支持下,较好完成多项黄河防洪工程新建、改建或扩建项目。工程建设用地、群众安置、迁占补偿等工作较为顺利,为防洪工程管理打下了基础。

符合土地利用总体规划的黄河工程建设用地,依法办理审批手续,取得土地使用权。防汛抢险救灾急需使用的土地,经当地县级人民政府同意后,可以先行使用,再依法补办审批手续。

在黄河工程管理范围内修建跨堤、穿堤、临河的桥梁、码头、道路、渡口、管道、缆线、工业和民用建筑物、构筑物等各类工程设施,以及设置引水、提水、排水等工程的,报经黄河行政主管部门审查同意后,方可按照规定程序办理审批手续。

在黄河工程管理范围内进行非防洪工程建设活动,造成黄河工程损坏的,由建设单位或由黄河行政主管部门按照原设计标准予以加固、改建或修复,所需费用由建设单位承担。因非防洪工程设施的运行使用,增加黄河工程管理工作量及相关工程防护责任的,建设或管理使用单位承担相应的费用。非防洪工程设施占用黄河工程的,建设单位向黄河行政主管部门交纳有偿使用费。非防洪工程设施达到使用年限的,建设单位或者管理使用单位负责拆除。确需继续使用的,重新办理相关手续。非防洪工程设施已经废弃的,建设或管理使用单位按照河务行政主管部门要求予以拆除。

二、工程保护

《山东省黄河河道管理条例》第二十九条规定:在黄河河道管理范围的相连地域划定堤防安全保护区,其范围为临河护堤地以外50米,背河护堤地以外100米。临河有防浪林的堤段,其保护范围顺延。

在黄河工程管理范围内,对于放牧、垦殖、履带式车辆及超载车辆行驶以及取土、爆破、打井、钻探、挖沟、建房和其他危害黄河工程安全的活动,在省、市、河口管理局不断完善制定的管理办法中都有明确的禁止规定。

(一)安装界牌、标志

2004年7月,按照山东河务局制定的《山东黄河防洪工程标志标牌建设标准》和实施规划,河口管理局完成统一标准的堤防交界牌、指示牌的制作安装,其中市际、县际交界牌各3个,河务段交界牌12个。增加各类标志标牌1200余块。对堤防里程桩、险工简介牌等进行统一更换或刷新。

(二)法律责任

违反规定,擅自占用、挖掘或者拆毁黄河治理规划中要求保留的旧堤、旧坝及其他原有工程设施的,干涉涵闸正常运用,在取用黄河水过程中设置拦沙设施或者排沙入河的,除由黄河行政主管部门责令其限期改正并处以罚款外,对严重者可追究法律责任。

对在黄河工程管理范围内出现的违规、违法行为,都有明确的处理或罚款规定。如放牧、垦殖、破坏植被的,处100元以下罚款;设置货场的,处1000元以下罚款;破坏工程标志和测量、监测、监控、水文、电力、通信等设施的,处1000元以上50000元以下罚款;取土、爆破、打井、钻探、挖沟、建窑、堆放垃圾等,处1000元以上50000元以下罚款等。此外,在堤防安全保护区内发生的违规现象,也都有相应的处罚措施。

对违规、违法行为造成损失的,依法予以赔偿;构成犯罪的,依法追究刑事责任。拒绝、阻碍黄河河务行政主管部门的工作人员依法执行公务,构成违反治安管理行为的,由公安机关依法予以处罚;构成犯罪的,依法追究刑事责任。

黄河行政主管部门工作人员如有玩忽职守、滥用职权、徇私舞弊以及违法违规行为,尚不构成犯罪的,依法给予行政处分;构成犯罪的,依法追究刑事责任。如拒不执行上级主管部门下达的闸门启闭指令,不履行监督管理职责,造成工程质量不合格或者工程损毁的,都要受到追究和处罚。

三、工程占地确权划界

(一)确权依据

1992年,水利部和国家土地管理局联合颁发《关于水利工程用地确权有关问题的通知》,河务部门进行调查研究和试点。

1994年10月15日,经山东省人民政府同意,山东河务局和山东省土地管理局联合颁发《山东黄河工程用地确权登记发证若干问题的规定》,为土地确权划界提供明确具体、便于操作的政策依据。

1995年9月1日,东营市召开黄河工程用地确权划界工作会议,确定利津县河务局为试点单位,在当年完成工程占地确权划界工作。

1998年4月,东营黄河工程用地确权划界工作全面展开,10月完成。

确权划界范围为堤防(包括故道堤防、民埝)、险工、控导、涵闸及所有工程管理范围内的庭院等。在对各项工程占地情况进行调查、搜集权属证明材料的基础上,按照土管部门的要求,进行土地申报和地籍测量。防洪工程占地确权划界任务完成后,涉及的29宗工程用地中,除河口区河务局因涉及军队用地尚未办理领证外,其他3个县(区)局分别领取土地使用证23个,确定权属面积53平方千米。

(二)工程占地确权普查

2002年9月24~30日,各县(区)河务局对所辖堤防、险工、控导、涵闸工程管理和保护范围划定情况进行普查。结果如下:

河口管理局管理范围内工程总长度356.572千米,已确权63531.7亩,未确权22411.3亩。其中堤防328.212千米,已确权60973.86亩,未确权19364.02亩;控导工程28.36千米,已确权2557.84亩,未确权3047.28亩。

未确权的工程用地中包括河口区河务局1998年前的11841亩,其余全部为1998年以后新修工程占地,其中防浪林占地1275.25亩,淤背区占地2890.14亩,险工占地30亩,控导工程占地2632.28亩,其他占地3742.63亩。

堤防工程包括临黄堤、南展堤、河口堤、义和格堤等。其管理范围确权划界情况是:①临黄堤130.27千米,已确权35976.45亩,未确权3707.5亩。②南展堤34.901千米,已确权3838.62亩。③北大堤50.252千米,已确权3573.71亩,未确权11634.67亩。④防洪堤27.8千米,已确权6464.99亩,未确权92.85亩。⑤南大堤25.883千米,已确权4710.81亩。⑥东大堤21.2千米,已确权501.55亩,未确权3929亩。⑦退守防洪堤15千米,已确权3077.94亩。⑧民坝20.436千米,已确权1824.81亩。⑨义和格堤2.47千米,已确权1004.98亩。堤防保护范围共完成划界296.345千米,65747.099亩,均未确权。

四、堤防工程管理

(一)管理体制

按照"专管与群管相结合"的原则,市、县(区)河务机构设有工程管理专职部门和人员;沿黄乡(镇)、村设立护堤组织,按照每500米堤线配备1名护堤员,常年负责本村所辖堤段的日常管理和养护。

(二)管理范围

管理范围包括堤身(含前后戗、淤临淤背区、辅道)、护堤地(含防浪林用地)。其中,护堤地从两侧堤脚算起,临黄堤护堤地宽度沿袭建国初期规定:左岸临黄堤以南岭村为界,其上为临河7米,背河10米,其下临背河两侧各为50米;右岸临黄堤中东营河务局所辖堤段为临河7米,背河10米;垦利河务局所辖堤段中以纪冯村为界,其上临河10米,背河7米,其下临背河两侧各为50米。南展堤临、背河护堤地宽度各10米。河口堤修工时划定的护堤地范围各不相同,其中四段以下民坝及东大堤护堤地宽度为临河7米,背河10米;右岸南大堤及防洪堤、左岸北大堤临背河护堤地宽度皆为50米。

2005年5月1日起,执行《山东黄河工程管理办法》新规定:堤防工程护堤地的划定,从堤(坡)脚算起,临黄堤宽度为高村断面至利津县南岭子和垦利县纪冯为临河30米,背河10米;利津县南岭子和垦利县纪冯以下,临、背河均为50米;展宽堤为临河7米,背河

10米。护堤地宽度超过以上规定的,以确权划界确定的宽度为准。临河护堤地的宽度,滩地淤高时,应维持原边界不变;大堤加培加固后,护堤地相应外延。

（三）安全保护区

安全保护区范围为临河护堤地以外50米、背河护堤地以外100米。已经征用的黄河工程管理范围内的土地归国家所有,任何单位和个人不得占用和破坏。

黄河治理规划确定废弃的黄河旧堤、旧坝及其他工程设施,由当地人民政府组织开发利用。

上述规定以外的黄河旧堤、旧坝及其他原有工程设施,由黄河行政主管部门负责维修和养护。未经批准,任何单位和个人不得占用、挖掘或者拆毁。

（四）堤防绿化

黄河行政主管部门按照国家规定,实施植树绿化等工程生物防护措施建设,营造防护林,种植防护草（实施情况详见第二篇第二章第五节）。对林木进行抚育和更新。依照国家有关规定进行的林木采伐,免交育林基金。因防汛抢险和度汛工程建设需要采伐林木的,先行采伐后,依法补办手续并组织补栽。

（五）堤防养护

养护单位按照国家规定的防洪标准和有关技术规范,做好工程维修和养护工作。

针对沿黄村民及养殖专业户在黄河大堤放牧牛羊损坏植被问题,各县（区）河务局水政执法大队及河务段专职护堤人员,年年开展专项整治活动。在加强法律、法规宣传的同时,根据有关条款规定,对多次劝说无效的放牧者实施行政处罚。

堤顶道路是防汛抢险和工程管理的重要通道,不作为公路使用。在堤顶道路上行驶的车辆,按照规定缴纳堤防养护费。征收标准由山东省价格行政主管部门核定。2003年12月9日,山东省财政厅、物价局正式批准将堤防养护费由行政事业性收费转为经营性收费项目,收入不再作为预算外资金,不实行"收支两条线"管理。2005年7月19日,山东省物价局批准调整堤防养护费收费标准。调整后的标准比原标准有所提高。

（六）穿堤管线

穿堤管线的立项建设程序仍然执行黄委1987年颁发的《黄河下游穿堤管线审批及管理暂行规定》。为减少穿堤管线在黄河防洪中的潜在威胁,河务部门加强对各类穿堤管线建设质量和运行情况的监督和管理,凡因防洪需要改建、拆除、迁建的工程费用,本着"谁管理、谁使用、谁改建"的原则,由原建单位承担。

1998年4月,黄委颁发《黄河下游跨河越堤管线管理办法》,对各类堤防上已建、新建或改建的水、气、油管道及高压线、电缆等各种跨河越堤工程进行规范化管理。

（七）堤防捕害

1988年8月,黄委颁发《黄河下游堤防工程獾狐洞穴普查处理和捕捉害堤动物的暂行规定》,要求各单位把害堤动物洞穴普查和捕捉作为堤防管理和防汛的一项重要内容。此后,各县（区）河务局每年都组织进行全面普查,并对发现的獾狐洞穴采取捕捉和其他处理措施。

（八）机械化管理

为提高工程管理水平,减轻人工劳动强度,提高管理效率和质量,各单位先后购置刮平机、平地机、洒水车、拖拉机、锥探机、灌浆机等工程管理设备40多台(套)。

五、险工、控导工程管理

(一)管理范围

险工管理范围包括坝体、护坝地;控导工程管理范围包括坝体、连坝、护坝地及其保护用地。

险工、控导、防护坝工程护坝地宽度为坡脚外10米。控导工程保护用地为连坝背坡脚外30米。超过30米的,以确权划界宽度为准。

(二)管理规定

险工、控导工程采取专业管理为主、群众管理为辅的办法。除河务机构安排专业工人常年驻守在重点险工外,还在各处险工、控导工程设有群众护堤员、护滩员,协助进行险工、控导工程管理。

日常管理工作采用班包险工、人包坝头岗位责任制,常年负责坝体维修与养护,保持工程完整。定期进行根石探摸,提出维修加固计划。适时进行河势观测和记录。雨季坚持冒雨顺水制度,及时发现和填垫水沟浪窝。做好坝面绿化美化,清除高秆杂草。保护工程标志完整无缺。

汛期,根据洪水、凌汛发展情况,按照黄河防洪(凌)预案规定增设防守力量,由专业人员带领,进行工程巡查。发现险情后,及时组织人员和料物进行抢护。

六、河口工程管理

由于河口工程管理体制和机构未能完善、理顺、落实,工程防守与管理处于多元化状态。历史上,由国家投资修建、河务机构正式管理的黄河大堤以渔洼、四段为止点。渔洼、四段以下仅对民埝适当修护。清水沟流路行河以后,开始修建河道整治工程。

黄河工程日常管理

整修工程

（一）堤防

1. 设防大堤

清水沟流路的设防大堤为左岸的北大堤和右岸的南防洪堤。北大堤全长 35.821 千米，归利津县河务局管理的堤段长 13634 米；归河口区河务局管理的堤段长 22187 米，其中 13+634～30+200 堤段（16566 米）汛期防守任务归胜利油田。1988 年以后，北大堤顺六号路延长堤段也被确定为设防大堤，归胜利油田孤岛、孤东采油厂管理。

南防洪堤全长 29.214 千米。其中，1977 年改线后的堤段（27800 米）归垦利县河务局管理。原下余堤段（15725 米）归胜利油田管理。

2. 其他堤防

其他堤防包括民坝、东大堤、南大堤、油田防护围堤、导流堤等，为不设防堤段。其中，四段—羊拦沟之间的民坝由利津河务局管理；南大堤和黄河右岸的东大堤由垦利河务局管理；位于黄河左岸的东大堤由河口河务局管理；孤东、孤南 24、垦东 6 油田防护围堤由河口采油厂管理。

1988 年开始河口疏浚试验后在清 7 断面以下修筑的导流堤，原由疏浚工程指挥部负责日常管理和维护。1997 年以后处于失管状态。

（二）险工

左岸堤线上的险工由胜利油田投资兴建。其中，位于北大堤的二十二公里险工、三十公里险工归河口区河务局管理；位于北大堤顺六号路延长堤线上的三十八公里险工、四十二公里险工归胜利油田管理。

右岸南防洪堤改线前修筑的十八公里险工，初修时由垦利县河务局管理，胜利油田从 1977 年开始接管后，又增修十四公里险工。截至 2005 年，仍由胜利油田自防、自管。

（三）控导（护滩）

左岸已建成并被列入《项目建议书》中的工程有 5 处，除中古店工程一直由国家拨款投资修建、管理、维护外，其余 4 处工程由胜利油田投资修建。其中，崔家控导归利津县河务局管理、防守；西河口、八连控导归河口区河务局管理、防守；清三控导归胜利油田管理、防守。

右岸已建成并被列入《项目建议书》中的工程有 4 处,分别为十八户、苇改闸、护林、清 4 工程,皆由垦利县河务局管理。1995 年始修的生产村护岸未被列入《项目建议书》,归胜利油田管理。

(四)管理体制变更要求

建国以后,参与河口开发治理与管理的,既有河务部门、胜利油田、地方政府,又有驻军生产基地和三角洲自然保护区管理部门。因为各有所需,河口工程数量不断增加,在工程管理上长期采取多家共管,造成管理体制不顺、职责交叉、经费落实困难、管理养护滞后、基础设施不足等问题,2005 年仍有 70 多千米大堤及多处险工、控导工程没有落实管护责任、管护经费及抢险经费。特别是防汛岁修养护经费缺额太大,存在管理手段和管理技术落后、机构运转困难、职工队伍不稳定等一系列问题,影响工程整体效益的发挥。

鉴于河口统一管理问题日益凸现,河口管理局在 2002 年 3 月 8 日向山东河务局报送《关于将河口治理工程纳入国家统一管理的请示》,请求将河口治理工程纳入国家统一管理。3 月 23 日,在东营市召开的黄河河口问题与治理对策研讨会上,来自水利、海洋、环境等各方面的院士、专家共同呼吁,实行黄河河口治理的统一管理势在必行。11 月 8 日,黄委建管局主持召开"关于将黄河口纳入国家统一管理的意见"专家咨询会,一致同意将黄河口纳入国家统一管理范畴,并尽快上报水利部审定。

七、水管体制改革

长期以来,黄河工程管理单位一直沿用"修、防、管、营"四位一体的管理体制,实行专管与群管相结合的运行模式。

2005年6月5日,利津河务局召开水管体制改革动员会

2004 年,黄委在全河确定 22 个单位为"管养分离"改革试点,利津河务局是试点单位之一。改革方案是:把原县级河务局及其所属单位按照事企分开、产权清晰、权责明确、管理科学、经营规范、管养分离的原则,改革为由市级河务局管理的县级河务局、维修养护单位和其他企业等三种类型的单位,实现管理单位、维修养护单位和其他企业在机构、人员、资产上的彻底分离,县级河务局与维修养护单位和其他企业单位之间建立起平等主体关

系,为合同化管理确立前提。通过建立水利工程管理新体制,打破原有格局,开展定编定岗、人员分流工作,形成管理队伍、维修养护队伍、企业经营队伍的新格局。在管养队伍的组合上,本着公开、公平、公正、透明的原则,全部采取竞争上岗、双向选择的程序。

职工竞争上岗

现场打分

2005 年 1 月,河口管理局成立水利工程管理体制改革试点工作领导小组,并确定先在张滩河务段进行管养分离改革试点。在取得经验的基础上,再进行利津河务局管养分离改革。

6 月 5～13 日,利津黄河河务局水管体制改革全面完成。其中:机关编制(含河务段)146 人,实际上岗 144 人;供水处 25 人;水利工程维修养护公司 90 人;工程公司 9 人。

7 月 29 日,利津黄河水利工程维修养护公司更名为东营津泰维修养护有限责任公司,在利津县工商局注册登记,领取营业执照,成为具有独立法人资格、独立核算、自负盈亏的企业。经营范围是堤防、险工、控导等各类工程和设施的维修养护。公司定员 102 人。

实行"管养分离"后的运行机制:县级河务局为管理方,与维修养护方是合同管理关系,施工企业脱离县河务局从事生产经营。

第二节　涵闸管理

至 2005 年,东营市黄河两岸仍在运用的 29 座涵闸工程,除神仙沟闸由胜利石油管理局代管、垦东闸由垦利县水利局管理外,其余皆由河务部门管理。

涵闸管理

一、主要规定

1993 年 4 月 10 日,根据山东省政府《关于重申集中统一管理运用引黄涵闸的紧急通知》,山东河务局向河口管理局下达通知:神仙沟、马场(老神仙沟)、纪冯、一号穿涵等四座引黄闸和垦东排水闸,收归河口河务局实施统一管理,汛前完成上述各闸工程设施、管理房屋、管理设备及工器具等附属设施、工程技术资料的交接。

2005 年 12 月,山东河务局在《山东黄河水闸工程管理办法(试行)》中规定:黄河水闸工程分为纯公益性水闸和准公益性水闸。其中,纯公益性水闸是承担分(泄)洪或排涝(积)任务的水闸,其维修养护资金由中央水利基金安排;准公益性水闸是承担引黄供水或引水灌溉任务的水闸,其维修养护资金在水费收入中列支。

二、管理体制

山东河务局负责全省黄河两岸各类水闸的统一管理。各市河务(管理)局工程管理部门负责本局所辖水闸工程的管理。水闸管理单位具体负责水闸工程的日常管理与维修养护工作。

单位和个人在黄河工程管理范围内投资建设的防洪兴利工程,服从黄河河务行政主管部门的统一管理。

三、管理范围和内容

引黄涵闸管理范围除满足各组成部分和上游防冲槽至下游防冲槽后 100 米、渠堤外坡脚两侧各 25 米要求外,所管理的临黄堤不小于水闸两侧土石结合部外延各 50 米。严禁在工程管理范围内进行爆破、取土、埋葬、建窑、倾倒和排放有毒或污染的物质等危害工程安全的活动;禁止超载车辆和无铺垫的铁轮车、履带车通过公路桥。禁止机动车辆在雨雪天行驶;保护机电设备、水文、通信、观测设施,防止人为损坏。严禁在堤身及挡土墙后填土区上堆置超重物料。离地面较高的建筑物避雷设备保持完好有效。工程周围和管理单位驻地绿化美化。各种标志标牌齐全。

水闸竣工验收后 5 年内,应进行一次全面安全鉴定。对影响水闸安全运行的单项工程,及时进行安全鉴定。

涵闸管理单位按照上级主管部门下达的指令启闭闸门,严格遵守操作规程,确保启闭灵活、安全运行,任何单位和个人不得干涉。严禁非涵闸管理人员操作涵闸闸门。当水闸防洪水位超过原工程设计防洪水位时,于汛前采取围堵、加固等有效度汛措施。

水闸工程本着"经常养护、及时修理、养修并重"的原则,按照有关规程进行经常养护和定期检修,做好维修养护记录。

胜利闸管所进行机房维修

为充分利用黄河水资源,对引黄供水实行取水许可制度。2005 年,河道管理范围共有取水口 32 处,取水能力 517.28 立方米每秒。其中,由黄河部门管理的取水口 8 处,取水能力 400 立方米每秒,批准年取水量 7.12 亿立方米;由地方、油田管理的取水口 24 处,取水能力 117.28 立方米每秒,批准年取水量 2.2962 亿立方米。实施情况见第五篇第一章第三节所述。

第三节　河道管理

1995 年 11 月 17 日,东营市人民政府第 19 次常务会议审议通过的《东营市黄河河道管理办法》明确规定:河口管理局及其所辖的县(区)河务局是全市及各县(区)黄河河道的主管机关。

一、建设项目管理和清障

1988 年以前,河道管理范围内有些建设项目没有履行审批手续。《水法》颁布后,依据国家计委、水利部、黄委相继出台配套法规,对建设项目实行规范管理。

《水法》和《防洪法》规定:禁止在河道、湖泊管理范围内建设妨碍行洪的建筑物、构筑物,倾倒垃圾、渣土,从事影响河势稳定、危害河岸堤防安全和其他妨碍河道行洪的活动。禁止在行洪河道内种植阻碍行洪的林木和高秆作物。

按照黄委 1993 年 11 月制定的《黄河流域河道管理范围内建设项目管理办法》对黄河河道管理范围的界定,对河道内管线设置、打井、钻探、道路及井台修建等 14 类非防洪工程,依法收取恢复补偿费用。

根据黄河防总每年汛前发布的清障文件,市、县(区)防汛机构组织力量,按照"谁设障、谁清障"的原则,限期完成河道清障工作。

1994 年 1 月,河口管理局在《关于贯彻执行黄河流域河道管理范围内建设项目管理办法的通知》中明确指出:在临黄堤、南展堤、河口北大堤、防洪堤、南大堤、东大堤、民坝等堤防,以及上述堤防之间的河道、南展宽区、无堤防的黄河入海口区等河道管理范围内新建、扩建、改建的建设项目,包括开发水利、防治水害、整治河道的各类工程,跨河、穿河、穿堤、临河的桥梁、码头、道路、渡口、渠道、井台、房台、管道、缆线、取水口等建筑物,厂房、仓库、工业和民用建筑以及其他设施均按该《办法》中的规定执行。通知中明确了黄河河道主管机关、建设项目审查报批程序、权限以及不按《办法》执行所需承担的法律责任等。

二、河道采砂取土

针对在河道管理范围内采砂取土数量与日俱增的状况,河口管理局在 2002 年 7 月 23 日发出《关于加强河道采砂取土及收费管理工作的通知》,全面开展黄河河道采砂管理及其收费工作。要求是:

(1)河道采砂取土必须服从河道整治规划,保持河势稳定,确保行洪及各类防洪工程安全。

(2)在河道管理范围内采砂取土的单位和个人,向黄河河道主管机关申请办理采砂许可证,按照许可证核定的范围、深度、数量、作业方式随采随运。

(3)根据水利部、财政部、国家物价局联合颁布的《河道采砂收费管理办法》规定,在黄河河道、滩地内采砂、取土的单位、个人以及联营、合伙人,自 2002 年 8 月 1 日起一律对其收取河道采砂、取土管理费。山东河务局、山东省财政厅、物价局联合发布了《关于山东省黄河河道采砂收费管理的通知》,对收费标准进行明确规定。如利用吸泥船、挖塘机等水利机械设备采砂取土的,按每立方米 0.45～0.9 元计收。利用运输机械采砂取土的,按每立方米 0.9～1.5 元计收。

(4)采砂、取土的单位和个人,必须向黄河河道主管机关预缴保证金,其标准为每亩 500～3000 元。开采活动结束并恢复平整,经验收合格后,保证金退还开采单位和个人。

（5）采砂取土管理及收费由各县（区）局负责具体实施，不得授权或委托他人。

（6）河道采砂取土管理费属于行政事业性收费，实施过程中应主动向缴费人出示《收费许可证》，使用财政部门统一印制的收费票据。

三、浮桥

1989年以后，黄河浮桥建设数量不断增多。至2005年，东营河段建成并运行的跨河浮桥共7座（五庄、麻湾、刘家夹河、盐窝、义和、建林、清8）。

为保证河道泄洪、泄冰能力，河口管理局严格按照水利部1990年8月31日颁发的《黄河下游浮桥建设管理办法》，加强河道内浮桥建设与管理。所有浮桥必须经过审查同意后方可按照有关规定履行建设审批手续。浮桥架设必须符合防洪防凌的要求，黄河伏秋大汛及凌汛期间，建设单位必须按河道管理机关的要求，在指定时间内拆除。

1997年12月25日，水利部修订并重新发布的《黄河下游浮桥建设管理办法》规定：本办法适用于黄河下游干流河道上架设的所有民用浮桥。

为保障浮桥及过往车辆运行安全，山东河务局在2004年2月制定的《黄河浮桥安全管理办法（试行）》中规定：浮桥管理单位必须成立安全生产委员会或安全生产领导小组，实行安全责任制和奖惩制度，单位主要领导人为安全生产第一责任人；加强浮桥工作人员安全教育培训；及时对浮桥进行检查与维修，建立浮舟定期检修制度；根据防洪防凌需要，及时拆除浮桥。

垦利一号浮桥

四、黄河故道

黄河入海流路变迁频繁，在黄河三角洲上留下多条行河故道。鉴于历史原因，这些故道一直处于失管状态。1989年编制的《黄河入海流路规划报告》正式提出"备用流路"概念后，河务部门开始加强对黄河故道的管理。

利津盐窝浮桥

拆除浮桥

1998年12月,黄河河口管理局成立黄河故道管理处,开始对刁口河河道实施依法管理,初步遏制了乱占乱建、无证开发现象。根据有关法规规定和尊重历史、尊重现实的原则,初步确定刁口河故道的管理范围为:有堤防河道(段)以堤防为界;无堤防河道(段)以考虑今后行河需要为前提,确定左岸民坝末端(羊栏沟子)以下33千米河段以利埕公路及其延长线为界,右岸以东大堤末端(孤东2号水库)向下顺高速公路至孤北水库西侧桩89断块路及其延长线为界,平均宽度15～17千米。

鉴于胜利油田在黄河故道内分布的生产设施较多,故道管理部门与胜利石油管理局所辖的油地工作处、黄河口治理办公室、生产管理部共同签订黄河故道管理等补偿性协议,明确收费范围、项目和标准。补偿费主要用于加强工程强度及面貌恢复,弥补故道管理经费不足。

2004年11月30日,水利部发布的《黄河河口管理办法》对黄河入海河道界定为清水沟河道、刁口河故道以及黄河河口综合治理规划或者黄河入海流路规划确定的其他以备复用的黄河故道。在这些河道内不得擅自进行开发利用活动,确有需要,须经批准。该办法规定,黄委及其所属的河口管理机构按照规定权限,负责黄河入海河道管理范围内治理开发活动的统一管理和监督检查工作。

黄河刁口河故道引水口

黄河刁口河故道罗家屋子引黄闸

通过罗家屋子闸，向下游延伸

第六章　水政监察

1989~2005年,黄河河务部门依据《中华人民共和国水法》规定,加强法制建设,组织执法队伍,依法履行水行政职能,查处水事案件。

第一节　法制建设

随着国家水法规相继出台,治黄事业逐步走上法制化管理轨道。河口管理局以法律法规颁布实施为契机,在贯彻执行的基础上,结合东营黄河水行政执法工作需要,制定配套法规和规范性文件。

一、概况

《东营市黄河河道管理办法》于1995年10月24日由东营市人民政府第25号令发布实施。

2000年4月23日,根据东营市人民政府令第51号《关于修订东营市黄河河道管理办法的决定》,对上述办法进行修订。

针对黄河口治理与三角洲开发利益主体多元化不协调的格局,河口管理局组织水政人员进行调研,完成《黄河河口管理办法》的制定、修改和完善,2004年11月30日由水利部第21号令公布,自2005年1月1日起施行。

二、建章立制

(一)水行政许可审批

河口管理局水政机构成立后,依照法律规范行政许可审批程序,于1992年4月制定《黄河河口管理局黄河穿越堤管线工程建设管理办法》和《东营市黄河水政监察工作暂行办法》。

国务院《取水许可制度实施办法》公布后,河口管理局在1994年4月对34个取水口进行调查。1995年1月10日,河口管理局发出《关于开展黄河取水登记工作的通知》,6月完成取水登记和证书颁发。

为维护公民、法人和其他组织的合法权益,保证黄河水行政处罚的公证性、合法性,河口管理局在1997年2月依据《中华人民共和国行政处罚法》,制定《水行政处罚听证程序暂行规定》。

为规范黄河水行政执法行为,河口管理局依据有关法律法规,在1999年2月制定《水行政执法过错责任追究暂行办法》。

为增强水行政执法队伍的快速反应能力,预防和及时发现水事违法行为,河口管理局在2004年制定《黄河河道管理巡查报告制度(试行)》《黄河河口管理局水行政执法快速反应规定》。

为推进行政审批制度改革,规范水行政审批项目的实施,河口管理局在 2005 年 8 月 23 日公布《关于实施水行政许可事项的通告》,对实施水行政许可的事项进行公示。

（二）行政规费征收

行政规费征收项目主要有引黄渠首水费、堤防养护管理费、河道采砂管理费等。其中,河道采砂管理费尚未涉及,堤防养护费从 2001 年改为经营性收费项目。

在水费征收工作中,各级水政部门协助引黄供水部门做大量宣传工作,为保证水费全额征收提供法律支持。在收取堤防养护费工作上,水政部门加强对收费站点的管理,所有收费人员做到先培训、后上岗。

1998 年 8 月,山东河务局批准河口管理局在胜利、义和、麻湾、宫家、张滩、机场道口等地设立 6 处征收站点。后又批准建立一千二收费点。

除此之外,经过多次协商,分别于 1999 年和 2000 年同有关生产建设单位达成《关于在黄河刁口河故道中钻井施工交纳河道恢复费用的协议》《关于黄河现行河道管理范围内建设项目报批、补偿问题的协议》,明确 10 类建设项目、生产活动的恢复费收费标准。

三、普法宣传教育

河口管理局在每年的"世界水日""中国水周"和"全国法制宣传日"活动中,开展多种形式的普法宣传教育。

水法宣传

水政宣传

水法宣传赶大集

知识竞赛

（一）"二五"普法教育

1991~1995年开展的"二五"普法教育,河口管理局和各县(区)河务局分别建立普法领导小组,按照法制宣传教育规划组织职工学习《宪法》《水法》《河道管理条例》《防汛条例》等法律法规,收看普法教育系列录像,张贴标语,举办普法知识竞赛、培训班和普法考试等。

（二）"三五"普法教育

1996年启动"三五"普法工作后,调整充实普法工作领导小组,成立各级普法工作办公室。利用广播、电视等媒体扩大水法规宣传的覆盖面和效果,出动宣传车到沿黄乡村、集市宣传,设立水法规咨询站,在主要交通路口、县(区)河务局及河务段驻地、沿堤村庄设置水法规宣传牌,同时结合典型案例以案释法,对广大群众进行教育。

"三五"普法阶段,实行普法执法责任制,每半年进行两次考试和检查评比总结。选派5名骨干参加山东河务局举办的普法辅导员培训班,13人参加东营市、山东河务局、黄委举办的行政处罚法培训班,15人参加东营市法制局举办的听证主持人培训班,3人参加行政执法人员培训班。聘请石油大学教授进行《行政处罚法》《合同法》讲座。组织法制知识答卷、考试3次。

2001 年,河口管理局"三五"普法工作通过水利部、黄委、山东河务局和东营市的考核验收,被黄委评为"三五"普法先进单位。

(三)"四五"普法教育

2001 年进入"四五"普法阶段后,为普法工作配备电视机、数码照相机、数码摄像机等硬件,购买法律法规单行本 6000 份,光盘 6 套。河口区河务局建立数字化档案和水政执法网站。通过集中咨询站、宣传车接受市民咨询、散发传单和街道巡回宣传。在东营电视台黄金时间播出水法专题节目和宣传字幕,邀请地方行政领导发表讲话。举办法律知识讲座 14 次,法律知识答卷 16 次,法律知识竞赛活动 4 次。发动职工在《水利报》《黄河报》、水利网站发表普法信息 49 条,学术论文 10 篇。在"送法进乡""送法入矿"活动期间,通过悬挂横幅、张贴宣传画、刷新宣传栏、散发传单、发放带有普法内容的纸杯、宣传袋以及设立咨询站等形式,取得良好效果。

2005 年 7 月,河口管理局"四五"普法工作通过黄委组织的检查验收。年底,被黄委评为"四五"普法工作先进单位。

四、制定《黄河河口管理办法》

(一)缘由

河口地区涉及滨州市部分辖区、东营市全部辖区、胜利油田、济南军区生产建设基地和国家级自然保护区,行水河道、故道及口门外容沙区内开发建设活动频繁,违规生产建设时有发生。由于《土地法》《森林法》《矿产资源法》《环境保护法》《自然保护区条例》等有关法律法规与《水法》有相互交叉之处,黄河部门依法行使水行政管理职能受到相应管理机构的干扰和冲击。因此,尽快出台一个具有可操作性的河口管理办法势在必行。

(二)过程

2000 年 11 月,河口管理局开始代水利部起草《黄河河口管理办法》(以下简称《办法》)。2001 年 4 月,派员赴珠江水利委员会进行立法专题调研。5 月 14 日,将《办法》(初稿)上报山东河务局,并分发有关专家、领导及部门。

此后,在征求国家发展和改革委员会、水利部、财政部、国家海洋局、山东省政府及河口地区有关单位意见的基础上,对《办法》进行反复修改,先后七易其稿。

2004 年 4 月,山东省法制办、东营市法制办在河口管理局主持召开《办法》(征求意见稿)立法座谈会,听取东营市国土资源局、林业局、济南军区生产建设基地、胜利油田、东营国家级自然保护区等有关单位对《办法》提出的意见和建议。10 月 10 日,水利部部长汪恕诚主持召开部务会议,对《黄河河口管理办法(草案)》进行审议并通过。11 月 30 日,水利部第 21 号令予以公布,决定自 2005 年 1 月 1 日起正式施行。《办法》内容见本书附录。

第二节　　执法队伍

1990 年建立水政机构后,按照水政人员具备的四项条件,在市、县(区)河务部门配备水政人员。截至 2005 年底,河口管理局共有水政人员 27 名,兼职水政人员 5 名。其中副厅级干部 1 人,处级干部 6 人,科级干部 13 人,有中级以上职称的 11 人。

一、队伍建设

1992 年 11 月,黄委在《水政监察工作管理办法》中明确水政监察人员应具备的条件,规范水政人员的个人行为。

1993 年,在黄委开展的正规化、规范化达标活动中,垦利、利津县河务局通过黄委和山东河务局组织的验收。

1995 年 12 月,水利部在《关于加强水政监察规范化建设的通知》中提出"八化"要求:执法队伍专业化;执法管理目标化;执法行为合法化;执法文书标准化;学习培训制度化;执法统计规范化;执法装备系列化;检查监督经常化。

河口管理局按照"八化"要求,加强执法人员素质建设,探索、改进工作模式,树立依法行政意识,规范行政执法行为。

执法巡逻

二、黄河公安派出所

1982～1986 年,根据水电部、公安部通知要求,原东营修防处分别在利津、垦利、东营修防段设立黄河公安派出所,配备干警 15 人。

1990 年开始,水利公安内部管理划归水政部门,发挥联合执法作用。1982～1991 年,发生堤防取土、黄河挖泥船管道被盗、黄河通信线路被盗等案件 517 起,查处 480 起,结案率 93%。其中,构成刑事犯罪交司法部门判刑的 9 人,行政拘留 20 人,劳动教养 1 人,治安处罚和批评教育多人,收缴行政处罚金 23456.5 元,追回赃物折款 113116.5 元。

1994 年,国家对公安队伍进行体制改革,黄河水利公安在取消之列。此后,派出所只起到保安作用。

2002 年机构改革,撤销公安派出所编制。

三、黄河巡回法庭

1994 年 5 月 19 日,利津县人民法院设立第一个黄河巡回法庭。此后,垦利县人民法院于 5 月 31 日、河口区人民法院于 12 月 19 日分别建立黄河巡回法庭。各个巡回法庭集行政、审判、执行功能于一体，成为黄河执法的坚强后盾。

第三节　水事案件处理

1990 年 12 月 10 日,东营修防处制定《东营黄河水事案件查处暂行办法》,对水事案件受理查处程序、方法、注意事项等做了具体规定。

2004 年 1 月 13 日,河口管理局在《黄河河道管理巡查报告制度(试行)》中规定:河道巡查中发现的各类水事违法案件应及时予以查处。水事案件分类见表 7-15。

表 7-15　水事案件类别区分情况表

区分标准	案件类别			
	一般水事案件	较大水事案件	严重水事案件	重大水事案件
直接经济损失(元)	200 以内	200 ~ 10000	10000 ~ 50000	50000 以上
工程管护范围内取土量(m³)	10 以下	不超过 50	不超过 200	超过 200
种植林木或高秆作物(亩)	不超过 20	不超过 50	不超过 200	超过 200
违章建筑面积(亩)	不超过 50	不超过 200	不超过 400	超过 400

说明:直接经济损失是指肇事者对水工程及其附属设施造成的损失。

一、水政执法及水事案件处理概况

1991 ~ 2005 年,共查处各类水事案件 681 起。其中:申请法院强制执行 6 起,追回赃物折款 19.56 万元,责令赔偿经济损失 35.28 万元,没收非法所得 6.20 万元,罚款 39.25 万元。刑事处罚 26 人,行政处罚 143 人,行政拘留 72 人。清除违章建筑 102 间,收回被侵占护堤地、工程管护用地、淤背区土地 1545.8 亩。挽回经济损失 15.70 万元,责令恢复工程 15 处,土方 19897 立方米。实现各种收费 1882.82 万元。

处理案件中,行政复议率、诉讼败诉率为零。

二、重大案件查处

(一)孤东采油厂石油钻探案

1996 年 6 月 28 日,河口区河务局发现孤东采油厂擅自在清 7 断面以北、丁字路以东修筑阻水道路、井台、泥浆池各 3 处,进行油井钻探。

案件发生后,水政监察人员依法送达《责令停止违法行为通知书》,要求其立即停止施工,并根据有关法律条款的规定,送达《违反水法规行政处罚决定通知书》,对三口油井石油钻探分别作出罚款 1.0 万元、恢复河道原貌或缴纳修复工程费 4.0 万元的处理决定。

孤东采油厂不服上述处罚决定,遂于 8 月 2 日向河口管理局申请复议。9 月,对河口管理局作出的维持原行政处罚决定仍然不服。

10 月 9 日,孤东采油厂向东营市中级人民法院提起诉讼。市法院将案件移交河口区人民法院审理。经过三次公开审理,法院以(1997)河行初字第 3、4、9 号分别对垦东 5—

查处孤东采油厂石油钻探案

15、垦东53—2、垦东5—14油井石油钻探行为进行行政判决:原告(孤东采油厂)未经黄河河道主管机关批准,在其管理的黄河河道内修建井台、进井道路并进行石油钻探的行为,违反《中华人民共和国河道管理条例》的有关规定。被告(东营市河口区黄河河务局)在其职责范围内进行水政监察工作适用的法律、法规与执法程序并无不当之处,对未经批准进行石油钻探作业行为所给予的行政处罚符合《山东省实施〈中华人民共和国河道管理条例〉办法》的规定,应予支持。经过调解,孤东采油厂缴纳河道补偿费2.5万元,免予缴纳河道原貌恢复费及管理费4.0万元,补办建设项目申请、报批手续。

（二）孤岛采油厂在河道内打井钻探案

1997年1月14日,垦利县河务局发现黄河钻井五公司擅自在防洪堤桩号16+000处背河堤脚30米内打井、钻探,经过三次调查取证,于1月28日向孤岛采油厂下达《责令停止违法行为通知书》。2月1日,又下达《行政处罚听证通知书》。24日,举行公开听证会。

查处孤岛采油厂在河道内打井钻探案

6月17日,垦利县河务局向孤岛采油厂送达《违反水法规行政处罚决定通知书》,给予罚款9000元、恢复工程原貌、采取补救措施或缴纳恢复费34.44万元的处罚。孤岛采油厂接到通知书后,既不申请复议,又置之不理。垦利县河务局遂于1997年6月22日申请垦利县人民法院强制执行。

在执行过程中,胜利油田孤岛采油厂认识到违法行为,在 6 月 24 日与垦利县河务局达成缴纳工程恢复费、免除罚金协议。

(三)孤东采油厂在河道内弃置垃圾案

1998 年 6 月 25 日,河口区河务局发现孤东采油厂在清 6 至清 7 断面间河道内弃置建筑垃圾,遂向孤东采油厂送达《责令停止违法行为通知书》,并根据《防洪法》第二十二条规定,送达《行政处罚听证告知书》,对其行为作出罚款 5.0 万元、恢复河道原貌、7 月 10 日前将垃圾弃至河道以外或缴纳恢复费 10.0 万元的处罚决定,并告知其有权提出听证要求。

此后,孤东采油厂与河口区河务局协商,主动清除弃置的建筑垃圾。

(四)何某违法建房、堆放料物案

1999 年 12 月 4 日,东营区河务局发现龙居乡谢何村村民何某擅自在临黄堤 193 + 655 背河护堤地违章建房和堆放砂石料,决定立案查处。

经过现场取证,遂于 12 月 6 日向何某下达《责令改正通知书》。何某承诺在限期内拆除房屋、清除料物、恢复工程原貌后,却又隐匿躲藏。东营黄河水政监察大队于 12 月 21 日下达《行政处罚告知书》,告知当事人有陈述、申辩的权利。24 日又将《行政处罚决定书》送达当事人。

鉴于当事人何某逾期未履行行政处罚决定,东营区河务局于 2000 年 4 月 17 日申请东营区人民法院对何某强制执行。5 月 8 日,区法院作出行政裁定书,责令何某于 2000 年 5 月 24 日前缴纳罚款 1000 元,拆除房屋、清除料物。

当事人收到行政裁定书后,拆除违章建筑,恢复工程原貌,如数缴纳罚款。

(五)麻湾险工 27# 坝备防石被盗案

2001 年 4 月 26 日,东营区河务局发现麻湾险工 27# 坝备防石被盗。

案发后,东营区河务局水政监察大队会同地方派出所进行勘验,发现董王村村民王某某存放石料与丢失备防石相似,决定连夜突审。王某某如实供述盗窃行为后,又对见证人进行询问。确定当事人违法事实清楚、证据确凿后,按照《行政处罚法》程序,给当事人送达罚款 1500 元的《行政处罚告知书》《行政处罚决定书》,并要求限期运回盗取的备防石,恢复工程完整。

4 月 28 日,王某某如数缴纳罚款,将所盗备防石送回。

(六)河口采油厂穿堤管线拆除案

2003 年 2 月,垦利县河务局开始在临黄堤 239 + 050 ~ 255 + 160 处实施帮宽工程。河口采油厂埋设在 239 + 900 处的两条输油管线已长期停止使用,大堤帮宽后,该管线被埋于堤身 4.8 米,形成防洪工程隐患。

为不影响施工,垦利县河务局早在 2002 年 9 月 5 日向河口采油厂送达《关于要求对输油管线进行改建或拆除的函》,通知其对废弃输油管线进行改建或拆除,并承担全部费用。2003 年 2 月 24 日再度发函,告知其办理改建或拆除手续。5 月 8 日,又送达《拆除黄河大堤穿堤管线通知书》。

鉴于河口采油厂在规定期限内拒不履行拆除规定,垦利县河务局于 11 月 24 日向垦利县人民法院申请强制执行。

（七）胜利大桥维修过程中河道内弃置建筑垃圾案

2003年5月13日,利津县河务局发现胜利大桥管理处在大桥维修施工过程中不按施工规定要求,擅自在大桥与大堤平交处河滩内弃置大量建筑垃圾。水政监察人员当即通知其立即停止施工,并根据现场检查勘验情况,于5月15日下达《责令改正通知书》,要求施工方将所有建筑垃圾运往河道外指定地点。施工单位以各种借口不予清理。

5月21日,在督促未果的情况下,利津县河务局水政监察大队向胜利大桥管理处送达《行政处罚告知书》。在执行过程中,胜利大桥管理处认识到违法行为并接受处罚。

（八）胜利大桥排水冲毁黄河工程案

2003年7月,胜利大桥道口拆除两边绿化池时将土方堆置在堤顶道路上,路面雨水排水不畅,胜利大桥所占左岸临黄堤背河346+800处形成深4.3米、宽3.8米、长10余米的水沟。

7月29日,利津县河务局水政监察大队派员查明水毁工程系因大桥排水不当造成。遂与大桥管理处进行工程修补交涉。大桥管理处负责人以"冲口是下雨造成、没有本单位人为责任"为借口推诿搪塞。

此后,利津县河务局委托黄河口治理研究所进行冲口堵复设计,编造预算,并于8月8日向胜建集团有限责任公司(大桥管理处上级主管机关)送达《水行政处理决定书》。胜建集团有限责任公司不按设计方案投资、施工,只是草率填堵。

8月27日,水政大队再次送达《水行政处理决定书》,要求8月30日前缴纳雨毁工程修复保证金18.05万元,或8月30日前向监理部门申报具体施工方案,否则提请人民法院强制执行。

《水行政处理决定书》到达规定期限后,胜建集团有限责任公司仍未履行。水政监察大队遂于9月17日向利津县人民法院递交《水事违法案件行政处罚强制执行申请书》。9月20日,利津县人民法院前往胜建集团有限责任公司办理强制执行手续,确定胜建集团有限责任公司投资10万元,由黄河主管部门安排专业施工队伍,对该水毁工程进行堵复。

清理违章建筑

第七章　信息管理

　　1989～2005 年,在通信、档案、办公自动化管理中,贯彻落实国家和行业制定的规章制度,确保新技术、新设备的安全运行,提高了治黄事业信息化水平。

第一节　通信管理

一、概况

　　2005 年,东营黄河系统拥有通信固定资产 1260 多万元。河口管理局机关设信息管理处,4 个县(区)河务局设通信管理站,共有通信管理人员 34 人,其中工程师 2 人、经济师 2 人、助理工程师 2 人,技师 1 人、机务员 6 人、网管员 3 人、话务员 18 人。

二、有关规定

　　黄河通信网坚持专网为主、公网为辅、多种通信手段并用的方针。1992 年之前以有线电话长途传输为主,通信保障能力较低。为确保防汛通信不中断,每年汛期租用邮电部门数条长途电路,沟通山东河务局与各地(市)河务局的中继线。

　　1993 年开始,黄河通信网加快现代化进程,各级程控交换站以半自动、全自动中继方式与公网连接,通信保障能力有所增强。

　　1995 年,黄委在《黄河通信管理规定(试行)》和《黄河系统微波通信运行管理规定(试行)》中明确:黄河通信网实行黄委、山东河务局、地(市)、县(区)河务局四级管理办法,严格执行局部服从整体、下级服从上级的规定,要求各级通信管理部门做好辖区内通信网络的运行维护和管理工作,确保全程电路畅通。

三、管理措施

　　为确保信息通畅,河口管理局通信站在话务、微波、程控、配电、外线等工作范畴内制定、修改、完善管理制度,主要包括:

　　(1)定编定员,建立健全岗位责任制。严格执行新手上岗前的技术培训制度,将每个工作环节的具体任务落实到班组和个人,各台站坚持全年 24 小时值班制度,建立应急通信抢险小分队,及时检修和维护通信设备,做到"人员、器材、车辆、方案"四落实。

　　(2)汛前开展通信设备全面检查和维护。修订黄河防汛通信保障预案及应急措施,确保通信干线畅通率、主要设备完好率达到 99%。

　　(3)理顺通信管理体制,加强全程、全网统一调度和指挥。在各级信息管理部门开展标准化通信站、标准化机房创建活动,组织开展劳动技术竞赛活动,提高承诺服务水平和用户满意率。

（4）不断完善通信技术规范,统一技术装备接口和各级交换网编号方案。加强对计算机网络、网站、外部邮箱及办公自动化系统的安全管理和日常维护工作,增强网络系统的安全防护功能。

（5）创新机制。在黄河专网与当地公网之间开展互联互通,达到资源共享、优势互补,弥补专网不足,提高通信整体保障能力。

第二节　档案管理

1989～2005年,形成的各种档案和信息载体,主要采取集中保存方式。为此,河口管理局和县(区)河务局机关分别设立档案室,配备1～2名专职或兼职人员进行管理。

一、管理制度

按照山东河务局1989年制定的《山东黄河治黄档案管理实施细则(试行)》,对文书档案、科技档案、财会档案等实行按年度分类归档。保管期限区分为定期、长期、永久。

为提高档案管理水平,河口管理局对以往执行的档案管理办法不断进行修订、补充,形成档案接收、整理、图纸修改补充、保管、资料借阅、统计、保密、鉴定销毁、库房管理等13项管理制度。

二、管理升级

1989年以后,各单位档案管理人员根据国家及行业制定的档案管理工作标准,开展档案管理升级活动。至2005年,河口管理局所辖5个档案室全部达到山东省二级档案管理标准。

对利津河务局晋升国家二级档案管理单位进行考评

1993年12月,东营、河口区河务局档案管理通过山东河务局的定级验收。

2000年1月,河口管理局晋升为国家二级档案管理科技事业单位。

2003年12月,河口管理局申报的"国家二级档案管理单位",河口区河务局、利津县河务局申报的"部级档案管理单位"同时通过水利部档案目标管理复查考评组验收。

由国家档案局颁发的国家二级档案管理单位证书

　　2004年2月,利津县河务局、河口区河务局通过晋升国家二级档案管理考评验收并获得证书。11月,垦利河务局获"山东省特级档案管理单位"称号。

三、文书档案

　　文书档案仍以传统的纸质文件为主,采用实体鉴定、手工操作办法分门别类、立卷存放。

　　鉴于文书档案来源较多,由各部门(单位)兼职档案管理人员与档案管理专职人员合作,在规定时间内完成搜集、整理和立卷工作。

四、科技档案

　　按照统一管理的原则,由业务部门明确专人负责科技资料收集、整理、立卷,交付档案室保管。

　　对每项工程或技术成果进行鉴定、验收时,都有档案管理部门参加,对应该归档的文件材料签字验收。

　　难以归入档案管理范畴的图纸、文本及手稿等科技资料,由有关部门(单位)安排专人存放保管,以便查阅和使用。

　　多年来,结合治黄工作需要,各部门(单位)收到上级发放或自行购买的多种图书、报刊、声像等文献资料中,少量归入档案库房,大量散落在部门(单位)中或由个人存放。

五、会计档案

　　会计档案包括会计报表、会计账簿和会计凭证等会计核算专业材料,由财务部门和档案管理部门共同负责立卷、归档、保管、调阅和销毁。

　　每年形成的会计档案,首先由财会部门按照归档要求装订成册。保管一年后,编造清单,移交档案部门保管。

　　档案部门接收保管的会计档案,保持原卷册封装。需要拆封重新整理的,会同财会部门和经办人共同拆封整理。

会计档案保管期满需要销毁时,由档案部门和财会、审计部门共同派员监销。

六、电子档案

2000年以后,电子文件数量剧增,归档工作面临文书档案和电子文件两种介质。

(一)归档办法

按照"两套制"办法进行管理。对一些具有印章、签名、手稿(笔迹)等真实的原始性文件生效标志、凭证作用和法律效力的文件仍以纸介质形式保存;对没有特定字迹、草稿与印稿、正本与副本之分,无法通过存储载体判定原始记录性的电子文件载体,则以纸介质与磁盘、光盘介质两种文件一起归档,采用不同编目方法和存储用具,以便利用时参照互补。

(二)声像档案

拍摄、录制的声像原版、原件由承办人整理并编写文字说明,填写声像档案登记目录,分类装订成册,于次年6月底前移交档案室,随其他载体档案一起归档,由专用库房和专用装具存放。

档案管理人员定期检查声像档案保管情况,发现问题,及时处理。查阅声像档案,按档案借阅制度办理借阅手续,未经批准不得复制或翻录。

第三节　计算机网络

随着计算机技术的广泛应用,河口管理局加快办公自动化、标准化、网络化建设,采用计算机文件取代纸质文件。

一、网络构成

1995年开始,河口管理局建立的局域网利用FTP传输信息,并开通信息网站,向社会提供信息平台。

2002年,根据黄委对"数字黄河"建设要求,河口管理局开始推行无纸化办公,为各部门配备微机、传真机、打印机、扫描仪、刻录机、数码相机等先进的办公设备。分期分批举办电脑知识培训班。

2003年,河口管理局及4个县(区)河务局分别建成局域网,初步构成东营黄河电子政务系统,可以满足文字、数据、图表、影像的传输需要,实现网络办公、互访和信息资源共享。5月,在山东黄河视频会议建设中,按照国内通用的H.323视频会议标准,完成终端安装。传输通道由山东黄河计算机广域网系统的2MB电路提供。

2004年,在东营市部署的机关规范化建设中,除实现与山东河务局互连互通外,还与当地政府建立专线连接。7月22日,河口管理局与黄委办公自动化邮件正式开通,各用户可直接发邮件到黄委办公自动化系统的各用户。

截至2005年,河口管理局基本实现人手一机、无纸办公,实现了办公自动化联网和信息资源共享。

二、网络管理

各单位按照黄委、山东河务局颁布的计算机网络运行管理办法,规范机房管理,配备防火、防雷、防静电、防电磁干扰设备和温度、湿度调节设备。网管人员对局域网、广域网建立运行档案,详细记录发生的故障、处理过程和结果,对数据实施安全与保密管理,防止系统数据的非法生成、变更、泄露、丢失及破坏。

新入网用户按照程序办理入网,由本级网络管理技术人员分配 IP 地址。网络用户密码、账号和权限实行分工管理、责任到人。严格划分不同级别操作人员的权限。

三、网络安全

河口管理局和拥有独立局域网的局属单位,建立网络安全领导小组,配备安全管理员,建立系统网络安全日志,制定网络用户入网、在网和离网管理的流程和制度。

各级网络专职安全管理员定期检测网络安全状况,检查网络设备和线路状况,每月向主管人员提交当月安全事件记录。网络系统发生故障时立即采取措施,不得以任何理由拖延、推诿和隐瞒。

四、网络运行

各级网管部门负责本级网络的维护管理工作,制定网络运行的应急预案和处理流程,制定计算机网络维护工作的标准和流程,建立网络运行备品备件的管理制度。网络运行管理经费纳入单位的预算。

附　录

东营市黄河河道管理办法

（1995 年 10 月 24 日东营市人民政府令第 25 号发布，根据 2000 年 4 月 23 日东营市人民政府令第 51 号《关于修订〈东营市黄河河道管理办法〉的决定》修正）

第一章　总　则

第一条　为加强黄河河道管理，保障防洪安全，充分发挥黄河河道及各项防洪工程的综合效益，根据《中华人民共和国水法》、《中华人民共和国防洪法》、《中华人民共和国河道管理条例》、《山东省黄河河道管理条例》等有关法律、法规，结合本市实际情况，制订本办法。

第二条　本办法适用于本市行政区域内的黄河河道（包括现行河道、预备河道、黄河故道及南展宽区）。

第三条　黄河水利委员会黄河河口管理局是本市黄河河道主管机关，其所属沿黄县区的黄河河务局的管辖范围由市黄河河道主管机关划定。

黄河河道主管机关在同级人民政府和上级主管机关的领导下进行工作。

第四条　黄河河道主管机关的主要职责是：

（一）在同级人民政府和上级主管机关的领导下，负责黄河河道及所属工程的管理、勘测、规划、整治及河道管理范围内建设项目审查；

（二）统一管理本市黄河水资源，会同有关部门制定全市黄河水量分配方案并负责实施和监督管理，实施黄河取水许可制度，执行供水调度命令，按规定计收渠首工程水费；

（三）负责黄河河口的综合治理；

（四）负责本市黄河防汛的日常工作，执行防洪调度命令；

（五）负责对减缓黄河泥沙淤积、黄河断流、滩区淤改和灌溉、黄河河口治理、科学利用黄河水资源和泥沙等方面的研究，不断提高黄河除害兴利的科学水平。

第五条　沿黄单位和个人都有保护黄河河道工程安全和参加防汛抗洪的义务；都有责任保护黄河水质不受污染，并有权对破坏黄河河道及其附属设施和对水质造成污染的行为进行制止、检举和控告。

第六条　本市沿黄各级人民政府应当加强对黄河河道管理工作的领导，负责组织、协调、检查、监督管辖范围内的黄河河道及工程的管理工作。

第二章　河道整治及建设

第七条　在黄河河道管理范围内修建河道整治工程和跨河、拦河、临河、穿河、跨堤、越堤的桥梁(含浮桥)、闸坝、码头、渡口、道路、管道、缆线及其他各类建筑物和设施,在堤岸或整治工程上设置引水、提水设施,建设单位必须向黄河河道主管机关提出申请并报送工程建设方案,经审查同意后,方可按照基本建设程序履行审批手续。

建设项目经批准后,建设单位将设计文件及施工安排报送黄河河道主管机关,经黄河河道主管机关审查同意后方可开工。

工程竣工后,建设单位应在竣工验收前向河道主管机关报送竣工资料;有关黄河防洪工程部分必须经黄河河道主管机关验收合格后方可启用,并服从黄河河道主管机关的安全管理。

第八条　在黄河河道管理范围内已修建的本办法第七条所列工程、设施,如因黄河防洪标准变更或黄河防洪兴利工程加固、改建,或由于黄河河床淤积、防洪水位抬高,影响防洪安全,需要进行加固、改建或拆除的,工程使用单位必须按照黄河河道主管机关的要求进行加固、改建或拆除,并承担其费用。

第九条　城镇、村庄、厂矿的建设和发展,不得占用黄河河道滩地、南展宽区、国家批准黄河改道的预备流路及各类防洪工程用地。因特殊情况必须建设的,需经黄河河道主管机关同意。

已从滩区、南展宽区迁出的村镇、厂矿不得返迁。

第十条　城镇、村庄、厂矿建设规划的临河界限由黄河河道主管机关会同城镇规划等有关部门根据下列标准划定:

(一)城镇、厂矿建设应当在护堤地以外500米以上;

(二)村庄建设应当在护堤地以外200米以上。

现有沿黄城镇、村庄、厂矿不符合前款规定的,在编制城镇、村庄、厂矿规划和改建时应有计划地予以迁建。

第三章　河道、河口保护与管理

第十一条　有堤防的河段,其管理范围为两岸堤防之间的水域、沙洲、滩地(包括可耕地)、蓄滞洪区、两岸堤防及护堤地;无堤防的河段,其管理范围根据历史最高洪水位或者设计洪水位确定。

第十二条　黄河各类工程的管理范围,由当地县级人民政府依照下列规定划定:

(一)堤防护堤地、险工、控导(护滩)工程护坝地的宽度,按照国家和省、市人民政府有关规定划定;其现有宽度超过规定的,按现有宽度划定;

(二)各类涵闸管理范围:临黄堤涵闸,上游河槽至下游防冲槽外100米(曹店分凌放淤闸除外);其他涵闸,上游防冲槽至下游防冲槽外100米;渠道外坡脚两侧各25米。

(三)临河护堤地宽度,如滩地淤高,应维持原边界不变;大堤加培加固(含修建其他工程的培堤)后,护堤地相应外延。

第十三条　对划定的黄河工程管理范围,县级以上人民政府发给黄河水工程管理单位土地使用证书,管理单位应制图划界、设立标志。

第十四条　在黄河管理范围内,水域和土地的利用应当符合黄河行洪、行凌、输水、输沙和航运的要求。

黄河口入海流路淤积延伸新淤出的土地,属国家所有;其开发利用由黄河河道主管机关会同土地管理等有关部门制定规划,报市人民政府批准后实施。

第十五条　在黄河河道管理范围内禁止进行下列活动:

(一)修建围堤、隔堤、阻水渠道、阻水道路与桥梁等;

(二)种植高秆作物和片林(宽滩地段,按黄河主管机关有关规定执行);

(三)在入海口围垦、修建地面建筑物及其他设施;

(四)弃置矿渣、石渣、煤灰、泥土、垃圾等;

(五)损毁工程设施、各类标志及通信等附属设施;

(六)在堤防和护堤地上建房、开渠、打井、挖窖、葬坟、存放料物以及开展集市贸易活动等;

(七)清洗装存过油类或者有毒污染物的车辆、容器等。

第十六条　黄河河道主管机关经县级以上人民政府批准后,可在黄河河道管理范围的相连地域设定堤防安全保护区,其范围为临河护堤地以外50米,背河护堤地以外100米。

在堤防安全保护区内禁止打井、钻探、爆破、修建水库、挖筑鱼塘、采砂、取土等危害堤防安全的活动。

第十七条　在现行流路西河口以下,有堤防工程控制河段,自临河堤脚外划出200米宽的区域作为黄河修堤取土和防洪保护用地,由黄河河道主管机关管理使用,其他单位和个人不得开发利用。

第十八条　现行流路有工程控制以下的河段是黄河入海口的容沙区,由黄河河道主管机关实施管理,其他单位和个人不得擅自占用。

第十九条　在西河口以下现行流路内,不得从事河道整治、拦河、挖河、开渠、疏浚、堵复河汊、筑堤围地、修建水库以及从事其他不利防洪、防凌安全和河口治理的活动。确需从事上述活动的,需报黄河河道主管机关审批。

第二十条　在黄河河道管理范围内进行下列活动,必须经黄河河道主管机关批准:

(一)架设或埋设油、气、水、通信、电力等管线;

(二)采砂、取土、爆破、钻探;

(三)在河道滩地安排货场存放料物、开采地下资源及进行考古发掘;

(四)其他涉及安全和管理的活动。

第二十一条　河口流路改变后,按照规划要求保留的原黄河河道内的防洪兴利工程及其附属设施、护堤地、防汛储备料物等仍归国家所有,由黄河河道主管机关管理使用,任何单位和个人不得侵占或者破坏。

保留的原河道应当保持原状,以备复用,任何单位和个人不得擅自开发利用;如确需开发利用的,须报经黄河河道主管机关批准。

第二十二条　护堤护坝林草,由黄河河道主管机关统一组织营造和管理,其他任何单位和个人不得侵占、砍伐、破坏。护岸护堤护坝林木进行抚育更新性质的采伐及用于防汛抢险的采伐,根据国家有关规定免交育林基金。

第二十三条　黄河河道管理范围内的各类引(提)水工程取水,必须水沙并引(提),不得设置拦沙设施和排沙入河。

第二十四条　非黄河河道主管机关投资修建引黄涵闸、大堤、险工、控导(护滩)等防洪兴利工程,经国家有关部门批准,由黄河河道主管机关统一管理;其他各类工程设施,由建设单位自行管理,黄河河道主管机关有权对其防汛和运行情况进行监督检查。

第四章　费用负担

第二十五条　在黄河河道管理范围内兴建各类工程设施,造成黄河防洪兴利工程及其附属设施损坏的,由责任者予以修复或者承担修复费用;影响黄河防洪、兴利工程及其附属设施正常运行的,由责任者承担加固维护、改建、重修或拆除费用。

第二十六条　河道清淤和加固堤防取土以及按照防洪规划进行河道整治、河口治理需要占用的土地,根据工程需要,由当地人民政府调剂解决。对占用的土地按照国家规定给予补偿,但新修控导(护滩)工程占用土地,只补给青苗补偿费。

第二十七条　当地人民政府决定,按照黄河河道整治、河口治理规划,由黄河河道主管机关占用的土地,任何单位和个人不得拒绝;不得设置障碍,予以阻挠;不得额外索取费用。

培修加固堤防、进行河道整治、河口治理占用的土地,依照国家规定免交耕地占用税和土地使用税。

第五章　法律责任

第二十八条　违反本办法的行政违法行为,由黄河河道主管机关依照《山东省黄河河道管理条例》的有关规定依法处理;造成经济损失的,应当依法承担赔偿责任;构成犯罪的,依法追究刑事责任。

第二十九条　当事人对行政处罚决定不服的,可依法申请复议或直接向人民法院起诉。当事人逾期不申请复议或者不向人民法院起诉又不履行行政处罚决定的,由作出处罚决定的机关申请人民法院强制执行。

第六章　附　则

第三十条　本办法由黄河水利委员会黄河河口管理局负责解释。

第三十一条　本办法自发布之日起执行。

黄河河口管理办法

（中华人民共和国水利部 2004 年 10 月 10 日部务会议审议通过，11 月 30 日第 21 号令发布）

第一章　总　则

第一条　为加强黄河河口管理，保障黄河防洪、防凌安全，促进黄河河口地区经济社会可持续发展，根据《中华人民共和国水法》、《中华人民共和国防洪法》和《中华人民共和国河道管理条例》等法律、法规，制定本办法。

第二条　在黄河河口黄河入海河道管理范围内进行治理开发及管理活动，适用本办法。

前款所称黄河河口，是指以山东省东营市垦利县宁海为顶点，北起徒骇河口，南至支脉沟河口之间的扇形地域以及划定的容沙区范围；黄河入海河道是指清水沟河道、刁口河故道以及黄河河口综合治理规划或者黄河入海流路规划确定的其他以备复用的黄河故道。

第三条　黄河河口的治理与开发，应当遵循统一规划、除害与兴利相结合、开发服从治理、治理服务开发的原则，保持黄河入海河道畅通，改善生态环境。

第四条　黄河水利委员会及其所属的黄河河口管理机构按照规定的权限，负责黄河河口黄河入海河道管理范围内治理开发活动的统一管理和监督检查工作。

第五条　黄河水利委员会及其所属的黄河河口管理机构以及有关部门和单位，应当运用现代科学技术，加强河口演变规律、河口治理措施、河口生态环境保护对策措施以及水沙资源利用的研究，不断提高科学治河水平。

第二章　河口规划

第六条　黄河河口综合治理规划由国务院水行政主管部门会同国务院有关部门和山东省人民政府，根据黄河流域综合规划编制，报国务院或者其授权的部门批准。

黄河河口综合治理规划是黄河河口治理、开发和保护的基本依据。

黄河河口综合治理规划批准前，经批准的黄河入海流路规划是黄河河口治理、开发和保护的依据。

第七条　修改黄河河口综合治理规划，应当按照规划编制程序经原批准机关批准。

第八条　黄河河口综合治理规划，应当与黄河河口地区国民经济和社会发展规划以及土地利用总体规划、海洋功能区划、城市总体规划和环境保护规划相协调。

第九条　在黄河河口进行城市、工业、交通、农业、渔业、牧业等建设，必须符合黄河河口综合治理规划或者黄河入海流路规划，不得对流路和泥沙入海形成障碍。

第十条　黄河河口入海流路淤积延伸出的土地属于国家所有，由县级以上地方人民政府根据黄河河口综合治理规划或者黄河入海流路规划统一管理。

第三章　入海河道管理范围的划定

第十一条　有堤防的黄河入海河道,其管理范围为两岸堤防之间的水域、沙洲、滩地(包括可耕地)、两岸堤防及护堤地,由黄河水利委员会所属的黄河河口管理机构会同县级以上地方人民政府划定。其中,护堤地的宽度从堤脚算起,有淤临、淤背区的堤段从其坡脚算起,并应当依照下列标准划定:

(一)北大堤、南大堤、防洪堤临河、背河各 50 米;

(二)东大堤、民坝临河 7 米,背河 10 米。

堤防护堤地地面淤高后,其宽度应维持原地面高程所划定的边界不变;大堤加培加固后,护堤地相应外延。

第十二条　无堤防的黄河入海河道,其管理范围由黄河水利委员会所属的黄河河口管理机构会同县级以上地方人民政府,根据历史最高洪水位或者设计洪水位,依照下列标准划定:

(一)清水沟河道左岸自北大堤末端至清水沟北股河口(北纬 37°57′02″,东经 119°00′10″),右岸自防洪堤末端至宋春荣沟河口(北纬 37°35′39″,东经 118°57′14″)之间的容沙区;

(二)刁口河河道左岸自民坝末端至挑河河口(北纬 38°00′31″,东经 118°33′02″),右岸自东大堤末端至神仙沟河口(北纬 38°02′15″,东经 118°56′49″)之间的容沙区。

第十三条　其他以备复用的黄河故道,其管理范围为改道前划定的管理范围。

第四章　入海河道的保护

第十四条　在清水沟河道和刁口河故道管理范围内禁止下列活动:

(一)修建围堤、隔堤、阻水渠道、阻水道路等工程、生产设施;

(二)在清水沟河道管理范围内种植阻碍行洪(凌)的林木和高秆作物;

(三)弃置矿渣、石渣、煤灰、泥土、垃圾等;

(四)在堤防和护堤地上建房、放牧、开渠、打井、挖窖、葬坟、存放物料、开采地下资源、进行考古发掘以及开展集市贸易活动等;

(五)损坏堤防上的设施、标志桩、水文和测量标志以及通信、铁路等附属设施;

(六)清洗装贮过油类或者有毒污染物的车辆、容器。

第十五条　在清水沟河道和刁口河故道管理范围内进行下列活动,应当报经黄河水利委员会或者其所属的黄河河口管理机构批准:

(一)爆破、钻探;

(二)在河道滩地安排货场存放物料;

(三)在河道滩地开采地下资源及进行考古发掘;

(四)从事挖河、开渠、堵复河汊、筑堤围地、筑堤蓄水以及其他影响防洪、防凌安全的活动。

第十六条　在清水沟河道和刁口河故道管理范围内采砂、取土的,应当按照国家有关规定报经黄河水利委员会或者其所属的黄河河口管理机构批准。

在清水沟河道和刁口河故道管理范围内采砂、取土,不得影响河势稳定和危及河道工程安全。黄河水利委员会应当划定禁采区和规定禁采期,并予以公告。

第十七条　在清水沟河道和刁口河故道管理范围内,从事河道整治以及建设跨河、穿河、穿堤、临河的桥梁、码头、渡口、道路、管道、缆线、取水、排水、排污、海岸防护整治工程等各类建筑物、构筑物,由黄河水利委员会及其所属的黄河河口管理机构,按照河道管理范围内建设项目管理等有关规定实施管理。

第十八条　清水沟河道管理范围内已修建的本办法第十七条所列工程设施,出现影响河道行水、输沙、泄洪、排凌的,原工程建设单位或主管部门应当按照黄河水利委员会或者其所属的黄河河口管理机构的要求,进行改建或者拆除,并承担费用。

第十九条　清水沟河道和刁口河故道管理范围内已修建的建设项目设计使用年限期满后,影响黄河防洪和占用河道、水工程及其附属设施的部分,有关单位或者个人应当及时拆除,恢复原状。确需超期使用的,有关单位或者个人应当按照河道管理范围内建设项目管理等规定重新办理审查手续。

第二十条　刁口河故道以及黄河河口综合治理规划或者黄河入海流路规划确定的其他以备复用的黄河故道管理范围内的建设项目的建设,不得影响备用河道的使用。

对已经修建的建设项目,由黄河水利委员会所属的黄河河口管理机构登记备案。对影响备用河道使用的建设项目和阻水林木,黄河水利委员会或者其所属的黄河河口管理机构应当责令建设或者使用单位在备用河道启用前予以改建、拆除或者清除。

第二十一条　黄河河口综合治理规划或者黄河入海流路规划确定的其他以备复用的黄河故道应当保持原状,不得擅自开发利用。确需开发利用的,应当报经黄河水利委员会所属的黄河河口管理机构批准。开发利用活动造成黄河故道损坏或淤积的,由责任者负责修复、清淤,并承担费用。

第五章　河道整治与建设

第二十二条　黄河入海河道整治与建设,应当服从黄河河口综合治理规划或者黄河入海流路规划,符合国家规定的防洪标准等有关技术要求。

第二十三条　黄河入海河道的治理工程,应当纳入国家基本建设计划,按照基本建设程序统一组织实施。

第二十四条　黄河水利委员会及其所属的黄河河口管理机构应当根据黄河河口综合治理规划或者黄河入海流路规划,对现行的清水沟河道进行清淤疏浚,延长其使用年限。

第六章　工程管理与维护

第二十五条　黄河入海河道管理范围内的引黄涵闸、大堤、险工及控导(护滩)等防洪工程以及入海河道治理工程,需要由黄河水利委员会所属的黄河河口管理机构统一管理的,须经黄河水利委员会报国务院水行政主管部门批准。

按照前款规定由黄河水利委员会所属的黄河河口管理机构统一管理的工程,其维修养护岁修资金,按照国务院办公厅转发的《水利工程管理体制改革实施意见》的规定筹集。

其他各类工程设施由建设单位自行管理维护,黄河水利委员会或者其所属的黄河河口管理机构有权对其防汛和运行情况进行监督检查。

第二十六条　刁口河故道以及黄河河口综合治理规划或者黄河入海流路规划确定的其他以备复用的黄河故道管理范围内原有的防洪工程设施及防汛储备物料,由黄河水利委员会所属的黄河河口管理机构统一管理使用,任何单位和个人不得侵占或者破坏。

第七章　罚　则

第二十七条　对违反本办法规定的行为,由黄河水利委员会或者其所属的黄河河口管理机构依照有关法律法规的规定采取行政措施,给予行政处罚。

第二十八条　黄河水利委员会或者其所属的黄河河口管理机构及其工作人员不依法履行管理和监督检查职责,或者发现违法行为不予查处的,对负有责任的主管人员和其他直接责任人员,依法给予行政处分;构成犯罪的,依法追究刑事责任。

第八章　附　则

第二十九条　本办法所称容沙区,是指黄河河口综合治理规划或者黄河入海流路规划确定的、无堤防控制以下河道至浅海区需要沉沙的区域。

前款所称浅海区,由山东省海洋行政主管部门和黄河水利委员会所属的黄河河口管理机构共同组织划定,并报经山东省人民政府批准。

第三十条　本办法由国务院水行政主管部门负责解释。

第三十一条　本办法自 2005 年 1 月 1 日起施行。

胜利黄河大桥

胜利黄河大桥

　　胜利黄河大桥位于垦利县城东北,横跨垦利、利津两县地界。1984 年 5 月国家计委批文同意修建,1985 年 12 月开工,1987 年 9 月竣工,10 月 1 日正式通车。

　　大桥全长 2817.46 米,桥面宽 19.5 米,76 孔,由主桥、引桥及接线公路组成。其中,主桥长 682 米,上部结构为钢箱斜拉索桥,主跨 288 米;下部结构由桥塔、边墩和附墩组成。桥塔采用门式钢箱充填混凝土,塔顶标高 78.6 米。南引桥长 722.73 米,北引桥长 1412.23 米。引桥上部结构采用 30 米先张预应力箱梁,下部由三柱式中墩、深水墩和桥台组成。

　　大桥设计荷载为汽－超 120 级。设计防洪流量 11000 立方米每秒,相应水位 11.60 米,2000 年设防水位 14.61 米,桥面高程 23.20 米。

　　该大桥试通车一年后,经过专家进行技术监测、鉴定、检查和验收,各项指标达到设计要求。1989 年 10 月 20 日,荣获"鲁班奖"。

利津黄河大桥

利津黄河大桥

利津黄河大桥鸟瞰

利津黄河大桥位于利津县城东南,横跨利津、垦利两县地界。1998年7月20日,东营市人民政府发出《关于建设利津黄河公路大桥的函》。8月25日,山东黄河河务局向黄委行文请示。10月,黄委批复同意。

大桥全长3500米,桥面宽20.8米,设双向对开四车道。全桥23孔,由引桥(768米)、主桥(630米)和引道(2102米)组成。其中,主桥结构为双塔双索面5跨预应力混凝土斜拉,最大跨度310米;引桥为40米预应力混凝土箱梁和16米空心板。

大桥设计荷载为汽-超120级。设计防洪流量11000立方米每秒,相应水位21.48

米,2000 年设防水位 18.49 米,桥面高程 29.98 米。

该桥为东营市首例采用 BOT 模式(建设、移交、经营)融汇社会力量投资建成的特大型跨河桥梁,总投资 2.03 亿元。自 1999 年 6 月开工,2001 年 9 月 26 日建成通车。大桥管理单位为山东利津黄河公路大桥有限公司。

大桥处于黄河窄河道内,泄洪排凌存在三个卡口,分别为宫家、利津、小李险工。大桥建成后,对其附近河势变化产生较大影响。

东营黄河公路(高速)大桥

东营黄河公路（高速）大桥

在建中的东营黄河公路(高速)大桥

　　东营黄河公路(高速)大桥位于垦利县黄河义和险工以下,与胜利黄河大桥相距4.6千米,是山东省"五纵连四横、一环绕山东"公路网的重要组成部分,也是环渤海高速公路及国家重要干线公路工程。大桥南与东(营)—青(州)高速公路相接,北与青(州)—垦(利)路立交,是胶东半岛及黄河三角洲与京津唐地区联系的重要通道。

　　该桥是黄河上同类结构中跨度最大的一座公路桥,全部采用挂缆悬空现浇混凝土施工,由山东省交通厅公路局和科达集团股份有限公司采用 BOT 模式建设经营,自 2002 年9 月开工,至 2005 年 8 月 7 日建成通车,工程总投资 8.59 亿元。

　　大桥全长 18.7 千米,主桥长 2743.1 米,宽 30 米;其中主桥 5 孔,宽 26 米,由 8 个主桥墩组成,最大跨度 220 米;南北引桥分别为 7 孔、38 孔,跨度 42 米。

　　该桥是距黄河入海口最近的一座跨河大桥,距离入海口门 65 千米。

黄河水体纪念碑

黄河水体纪念碑

黄河水体纪念碑竣工典礼

　　黄河水体纪念碑坐落在东营市东城清风湖公园南端,是系统反映黄河文化的大型观念艺术作品,又称《AGEPASS——黄河的渡过》。1994年10月17日举行奠基仪式,1995年4月竣工,6月17日举行落成典礼。碑体长790米,高2.5米,宽0.9米,由岩石基座和1093个盛有黄河水样的方形玻璃水罐组成。黄河水样系在同一时刻(1994年8月27日10时)从黄河源头到入海口每隔5千米提取水样0.5立方米,分别注入刻有取水位置(经纬度)的方形玻璃水罐中。碑体中的水样包括黄河整个流程的含沙量沿程变化,从抽象角度体现宇宙万事万物的渡过过程,寓意人类的互助合作精神和相互依存关系。纪念碑由旅美画家陈强策划,由原全国政协主席李瑞环题写碑名。

后 记

　　根据续修地方志和部门志的部署要求,河口管理局按照"党组领导、行政主持"的修志体制,于2003年4月9日公布成立编志委员会,下设编志办公室,正式启动第二轮修志工作。此后根据工作需要,又对编纂委员会成员进行了4次调整。

　　《东营黄河志(1989~2005)》所反映的历史时期,正是我国深化改革开放,经济社会快速发展的一个历史阶段。东营黄河治理事业在"除害兴利"的治黄总方针指导下,围绕黄河三角洲开发建设,开展了大规模的防洪工程建设及河口治理活动。在管理体制、办法、制度等方面采取了一系列重大改革举措,初步实现了由传统治黄方略到现代化治黄方略的转变,取得了很大的成就,也发生了许多在治黄史上具有重要意义的事件。因此,把《东营黄河志(1989~2005)》修成一部具有时代特色的地方专业志,全面准确地如实记载17年来治黄工作与时俱进的特点和业绩,突出表现治黄事业的连续性和创新性,以便发挥其资治当代、惠及后世、教化育人的历史作用,是新形势下治黄建设的需要,也是当代治黄工作者义不容辞的历史使命。

　　本志编修过程分为篇目结构设计、资料搜集与整理、资料长编编写、志稿加工等四个阶段。在完成前期准备工作的基础上,2003年9月至2005年3月完成资料搜集、整理。2005年4月至2006年6月完成《东营黄河大事记》初稿、补充、修改工作。2006年1月至2007年8月完成《资料长编》(9篇25章92节,85万字)初稿、征求意见稿、评议稿的编写。2008年3月14日,召开《资料长编》评审会。根据与会人员提出的意见和建议,对《资料长编》进行纠误补缺、结构调整、文字修改后,随即开始志书编写,先后形成初稿和征求意见稿,并于2009年2月装订成册,交付各有关部门进行审校。2013年9月,各有关部门在志书基本成稿的基础上,又安排专人实施校勘,群策群力,终成定稿。

　　志书又称"官书",是行政部门主持编纂、具有相当权威的"地情书",是要经得起历史和实践检验的。《东营黄河志(1989~2005)》不仅要客观记载东营黄河治理事业改革发展的历史进程,还要起到存史、资治、教化作用,这就要求进入志书的资料不仅要丰富,而且要翔实,必须在广征博采积累原始资料的基础上,通过分析比较,加以鉴别和考证,区别真伪、轻重和主次,纠正谬误,保留精华,决不能急功近利,粗制滥造。按照"众手成志"和"谁管理谁采写,管什么写什么"的原则,无论是资料长编还是最后修改稿,均是将编纂任务明确到有关处、室及业务部门,做到任务具体分解、量化、明晰到人。本志在成稿的过程中,坚持了严格的审查把关制度。无论是资料长编稿,还是志书稿,初稿完成后都做到了提供资料部门自审、主编初审、领导终审的"三审"定稿制度。长编完成后,邀请、组织了有关领导、专家、知情人、修志人共同参加志稿评审会,做到了择善而从,把好"三关",即政治关、资料关、文字关,力争做到精雕细琢,反复推敲,使志稿在多次修改、提炼、加工中逐步优化。此外,随着摄影技术的发展与广泛普及,本志采用了大量图片,力求做到图文并茂,形象反映治黄事业的发展,生动再现历史场景。这也是当代编写志书的一个方向,让后人通过视觉的感受了解历史。部分图片因时间久远无法得知作者姓名,在此一并表示歉意和感谢。

在资料长编和志稿编写过程中,受到了省局编志办、东营市史志办专家及许多领导的指导、关注与重视。特别是一些离退休老领导,他们认真审看长编及志稿,提出了许多指导性意见和建议,在此一并表示衷心的感谢。

编 者

2015 年 9 月

图书在版编目(CIP)数据

东营黄河志:1989～2005/黄河河口管理局编.—郑
州:黄河水利出版社,2015.5
ISBN 978 – 7 – 5509 – 1140 – 6

Ⅰ.①东…　Ⅱ.①黄…　Ⅲ.①黄河 – 水利史 – 东
营市 – 1989～2005　Ⅳ.①TV882.1

中国版本图书馆 CIP 数据核字(2015)第 113371 号

出　版　社:黄河水利出版社
　　　　地址:河南省郑州市顺河路黄委会综合楼14层　　邮政编码:450003
发行单位:黄河水利出版社
　　　　发行部电话:0371 – 66026940、66020550、66028024、66022620(传真)
　　　　E-mail:hhslcbs@126.com
承印单位:河南瑞之光印刷股份有限公司
开本:787 mm×1 092 mm　1/16
印张:28.25　　　　　　　　　　　　　插页:12
字数:687 千字　　　　　　　　　　　印数:1—1 000
版次:2015 年 5 月第 1 版　　　　　　印次:2015 年 5 月第 1 次印刷

定价:130.00 元